超声波雾化消毒系统

牛舍和运动场

娟姗牛

娟姗牛采食TMR料

腿上佩戴自动记步器的奶牛

牛舍

全株玉米青贮原料

全株玉米青贮过程

并联式挤奶机

储草库

新式储料罐

牛卧床

自走式TMR机

固定式TMR机和牵引式送料机

利用牛粪养蚯蚓

洗净后冷冻贮藏的蚯蚓

移动式犊牛岛

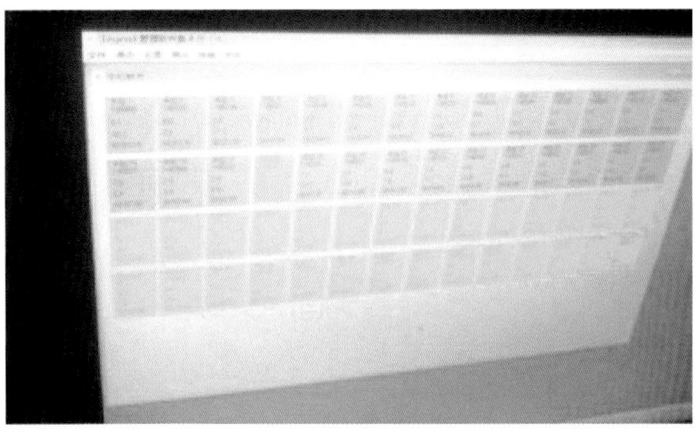
数字化管理系统

贮奶间

挤奶厅

储料库

储草库

粪便干湿分离

牛粪为基料种出的蘑菇

在建蘑菇棚

规模化乳牛养殖场无公害饲养新技术

陈立军　主编

中国农业科学技术出版社

图书在版编目（CIP）数据

规模化乳牛养殖场无公害饲养新技术 / 陈立军主编．—北京：中国农业科学技术出版社，2015.6

ISBN 978-7-5116-2084-2

Ⅰ.①规… Ⅱ.①陈… Ⅲ.①乳牛-饲养管理-无污染技术 Ⅳ.①S823.9

中国版本图书馆 CIP 数据核字（2015）第 111582 号

责任编辑 闫庆健 沈友明
责任校对 贾海霞

出 版 者 中国农业科学技术出版社
北京市中关村南大街 12 号 邮编：100081
电　　话 （010）82106632（编辑室） （010）82109702（发行部）
（010）82109709（读者服务部）
传　　真 （010）82106625
网　　址 http://www.castp.cn
经 销 者 各地新华书店
印 刷 者 北京富泰印刷有限责任公司
开　　本 787 mm×1 092 mm 1/16
印　　张 18.5 彩插 4 面
字　　数 456 千字
版　　次 2015 年 6 月第 1 版 2015 年 6 月第 1 次印刷
定　　价 35.00 元

《规模化乳牛养殖场无公害饲养新技术》

编　委　会

主　　编： 陈立军

副 主 编： 胡丽霞　魏彩霞　张　刚　孙敬军　李安平

编 著 者：（按姓氏笔画排序）

王志刚　孙敬军　李安平　李敬阳　吴艳娜
何建起　宋晓静　张　刚　张宝玉　陈立军
胡丽霞　贾海峰　唐树军　梁　宝　路　璐
魏彩霞

唐山市动物卫生监督所

孙敬军　李敬阳　路　璐

滦县畜牧水产局

王志刚　李安平　陈立军　张　刚　张宝玉
何建起　宋晓静　胡丽霞　唐树军　梁　宝
贾海峰　魏彩霞

滦县油榨镇人民政府

吴艳娜

前　言

随着人类社会的不断进步和科学技术的快速发展，牛已经沿袭几千年的劳役功能正在随社会的日益进步而逐渐退化，取而代之的是乳牛、肉牛的发展以及牛皮、牛毛等牛副产品的综合利用。现今，乳牛业的发展在我国方兴未艾。乳牛在为人类提供牛肉、牛皮的同时，还提供一种老少皆宜，营养丰富，成分均衡，易被消化吸收的纯天然食品——生鲜乳。人们常说，一杯乳强壮一个民族，发展乳牛养殖业，用饲草等为人类提供优质的蛋白质和钙已被全世界所认可。

近年来我国乳业的发展越来越多地受到多种因素特别是国家政策和人们消费观念不断改变的影响，消费增长的放缓，产业增长速度也明显变慢。我国乳业的发展更多地受到国内乳制品供需平衡、养殖成本变化和国际乳制品市场、消费者消费观念的改变等的影响。由于2013年下半年到2014年上半年较高的生鲜乳价格和良好的养殖效益，养殖乳牛的积极性增加，产业资本和金融资本持续涌入乳业，乳牛进口量大增。2014年我国乳牛进口量约19.5万头，加上良好的气候条件和无疫情的影响，2014年我国生鲜乳产量显著增加。根据国家统计局公布数据，2014年我国生鲜乳产量为3 725万t，比2013年的3 531万t增加194万t，增长5.5%。国家奶牛产业技术体系监测的规模牧场乳牛存栏2014年比2013年增加了4%；生鲜乳同比产量增加10%。在规模牧场乳牛存栏（全群100头以上）占全国存栏比例的45%（农业部监测数据）的现状下，规模牧场生鲜乳产量的增加抵消了小规模养殖户退出带来的生鲜乳的减产。

随着我国畜牧业不断发展，畜产品质量与安全问题已成为制约我国新阶段农业生产持续高效发展的瓶颈，关系着人民群众身体健康和农业长远发展，已成为社会普遍关注的焦点和热点问题。加强畜产品质量监管是我国提高畜牧业综合生产能力、增强畜产品市场竞争力的必然要求，是加快发展优质、高效、生态、安全畜产品生产和建设现代畜牧业的重要举措。无公害畜牧业是以生产无污染的安全、优质、营养畜产品和保持生态环境良性循环与畜牧业可持续发展为目标，是由产前的环保安全型生产资料、产中的无害化生产过程控制技术、产后的产品质量标准体系和检测技术等综合集成的全程质量控制的新型现代化畜牧业体系，是一个国家农业现代化的重要标志之一，已成为现代化农业发展的必然趋势。长期食用抗生素、激素饲料喂养的畜产品会严重损害人的身心健康，因此，为确保生鲜乳的质量安全也应进行无公害生产。无公害生鲜乳就是乳牛在安全、营养、无污染饲养条件下，生产的不含有可能损害或威胁人体健康的因素、不存在导致消费者急性或慢性毒害或感染疾病或产生危及消费者及其后代健康的隐患的生鲜乳。乳牛养殖场不应产生超标的废水、废渣和恶臭等造成的污染，间接影响人体健康而成为公害，对不合格的生鲜乳必须按规定进行无害化处理。

随着我国乳业的快速发展，集约化、规模化、标准化水平的提高，兽医、繁育师、营养师、产房技术员、挤乳员、全混合日粮操作员等专职岗位的技能型人才缺乏，急需加强从业人员职业道德和专业技能的培训。为此，我们对唐山地区特别是滦县乳牛的规模化、标准化、集约化、数字化、信息化养殖模式和乳牛场乳牛养殖的实用技术，以及最新的乳牛饲养管理、饲料添加等新技术进行信息知识整合，编写成《规模化乳牛养殖场无公害饲养新技术》一书。目的在于提高管理者、饲养者的综合技术水平和理念，进而提高我国乳牛养殖者的整体技术水平，促进我国乳牛业的稳定、健康、生态、循环发展，使乳牛养殖者在获得更高的经济效益的同时尽量减少对环境的污染而保护好我们的生态环境和家园。本书涵盖了我国乳业发展的现状及趋势、乳牛的繁殖技术、乳牛的营养需要、乳牛常用饲料的无公害调制、乳牛良种选育、饲养管理、DHI 技术、现代化乳牛场的软硬件建设、数字化信息化管理、乳牛疫病防治、循环发展等多方面内容。既有乳牛业生产的实用技术，又收录了近几年的新技术，可供广大乳牛养殖场户借鉴使用。

鉴于笔者水平有限，本书内容涵盖的技术还不全面、不完善，如有不妥之处，敬请广大同行和读者批评指正。

编著者

目 录

第一章　我国乳牛业发展现状、存在问题及发展趋势

第一节　我国乳牛业发展现状

一、发展乳业是我国畜牧业发展的重点

乳业是节粮、高效、就业关联度高的产业，乳业的平稳健康发展对于改善居民膳食结构、提高全民素质、促进农村产业结构调整和城乡协调发展、促进农民增收以及带动国民经济相关产业发展等都具有十分重要的意义。我国畜牧业生产长期以来以肉蛋为主并快速发展，唯有乳类与发达国家和周边国家还存在相当大的差距。一个农业现代化国家，乳业产值的比重为40%左右，占农林牧副渔总产值的比重应在20%以上。而目前，我国的乳业产值占畜牧业总产值和农林牧副渔总产值的比重分别为10%和3%，与发达国家差距还很大。没有乳牛业的现代化，就没有畜牧业的现代化。可以说乳牛养殖业是我国畜牧业发展的重点，没有畜牧业的现代化就没有农业的现代化。

我国乳牛业是新中国建立后新发展起来的一个畜牧业产业，20世纪80年代的大发展又使我国乳牛业的乳制品工业成为一个高效的独立产业。我国北方是主要的乳牛业和乳制品工业基地，部分北方地区乳牛业已成为高效发展畜牧业的典范和增长极。我国乳牛养殖业发展迅速，1990年全国乳牛存栏量为268万头，2000年存栏量达到490万头，2012年我国乳牛存栏数1 494万头，90%以上机械化挤乳，牛乳产量达到3 477万t，乳牛单产平均为5t；2013年我国乳牛存栏100头以上的规模养殖比重达到41.1%，规模乳牛场的设计使用率达到92.7%，乳牛平均单产达到5.5t，规模化牧场能够达到8～10t。我国乳业在挑战和机遇中得到了逐步恢复和发展，特别是近几年在乳牛良种改良、TMR饲喂技术、数字化信息化管理等养殖新技术的推广和应用中，我国乳业展露出较好的发展势头。

二、整体上与世界先进水平仍有较大差距

1. 牛乳总产与单产还有很大差距

根据《中国奶业年鉴》的统计数字，2012年我国乳牛存栏数1 494万头，牛乳产量达到3 477万t，而美国的乳牛存栏数才923万头，牛乳产量却达到了9 086万t。据有关专家测算，目前中国一头成母牛的年平均产量在5.5t左右，荷兰为7～7.5t，新西兰、澳大利亚为7.2～7.5t，美国平均8.5t，以色列平均10t。从这一系列的数字我们可以看出，我国和世界乳业先进国家乳牛单产有较大的差距。按目前我国的乳牛存栏，只要每头单产提高2～3t，全国的生鲜乳总产量就可净增2 000万t左右。尽管最近几年国家和企业都加大了

对乳源基地的建设和投入，有报道称，三元、光明牧场单产已超过 10t，但是，从全国来看，提高中国乳牛单产还有很长的路要走。

2. 人均乳类消费量低

随着消费信心的逐步恢复以及我国城镇化进程加快和人均收入提高、消费结构改善，使人们对乳制品的需求强劲进而促进了乳业市场的日趋繁荣。目前，世界人均乳类消费量为 105kg/年，发达国家为 132kg/年，发展中国家为 75kg/年，但自 2008 年以来，我国城镇居民的人均生鲜乳消费量已从 17kg 下降到 14kg 左右；与此同时，农村居民的人均乳制品消费量虽然有所增长，但增速十分缓慢，目前人均消费只有 6kg 左右，与世界人均乳制品消费水平的差距还很大。以上数据从侧面反映我国未来乳品消费市场潜力巨大。

三、我国乳牛良种繁育体系建设落后，良种乳牛主要靠引进

多年来我国良种乳牛主要靠引进，2012 年我国进口乳牛 12.8 万头，2013 年进口乳牛 10.2 万头，进口乳制品 159 万 t，2014 年 1—5 月我国进口乳牛 54 130头，2014 年我国进口乳粉 900 105t（含婴幼儿配方乳粉），我国乳源自给率为 78%。专家预测，到 2020 年我国进口乳制品折合生鲜乳将达到 1 800万 t，乳源自给率约为 70%。

四、乳业市场越来越受到国际乳粉价格的影响

2013 年受我国对合生元、雅培、美赞臣等品牌乳粉进行反垄断调查；新西兰的干旱重创畜牧业；饲料价格的不断上涨；传统消费旺季而导致的阶段性缺乳；新建大型、特大型牧场因规模及乳牛数量很大造成生产管理、牛群防疫、生态控制等各项成本越来越高；大批散户乳农退出乳牛养殖业；新西兰恒天然爆发“肉毒杆菌污染风波”等因素共同推动下相继推高了国际乳品价格。我国乳品市场自 2013 年下半年至 2014 年的年初，因乳源紧缺致使价格不断上涨，滦县生鲜乳价格最高时达到 4.8 元/kg。此轮生鲜乳涨价也掀起了全国乳牛养殖的小高潮，推动了乳牛养殖的快速发展，更是乳业的黄金一年。随着乳业的发展和需求增加，我国从国外进口乳牛和乳粉的数量也不断增加，2013 年我国从澳大利亚进口乳牛头数就达 61 000余头，2013 年全年我国进口乳粉、婴幼儿配方乳粉合计 97.72 万 t，如果再加上特殊配方婴幼儿乳粉和个人携带入境的零售包装乳粉，我国全年进口的乳粉超过 100 万 t。大量进口乳粉的涌入将极大的冲击国内乳制品市场，必将导致国内生鲜乳、乳粉、乳制品价格的下滑，也必将抢占国内乳制品消费市场份额。在迈入 2014 年 2 月后我国生鲜乳价格开始出现下降迹象，尤其是进入 2014 年 4 月后，随着进口乳粉量的大增、进口乳牛数量的增加等多方面的因素共同作用导致生鲜乳价格开始回落并逐步走低，特别是我国与新西兰、澳大利亚等国之间自贸区协议的达成或签订，都对国内生鲜乳价格产生了很大的影响。自 2014 年 12 月、2015 年 1 月起，部分省市因生鲜乳无人收购不断出现乳牛养殖场户倒乳卖牛的现象。

五、我国乳牛养殖存在的主要问题

我国在乳牛养殖业和乳制品行业中还有许多突出问题，如产业化程度、饲养技术不先进、乳牛养殖者与乳企间的利益链接不紧密、乳牛养殖带来的高污染问题，等等。因此，健全体制，完善市场，加强技术投入，提高从业人员素质和养殖新观念等是发展乳牛养殖

的重中之重。在国内大多数牧场中，兽医、繁育师、营养师、产房技术员等各个岗位都已经配备了相关专业技术人员，劳动分工逐步细化，生产效率大幅提高，整体素质正向着现代乳业快速迈进，但人员整体素质还亟待提高。

六、乳业质量安全监管更加严格，扶持政策的力度不断加大

截至2013年上半年生鲜乳质量监测计划累计进行7.7万次监测，结果表明，生鲜乳的质量越来越好。2013年婴幼儿配方乳粉质量安全引起中央高度重视，2013年5月31日国务院总理李克强主持召开国务院常务会议，研究部署进一步加强婴幼儿乳粉质量安全工作。会议提出了五条具体监管措施，并要求全社会都要本着对下一代高度负责的态度，为少年儿童的健康成长创造良好环境。为贯彻落实国务院常务会议精神，食品药品监管总局、工业和信息化部、公安部、农业部、商务部、卫生计生委、海关总署、工商总局和质检总局九部委于2013年6月份联合发布了《关于进一步加强婴幼儿配方乳粉质量安全工作的意见》。该意见要求婴幼儿配方乳粉生产企业须具备自建自控奶源，对原料乳粉和乳清粉等实施批批检验，确保原料乳（粉）质量合格。要求严格执行原辅料进货查验、生产过程控制、产品出厂全项目批批检验、销售记录和问题产品召回等制度，建立完善电子信息记录系统等措施。

中央政府和地方政府出台了系列扶持政策，如良种补贴、标准化规模养殖补贴、奶牛生产性能测定补贴、购牛补贴、粪污处理补贴、基本建设补贴和苜蓿种植与加工补贴等。2013年我国对乳业扶持政策力度继续加大。一是继续推进标准化规模养殖，中央财政投入资金10亿元用于乳牛养殖场区标准化改扩建和标准化示范场建设，已改造了3 000多个乳牛场。二是继续落实良种补贴政策，中央财政投入2.6亿元用于乳牛良种冻精补贴，荷斯坦乳牛实现全覆盖，良种化水平提高，单产提高。三是继续开展乳牛生产性能测定，中央财政投入2 000万元用于乳牛生产性能测定工作。四是继续实施“振兴乳业苜蓿发展行动”，中央财政投入5.25亿多元用于推动苜蓿产业发展。

第二节 乳业存在的问题

一、生鲜乳定价机制不合理

生鲜乳价格就是乳制品企业说了算。生鲜乳定价机制不健全，乳牛养殖与加工环节缺乏稳定的利益连结机制，养殖场户与乳品企业分配不均衡，生鲜乳收购价格形成机制不合理，乳牛养殖者还未建立起协调一致、利益共享、荣辱与共的行业协会，乳牛养殖者的谈判力差，没有话语权，生鲜乳价格偏低时无法干涉。

二、饲养成本不断增加

乳牛养殖者盲目追求且热衷于建大型化的乳牛养殖场，忽略了乳牛场合理运行的一个度，牛场的养殖数量超出了牛场的承载能力。上述问题，短时间不显现但却留有发展隐患。随着大型乳牛场的不断投入生产，乳牛规模化饲养带来的粪便处理问题开始逐步涌现，各地牛粪污染事件屡有发生，与周边农民的矛盾加深，环境保护成本增加。

饲料价格上涨过快，人工成本上升，乳牛养殖利润降低甚至饲养管理不到位的养殖者没有利润，乳业缺乏发展动力和后劲，乳源生产在萎缩。由于生鲜乳价格偏低导致养殖场户没有经营的热情，不愿增加投入，加之饲料价格的不断上涨，不少乳农选择退出，乳源可能会受到一定的影响。

三、乳牛品种单一，单泌乳量仍较低

我国乳牛品种比较单一，主要是以泌乳量较高的中国荷斯坦乳牛（黑白花乳牛）为主。从品种上说，缺乏乳肉兼用型的乳牛品种，如西门塔尔牛。也缺乏生产高品质、口感风味好的牛乳的乳牛品种，如娟珊牛。到目前为止，娟珊牛在我国还是很少有大规模的引进饲养。2012 年底河北省唐山市滦县首农新绿洲现代牧场有限公司引进了 3 184头娟珊牛，这是我国最大的一次娟姗牛的引进，也是我国目前饲养数量最多的娟姗牛养殖场。从整体上讲，饲养管理水平偏低，导致我国乳牛单泌乳量仍较低。

四、饲养模式有待改进，生鲜乳品质有待提高

我国乳业与国外相比在规模和发展水平上还存在较大的差距。特别是“三聚氰胺事件”以来，乳牛养殖经营模式不断面临改变。由于管理差、理念落后，导致生鲜乳品质差。SCC 高（>60 万）、细菌数高（>50 万），乳脂率、乳蛋白率较低，乳价低，利差或亏本，散户难以为继，很多养殖者采取“全窝挑”方式退出了乳牛养殖。随着乳牛规模化养殖的不断发展，特别是2014 年以来，乳牛养殖小区模式也受到了极大的挑战，已逐渐不再适应食品安全与乳制品企业发展的要求，面临改变此经营模式为全部托管模式、牧场模式或者逐步退出乳牛养殖。

五、养殖专业人员缺乏、饲养理念有待更新

近年来，我国乳牛养殖从散养过渡到规模化的过程中，我国乳业科技创新和应用取得了长足发展和进步，但养殖水平不高，养殖水平与现代乳业建设的需求还不匹配。我国乳业科技贡献率只有 50%，低于欧美等国 70% ~80% 的水平。我国乳牛养殖正朝着现代化、机械化、信息化、规模化、标准化的方向发展，然而由于专业养殖技术人才的匮乏，饲养管理理念的相对落后，对于通过饲养管理水平的提高获取更高的经济效益还缺乏客观正确的理解，现代化乳牛养殖技术无法迅速得到推广应用。牛是国外的高产牛，设备也是全套进口的，但是，养殖效果并不是太理想。这不仅与饲养环境有关，还与养牛人现代化技术水平有关。在美国，牧场规模化有一个相对集中的过程，牧场管理人员通过几代的积累，具备丰富经验和优良技术。

现代化牧场技术与管理人才的匮乏造成较低的生产效率。中小型牧场缺少专业管理人才，不少牧场主既是投资者，又是管理者。作为投资者的牧场主大多数都不懂专业技术，尤其是专业管理，所以导致乳牛泌乳量低，投入不合理等问题。除了缺乏牧场专业管理人才外，还存在信息管理体系不健全的问题，大部分中小型牧场没有详细的原始生产信息及数据，更没有数据之间的对比和分析，造成了乳牛缺乏科学的饲养管理，乳牛单产也难以提高的现象。

乳牛养殖业缺少行业规范和自律。如何引导和保护乳牛养殖规范化、标准化和保护乳

农的利益的问题，则有待相关部门和整个乳业产业链上各个环节集中面对和妥善解决。

六、缺乏完善的选种机制

最近几年，随着人工授精技术的广泛使用以及我国乳牛育种企业不断地从国外引进活体验证公牛，在乳牛种质资源方面，我国正与发达国家缩小差距。但是长期以来，我国一直花大量资金从国外引进种公牛的主要原因是我们没有完善的乳牛生产性能测定和良种登记工作。我国没有形成科学的育种机制，公牛存栏少、选择性小，所用冷冻精液大多没有后裔检测成绩。而且我国乳牛场目前普遍对长期的品种改良不够重视，而过分重视某一品种对牧场产生的短期效益。即使我国一直购买国外活体乳牛，很多中国乳牛仍然难以发挥其种质优势，高泌乳量优势只是昙花一现，随后就出现明显的下降。由于牛源不足，我国大量引进澳大利亚、新西兰乳牛和胚胎，但在进口胚胎中，有相当一部分血统不清的体外受精胚胎，还有数量相当可观的一些血统不清的劣质乳牛和改良牛流入我国，虽然扩充了乳牛数量，但也造成和加剧了我国乳牛血统、系谱的混乱程度。

七、对国际市场竞争认识不到位

随着我国与其他国家之间自贸区的建设不断增多，我国乳业的发展将越来越受到国际乳粉价格的影响。特别是，如果在将来与新西兰、澳大利亚建立自贸区后，我国乳业将受到极大的冲击，如果不能采取切实有力的应对措施，将阻碍我国乳业的平稳、健康发展，甚至对我国乳业造成毁灭性的破坏。就如 2013 年出现牛乳暂时短缺，生鲜乳价格快速上涨，母乳牛包括母犊牛的价格也超出了常态价格，饲养者不管牛的品种好坏，只要是母牛就留下来饲养。然而，也就一年左右的时间，如同过山车一般，2014 年 2 月生鲜乳价格出现下滑迹象，特别是 2014 年 12 月至 2015 年 1 月期间，部分省市不断出现乳牛养殖场户倒乳卖牛的现象。那些经营多年，与乳企所签售乳合同到期的生鲜乳收购站因售不出生鲜乳而拒收乳户的生鲜乳。乳牛养殖场和生鲜乳收购站被迫关闭，一部分乳牛转到别的养殖场继续饲养，其他不能被别的牛场接收的乳牛只能当肉牛卖掉。我国应遵循国际惯例，适当控制进口乳粉的量，使其保持在一个合理的度。并且国家应尽快出台乳制品的相关标准，明确标明生鲜乳制品还是还原乳制品，使消费者明明白白的消费，保证消费者的知情权等合法权益，防止还原乳混充生鲜乳出售。

第三节 乳业发展趋势

我国牛乳无论从产量还是价格都与国际原料乳存在竞争劣势。今后我国乳业有以下发展趋势。

一、乳牛饲养品种趋于多样化

乳牛饲养品种应向多样化发展，由于乳牛养殖者处于乳价谈判的劣势，与乳企未形成互惠互利的利益共同体。因此在提高中国荷斯坦乳牛（黑白花乳牛）单产，保持适度总饲养头数的同时，应发展乳肉兼用型乳牛品种，特别是在我国已经有一定饲养基础的西门塔尔牛，在乳价好的时候以产乳为主，在乳价低时可育肥产肉，这样就可提高养殖者抵抗市场风险的能力，提升与乳企在乳价谈判上的资格和话语权。同时，由于娟珊牛所产的牛乳具有独特的风味和口感，乳脂肪、乳蛋白含量高，是生产高端乳的优质乳源，乳企可适当发展娟珊牛的养殖，建立自己的娟珊牛养殖乳源基地。养殖场户也可依据当地乳企对牛乳的相关要求和乳制品种类、档次，在做好效益对比后，适当发展娟姗牛的饲养。此外，要抵制通过高消耗、集约化来提高单产，把单产作为产业水平提升的唯一指标的现象。不能盲目追求单产超 10t，从而造成资源浪费、环境污染等问题；而应实现经济效益、生态效益平衡。欧洲等国乳牛单产高，主要是养殖的综合水平高。不仅是品种改良、饲料保障、配套服务设施先进等集约化程度较高，在粪污处理、回收利用等方面也非常先进。

二、逐步提高综合管理技术

切实提高乳牛饲养者和管理者的的综合技术水平，加快乳牛养殖新技术的推广力度，如健康养殖、TMR 饲喂技术、数字化信息化管理、DHI 技术、性控冻精等技术的应用与推广。整体提高乳牛饲养管理水平，从而逐步提高乳牛的单产水平和牛乳的品质，降低劳动强度和饲养成本，提高乳牛养殖的经济效益和生态效益。不能盲目追求单产超 10t，以免造成更多的资源浪费、环境污染等问题。同时，管理者应摒弃重治轻养的传统饲养观念，高度重视饲养管理水平提高的必要性和重要性。只有健康的乳牛才能充分发挥其自身的泌乳潜能，才能高产高效，降低饲养成本。高产乳牛是通过优良的遗传、合理科学的饲料配制、饲养管理、疫病防治、熟练的机械挤乳技术等多方面相互配合得来的。应尽快开展乳牛生产性能测定和良种登记工作，建立一套完善有效的育种机制，培育我国自己的优秀种公牛，使中国乳牛产业不再过多受制于国外种质的影响，最终实现乳牛优质高产。

三、合理调控乳粉进口量

合理调控进口乳粉的总量以保护我国乳牛养殖业的持续、健康发展。相关部门应在合乎国际贸易准则的条件下，合理地掌控乳粉的进口量。要充分考虑乳粉的进口对国内乳牛养殖业的冲击程度以及有可能产生的后果，特别是要考虑是否会造成本质上的冲击，是否会对我国乳牛养殖业的发展产生深远的、持续的不良影响。如果不能很好地保护我国的乳牛养殖业，在长时间无效益的情况下，乳牛养殖者将会逐步退出乳牛养殖，将会造成我国生鲜乳产量大幅下降，进口乳粉将处于垄断地位，价格将大幅涨价。最终，受到损害的是我国的乳牛养殖业和广大消费者的合法权益。

四、稳定乳源，适时调整销售策略

只有稳定国内乳源才能增加国内乳业抗击市场风险的能力。乳企应摆脱对国外乳源的过分依赖，以免我国乳业原料失去国际市场话语权；应该加大新产品研发、市场营销以及消费市场宣传方面的力度，不断创新新产品。同时，乳企应不断提高企业道德和建立良好的企业形象，在乳源不紧张时不无缘无故压级压价，在乳源紧张时不恶性竞争，争抢乳源。

乳企应根据市场变化适时调整销售策略。在我国，一方面是牛乳收购价在逐渐降低，另一方面却是商超货架上液态乳、酸乳、乳粉等乳制品价格的不断上涨。现实情况是，乳企宁可搞促销也不降价。乳企应综合考虑我国消费者的消费能力和消费意愿，合理配备高、中、低各档次产品，避免低端乳制品难觅其踪，中高端乳制品过剩。

五、饲养模式改变

小规模饲养者已经或正在逐步退出乳牛养殖。目前，河北省的乳牛都已实现集约化养殖。就滦县而言，养殖模式正在从乳牛养殖小区模式向牧场过渡，乳牛的实际饲养者已经由几十户、上百户变成一个法人经营。此外，要逐步改变“种养分离”状态，大力推广“种养结合”养殖模式，积极推广蜡熟中早期全株玉米青贮、苜蓿等优质牧草优质高产种植技术。种植青贮专用玉米能让乳牛养殖企业最大程度的做到粪污还田，减少环境污染。新扩建规模化牧场应做到与土地配套，加快土地流转，加大财政补贴。对种植优质专用青贮玉米进行补贴，是加快实现农牧结合养殖方式的重要保障。

六、完善乳牛育种机制

现在，越来越多的养牛人走出国门，亲眼目睹国际乳牛业的状况。国外在协会、公牛站、乳牛场以及 DHI 测定的综合运转上已经形成了一套完善的协作制度。我国要想从品种上有所突破，必须要有适合中国养殖环境的验证公牛。但我国乳牛产业起步晚，乳牛育种还在探索中前进。因此，企业或个人从国外引进乳牛时要严把质量关，不仅要确保引进优质高产乳牛而且要系谱清晰。并应当逐步在全国乳牛场开展乳牛生产性能测定和良种登记工作，建立一套完善、有效的育种机制，培育出我国自己的优秀种公牛，使中国乳牛产业不再过多受制于国外种质的影响，最终实现乳牛优质高产稳产。

七、消费者对乳制品的消费理念改变

随着消费者对乳制品消费习惯的改变以及对不同乳制品营养价值的认识的不断加深，更加注重身体健康和食品安全以及乳制品的独特风味。随着人们消费观念的改变驴乳、羊乳、骆驼乳、水牛乳等特色乳制品以其独有的特色风味，得到青睐和快速发展。娟姗牛牛乳独特的风味、高乳脂、高乳蛋白以及乳中干物质含量多，而越来越受到广大消费者钟爱。人们不再只关注牛乳产量，也开始关注牛乳的风味和综合品质。生产特色乳制品是高端乳制品的发展方向。我国乳业越来越受到国家政策如自贸协议、关税政策、国际乳粉价格、我国生鲜乳及乳制品自给率等多方面因素的影响，为了保证我国乳业的快速发展，应制定相关政策，在遵守国际贸易准则的前提下对乳业进行补贴，保护我国乳业的可持续、健康发展。同时要防止和严厉打击国外乳粉对我国的倾销行为，防止其对我国乳业造成根本性的损害。只有我国乳业保持平稳、健康、持续发展，才能保证人们喝上价廉、质优、安全的牛乳产品。否则，我国乳业就会受控于他人。

八、对生鲜乳收购站监管将进一步加强

我国乳业与发达国家的最大差距在于行业组织体系不健全，导致在乳品质量安全管理方面行业自律严重缺失。在这种情况下，乳品质量安全监管责任不得不完全由相关政府部门承担。而相关政府部门投入的各种资源有限，相关法律法规还有不完善的地方。因此，需逐步完善法律，进一步加大监管力度，切实保障乳品安全消费。从长远发展看，我国应该在健全行业组织方面下工夫，加强行业自律。同时可借鉴新西兰实施的“第三方”检

测经验来提高乳品安全监管的有效性。今后在保持乳业生产总体平稳，生鲜乳质量安全形势稳定，乳业转型升级加快的同时，要密切关注乳牛养殖散户的加快退出、个别地区乳农交生鲜乳难等问题。因地制宜、千方百计采取有效措施加大协调力度，充分发挥奶协等有关单位的作用，切实维护乳牛养殖者的利益。要进一步加强生鲜乳质量安全监管工作，继续保持高压态势，落实监管责任，加大监管力度，确保不发生生鲜乳质量安全事件。

总之，我国乳牛养殖业及牛乳价格将越来越受到国家乳业政策、国际原料乳供需、国内牛乳产量及消费市场拓展等多因素影响。只有各方面不断的得到完善和发展，我国生鲜乳价格才能保持平稳的发展趋势，才不会受制于国外乳业。

第二章　乳牛的品种分类和生物学特性

第一节　乳牛的分类及品种

一、牛的分类

牛属于脊索动物门、哺乳纲、偶蹄目、反刍亚目、牛科、牛亚科，在牛科里面又分为牛属和水牛属。牛亚科动物在地球上兴起于1700万年前，我国家养牛属动物包括家牛属、牦牛属和亚洲水牛属，其中家牛属与牦牛属有同一祖先。在我国，黄牛是指牦牛和水牛以外的所有家牛，而西方国家通称为牛。

二、牛的品种

普通牛在世界上分布范围极广，除南极外，各大洲均有分布。在人类长期有目的的精心选择和培育下，现已分别向乳用、肉用、役用和兼用等方向发展，分化成许多专门化品种。普通牛的划分，按生产类型划分：乳用、肉用、役用、兼用；按体型大小划分：大型、中小型；按成熟早晚划分：早熟型、晚熟型。

（一）荷斯坦牛

荷斯坦牛原产于荷兰北部的北荷兰省和西弗里省。经世界多数国家长期的驯化及系统选育，育成了各具特色的荷斯坦牛，如美国荷斯坦牛、中国荷斯坦牛、德国荷斯坦牛、以色列荷斯坦牛等。且由于各国的选育方向的不同，分别育成了以以色列、美国、加拿大为代表的乳用型和以荷兰、德国、瑞典等为代表的乳肉兼用型两大类型。

1. 乳用型荷斯坦牛

乳用型荷斯坦牛是世界上主要的乳用牛。乳用牛可以说是目前世界畜牧业的一根支柱，为人类提供牛乳及乳制品，对世界的经济、社会、生态效益等都有着重要的作用。但乳用牛的品种比较单一，荷斯坦牛为主体，其他品种所占数量很小。因被毛为黑白相间的斑块，又称之为黑白花牛。

（1）外貌特征　被毛细短而且光滑，界线分明，额部有白星，腹下、四肢下部（腕、跗关节以下）及尾帚为白色。体格高大，结构匀称，棱角分明，体态清秀优美；皮薄致密而有弹性；骨细而坚实；皮下脂肪少，乳房特别庞大，乳静脉明显；后躯较前躯发达，侧望、俯望、前望的轮廓均趋于三角形，具有典型的乳用型外貌。成年公牛体重900～1 200kg，体高145cm，胸围226cm；成年母牛体重650～750kg，体高135cm，体长170cm，胸围195cm；乳用型荷斯坦牛的犊牛初生重为40～50kg。

（2）生产性能　乳用型荷斯坦乳牛的泌乳量为各乳牛品种之冠。年泌乳量6 000kg以上，乳脂率3.6%～3.8%。美国2000年登记的荷斯坦牛平均泌乳量达9 777kg，乳脂率为3.66%、乳蛋白率为3.23%。

（3）荷斯坦牛的缺点　乳脂率较低，不耐热，高温时泌乳量明显下降。因此，夏季饲养，尤其南方要注意防暑降温。

2. 兼用型荷斯坦牛

（1）外貌特征　兼用型荷斯坦牛体格略小于乳用型，体躯低矮宽深；皮肤柔软而稍厚；尻部方正；四肢短而开张，肢势端正，侧望略偏矩形；乳房发育匀称，前伸后展，附着好，多呈方圆形；毛色与乳用型形同。

（2）生产性能　兼用型荷斯坦牛的平均泌乳量较乳用型低，年泌乳量一般为4 500～6 000kg，个体高产可达10 000kg以上，乳脂率为3.9%～4.5%。兼用型荷斯坦牛的肉用性能较好，500日龄育肥公牛平均活重为556kg，屠宰率为62.8%。

（二）中国荷斯坦牛

中国荷斯坦牛的原名为“中国黑白花乳牛”，于1992年更名“中国荷斯坦乳牛”。该品种是利用引进国外各种类型的荷斯坦牛与中国的黄牛杂交，并经过了长期的选育而形成的一个品种，这也是中国唯一的乳牛品种。中国荷斯坦牛多属于乳用型，乳用特征明显，但体格不够一致，基本上可划分为大、中、小3个类型。

1. 外貌特征

全身清瘦，棱角突出，体格大而肉不多，活泼精神。后躯较前躯发达，中躯相对发达；皮下脂肪不发达；全身轮廓明显，前躯的头和颈较清秀，相对较小；从侧面观看，背线和腹线之间成一三角形，从后望和从前望也是三角形。整个牛体像一个尖端在前，钝端在后的圆锥体。乳牛的头清秀而长，角细有光泽。颈细长且有清晰可见的皱纹。胸部深长，肋扁平，肋间宽，背腰强健平直，腹围大而不下垂。皮薄，有弹性，被毛细而有光泽。乳房大而深、底线平、前后伸展良好。整个乳房在两股之间附着良好。4个乳头大小适中，间距较宽，有薄而细致的皮肤，短而稀的细毛，弯曲而明显的乳静脉。

2. 生产性能

泌乳量高，但乳脂率较低，不耐粗饲，良好的饲料条件和饲养管理下，平均305d泌乳量可达到6 500～7 500kg，乳脂率3.5%左右。

（三）娟姗牛

原产于英吉利海峡南端的娟姗岛，属于小型乳用品种。由于其乳脂率高，适应于热带气候，当地以放牧饲养为主，农民仅在冬季补喂粗饲料。对于改良热带的乳牛很有帮助。

1. 外貌特征

娟姗牛体型小而清秀，轮廓清晰。头小而轻，两眼间距宽，额部稍凹陷，两眼突出，眼大而明亮有神，头部轮廓清晰。耳大而薄，鬐甲狭窄，肩直立，胸深宽，背腰平直，腹围大，尻长平宽，尾帚细长。角中等大小，琥珀色，角尖黑，向前弯曲。颈曲长、有皱褶，颈垂发达。四肢端正，左右肢间距宽，骨骼细致，关节明显，蹄小。乳房发育良好匀称，形状美观，质地柔软，乳头略小，乳静脉粗大而弯曲。后躯较前驱发达，体型呈楔形。娟姗牛被毛短细而有光泽，毛色为深浅不同的褐色，从浅灰色、深黄色到接近黑色，有灰褐、浅褐及深褐，但以浅褐色最多。鼻镜及舌为黑色，嘴、眼周围有浅色毛环，尾帚为黑色。成年公牛体高123～130cm，活重650～750kg；成年母牛体高111～120cm，体长

133cm，体重 340 ~ 450kg，胸围 154cm；犊牛初生重 23 ~ 27kg。

2. 生产性能

娟姗牛的最大特点是乳质浓厚，单位体重泌乳量高。10 月龄达到性成熟，适配年龄在 15 ~ 16 月龄。娟姗牛一般年均泌乳量 3 500 ~ 4 000kg，乳脂率平均为 5% ~ 7%，个别牛甚至达 8%。同时，娟姗牛牛乳乳脂肪颜色偏黄而风味好，脂肪球大，易于分离，是加工优质乳油的理想原料，其生鲜乳及乳制品备受欢迎。娟姗牛乳蛋白含量比荷斯坦乳牛高 20% 左右，加工乳酪时，比普通牛乳的产量高 20% ~ 25%，因此，娟姗牛有“乳酪王”的美誉。2000 年美国登记娟姗牛平均泌乳量为 7 215 kg，乳脂率 4. 61%，乳蛋白率 3. 71%。创个体纪录的是美国一头名叫“Greenridge Berretta Accent”的牛，年泌乳量达 18 891kg，乳脂率为 4. 67%，乳蛋白率为 3. 61%。

（四）爱尔夏牛

爱尔夏牛为中型乳用品种，可以追溯到 200 ~ 300 年前苏格兰西南爱尔县的本地牛，但是直到 17 世纪后期才有真正关于爱尔夏牛的报道。1822 年，第一批爱尔夏牛被引入到美国；1859 年，建立了爱尔夏牛良种登记体系，130 个乳农的 217 头母牛和 79 头公牛被列入其中；爱尔夏牛育种联合会成立于 1886 年。1951 年爱尔夏牛的存栏达到最高的 25 000头，且只有 7 000头爱尔夏牛参加乳牛牛群改良测定计划（DHIA），爱尔夏牛的存栏头数也以每年 10% 的速度减少。爱尔夏牛的特点为早熟、耐粗饲、适应性强，但富神经质、不易管理。

1. 外貌特征

爱尔夏牛的全身结构匀称，被毛是多种多样的，有浅红棕色与白色相间的图案或者深红棕色与白色相间的图案，很多公牛的深红棕色接近黑色。花斑或沙毛色的个体很少，但品种登记时也承认这些毛色。角形是爱尔夏牛品种形成、发展过程中最典型的特征。角细长，角基向外，逐渐向上向后生长，角尖向后成蜡色，角尖黑，长度通常会超过 1ft（约 0. 3048m）。鼻镜、眼圈浅红色，尾帚白色。乳房发达，发育匀称呈方形，乳头中等大小，乳静脉明显。过去，育种者会为牛角整型使其生长得更美观。成年爱尔夏母牛髻甲高约 1. 37m，体重 1 200lb；适合放牧，喜食草和嫩叶，犊牛体格强壮、容易饲养。爱尔夏牛在选育中一直注重乳房结实和体型优良，二者造就了其长寿的特性，现在这些仍是其品种特征。

2. 生产性能

爱尔夏牛的泌乳量一般低于荷斯坦牛，但高于娟珊牛和更赛牛。美国爱尔夏登记牛年平均泌乳量为 5 448kg，乳脂率 3. 9%，个别高产群体达 7 718kg，乳脂率 4. 12%。与其他品种相比，爱尔夏牛的泌乳量、乳脂率和乳蛋白率都属于中等水平。

（五）瑞士褐牛

瑞士褐牛（Brown Swiss）在瑞士当地被称作 Braunvieh，是最古老的乳牛品种。该牛是在瑞士阿尔卑斯山区培育成的一种三用品种，乳用、肉用和役用。瑞士褐牛在 1869 年首次被引入美国，瑞士褐牛协会成立于 1880 年。

1. 外貌特征

瑞士褐牛全身被毛呈棕黑色或者灰色，纯色无花斑。皮肤厚并有弹性，在鼻镜四周有一浅色或白色带，鼻、舌、角尖、尾帚及蹄为黑色，角长中等。头宽短，额稍凹陷，颈短粗，垂皮不发达，胸深，背线平直，尻宽而平，四肢粗壮结实，乳房发育良好，乳区匀称，乳头大小适中。它的体型和体重都比荷斯坦乳牛略小，成年公牛体重为 900～1 000 kg，体高 146cm，体长 177cm；成年母牛体重 500～550kg，体高 135cm，体长 163cm。犊牛出生重 28～35kg。

2. 生产性能

一般年泌乳量为 5 000～6 000kg，乳脂率为 4.1%～4.2%，其牛乳的乳蛋白含量高于荷斯坦乳牛；18 月龄活重可达 485kg，屠宰率为 50%～60%，肥育期平均日增重达 1.1%～1.2%。美国于 1906 年将瑞士褐牛育成为乳用品种，1999 年美国乳用瑞士褐牛 305d 平均泌乳量达 9 521kg。

瑞士褐牛成熟较晚，耐粗饲，适应性强，特别适合于放牧。从世界范围看，瑞士褐牛的存栏数仅次于荷斯坦乳牛。现在美国每年约有 15 000头瑞士褐牛参加 DHIA 测定，但存栏量以每年 8% 的速度下降。瑞士褐牛对我国新疆褐牛的育成起过重要作用。

（六）西门塔尔牛

西门塔尔牛原产于瑞士，是乳肉兼用品种。但由于西门塔尔牛泌乳量高，产肉性能也并不比专门化肉牛品种差，役用性能也很好，是乳、肉、役兼用的大型品种。而且此品种在文革之前就被引进到国内，并在黑龙江生产建设兵团成功饲养，但由于文革开始致使该品种没有得到及时推广，1990 年山东省引进该品种。此品种被畜牧界称为全能牛。我国从国外引进肉牛品种始于 20 世纪初，但大部分都是新中国成立后才引进的。西门塔尔牛在引进我国后，对我国各地的黄牛改良效果非常明显，杂交一代的生产性能一般都能提高 30% 以上，因此很受欢迎。

1. 外貌特征

体格粗壮结实，体躯深宽高大，呈圆筒状，结构匀称，肌肉丰满，头略长，额宽。毛色为黄白花或淡红白花，头、胸、腹下、四肢及尾帚多为白色，皮肤为粉红色，头较长，面宽；角较细而向外上方弯曲，尖端稍向上。颈长中等；前躯较后躯发育好，胸深，尻宽平，四肢结实，大腿肌肉发达；鼻镜肉色，乳房发育好，乳区匀称，乳静脉发育良好。成年公牛体重平均为 800～1 200kg，体高 142～150cm；成年母牛体重 650～800kg，体高 130cm。犊牛出生重 30～45kg。

2. 生产性能

西门塔尔牛乳、肉用性能均较好，平均泌乳量为 4 070kg，乳脂率 3.9%。在欧洲良种登记牛中，年泌乳量 4 540kg 者约占 20%。该牛生长速度较快，日均增重可达 1.35～1.45kg 以上，生长速度与其他大型肉用品种相近。胴体肉多，脂肪少而分布均匀，肉质好，公牛育肥后屠宰率可达 65% 左右。

（七）德国弗莱维赫牛

即德系西门塔尔牛，是德国乳牛育种专家们经过多年的系统选育，使得德系西门塔尔牛成为真正的乳肉兼用品系。该品系的主要特征是遗传稳定，母牛产乳性能好，公牛育肥能力强，耐粗饲，抗病力强。目前德系西门塔尔牛平均泌乳量为 6 768t，平均乳脂率 4.15%，平均乳蛋白率 3.50%，公牛平均出生重为 40kg，18～19 月龄体重可达 700～800kg，平均日增重在 1 400kg 以上。

(八) 更赛牛

原产于英国更赛岛，1877 年成立更赛牛品种协会，1878 年开始良种登记。19 世纪末开始引入我国，1947 年又引入一批，主要饲养在华东、华北各大城市。目前，在我国纯种更赛牛已绝迹。

1. 外貌特征

更赛牛属于中型乳用品种，头小，额狭，角较大，向上方弯；颈长而薄，体躯较宽深，后躯发育较好，乳房发达，呈方形，但不如娟姗牛的匀称。被毛为浅黄或金黄，也有浅褐色个体；腹部、四肢下部和尾帚多为白色，额部常有白星，鼻镜为深黄或肉色。成年公牛体重 750kg，成年母牛体重 500kg，体高 128cm。犊牛出生体重 27 ~ 35kg。

2. 生产性能

1992 年美国更赛牛登记的牛平均泌乳量为 6 659kg，乳脂率为 4.49%，乳蛋白率为 3.48%。

更赛牛以高乳脂、高乳蛋白以及乳中较高的胡萝卜素含量而著名。同时，更赛牛的单位乳量的饲料转化效率较高，产犊间隔较短，初次产犊年龄较早，耐粗饲，易放牧，对温热气候有较好的适应性。

第二节　乳牛挑选和体况评分

一、高产乳牛的挑选

(一) 根据乳牛品种

当前全世界乳牛品种，主要有荷斯坦牛（又称黑白花牛）、娟珊牛、更赛牛、爱尔夏牛及瑞士褐牛。我国饲养乳牛品种中 95% 以上是中国荷斯坦牛（中国黑白花牛），此外还有新疆褐牛、三河牛及草原红牛等。荷斯坦牛属大体型乳牛，泌乳量最高，年产万 kg 以上的牛群比较多见，我国最高牛群已达 8 773.2kg，美国个体泌乳量最高的一头母牛里斯达 365d 泌乳量已达 30 833kg，乳脂率 3.3%。所以，为了获得乳牛高产，首先应选择荷斯坦牛，在饲养条件较差的地区，也可选择其他品种。

(二) 根据泌乳成绩

测定牛的泌乳量和乳脂率两项指标（有的还测定乳蛋白率）是挑选高产牛最重要的依据。生产者对每头泌乳牛每个月测量一次泌乳量和乳脂率，两次测定的间隔时间不能少于 26d，不能长于 35d。乳牛在正常情况下，一年产犊一次，产前停乳 2 个月，所以一个泌乳期泌乳时间规定为 305d，高产牛也可为 365d。从遗传学角度讲，泌乳量和乳脂率呈负相关。泌乳量越高，乳脂率越低。所以挑选高产牛，除根据泌乳量外，对乳脂率更应重视。对低乳脂率的公牛千万不可选作种用。其次，高产牛还有个特点，分娩后，泌乳高峰期出现比低产牛晚（高产牛一般在分娩后 56 ~ 70d；低产牛为产后 20 ~ 30d），而且高峰期持续时间较长（100d 左右）；高峰期过后，高产牛泌乳量下降趋势比低产牛缓慢；泌乳末期，低产牛一般自动停止泌乳，而高产牛则泌乳不止。如果购买乳牛，购买者必须查阅欲购牛的泌乳记录或现场观察泌乳实况。

（三）根据体型外貌

乳牛体型外貌的优劣与其泌乳成绩关系非常密切，挑选好的体型外貌，特别是好的乳房及肢蹄对提高泌乳成绩十分重要。正常高产牛体型必须有这样的特点：体格高大、强壮，母牛颈要长而清秀，与肩部结合自然平滑，耆甲要长，肩部与体壁贴紧又有适当倾斜；中躯容积多，胸部要肋骨长，弯曲开张适度，肋间隙宽，胸部宽深，背腰部要求长直而宽平，与各部位结合良好；后躯特别发达，尻部要求宽而略有倾斜，整体呈楔形，外貌清秀，轮廓分明，棱角清楚，同时骨骼坚实而细致；毛色黑白花（也有很少部分是红白花），毛短，皮薄且富于弹性；乳用体型明显，乳房附着结实；肢蹄强壮，乳头大小适中。具体的要求是：

1. 体重体尺

美国荷斯坦成年公牛体重为1 100kg，体高160cm，成母牛分别为650kg和140cm；我国北方荷斯坦牛成母牛体高为136cm，南方体高为130cm。

2. 整体呈三角形

即从前望，以耆甲为顶点，顺两侧肩部向下引二条直线，这二条直线越往下越宽，呈三角形；从侧面看，后躯深，前躯浅，背线和腹线向前伸延相交呈三角形；从上边向下看，前躯窄，后躯宽，两体侧线在前方相交也呈三角形。

3. 乳房

乳房是最重要的功能性体型特征，乳房体积大且结构匀称，基部应前伸后延，前乳房良好且向腹前延伸，后乳房向股间的后上方充分延伸，呈浴盆状，且与身体附着良好。四个乳区分明、匀称，后乳区高而宽，手感弹性好。乳房大而不下垂，乳房弹性较好，挤乳前后体积变化大，挤乳前乳房充盈，挤乳后变得柔软，并形成许多皱纹，这种乳房腺体组织发达，乳静脉弯曲粗大而明显，乳井大而深，泌乳能力高。乳头垂直呈柱形，间距匀称。桃状、馒头状乳房次于浴盆状，而山羊乳房、悬垂乳房都是严重的缺陷乳房，在选牛时应当淘汰。此外还要注意乳头的形状和长短是否便于机器挤乳。

4. 肢蹄

肢蹄对保证乳牛健康状况有重要意义，尤其后肢更为重要。母牛生殖器官及乳房均在后躯，需要坚强的后肢。肢蹄要坚固有力，蹄部与小腿结合部的角度不宜过大或过小。蹄的质地要坚实、致密、里外侧蹄大小相等，整个蹄近似圆形。前后肢有力灵活，后肢飞节处弯曲适当，这样的乳牛腿蹄部的耐力大。要仔细观察牛的步态和蹄型，蹄型异常的牛常有肢蹄病。对于圈舍饲养的乳牛，肢蹄病很易发生，会直接影响乳牛的泌乳性能和使用期限。

5. 精神状态和食欲

健康的乳牛一般眼睛明亮有神，食欲良好。皮毛光亮，身体发育良好，步态轻盈。有病的奶牛眼无神，有时弓背、头顶柱子、喜卧，皮毛散乱，发育不良等。

（四）根据系谱谱系

包括内容有：乳牛品种、牛号、出生年月日、出生体重、成年体尺、体重、外貌评分、等级、母牛各胎次泌乳成绩。系谱中，还应有父母代和祖父母代的体重、外貌评分、等级，母牛的泌乳量、乳脂率、等级，另外牛的疾病和防检疫、繁殖、健康情况也应有详细记载。根据上述资料挑选高产奶牛很重要，不可忽视。如购买乳牛，必须采取防疫措施，避免传入疾病，特别是结核病、布病、钩端螺旋体病、滴虫病以及乳房炎等。

（五）根据年龄与胎次

年龄与胎次对泌乳成绩的影响甚大。在一般情况下，初配年龄为16～18月龄，体重应达成年牛70%。初胎牛和2胎牛比3胎以上的母牛泌乳量低15%～20%；3～5胎母牛泌乳量逐胎上升，6～7胎以后泌乳量则逐胎下降。根据研究，乳脂率和乳蛋白率随着乳牛年龄与胎次的增长略有下降。所以，为使乳牛或乳牛群高产，生产者必须注意年龄与胎次的选择。一个高产牛群如果平均胎次为4胎，其合理胎次结构为：1～3胎占49%，4～6胎占33%，7胎以上占18%。判断牛的年龄主要依据牛的牙齿，选购乳牛尽量选初产到5岁左右的牛，最好是头胎乳牛。

（六）详细的妊娠检查

挑选一头健康、泌乳能力好的乳牛，一般都要做一次详细的妊娠检查，确定是否怀孕和怀孕时期，因为在乳牛群体中约有7%的牛存在繁殖障碍。如养殖场有详细的妊娠记录，则要认真检查；否则一定要请专业技术人员进行妊娠检查。

二、体况评分

（一）乳牛体况评分的意义

乳牛主要的生产目的是产乳，从利用顺序上看，维持需要是第一位，其次是繁殖后代（产乳最初也是为繁衍后代），自身增重处于营养分配的最后位置，这就是在客观上要求对乳牛的体膘加以控制以期达到合理营养的目的，体况评分正是乳牛是否饲养得当的客观反映。为了保持正常的繁殖机能和健康就必须对体况加以调整，因为现已证明体况和乳牛的繁殖机能及健康状况有着密不可分的关系。在集约化管理的条件下会出现体况与生理要求偏离或远离的情况，结果导致抗病力下降和繁殖障碍，为此生产上迫切需要对牛群的体况进行定期的监测，这是乳牛营养与健康管理中的一项重要措施。

（二）乳牛体况评分标准

乳牛体况评分标准细则见表2－1。

表2－1 乳牛体况评分标准细则

分值 评分部位	1	2	3	4	5
脊峰	尖峰状	脊突明显	脊突不明显	稍呈圆形	脊突埋于脂肪
两腰角之间	深度凹陷	明显凹陷	略有凹陷	较平坦	圆滑
腰角与坐骨	深度凹陷	凹陷明显	较少凹陷	稍圆	丰满呈圆形
尾根部	凹陷很深，呈“V”形	凹陷明显，呈“U”形	凹陷很少，稍有脂肪沉着	脂肪沉着明显，凹陷更小	无凹陷，大量脂肪沉积
整体	极度消瘦，皮包骨之感	瘦但不虚弱，骨骼轮廓分明	全身骨节不清晰，胖瘦适中	皮下脂肪，非常明显	过度肥胖，沉积明显

（三）体况评分的方法

体况评分是根据目测和触摸尾根、腰角（髋结节）和脊柱（主要是脊突和短肋）及肋骨等关键骨骼部位皮下脂肪覆盖程度而进行的直观评分。评定时可将乳牛拴于牛床上，饲养者通过对上述评定部位的目测和触摸，结合整体印象，对照标准给分。评定时间可选在干乳期（产犊前）、泌乳高峰期和泌乳中后期。各泌乳阶段对体况评分有客观要求，因此，不能仅仅依据泌乳量决定精料的给量而必须结合体况综合考虑。

（四）根据体况管理牛群要点

①乳牛在产犊后体况评分下降的幅度不应超过1.5分，为此，在乳牛早期泌乳阶段应该最大限度地增加采食量。

②在泌乳中期应该给乳牛提供额外的饲料以使乳牛逐渐恢复体膘。调整乳牛体况一个关键时期就是乳牛产后第225～250d，调整的方法是对偏瘦牛补喂优质粗饲料和适当增加精料，因该阶段代谢能转化成体沉积效果高。

③在干乳期要求乳牛的体况评分既不增加，也不减少，保持体况和产犊前的体况相一致。如果干乳期乳牛过肥，则应在泌乳中期复膘阶段控制增重；如果乳牛体况太差，可提前转入处于临产期的乳牛群。

（五）乳牛在各关键时期适宜的体况评分及变动范围（表2－2）

乳牛在各关键时期适宜的体况评分及变动范围参考值见表2－2。

表2－2　乳牛关键时期评分标准

乳牛种类	评分时间	体况评分	变动范围
产乳牛	产犊	3.5	3.0～4.0
	泌乳高峰	2.0	1.5～2.0
	泌乳中期	2.5	2.0～2.5
	干乳期	3.5	3.0～3.5
青年牛	6月龄	2.5	2.0～3.0
	第一次配种	2.5	2.0～3.0
	产犊	3.5	3.0～4.0

（六）各关键时期体况偏离正常的原因与对策

乳牛各关键时期评分偏离的原因见表2－3。

表2－3　乳牛各关键时期体况偏离正常的可能原因

阶段	评分	原因	后果	措施
干乳期及产犊	>3.5	干乳期太长或脂肪沉积太多	食欲差、易发生产后综合征、产乳潜力发挥不出来	降低泌乳后期和干乳期精料量，按时干乳
	<3.5	干乳期掉膘	体贮不足，影响高峰期泌乳量	增加日粮能量、蛋白质水平
泌乳盛期	>3.0	泌乳潜力未发挥或低产牛	影响泌乳量	提高日粮蛋白水平
	<2.0	产犊时乳牛太瘦或在早期失重过多	不能达到泌乳高峰，第一次配种受胎率低	提高日粮能量浓度和增加采食量

（续表）

阶段	评分	原因	后果	措施
泌乳中期	>3.5	泌乳量低，饲喂高能日粮太长	泌乳后期进一步发胖，下一产易发生酮病和脂肪肝	降低精料量或换泌乳后期料
	<2.5	未能恢复在泌乳早期失去的体重	影响泌乳量和繁殖率	继续使用泌乳盛期料
泌乳后期	>4.0	精料用量太多	易发生难产，影响繁殖性能	减少精料喂量
	<3.0	泌乳早期失重过度或能量水平偏低	长期营养不良，高产牛变成低产牛	检查日粮营养水平，增加精料量

（七）干乳牛体况的重要性

分娩时的体况或营养状态决定了下一个泌乳期的泌乳量。实践证明，干乳牛的体况评分为3.5分时下一胎可多产20kg乳；干乳牛的体况评分为4.0分时下一胎牛只可增加10kg乳；当干乳牛过于肥胖（超过4.5分）时不但造成下一个泌乳期泌乳量下降，而且容易引起脂肪肝和酮病等代谢性疾病。因此，在泌乳中后期适当增重和在干乳期保持理想体况非常关键。

第三节　牛的生物学特性

一、牛的主要生理指标

（一）血液指标

血液组成与动物机体的新陈代谢密切相关，初生犊牛机体内代谢速率比成年牛强。随着年龄的增长，牛血液中的白细胞、红细胞以及血红素含量相对降低，这主要是与机体的代谢速度减慢有关（表2－4）。

表2－4　牛各时期的血液素和体重指标

指标	初生	6月龄	12月龄	24月龄	成母牛
活重（kg）	30～40	170	300	480	550～600
血重（kg）	3.5	13.2	24.6	35.4	47.6
红细胞（亿/ml）	9.24	7.63	7.43	7.37	7.72
白细胞（十万/ml）	7.51	7.61	7.92	7.35	6.42

（二）脉博、呼吸和体温

牛正常体温范围为37.5～39.1℃。初生犊牛脉博70～80次/分，成年牛40～60次/分，泌乳牛和怀孕后期的母牛脉搏比空怀母牛高些。牛的正常呼吸次数为20～28次/分。

二、养分消化利用特点

（一）牛的消化特性

牛的消化器官包括口腔、咽、食管、胃、小肠、大肠及肛门。

1. 口腔

牛的口腔有5个成对的腺体（腮腺、颌下腺、臼齿腺、舌下腺和颊腺）和3个单一腺体（腭腺、咽腺和唇腺）。唾液就是指以上各腺体所分泌液体的混合物，能起到湿润饲料、缓冲作用、营养作用、杀菌和保护口腔以及抗泡沫作用。唾液分泌有两种生理功能，一是促进食糜形成，有利于食物被消化；二是对瘤胃发酵具有巨大的调控作用。唾液中含有大量盐类，特别是碳酸氢钠和磷酸氢钠，这些盐类担负着缓冲剂的作用，使瘤胃的pH稳定在6.0~7.0，为瘤胃发酵创造良好条件。同时，唾液中含有大量内源性尿素，对牛蛋白质代谢的稳衡调控、提高氮素利用效率起着重要作用。据统计，每头牛每天的唾液分泌量为100~200L。

2. 食道

食道指连接口腔和胃之间的管道，由横纹肌组成。成年牛的食道长约1.1m。

3. 胃

牛为反刍动物，有4个胃，即瘤胃、网胃（第二胃）、瓣胃（第三胃）和皱胃（又称真胃或第四胃）。牛胃的容量大，大型牛种成年牛胃的容量可达到200L，最大则可达250L，小型牛为50多L。其中瘤胃的容量占总容量的80%。

（1）瘤胃　瘤胃内存活有数十种细菌和纤毛原虫，可以对牛食入的饲料进行分解并可暂时贮存饲料。

（2）网胃（蜂巢胃）　网胃的右端有一开口通入瓣胃，草料由瘤胃进入网胃再到瓣胃，网胃中在食道与瓣胃之间有一条沟叫食道沟，哺乳时产生反射，牛乳不经瘤网胃直接由食道沟进入瓣胃而后到皱胃。如果牛乳停留在瘤胃内，经微生物发酵后将浪费热能、降低蛋白质质量，也易引起犊牛腹泻。

瘤胃和网胃又称反刍胃，对食入的饲料进行重加工。

（3）瓣胃（百叶）　瓣胃对食靡进一步磨碎，并吸收有机酸和水分，使进入皱胃的食靡更细。

（4）皱胃　皱胃是唯一含有消化腺的胃室，故称之为真胃。

4. 肠道

牛的肠道很发达，成年牛的消化道长度平均56m，其中小肠约40m，大肠10~11m。小肠（十二指肠、空肠、回肠）管腔表面布满伸长的绒毛，形成网络系统；绒毛表面还具有大量的微绒毛，极大地扩展了吸收养分的表面积；有消化腺分泌消化液消化食物。大肠（盲肠、结肠、直肠）有微生物和酶继续消化食物。

（二）养分消化利用特点

1. 瘤胃的消化特点

瘤胃内有大量的微生物和纤毛原虫，每毫升内容物含有微生物5亿~10亿个，含有纤毛原虫50万~200万个。微生物和纤毛虫可消化粗纤维，合成菌体蛋白，合成B族维生素。瘤胃是个发酵罐，具有贮存功能和发酵功能。瘤胃微生物能分解纤维素、提供能量，能完成消化系统90%的工作，提供75%的蛋白质与能量。目前，乳牛饲养中应用全混合日粮技术的目的就是将进入瘤胃的饲料的形态处理成对瘤胃发酵条件最合适的形态，从而使瘤胃发酵处于最佳状态。

2. 真胃和小肠对营养物质的消化

饲料中未被瘤胃微生物分解的蛋白质与微生物一起转移到真胃后在胃蛋白酶和盐酸的作用下进一步消化，进入小肠后在胰蛋白酶、糜蛋白酶、羧基肽酶及氨基肽酶的作用下分解为肽、氨基酸，被肠壁吸收。在能量不足的情况下，氨基酸也会被大量用以产生能量。饲料中未被发酵降解的淀粉进入真胃和小肠后在消化液的作用下分解为葡萄糖而被吸收利用，避免了发酵过程的能量损失。从这一点来看，淀粉在真胃和小肠被消化吸收的能量利用率比在瘤胃降解的效率高。脂肪酸、饲料中未被瘤胃破坏的维生素和瘤胃微生物合成的B族维生素也主要在小肠吸收。

三、牛的行为特性

（一）牛的行为

牛的祖先是野生原牛，原牛每昼夜活动半径可达50km，主要食物是牧草和其他纤维类植物，在变幻无常的自然条件下采食，在安全避风的地方休息、反刍。牛的大多数特征行为都源于自然条件下生活的野生原牛、肉牛或杂种牛。

1. 感觉

在野生原牛向牛进化的过程中，为寻找食物以及与牛群之间进行交流，牛的感觉器官都发育得相当完善。

2. 视觉

牛的视力范围在33～360度，而双眼的视角范围为25～30度。牛能够清楚地辨别出红色、黄色、绿色和蓝色，但对绿色和蓝色的区分能力很差。同时，也能区分出三角形、圆形以及线形等简单的几何形状。

3. 听觉

牛的听觉频率范围几乎和人一样，而且能准确地听到一些人耳听不到的高音调。但由于牛的听觉只能探测远的范围，因而，对那些偏离这个角度范围而离牛体很近的声源发出的声音反而难以听到。

4. 味觉

牛的味觉发达，能够根据味觉寻找食物和使用气味信息与同伴进行交流，母牛也能够通过味觉寻找和识别小牛。味觉对牛选择食物非常重要，牛喜食甜和咸味饲料，但不喜欢苦味和含盐分过多的食物，通过训练能消化大量的含有酸性成分的饲料。

5. 触觉

牛的触觉也很灵敏，能像人一样通过痛苦的表情和精神萎靡等方式将身体的损伤、疾病和应激等表现出来。

（二）牛的消化行为

1. 牛的采食与饮水行为

（1）采食特点　牛采食速度快，匆忙，不细致，咀嚼不充分。喂给整粒谷物时，未被嚼碎的谷物由于密度大沉于瘤胃底而转往第三、第四胃，常常不被反刍，而真胃和小肠对未嚼碎的料又消化不完全，这就易造成饲料浪费（粪便中会见到整粒未消化粒料）。喂给大块块根、块茎类饲料时，则常会发生食道梗阻现象。如果饲料中混有铁钉、铁针、玻璃片等尖锐之物，也常会被吞下，造成胃和心包膜的创伤，易导致网胃炎或心包炎。

就采食饲料种类而言，牛喜食青绿饲料、精料和多汁饲料，其次是优质青干草，再次是低水分青贮料，最不爱吃未经加工处理的秸秆类饲料。就形态而言，牛爱吃2～3cm的颗粒料，最不爱吃粉状饲料。因此，在以秸秆为主喂牛时，应将秸秆切短并拌入精料后饲喂，有条件的也可以将秸秆粉碎后用颗粒饲料机压制成颗粒料饲喂。牛爱吃新鲜饲料，不喜吃在料槽中被长时间拱食、粘上鼻镜液的饲料。因此，给牛添草料时应少添、勤添，及时清扫料槽。

（2）采食时间　牛吃下的食物转移慢，需2～7d才能完成一个消化过程。因此，每昼夜饲喂次数不宜太多，以2～3次为宜。但每次喂量要足，让牛吃饱。食后30～60min开始反刍，每次反刍40～50min。所以，牛全天采食约需5～6h；如果饲料粗糙，如为秸秆类粗料或长草，则采食时间延长，约需8h；气候的变化以及草原牧草的茂密度也会影响放牧牛的采食时间。

（3）采食量　牛的采食量与其体重相关，犊牛随着体重增加采食量会逐渐增大，但相对采食量（采食量与体重之比）则随体重增加而减少。6月龄犊牛的采食量约为体重的3.0%；12月龄则降至2.8%；500kg则为2.3%。此外，饲料的形态和适口性、精料的比例、日粮营养的高低、环境、气候、温度的变化都会对牛采食量有影响。

2. 反刍行为

牛无门齿和犬齿，靠高度灵活的舌把草卷入口中，并借助头的摆动将草扯断，匆匆咀嚼后即吞咽入瘤胃。休息时，瘤胃中经过浸泡的食团通过逆呕重回到口腔，经过重新咀嚼并混入唾液后再吞咽入瘤胃，这个过程称为反刍。反刍活动开始到暂停，进入间歇期，称为一次“反刍周期”。成年牛每天有10～15次反刍周期，每次反刍40～50min，所以，一昼夜反刍时间7～8h。一般晚上反刍时间较白天多，约占2/3。牛睡眠时间较短，因此，可在夜间放牧或喂饲，也能保证有较多的反刍时间。

3. 嗳气

瘤胃寄居着大量的微生物，是饲料进行发酵的主要场所，固有“天然发酵罐”之称。进入瘤胃的饲料在微生物的作用下，不断发酵产生挥发性脂肪酸和各种气体（如CO_2，CH_4，NH_3等）。这些气体由食管进入口腔后吐出的过程称为嗳气。如体重500kg的牛每分钟可产生1L左右的气体，其中，主要是二氧化碳和甲烷。牛嗳气的频率大约是0.6次/min。当牛采食大量带有露水的豆科牧草和富含淀粉的根茎类饲料时，瘤胃发酵急剧上升，所产生的气体超过嗳气负荷时，就会出现臌气，如不及时救治，就会使牛窒息而死。

4. 食管沟反射

食管沟始于贲门，延伸至网瓣胃口，它是食道的延续，收缩时呈一个中空闭合的管子，使食管直接和瓣胃相通。犊牛哺乳时引起食管沟闭合，称食管沟反射。这样可防治乳汁进入瘤网胃中由细菌发酵而引起腹泻。

5. 牛的排泄行为

牛一天一般排尿9次、排粪12～18次。乳牛排泄的次数和排泄量随采食饲料的性质和数量、环境温度以及牛个体不同而异。荷斯坦牛在24h可排粪40kg，而娟姗牛在相同情况下排粪约28kg。乳牛对所排粪便毫不在意，经常行走和躺卧在排泄物上。有证据表明，乳牛可形成模仿性行为，当一头牛排粪或排尿时别的牛可能跟着排泄。

（三）牛对外界环境的适应性

1. 牛对外界环境温度的适应性

牛体型较大，单位体重的体表面积小，皮肤散热比较困难，因此，牛比较怕热，但具有较强的耐寒能力。牛适宜的环境温度10～20℃（犊牛10～24℃），最适宜的环境温度为10～15℃（犊牛17℃），耐受范围为－15～24℃。未经改良的某些牛比如牦牛，只适应在海拔3 000m以上的高寒地带。水牛比较适应潮湿、低洼地区，它的汗腺不发达，夏季一般需下水散热。荷斯坦（黑白花）乳牛对温度的适应范围是0～20℃，最适温度范围是10～16℃，不会对乳牛泌乳量有影响。高温与低温相比，乳牛对高温更为敏感，当气温高于28℃时乳牛将会产生热应激，泌乳量将下降。乳牛长时间暴露于高温环境之中就会表现出呼吸加快，饮水增多，食欲不振，采食量会大幅度下降，乳牛的泌乳量明显下降。乳牛在30℃条件下饮水量较18℃增加29%，粪内水分下降33%，而经尿、皮肤和呼吸蒸发的水分增加15%、59%和50%。欧洲品种的乳牛在外界气温为21～27℃时泌乳量开始逐渐减少，超过29℃时泌乳量急剧下降，超过40℃时泌乳停止。高温对牛的繁殖性能也有很大的影响，公牛的精液品质降低，母牛的受胎率会下降。因此，生产中必须采取防暑降温措施以减少高温对牛的影响，并避免在盛夏时采精和配种。

2. 湿度

气温在24℃以下，空气湿度对乳牛的泌乳量、乳成分以及饲料利用率都没有明显影响；但当气温超过24℃时，相对湿度升高，乳牛泌乳量和采食量都下降；高温高湿条件下，乳牛泌乳量下降，乳脂率减少。

3. 应激

应激是指环境因素突然发生变化，或因疾病、药物、管理不当等的影响引起乳牛生理上的不适应而造成生产性能降低的现象。乳牛的各种应激会较一般牛强烈，泌乳期较干乳期强烈，升乳期较平稳期和降乳期强烈，成年牛较幼牛强烈。空怀又不产乳的牛以及育成牛（6～24个月）应激反应最轻。环境噪声会对乳牛产生不良反应，例如，鞭炮、载重汽车、火车和重型机械的轰隆声、气笛、喇叭的尖鸣声都会造成采食下降、泌乳量降低，乳牛长期饲养在这样的环境下，不但减产还会缩短使用年限。运输也会使乳牛产生应激，运输过程中乳牛处于高度惊恐状态，哞叫、呼吸、脉搏加快、四肢肌肉紧张，以致不协调，反刍停止，甚至嗳气停止造成慢性瘤胃臌胀。高产牛特别是升乳期牛、过胖过瘦牛的应激尤为严重。个别牛运输后各机能均紊乱，卸车后不吃不喝，继而卧地不起，最终死亡。育成牛的反应较缓，事后均能调养恢复。

（四）牛的其他特性

1. 护幼特性

一般母牛均有护幼的特性，未生产过的未成年牛（一般指头胎产犊之前）、成年牛（经产牛）通常不会对其攻击，即使攻击也是极轻微的，不致造成损失，所以，头胎牛提早转至产乳牛群为宜。

2. 群体行为

个体与同伴之间的任何活动均可称为群体行为。和其他群居类动物一样，牛的群体行为发展得很完善。当个别牛受到惊吓哞叫时，会引起群体骚动，一头牛越栏时，其他牛会跟随。具体可以分为攻击性行为（如：打斗和相互威胁等）和非攻击性行为（如相互舔毛等）。

（1）交流行为　牛的个体都可以通过传递姿势、声音、气味等不同信号来进行与同类之间的交流，但大多数行为模式都需要一定的学习和训练过程才能准确无误地掌握。这种学习过程通常只发生在一生中的某个阶段，如果错过这个阶段，则无法建立这种相似的行为。如将初生牛只隔离 2 ~3 个月，会发现它们将很难与其他犊牛相处。

（2）个体空间的需求　生物的空间需求分为身体空间需求和群体空间需求。牛自身活动（如躺卧、站立和伸展等）所需要的空间为身体空间需求。群体空间需求则指牛和同伴之间所要保持的最小距离空间。如果这种最小的空间范围受到侵犯，牛会试图逃跑或对“敌对势力”进行攻击。牛所需的空间范围一般以头部的距离计算。通常在放牧条件下，成年母牛的个体空间需求为 2 ~4m。如果密度过大限制了自由移动，牛只可能就会产生压力，并表现出相应的行为。在对漏缝地板饲养的青年牛和小公牛的研究表明，增大饲养密度可导致其攻击性和不良行为（如卷舌、对其他物体和牛只的舔舐活动）相应的增加。舍饲散养饲养条件下，将走道宽度由 2m 减小到 1.6m 时，乳牛的攻击性行为将会大大增加；如果乳牛不能在身体相互不接触的条件下通过走道，就会将休息牛床作为“通行空间”和“转弯空间”来加以利用。因而在牛场设计时，考虑牛的空间需要是很有必要的。

（3）群居性与优势序列　牛喜群居，牛群在长期共处过程中通过相互交锋可以形成群体等级制度和优势序列。这种优势序列在规定牛群的放牧游走路线，按时归牧，有条不紊进入挤乳厅以及防御敌害等方面都有重要意义。在自然（野生）条件下，一个牛群通常由公牛、母牛、青年牛和犊牛组成，而超过 10 ~12 月龄的小公牛就会被从这个群体中赶走。牛只在群体行为的基础上会建立起优势序列，这种主次关系就是牛只“社会地位”的群体位次关系，每头牛都清楚地“知道”自己在这个群体中的“社会地位”。这种关系会在乳牛成长发育阶段逐渐形成，在野生条件下，这种关系通常非常稳定，通过这种方式，牛群就能够正常、有序、协调地生活。为了维持这种位次关系的稳定和减少牛群间不必要的麻烦和争斗，就要尽量避免牛群成员的变化和更替。然而，如果这种更替避免不了的要发生，最好一次同时更替几头牛，牛群重组后再重新排序，建立稳定的位次关系。牛只的排序通常由其年龄、体重、脾气以及在牛群中的资历等因素决定。通过这种方式，年长和体型大的牛只通常会拥有较高优势地位，而年幼、体轻和新转入群体内的母牛的地位较低。因而在舍饲散放饲养模式下，特别是饲养条件不是很理想的情况下，年轻、体型小和头胎母牛的泌乳量一般较低。如果少数牛只被隔离很长一段时间，这种位次关系就得重新建立。如果牛体经常相互接触而不发生激烈的冲突，已经建立的位次关系就能够稳固的维持几年时间，少量威胁和主动躲避行为不会对这种位次关系产生影响。目前，对最优的乳牛组群规模应该是多少没有确切的结论，但多数研究认为，最大的成乳牛群应在 70 ~80 头，如果规模再大它们就不能相互识别，因而可能会导致牛只之间的冲突增加和升级，而对青年牛和犊牛的最优牛群规模大小还有待更多的研究。

（4）攻击性行为　牛之间的攻击性行为和身体相互接触主要发生在建立优势序列（排定位次）阶段，正面（头对头）的打斗是最具攻击性的，而以头部撞击肩与腰窝等部位也非常激烈。一旦这种位次关系排定之后，示威性行为将成为主导。向对方表现出顶撞和摆头行为可能会导致示威行为的升级，从而演变为相互攻击。如果诸如食物、饮水和躺卧位置等资源条件受到限制，可能会激发牛之间大量的、剧烈的攻击性行为。因此，乳牛应在犊牛时期进行断角，以免造成更大的伤害。

（5）躺卧行为　牛有明显的生理节律，其休息、采食和反刍等主要行为会按照一个固定的模式交替进行。同时，牛又是群居动物，因此，一群成年牛有时会在同一时间进行相同的行为活动。这种生理节律是很难改变的，因此，在舍饲饲养过程中就可能会引起问题，例如在乳牛场设计时，自动挤乳设施或者饲料通道等都是以个体行为模式为依据来进行设计的，而没有充分考虑到乳牛群居的习性和行为的统一性，从而导致数量和面积等指标相对较小，限制了乳牛的部分行为和活动。

与其他活动相比，乳牛的躺卧行为具有优先权。犊牛每天的躺卧次数为 30 ~ 40 次，总时间达到 16 ~ 18h。乳牛的躺卧时间会随着年龄的增大而减少，成年母牛每天的躺卧时间约为 10 ~ 14h，躺卧次数为 15 ~ 20 次。乳牛打盹（轻睡）要比深睡时间长，甚至可以在站立和反刍的时候打盹。长时间的休息行为包括反刍、打盹和深睡。乳牛的躺卧时间一般会持续 0.5 ~ 3h。白天或晚上的中部时段是躺卧持续时间最长的阶段，在此期间，乳牛在起立和进行身体伸展之后又会躺下（通常会用身体的另一侧着地）。乳牛一生中超过一半的时间是在躺卧休息，一头成年母牛每年躺卧和起立的次数一般为 5 000 ~ 7 000次。乳牛的躺卧时间和次数决定于年龄、热循环和健康状况，另外，还会受天气、牛床质量、饲养工艺方式和饲养密度的影响。

3. 公牛的防卫行为

公牛会对陌生人畜主动攻击，尤其是让它感到安全受威胁时，反应更为强烈，所以公牛宜饲养在离生活区较远、远离交通要道的地方，不允许陌生人畜随便接近公牛，不允许饲养人员逗弄小公牛以及参与兽医防疫等操作。各种牛以乳用牛的此特性最强烈，其中，又以荷斯坦牛为最，此特性从性成熟（周岁前后）开始表现，随年龄增加而强烈，4 周岁以后构成人身威胁，必须加以注意，以免人身事故发生。

4. 记忆力强

牛的记忆力很强而且也是较聪明的动物，能很快熟悉并接受新环境。例如牧区游牧牛群与畜主能建立牢固的相认，在转移牧地后仍环绕畜主的帐篷为中心牧食，经数天之后即能白天外出牧食，晚上回到畜主帐篷周围。乳牛也具有此特点，可训练乳牛固定槽位。只要把它在指定槽位拴上 2d 即能领会人的要求，认定自己的槽位。

5. 生殖特性

牛是常年发情的家畜，发育正常的后备母牛在 18 月龄时就可以进行初配。母牛发情周期为 21d 左右，妊娠期为 280d。种公牛一般从 1.5 岁开始利用。

6. 食物特性与消化率

牛是草食动物，放牧时喜食高草。在草架上吃草有往后甩的动作，故对饲草的浪费很大。应根据这一采食行为采取合适的饲喂设施和方法。牛喜食青绿饲料和块根饲料，喜食带甜、咸味的饲料，但通过训练能大量采食带酸性成分的饲料。

熟练掌握乳牛的各种特性，在饲养管理中加以研究并应用到乳牛的生产实践中，有利于饲养管理整体水平的提高和获得高的经济效益。

（五）反刍的作用和适宜的瘤胃内环境指标

1. 反刍的作用

一是重新咀嚼粗饲料，有利消化。二是分泌和吞噬唾液，防止瘤胃酸度下降。一头牛每天可分泌130～150L的唾液，唾液的pH值为8.5，呈碱性，内含1.5kg的碳酸氢钠。此外，反刍还是观察有效纤维采食量的办法。正常的反刍现象表现为采食后1～2h出现反刍，每天反刍4～24次，每次10～60min，每天反刍时间约7h。

2. 反刍的观察

采食后1～2h至少应有60%的母牛反刍。若反刍牛只少于60%，则表示有效纤维的采食量不足。在夏季特别要每天观察乳牛采食后的反刍现象，以监控有效纤维的采食量。舍饲乳牛在采食或喂料后1～2h应有80%的牛只在反刍或继续采食。

3. 适宜的瘤胃内环境指标

pH值应在6.4～6.8，适宜的纤维物质降解要大于6.2，最佳的微生物蛋白合成为6.3～7.4，理想的B族维生素合成要大于6.4，理想的脲酶活性为7～9，乳酸发酵的适宜范围在5.9～6.2，VFA（挥发性脂肪酸）比例为乙酸50%～60%，丙酸18%～20%，丁酸12%～18%。

第三章　乳牛的营养与饲料

第一节　乳牛的消化

一、采食

乳牛采食的时间随饲草质量、长短、气候变化而变化。在自由采食的情况下，全天采食时间为6～8h。乳牛的采食量与其体重密切相关，总体而言，体重增加，则采食量增加。但是，相对采食量随体重而减少，例如，犊牛2月龄时干物质日采食量为其体重的3.2%～3.4%，6月龄时为体重的3.0%，膘情好的牛相对采食量低于膘情差的牛。

牛对切短的干草比长干草采食量大，但对草粉采食量最少，把草粉制成颗粒饲料后，采食量可以增加50%。日粮营养不全面时，牛的采食量减少。若在日粮中逐渐增加精料，牛的采食量会随之增大，但精料量占日粮30%以上时对干物质的采食量不再增加；若精料量占日粮70%以上时则采食量随之下降。日粮中脂肪含量超过6%时瘤胃对粗纤维的消化率下降，超过12%时食欲受到抑制，采食量减少。环境安静、群饲、自由采食及适当延长采食时间等均可增加牛的采食量。饲草饲料的pH值过低时（如青贮水分过大）会降低牛的采食量。同时，采食时间随温度变化一样，采食量亦随温度而变化。环境温度从10℃逐渐降低时，可使牛对干物质的采食量增加5%～10%。当环境温度超过27℃时，牛的食欲下降，对干物质的采食量随之减少。

二、瘤胃内碳水化合物的消化

乳牛采食的饲料中75%～80%的干物质以及50%以上的粗纤维是在瘤胃内消化的。瘤胃微生物如细菌和纤毛虫与宿主彼此之间存在共生关系。饲料中的碳水化合物经瘤胃发酵产生挥发性脂肪酸（VFA），包括乙酸、丙酸、丁酸，它是反刍动物最大的能源。正常情况下，乙酸占50%～65%，丙酸占18%～25%，丁酸占12%～20%。VFA之间的比例受日粮中精粗料比例、粗饲料形态的影响。当日粮粗饲料比例减少或粗料太细时，丙酸比例增加而乙酸比例降低。若乙酸比例下降到50%以下，乳中脂肪含量降低而体脂肪沉积增加，这对于育肥牛有好处，而对乳牛是不利的（因为反刍动物体内的葡萄糖不能参加到乳脂肪酸分子中）。此外，碳水化合物的可发酵程度、饲料在瘤胃中停留时间的长短、唾液分泌的多少都影响发酵。

由此可见，养乳牛精料不能过多，粗料不能加工太细，但这也并不是说不能用精料或粗料越长越好。用粗料含量高的日粮饲喂乳牛，只能获得较低的产量，因为食入的可消化能太少，而能量损失较大（主要是产生的甲烷）。如果想使泌乳量达到6 000～7 000kg或者更高，必须供给乳牛较多的精料，至少占总营养价值的40%。但随着精料量增多，粗料量减少，会导致瘤胃内容物pH值降低，正常瘤胃微生物区系改变，丙酸比例增高，乳脂率下降，而且pH值下降也容易造成胃溃疡等，有时甚至发生酸中毒。要使乳牛适应高精料水平的日粮，获得高的泌乳量，就要控制瘤胃发酵，如向日粮中添加缓冲化合物，如碳酸氢钠和氧化镁等，以使瘤胃内容物维持适宜的pH值，各种挥发性脂肪酸间保持适宜的比例。据实验在精料较多的日粮中添加碳酸氢钠等缓冲化合物不仅可使乳脂率提高，而且也提高了泌乳量，原因主要是缓冲化合物还能使其对饲料干物质采食量增加，并提高消化率。有试验表明日粮中添加碳酸氢钠和氧化镁混合剂可使有机物消化率由69%提高到72%，纤维素消化率由36%提高到48%。碳酸氢钠的添加量可为日粮干物质的0.8%或精料量的1.5%～2.0%，氧化镁为总干物质的0.4%。

三、如何提高粗饲料的消化率

（一）物理或化学处理

如切碎、氨化或碱化处理。

（二）增加氮素营养

在日粮粗蛋白含量较低的情况下，适量添加非蛋白氮（NPN），如尿素、双缩脲等，可提高菌体蛋白合成和纤维素的消化率。

（三）提高必要的可发酵碳水化合物

（四）控制脂肪的含量

过量的脂肪对瘤胃内纤维素的消化有抑制作用。

（五）添加无机盐

满足细菌无机盐的营养，同时保持瘤胃内pH值、渗透压和稀释率的稳定性。

（六）精粗比

精料比例太高（超过60%）影响纤维素的消化。

四、瘤胃内蛋白质的消化

根据饲料蛋白在瘤胃内的代谢不同分为两类，即降解蛋白和非降解蛋白，前者被分解为氨，氨可被瘤胃细菌合成菌体蛋白。后者不变化，越过瘤胃直接到达皱胃和小肠，也称过瘤胃蛋白。根据过瘤胃值的大小分为3类：一是过瘤胃值低（<40%）的原料有豆粕、花生粕等；二是过瘤胃值中等（40%～60%）的原料有棉粕、苜蓿粉、玉米等；三是过瘤胃值高（>60%）的原料有鱼粉、血粉、肉粉、羽毛粉等。

瘤胃内既有蛋白质的分解又有蛋白质的合成。瘤胃内蛋白质发酵的有利一面是既能将品质差的蛋白质转化为生物价值高的菌体蛋白，同时也能将尿素等非蛋白氮转化为菌体蛋白。但不利的一面是饲料蛋白通过瘤胃被微生物分解形成大量的氨而损失，尤其是优质蛋白质。如果过瘤胃蛋白质利用率按85%计算，那么通过转变为菌体蛋白再经过肠道吸收，其利用率只有50%左右，所以，必须设法降低优质蛋白质和氨基酸在瘤胃中的降解度。其方法有：一是热处理即豆粕、棉粕、菜饼等经过热榨工艺，粗蛋白的降解率降低。二是甲醛处理，即甲醛对蛋白质具有保护作用，在瘤胃中的降解率明显下降。三是鞣酸处理即抑制蛋白质分解，促进三种蛋白氮的利用。

五、牛对维生素和矿物元素的需求特点

瘤胃微生物可合成 B 族维生素和维生素 K，无需从饲料中供应。需要从饲料中供给的维生素只有 A、D、E3 种。乳牛对矿物元素钴和硫有特殊需求，因为缺钴影响 B_{12}的合成，从而影响蛋白质代谢；缺硫则影响瘤胃细菌合成含硫氨基酸。只有微生物正常生长繁殖所需的能源、碳源以及温度和 pH 值等条件都得到满足，才能保证瘤胃最佳活动状态。由于日粮类型会改变瘤胃微生物区系，所以改变日粮类型时应逐渐进行，使各种类型的微生物逐渐调整比例，以免引起消化系统紊乱。

六、瘤胃发酵控制

控制的目的在于减少发酵过程中养分损失。通过改变发酵类型，可以预防疾病，并且提高牛乳的产量和质量。采取适当措施使营养物质特别是蛋白质和淀粉通过瘤胃直接进入真胃和小肠。常用的化学物质有：一是离子载体，如瘤胃素等。可使丙酸产量提高而乙酸和丁酸产量降低，降低饲料蛋白的降解率。二是卤代化合物，如多卤化醇，多卤化醛等。抑制瘤胃中甲烷的产生，减少能量损失。三是缓冲物质，如碳酸氢钠和氧化镁，调节瘤胃酸碱平衡和渗透压稳定。

第二节　乳牛常用饲料的分类

饲料的分类主要依据饲料的来源、形状、化学成分和营养价值等进行综合性分类。随着信息技术的发展，为了建立饲料数据信息系统，我国在 20 世纪 80 年代初开始建立了饲料编码分类系统。奶牛饲料大致分为粗饲料、精饲料、矿物质饲料、维生素饲料和特殊类饲料五大类。粗饲料主要包括农作物秸秆、饲草（干草）、青贮饲料；精饲料包括能量饲料和蛋白饲料；矿物质饲料包括钙、磷、铜、铁、锰、锌等；维生素饲料主要是脂溶性类维生素如 V_A、V_D、V_E，矿物质饲料和维生素类饲料又称为添加剂类饲料；特殊类饲料主要指胡萝卜等多汁类、糟渣类饲料。饲养乳牛以粗饲料、青贮饲料、能量饲料、蛋白饲料为主，同时配合矿物质饲料和添加剂。合理利用这些饲料资源，对于缓解粮食不足，充分发挥乳牛的生产潜力，具有重要作用。

一、粗饲料

（一）粗饲料的种类

饲料的干物质中粗纤维含量大于或等于 18%（CF/DM≥18%）的饲料统称为粗饲料。粗饲料是粗纤维含量高、体积大、营养价值相对较低的一类饲料。粗饲料来源极广，主要包括干草、农作物秸秆（包括秕壳、藤蔓、荚壳）、青绿饲料、青贮饲料等。

1. 干草

干草是指经刈割后晾干或人工干燥而成的，水分含量小于 15% 的野生或人工栽培的禾本科或豆科牧草，其营养价值高，是牛的主要粗饲料。如野干草（秋白草）、羊草、黑麦草、苜蓿等。青干草品质的优劣通常与植物种类、生长阶段、调制方法、贮存条件等密切相关。与自然干燥相比，人工脱水法调制的青干草其养分损失程度大大减少。

青干草是青草在尚未结籽以前刈割，经天然晾干或人工干燥而成的禾本科、豆科干草。优质的干草呈绿色、多叶、柔而韧、适口性好，含粗蛋白质、胡萝卜素、V_D、V_E 及丰富矿物质，是牛的重要饲料。干草粗纤维含量为 20% ~30%，所含能量为玉米的 30% ~50%。禾本科干草粗蛋白质含量为 7% ~13%，豆科干草粗蛋白质含量为 10% ~21%。苜蓿干草钙含量为 1.29%，禾本科干草一般仅为 0.4%。干草是牛重要的基础饲料，在喂牛时可让其自由采食。不可饲喂发霉腐烂、含有毒植物的干草。气味清爽、绿色均匀的干草质量好，最适宜喂牛。

2. 农作物秸秆

农作物秸秆是指农作物收获后的秸、藤、蔓、秧、荚、壳等。如麦草、玉米秸、稻草、谷草、花生藤、甘薯蔓、马铃薯秧、豆秸、豆荚等，秸秆的木质化程度较高，粗纤维含量较高，NDF 含量达 60% ~75%，蛋白质缺乏，消化率低，营养价值比干草低。秸秆有干燥和青绿两种。

（1）秸秆　秸秆指作物籽实收获后的茎秆及残存的叶片。秸秆的粗纤维含量高达 25% ~50%，木质素多，质地粗硬，消化率低，营养成分低。给乳牛单独喂秸秆时牛瘤胃中微生物生长繁殖受阻，影响饲料的发酵且难以满足牛能量和蛋白质的需要。秸秆中除 V_D 外，其他维生素也缺乏，并且缺乏必要的矿物质元素。因此，这是一类营养价值较低的粗饲料。但此类饲料来源广，种类多，资源丰富，采取适当的补饲措施，并进行适当的加工处理，能改善乳牛对秸秆的消化利用。牛常用的秸秆有玉米秸、大麦秸、小麦秸、稻草、荞麦秸、高粱秸、花生藤、豌豆秸等。

①玉米秸。玉米秸的营养价值在禾谷类秸杆中是最高的。玉米秸外皮光滑，质地坚硬，牛对其粗纤维的消化率约为 65%。据测定，玉米秸粗蛋白质含量为 5.98%，粗纤维 24.12%，含钙少含磷高。同一株玉米秸的营养价值，上部比下部高，叶片较茎秆高。玉米穗、苞叶和玉米芯营养价值很低。

②麦秸。麦秸的营养价值低于玉米秸。麦秸中木质素含量很高，消化率低，是质量较差的粗饲料。小麦秸在麦类秸秆中数量最多，质量最差，能量低，适口性也差。大麦秸的蛋白质含量高于小麦秸，春小麦比冬小麦好，燕麦秸饲用价值最高，麦秸经氨化后既可提高蛋白质含量又可提高消化率。

③稻草。稻草为水稻收割后的茎叶经晒干而成，是我国南方农区的主要粗饲料来源。粗蛋白质含量为 2.6% ~3.2%，粗纤维为 21% ~33%，能量低于玉米秸和谷草而优于小麦秸，灰分含量高，但主要是无利用价值的硅酸盐。钙、磷含量均低。牛对稻草的消化率为 50% 左右，其中蛋白质消化率仅为 10% 左右，粗纤维消化率为 50% 左右。经氮化或碱化处理后可提高其消化率和含氮量，牛日喂量应为 2 ~5kg。

④谷草。谷草是谷子脱粒后的副产品，谷草质地柔软厚实，营养丰富，其可消化粗蛋白及可消化总养分均较麦秸和稻草高，铡碎后与野干草混合喂牛效果良好。

（2）秕壳饲料　是指作物脱离后的副产品，包括荚壳、瘪籽、种子外稃等。如麦壳、稻壳、豆荚、花生壳等，秕壳饲料的营养价值与秸秆相近。

①豆荚。豆荚是一种比较好的粗饲料，含无氮浸出物 42% ~50%，粗纤维 33% ~40%，粗蛋白质 5% ~10%，适于喂牛。大豆壳特别适合于高产乳牛，约含净能 7.49 MJ/kg，粗纤维 38%，粗蛋白质 12%，在乳牛日粮中用大豆壳代替常用的谷类饲料有助于使

粗纤维保持在13% ~17%的理想水平，同时又能维持泌乳初期的能量需要，还能在饲喂颗粒化日粮的情况下维持正常的乳脂率。

②棉籽壳。棉籽壳是榨油的副产品，含粗蛋白质4.0% ~4.3%，粗纤维41% ~50%，无氮浸出物为34% ~43%。但因其含有少量游离棉酚，故在乳牛日粮中，棉籽壳占30% ~50%，占青贮料的50%时最适宜，日泌乳量较高。

3. 青绿饲料

青绿饲料为水分含量大于或等于45%的野生或人工栽培的禾本科或豆科牧草和农作物植株。如野青草、青大麦、青燕麦、青苜蓿、三叶草、紫云英和全株玉米青饲等。

4. 青贮饲料

青贮饲料是指以青绿饲料或青绿农作物秸秆为原料，通过铡碎、压实、密封，经乳酸发酵制成的饲料。含水量一般在65% ~75%，pH 4.2左右。含水量45% ~55%的青贮饲料称低水分青贮或半干青贮，pH 4.5左右。

粗饲料虽然适口性差、体积大，含纤维量多，难以消化，营养价值低。但在乳牛日粮中仍占有一定的比例，对乳牛的健康以及牛乳的品质有着重要的影响，是重要的饲料资源，特别是优质干草是不可缺少的基础饲料。不同粗饲料具有不同的营养特点，只有深入掌握了解，辩证、全面、有机地合理运用，才能发挥其潜在功效，从而提高乳牛养殖的经济效益。

（二）粗饲料的营养特点

1. 粗纤维含量高，无氮浸出物较难消化

干草的粗纤维含量为25% ~30%，秸秆和秕壳类达25%以上。消化率低，粗纤维中含有较多的木质素，很难消化。在粗饲料中，特别是秕壳、秸秆类的无氮浸出物中缺乏淀粉和糖，主要是半纤维及多戊糖的可溶部分，因此消化率很低。

2. 粗蛋白质含量差异很大

豆科干草含粗蛋白质为10% ~19%，禾本科干草为6% ~10%，秸秆、秕壳仅为3% ~5%。秸秆和秕壳中的粗蛋白质还很难被消化。

3. 含钙量高，含磷量低

甘薯藤含钙量达2%以上，豆科干草和秸秆、秕壳含钙量为1.5%左右，禾本科干草和秸秆含钙量较低为0.2% ~0.4%。各种干草的含磷量为0.15% ~0.3%。粗饲料含钾量较多，属于碱性饲料，适合喂牛。

4. 维生素含量丰富

粗饲料中富含 V_D，其他维生素则较少，但优良干草含有较多的胡萝卜素。如阴干的苜蓿干草，含有胡萝卜素26mg/kg，但秸秆和秕壳几乎不含胡萝卜素。干草中含有一定量的B族维生素，其中，豆壳干草和苜蓿干草的核黄素含量相当丰富，达16mg/kg。但在秸秆类饲料中缺乏B族维生素。各种粗饲料特别是日晒后的豆科干草，含有大量的 V_{D2}，是舍饲乳牛 V_D 的良好来源。日晒苜蓿干草每千克含有 V_{D2}2 000单位，小麦秸含有 V_{D2}1 000单位以上。

（三）粗饲料的加工处理方法

1. 干草的加工调制技术

在自然条件下晒制干草，营养物质的损失很大，干物质的损失约占鲜草的20%，蛋白质损失约占30%。采用人工快速干燥法，则营养物质的损失可降低到最低限度，只占鲜草总量的5%～10%。主要有以下3种人工干燥方法。

（1）常温通风干燥法　优质牧草刈割后在田间自然干燥，当水分降至35%～50%时，运到设有通风道的草棚内，用鼓风机等吹风装置完成干燥。此法适于收获青草时相对湿度低于75%，且气温高于15℃的地方使用。

（2）低温烘干法　采用加热的空气将青草水分烘干。将未切短的青草置于浅箱或传送带上送入干燥室（炉）干燥，所用热源多为固体燃料。

（3）高温快速干燥法　将切碎的牧草输入烘干机，利用高温空气使牧草迅速干燥。干燥的时间取决于烘干机的型号，从几小时至数秒钟不等。该方法的优点是可以同时集草粉生产和制粒生产于一体，提高了饲草的利用率和商品性。但设备投资大，国内采用该方法的不多。

2. 秸秆的加工调制技术

对秸秆进行科学合理的加工调制，便于牛的采食，提高适口性，减少饲料浪费，提高其饲用价值。主要有物理、化学和生物学处理方法。

（1）物理处理法　包括切短、软化、制粒、碾青、热喷等。可以增加牛的采食量和采食速度，不同程度提高消化率。切短的长度以2～3cm为宜；用盐水对秸秆进行浸湿软化，再搭配精料、青绿、块茎类饲料饲喂效果更好；将秸秆粉碎制粒（乳牛6～8mm），可明显促进采食；秸秆热喷处理可使秸秆木质素结构遭到破坏，提高家畜采食量和消化率。

（2）化学处理法　用碱性化合物如氢氧化钠、石灰、氨及尿素处理秸秆，可以打开纤维素和半纤维素与木质结构之间的化学键，溶解半纤维素和一部分木质素，便于消化酶接触。所以，化学处理不仅改善适口性增加采食量，而且能够提高营养价值。常用的处理方法有：

①碱化法。A. 氢氧化钠处理　用浓度为1.5%、8倍于秸秆重量的氢氧化钠溶液浸泡一昼夜，然后再用大量的清水漂洗，去除余碱即可饲喂。或者每100kg碎秸秆用30kg的1.5% NaOH喷洒，处理后的秸秆可以堆存在仓库或窖里，喂前不需清洗。B. 石灰乳处理　将切碎的秸秆浸入4.5%的石灰乳中3～5min，捞出的秸秆不用水清洗，经过24h即可饲喂。石灰乳可连续使用1～2次，此法简单易行，也比较经济。C. 生石灰碱化法　取相当于秸秆重量3%～6%的生石灰，加适量水使秸秆浸透，然后在潮湿状态下保持3～4昼夜。

②氨化处理。利用氨溶于水形成氢氧化铵而对秸秆起碱性作用，能使秸秆的粗蛋白从3%提高到8%以上。具有改善饲料适口性、降低饲养成本、缓冲瘤胃酸度和防病等优点。A. 纯氨法　在地面或地窖底部铺塑料膜，四周富余出0.7m，垛的宽和高均为2m，长短依秸秆数量而定。将切碎的秸秆喷入适量水分（含水量达15%～20%），置入堆垛。在长轴中心埋入一根硬塑料管或胶管，覆盖塑料膜。周边压紧，通入氨气。冬天每100kg秸秆加2kg，夏天加4kg，抽出管子封口，夏天不少于30d，冬天不少于60d即能氨化完全。B. 尿素法或碳铵法　将尿素或碳铵按秸秆重量的3%称出，再称出加水量，使尿素溶于水，然后喷洒到切碎的秸秆上，接着压实密封，氨化的时间宜长一些。特别在气温较低时更应延长。C. 氨水法　每100kg干秸秆用10%的氨水41～82kg，用20%的氨水则可减

半。依气温高低增减用量。氨化秸秆开封后一般晾 24 ~ 48h，待多余的氨挥发尽再饲喂，饲喂时由少至多逐步加量，并注意观察氨中毒的征兆。应把全部秸秆摊开晾晒，待水分降到 15% 以内垛好保存。发霉的秸秆不能氨化，氨化后发霉的秸秆不能饲喂。尿素和碳铵的使用情况见表 3 - 1。

表 3 - 1　使用尿素或碳铵制作氨化秸秆的用量

	气温 8℃时每 100kg 秸秆用量（kg）	气温 25℃时每 100kg 秸秆用量（kg）	每 100kg 秸秆加水量（kg）
尿素	3	5.5	52 ~ 62
碳铵	6	15	52 ~ 62

（3）生物学方法　又称微贮，就是利用微生物在发酵过程中分解秸秆中的半纤维素、纤维素等，再连同菌体喂牛。微贮对改善秸秆的营养价值、提高粗蛋白含量有一定的效果。

二、青绿饲料

青绿饲料是指水分含量大于 45% 的新鲜栽培牧草和草原牧草、野草、叶菜类饲料、新鲜蔓藤和未成熟谷物植株等。

（一）青绿饲料的营养特点

1. 粗蛋白质含量丰富，品质优良，生物学价值高

粗蛋白质含量一般占干物质重的 10% ~20%，其特点是叶片中含量较秸秆多，豆科比禾本科多。青绿饲料所含粗蛋白质品质较好，必需氨基酸较全面。其赖氨酸、组氨酸含量较多，对乳牛生长、繁殖和泌乳都有良好的作用。由于青绿饲料中所含的氨基酸较全面，所以，蛋白质的生物学价值较高，其效价可达 80%，而一般籽实类饲料只有 50% ~60%。

2. 维生素含量丰富

胡萝卜素的含量多少是决定饲料营养价值高低的重要因素之一。青绿饲料中含有大量的胡萝卜素，每千克为 50.8mg，高于其他饲料。此外，青饲料中还含有丰富的 V_{B1}、烟酸等 B 族维生素，以及较多的 V_E、V_C、V_K 等。

3. 钙、磷含量差异较大

按干物质计算，青饲料的钙含量占 0.02% ~2%，磷占 0.2% ~0.5%。豆科植物的钙含量特别多，青饲料中的钙、磷多集中于叶片内。叶片所占干物质的百分比随着植物的成熟程度提高而下降。

4. 无氮浸出物含量较多，粗纤维较少，容易被乳牛消化吸收

青草的粗纤维含量约占干物质的 30%，无氮浸出物含量占 40% ~50%。良好的牧草中有机物消化率为 75% ~85%。青绿饲料可以看作为乳牛的保健性饲料。

（二）青绿饲料营养价值控制

青绿饲料因其生长阶段不同，营养差异较大，如收获期掌握不当，将会影响其质量收获过早，饲料幼嫩，含水分多，产量低，品质差；收获过晚，粗纤维含量高，消化率下降。一般以抽穗或开花前营养价值较高。因此，适合的收割期和合理利用是提高青绿饲料营养价值的有效措施。

1. 牧草

牧草分为天然牧草和人工栽培牧草两大类。天然牧草指草原牧草、田（林）间杂草及路边野生牧草，以禾本科、豆科等为主。其干物质中以无氮浸出物含量最高，占40%～50%，粗纤维25%～30%，粗蛋白质10%～15%；除 V_D 外，其他维生素含量丰富。栽培牧草指人工栽培的单位面积产量高、营养价值较全、乳牛喜食的牧草，以禾本科、豆科牧草为主。栽培牧草的主要品种有苜蓿、黑麦草、燕麦草、聚合草、三叶草、苏丹草、紫云英、草木樨、沙打旺等。牧草一般在抽穗开花前进行刈割饲喂，喂量要适宜，且要防止掺杂进毒草，防止一次性饲喂大量豆科牧草引起瘤胃臌胀。

2. 青刈饲料

青刈饲料是指人工播种的专供乳牛饲用的青饲作物，常用的青刈饲料主要有青刈玉米、青刈高粱、燕麦、黑豆、饲用甘蓝、甜菜等。利用青刈饲料作物要掌握好青刈时间，不同作物在不同生长阶段的产量、养分含量、消化率等有很大差异。此类饲料贮存时应防止潮湿或霜冻，以免经过堆放发酵或霜冻枯萎，在植物体内特殊酶的作用下氰苷被水解形成氢氰酸而有毒。

3. 其他青绿饲料

包括树叶嫩枝类、菜叶根茎类、藤蔓类、水生植物类等。应用较多的为胡萝卜、白萝卜、甜菜及其叶等，其水分含量高达80%～90%，干物质中蛋白质含量在20%左右且大部分为非蛋白氮，矿物质丰富，粗纤维少，能量不足。应新鲜饲喂并妥善贮藏，防止堆积发热而导致亚硝酸盐中毒，变质的也不得饲喂。

三、能量饲料

（一）能量饲料的定义

能量饲料是指干物质中粗纤维含量小于18%和粗蛋白质含量大于20%的一类饲料。这些饲料的有机物中主要是可溶性淀粉和糖，有机养分消化率高，可利用性能高，是以提供乳牛能量为主的饲料。这些饲料包括谷实类及其精制品加工副产品、脱水块根块茎及动植物油脂类。

（二）能量饲料的种类

能量饲料主要包括禾本科籽实、糠麸类及其加工副产品，多汁饲料等。

1. 禾本科籽实

能量含量高（主要是淀粉），粗纤维含量低，粗蛋白含量中等，钙低、磷高，钙磷比不符合乳牛对矿物质的需要。包括玉米、小麦、大麦、燕麦、高粱、稻谷等。

（1）玉米　淀粉多，蛋白少，饲喂时应与蛋白饲料搭配，并补充钙、磷。防止使用发霉变质的原料。

（2）燕麦　淀粉少，粗纤维含量高，而且燕麦籽实含有麦碱，故不宜大量饲喂。

（3）高粱　营养价值低于玉米，含有鞣酸，适口性差，易引起便秘。

2. 加工副产品

包括米糠、麸皮、玉米皮、糟渣类等。无氮浸出物的含量比籽实少，为40%～60%；

粗蛋白质含量比籽实高，为10%～15%；粗纤维占10%。易酸败，不易贮藏。如果保管不好，夏季会变质而带有苦味，适口性降低。

（1）麸皮　质地疏松，体积大，具有轻泻作用，是乳牛产前产后的好饲料，当泌乳量由高变低时，适当加大麸皮用量，对调节健康有利。

（2）米糠　脂肪含量高，夏季容易酸败，而且易染黄曲霉，故不宜长期贮存。由于米糠脂肪含量高，故日粮添加量不超过30%，否则易使乳牛过肥。

3. 油脂类

包括植物油脂、动物油脂和合成油脂类饲料等。植物油脂主要有棕榈油、米糠油、大豆油、菜籽油等；合成脂类饲料有合成脂肪粉、脂肪酸钙等。油脂类饲料具有很高的能值，通常是用来增加日粮的能量浓度，同时也具有一定的生理作用，改善机体对其他营养物质的吸收，具有增热效应。植物性油脂还是必需脂肪酸亚油酸的重要来源之一，乳牛无公害养殖中严禁使用动物油脂。

四、蛋白质饲料

（一）蛋白质饲料的定义

干物质中粗蛋白质含量≥20%，而粗纤维含量小于18%的饲料称做蛋白质饲料。蛋白质饲料包括植物性蛋白质饲料、动物性蛋白质饲料、微生物蛋白质饲料以及工业合成产品等。

（二）蛋白质饲料的分类

1. 植物性蛋白质饲料

分豆科籽实及其加工副产品。豆科籽实很少做饲料，使用时必须经过加工处理。饼粕类的共同特点是：粗蛋白含量高达30%～48%。因加工方法不同，脂肪和粗纤维含量差异较大。经压榨的称为饼，脂肪含量高，蛋白含量少。经浸提的称为粕，脂肪含量少，蛋白含量高。包括大豆饼（粕）、棉籽饼（粕）、花生饼（粕）、菜籽饼（粕）、玉米蛋白粉、啤酒糟、芝麻饼（粕）、葵花籽饼（粕）、椰子饼（粕）等，营养价值都比较高，适口性也较好。带壳的棉籽饼和葵花籽饼干物质粗纤维量大于18%，可归入粗饲料。

（1）豆粕　粗蛋白含量42%～48%，氨基酸平衡性好，是最理想的饼粕，使用时要把握生熟程度。

（2）棉粕　营养价值不及豆粕，可利用氨基酸含量偏低，成年牛对未脱毒的棉粕有一定的耐受性，所以添加量比猪、鸡饲料中偏高。

（3）菜粕　粗蛋白含量34%～37%，适口性差，喂量宜少不宜多，犊牛和孕牛不宜喂给。

（4）花生粕　粗蛋白含量高于豆粕，但氨基酸含量低，而且极不平衡。花生粕易被黄曲霉毒素污染，饲喂时应注意。

（5）整粒棉籽　是一种高脂肪、高能量、高蛋白的饲料，粗蛋白含量虽然比棉粕、棉籽蛋白、豆粕低，但比玉米高很多，而且粗纤维、粗脂肪含量也比上述几种饲料多，还含有对动物有益的多种不饱和脂肪酸，以及较高的中性洗涤纤维。干物质90.1%～92.0%，粗蛋白23.0%～24.4%，粗脂肪17.2%～23.1%，粗纤维20.8%～24.0%，酸性洗涤纤维29.0%～40.1%，产奶净能8.11MJ/kg。

2. 动物性蛋白饲料

蛋白含量高，氨基酸组成丰富，但为了防止疯牛病的发生已禁止在乳牛饲料中添加肉粉、肉骨粉、血粉等动物性蛋白饲料。饲喂鱼粉、蚕蛹可致牛乳异味，也被禁止在乳牛饲料中使用。

3. 微生物蛋白质饲料

主要是酵母蛋白饲料。分为两类：一类是利用淀粉工业废液或造纸工业木材水解液作为培养基底物，进行液态发酵生产，经分离干制的酵母，其粗蛋白质的含量可达40%～65%；另一类是利用糟渣等工业副产品作为培养底物，进行固体发酵生产，产品为酵母与培养底物的混合物，粗蛋白质含量随底物不同而异。

4. 非蛋白氮饲料

反刍动物能够利用非蛋白氮化合物，如：尿素、磷酸脲、糊化淀粉尿素、双缩脲等合成菌体蛋白，从而补充氮素的不足。1kg 尿素相当于2.8kg 蛋白质，其蛋白的含量为280%，使用尿素的前提条件是日粮中粗蛋白的水平较低（低于13%），能量水平较高，且要保证硫元素的供给。如果蛋白水平已满足要求而能量水平较低，则不宜使用尿素。尿素的最适宜添加量一般占日粮干物质的1%，或每100kg 体重饲喂20～30g。犊牛在3～4月龄后，羔羊在1.5～2月龄后方可添加尿素。饲喂尿素禁与豆科植物及生豆饼同时使用（因其含有脲酶），也不可将尿素配成水溶液饮水，饲喂尿素后2h 不能饮水。喂量应由少至多，至少有3周的适应期。出现尿素中毒后，立刻灌服食醋0.5～1kg。为防止尿素中毒，应使用双缩脲、磷酸脲、糊化淀粉尿素等缓释尿素，其使用效果好于尿素。

五、青贮饲料

青绿多汁饲料是草食动物日粮的重要组成部分，它具有柔嫩多汁、营养丰富、适口性强、单位面积产量高、生产成本低等特点。然而，在自然界里这类饲料的生产夏秋丰富而冬春贫乏，难以一年四季均衡供应。而通过青贮的方法则可将这类饲料较完好地保存到冬春季节，甚至更长的时间使用。

（一）青贮饲料的概念

青贮饲料是指将新鲜的、青绿多汁的青绿饲料切短后装入密闭容器里，在厌氧条件下经乳酸杆菌等微生物发酵制成的一种容易长期贮存起来的具有特殊芳香气味、营养丰富的多汁饲料。青贮饲料柔嫩多汁、芳香可口、颜色黄绿，是乳牛长年饲喂不可缺少的重要基础饲料。

（二）青贮饲料的优点

①青贮饲料是养牛业最主要的饲料来源，青贮饲料可以保持青绿多汁饲料原有的青绿多汁状态及其营养特性，并具有酸香味。

可实现一年四季均衡地供给家畜青绿多汁饲料的目的，解决了饲料生产的季节性丰欠问题，使草食动物一年四季均衡生产，以及稳产、高产的关键性技术措施之一。

②青贮饲料能较完好的保存青绿多汁饲料的营养成分，在加工过程中机械损失小。

在贮藏过程中，氧化分解作用弱，养分损失小，一般不超过10%。与加工调制干草相比，最优质的干草保存75%的营养价值，而青贮能保存83%的营养。特别是维生素营养，研究表明，如红薯蔓每千克干物质中含158.2mg 胡萝卜素，晒干后只剩下2.5mg，损失达98%以上，而青贮后，经过八个月的贮存后，仍能保存90mg，损失率为43%。

③青贮饲料经过微生物发酵，芳香可口，适口性强。

青绿多汁饲料在发酵过程中产生大量芳香族化合物，具有酸甜芳香味，柔软多汁，乳牛喜食。特别是秸秆类粗饲料，质地粗硬，乳牛一般不愿意采食，但经过青贮发酵后质地变软，可以成为乳牛喜食的粗饲料。

④青贮饲料通过微生物的发酵作用，可提高青贮原料物质的消化率及营养价值。

粗硬的农作物秸秆在青贮发酵过程中，变得柔软可口，而且消化利用率大大提高，与干草相比，各项营养物质的消化率如干物质、粗蛋白、脂肪、无氮浸出物、粗纤维等分别提高6.2%、1.6%、28.3%、5.63%、10.7%。同时在青贮发酵过程中可降解部分微生物，粗蛋白质含量也略有提高。

⑤制作青贮饲料可扩大乳牛的粗饲料来源、提高粗饲料品质，充分利用当地的饲草资源。

青贮过程中产生的乳酸、醋酸、琥珀酸及醇类具有清香味，使一些动物不喜欢吃的干草秸如豆秸、向日葵盘、蒿草、苔草等在青贮后都成为牛喜食的草料。

⑥制作青贮饲料能消灭部分农田杂草和害虫。

许多农作物的害虫可以在植物的茎内越冬如玉米钻心虫等，经青贮发酵后虫卵在酸和缺氧的条件下丧失生活能力。所以青贮也是防治农作物病虫害的有效措施。另外，杂草种子经青贮后种皮失去坚韧性，质地变软易于被牲畜消化利用，不但使其失去生活力而且提高了饲用价值。

⑦制作青贮的设备简单、安全可靠、占地面积小。

青贮窖建设一般投资不大，可因陋就简，因地制宜。可建成砖、石、水泥等结构的青贮窖，经久耐用。就地挖土坑也能达到青贮的目的。青贮饲料在保存过程中不怕风吹、日晒和雨淋等恶劣气候的影响。更不必担心失火、霉烂，安全可靠，行之有效。据测定，贮备1m^3普通干草重70kg左右，约含干物质60kg；而1m^3青贮料重450~700kg，其中含干物质150kg，占地面积可节省一半以上。

⑧制作青贮饲料受自然气候条件影响较小。

在阴雨季节或天气不好时，晒制干草困难，而对青贮的制作则影响较小。只要按青贮条件要求严格掌握，仍可制成优良的青贮饲料。

⑨制作青贮饲料可提高单位面积产草量。

制作青贮可在作物品质最好，产量最高时一次收贮，如玉米最高干物质产量是在蜡熟期，以这时的产量为100计，那么在乳熟期收割青刈的则要减少48%的产量。有关资料报道：在10亩地上种植牧草，青贮利用能收获250kg干物质产量，而青刈利用只能收到167kg干物质产量，仅为青贮利用产量的60%~70%。

⑩青贮饲料可以长期保存。

制作良好的青贮料，只要管理得当可贮藏多年，最久者可达20~30年，可以保证家畜一年四季能吃到优良的多汁饲料。尤其是北方地区冬春季节长，气候寒冷，生长期短，青绿饲料受到限制，青贮料可作为青绿多汁饲料常年饲喂，可提高家畜的繁殖率、泌乳量以及促进幼畜的生长发育。

（三）青贮制作原理

青贮是在密封厌氧条件下自然发酵后，原料变酸而达到保存其原有营养价值的方法。青贮发酵是一个复杂的微生物活动和生物化学变化过程。青贮过程是为青贮原料上的乳酸菌生长繁殖创造有利条件使乳酸菌大量繁殖，将青贮原料中可溶性糖类变成乳酸，当达到一定浓度时，抑制了有害微生物的生长，从而达到保存饲料的目的。因此，青贮过程中参与活动和作用的微生物种类很多，而以乳酸菌为主。青贮的成败主要取决于乳酸发酵的程度，青贮料之所以能够长期保存而不坏关键也是由于乳酸存在的缘故。

新鲜青饲料青贮后各种微生物迅速开始活动，开始以好气性微生物如腐败细菌、霉菌等繁殖最为强烈，它使青贮中蛋白质破坏，形成大量吲哚和气体以及少量醋酸等，好气性微生物活动很快变弱或停止，厌气性乳酸菌开始活动进而居于主导地位。乳酸菌的迅速繁殖产生大量乳酸，使青贮料的酸度增大，pH 值下降，使腐败细菌、酪酸菌等活动受抑停止，甚至绝迹。

（四）制作青贮注意事项点

一是青贮原料的含糖量；二是青贮原料的含水量；三是青贮制作时原料铡切长度；四是制作过程中排除空气的程度。青贮发酵变酸即产生足量的乳酸要依赖厌氧条件下乳酸菌的繁殖，使乳酸量不断积累。饲料 pH 值下降，抑制能引起原料腐败的梭状芽孢杆菌的生长。

（五）优质青贮具备条件

1. 优质的青贮原料，适当的含糖量

为保证乳酸菌的大量繁殖而产生足量的乳酸，青贮原料中必须含有一定的可溶性糖类。一般含量至少应为鲜重的 1.0% ~1.5%。根据青贮原料含糖量的多少分为 3 类。

（1）易于制作青贮的原料　玉米、高粱、禾本科牧草、甘薯藤、南瓜、菊芋、向日葵、芜青、甘蓝等，这类饲料原料中含有适量和较多易溶性碳水化合物以及具有足够的可溶性糖分供制作青贮的乳酸菌发酵。

（2）不易制作青贮的原料　苜蓿、三叶草、草木犀、大豆、豌豆、紫云英、马铃薯茎叶等。这类作物含可溶性碳水化合物较少，不能满足青贮发酵对碳水化合物的需要。可制作半干青贮或与禾本科作物混贮。

（3）不能单独青贮的原料　南瓜蔓、西瓜蔓等。这类作物含糖量极低，无法满足青贮时乳酸菌发酵所要求的含糖量，所以单独青贮不易成功。

2. 适度的含水量

青贮原料中适量的水分是保证乳酸菌正常活动的重要条件，如水分过低时青贮则难以踩实压紧，窖内留有较多空气，造成好气菌大量繁殖，使饲料发霉腐烂。青贮原料水分过高时青贮饲料易压实结块，会使细胞液汁中糖分和胶状物过于稀释，不能满足乳酸菌发酵所要求的一定浓度，反利于酪酸菌的发酵，使青贮料腐臭，品质变坏。最适宜的水分含量为 65% ~75%。豆科牧草含水量以 60% ~70% 为好。青贮原料适宜的含水量因原料的质地不同而有差异，质地粗硬的原料，含水量可达 78% ~82%。收割早、幼嫩、多汁柔软的原料，含水量则以 60% 为宜。确定原料水分含量的简单而且有效的方法是手捏，即抓一把切碎的青贮原料，用力捏时只湿手心而不出水滴即为适宜湿度。

3. 适宜的铡切长度

青贮原料切短的目的是为了便于装填紧实，取用方便，家畜容易采食且减少浪费。同时原料切短或粉碎后，青贮时易使植物细胞渗出液汁湿润饲料表面，有利于乳酸菌的繁殖。铡切长度取决于原料的性质和饲喂动物的种类。一般而言，对牛羊来说，细茎植物如禾本科牧草、豆科牧草、草地青草、甘薯藤、叶菜类切成3～5cm即可；对粗茎植物，如玉米、向日葵等切成2～3cm较为适宜。

4. 制作过程中排除空气的程度

原料切短后青贮应装填紧实，使窖内空气排出。装填不紧实时，窖内空气过多，氧化作用强烈，温度升高（可达60℃），使青贮料中糖分分解，维生素破坏，蛋白质消化率降低，造成养分损失。一般装填紧实程度适当的青贮饲料发酵温度应在30℃左右，最高不超过38℃。且青贮的装料过程越快越好，这样可以缩短原料在空气中暴露的时间，减少由于植物细胞呼吸作用造成的损失，也可避免好气性菌大量繁殖。窖装满压紧后立即覆盖，造成厌氧环境，促使乳酸菌的快速繁殖和乳酸的积累，保证青贮饲料的品质。

（六）青贮设施

调制青贮饲料需要有一定的设备，如青贮窖、青贮壕、青贮塔、青贮袋等。虽说简单，但都应有它的基本要求，才能保证良好的青贮效果。

1. 青贮设施要求

首先是场地的选择，青贮建筑地址应选择土质坚硬、地势干燥、地下水位低、靠近畜舍、远离水源和粪坑的地方。其次青贮设施要坚固牢靠，不透气、不漏水。此外是青贮建筑物内部要光滑平坦，如方形或长方形窖，四角应挖成半圆形，使青贮料能均匀下沉，不留空隙。窖壁要有一定的倾斜度，上大下小，防止倒塌，便于压紧，底部必须高出地下水位0.5m以上以防地下水渗入青贮料中。长形青贮窖底部应有一定的坡度。

2. 青贮建筑类型

（1）青贮窖　一般分为地下式和半地下式两种，目前，以地下式应用较广，水位高的地区最好采用半地下式。青贮窖以圆形和长方形为好。有条件的可建成永久性窖，窖的四周用砖石砌成，三合土或水泥盖面。这种窖不透气、不漏水，青贮容易成功。青贮窖面积，一般圆形窖直径2m，深3m，直径与窖深之比以1∶1.5～2为宜。长形窖宽深之比同圆形窖，其长度根据家畜头数和计划贮料量来确定。

（2）青贮壕　一般分为地下式和半地下式两种，目前，以地下式应用较广，水位高的地区最好采用半地下式。通常挖在山坡的一边，底部和四壁有条件也可由混凝土作成光滑平面以避免泥土污染，底部应向一端倾斜以便排水。青贮数量多时可采用青贮壕，一般深3.5～7m，宽4.5～6m，长度多达30m以上。在较平坦的地方亦可用浅沟式青贮壕。

（3）青贮塔　用砖石和水泥等制成的永久性的塔形建筑。青贮塔构造坚固，经久耐用，青贮饲料质量高，养分损失少。发达国家及大型农牧场多用。近年来国外采用密封式青贮塔，塔身采用金属和树胶液粘逢制成，完全密封。制作的青贮品质好，但成本高需要配套的机械装填。

（4）青贮袋　近年来国外许多农场采用塑料袋制作青贮料。塑料膜要求厚实作成圆桶形，大小与制作机械配套。另外还有草捆包裹青贮、拉伸膜缠绕青贮等。

3. 青贮建筑物容量

建筑物面积的大小，主要根据家畜头数、需要量、原料产量等来考虑。生产上还要根据机具、人力及每天取用的数量来确定青贮窖的容积和个数。一般青贮窖和青贮壕的容积为每立方米贮存青贮料 500～600kg，并以青贮原料不同而上下浮动。如青贮玉米为 500～550kg/m^3；青贮玉米秸为 450～500kg/m^3。

（七）青贮制作的方法与步骤

饲料青贮是一项突击性工作，事先要把青贮窖、青贮切碎机或铡草机和运输车辆进行检修，并组织足够人力，以便在尽可能短的时间完成。青贮的操作要点，概括起来要做到“六随三要”，即随割、随运、随切、随装、随踩、随封，连续进行，一次完成；原料要切短、装填要踩实、窖顶要封严。

1. 青贮作物的适时收获

优良的青贮原料是调制优良青贮料的物质基础。适时收割不但可从单位面积上获得最大的营养物质产量，而且水分和碳水化合物含量适当，有利于乳酸菌发酵，易于制成优质青贮料。各种原料的适宜收割期为：全株玉米（带穗青贮）应在蜡熟期收割（干物质含量在 25%～35%），若有霜害，可提前到乳熟期收割。收果穗后的玉米秸，在果穗成熟之后，要立即收割并制作青贮。豆科牧草以现蕾至初花期、禾本科牧草以孕穗至抽穗期为宜。甘薯藤、马铃薯茎叶在收薯前 1～2d 或霜前收割。

2. 铡切

青贮原料收割后应立即运至青贮贮藏地点切短青贮，一般应采用青贮切碎机铡切。大型切草机每小时可切 8～12t，小型切草机每小时 250～800kg。当然，采用青贮玉米切割联合收获机在田间将割下的玉米秸秆直接切碎，运回装填，功效更能提高图 3－1。

图 3－1　全株玉米青贮原料

3. 装填压紧

铡短的青饲料应及时装窖或直接铡入窖内。装窖前先将窖或塔打扫干净，窖底部可填一层 10～15cm 厚的切短秸秆或软草，以便吸收青贮汁液。在窖的四周可铺填塑料薄膜，加强密封。此外要根据青贮原料的含水量进行水分调节。装填青贮料时，要逐层装填。每层 15～20cm 厚，装一层，踩一层，即装即踩。一直装满窖，并高出窖口 1m 以上为止。

青贮料的紧实程度是青贮成败的关键之一，青贮料紧实程度适当，发酵完成后饲料的下沉一般不超过窖深的10%（图3－2）。

图3－2　全珠玉米青贮过程

4. 密封

严密封窖，防止漏水通气是调制优良青贮的一个重要环节。若密封不严，进入空气和水分，会使腐败细菌、霉菌等大量繁殖，使青贮料变坏。青贮原料装贮到高出窖口1.0m左右，即可加盖封顶。经过整理和多次碾压或镇压后，铺盖塑料薄膜，然后再用潮湿的细土覆盖拍实，土厚30～50cm，并作成馒头形，以利排水。

5. 管理

青贮窖（壕）密封后，要防止雨水渗入窖内，距窖四周约1m处应挖排水沟。以后还要经常检查，如窖顶有裂缝时，应及时覆土压实，防止漏气、防止雨水淋入。

（八）特种青贮

青贮原料因植物种类不同，本身含可溶性碳水化合物和水分不同，青贮难易程度也不同。一些青贮原科采用普通青贮方法难以进行，必须进行适当处理或添加某些添加物，这种青贮方法就是特种青贮。特种青贮所进行的各种处理，对青贮发酵的作用，主要有3个方面：一是促进乳酸发酵，如添加各种可溶性碳水化合物、接种乳酸菌、加酶制剂等青贮，可迅速产生大量乳酸，使pH值很快达到3.8～4.2；二是抑制不良发酵，如添加各种酸类、抑菌剂、凋萎或半干青贮，可防止腐败菌和酪酸菌的生长；三是提高青贮饲料的营养物质，如添加尿素、氨化物等可增加粗蛋白质含量。

1. 半干青贮

半干青贮又称低水分青贮。半干青贮料制作的基本原理是青饲料刈割后，经风干至水分含量为45%～50%时，植物细胞的渗透压达55～60个气压。在这种情况下原料含水少，风干植物对腐败细菌、酪酸菌以至乳酸菌均造成生理干燥状态，使其生长繁殖受到限制。因此，在半干青贮过程中，青贮原料中糖分的多少和最终的pH值的高低已不起主要作用。微生物发酵微弱，蛋白质不被分解，有机酸形成数量少，碳水化合物保存良好。虽霉菌在风干植物体上仍可大量繁殖，但在切短镇压紧实的青贮厌气条件下，其活动亦很快停止。

当原料中含蛋白质量高，含可溶性碳水化物量低时，只要使其干物质量提高，就能调制出优质青贮。根据半干青贮的基本原理和特点，制作青贮时原料应迅速风干，要求在刈割后 24 ~30h 内豆科牧草含水量应达到 50%，禾本科达 45%。原料必须短于一般青贮，装填必须更紧实，才能造成厌氧环境以提高青贮品质。半干青贮的调制以苜蓿为例，在刈割后要在田间晾晒至半干状态，晴朗的天气下晾晒约 24h，一般不超过 36h，使水分降到 45% ~55%。含水量的感官评定要凭经验，参照的标准为：当苜蓿晾晒至叶片卷缩，出现筒状，未脱落，同时小枝变软白易折断时，水分约为 50% 左右。入窖时要切碎，长度约 2cm 左右。

2. 青贮添加剂

青贮添加剂是为保证青贮料质量和提高青贮料营养成分的物质。可分为 3 类：即营养性的、抑菌性的及调节发酵作用的添加剂。实际上许多添加剂兼属两类。如尿素、氨、双缩脲、矿物质等属纯营养性的；葡萄糖、蔗糖、糖蜜、谷类、乳清、淀粉渣等属促进发酵的，同时也是增加营养的；乳酸菌是纯碎的促进发酵专用剂；甲醛、甲酸、乙酸、乳酸、苯甲酸、丙烯酸、甘氨酸、硫酸、苹果酸、山梨酸、硝酸钠、二氧化硫、二硫酸铵、氯化钠、二氧化碳、乌洛托品、氢氧化钠等都属发酵抑制剂；而丙酸、山梨酸等是好气性腐败菌抑制剂。

青贮添加剂主要用于以下情况：①青贮料水分过高，糖分过低，如水分高于 75% 而糖分不足 2% 时；②豆科牧草为主又不能预先制干，含水量较大时；③特殊情况如换茬、早霜不得不提前收割全株导致含水量过高时；④调制条件十分不利，装窖不能尽快完成或牧草受雨淋等；⑤为了增加营养，提高青贮质量；⑥因作物施氮肥过量，水分不易下降；⑦为了提高适口性或消耗率等。

（九）青贮质量的评定

青贮料品质的优劣与青贮原料的种类、刈割时期以及青贮技术等有密切关系，正常的青贮一般经 17 ~21d 的乳酸发酵即可开窖取用。通过品质鉴定可以检查青贮技术是否正确，制作过程是否得当。判断青贮料营养价值的高低有多种方法，简单实用的方法是通过对开窖后青贮料的颜色、气味、口味、质地、结构等的感官鉴定，判断标准如下。

1. 上等

取出的青贮料松软，不粘手，一抖就松开，手捏时无水珠滴出；颜色为青绿或黄绿色，有光泽，近似于原色；气味为芳香酒酸味，给人以舒适感；酸味较浓；结构湿润、紧密、茎叶花保持原状、叶脉清晰。

2. 中等

青贮料轻度粘手，手捏时有水滴。颜色黄褐或暗褐色；气味清香味淡，略有刺鼻酸味；酸味中等；结构茎叶完整，轮廓清晰，茎叶花部分保持原状，柔软。

3. 下等

用手接触时有水湿感，颜色为褐色或暗墨绿色，呈弱酸味，具有刺鼻腐臭味或霉味，酸味较淡；结构茎叶粘连，不易分离，尚可饲用。

4. 等外

全部呈黏糊状，黑色具有特殊刺鼻腐臭味或强烈的霉味；结构黏结成块、污泥状，不可饲用。

（十）青贮饲料的利用

1. 取用方法

青贮过程进入稳定阶段，一般糖分含量较高的玉米秸秆等经过一个月即可发酵成熟开窖取用，或待冬春季节饲喂家畜。

（1）开窖取用青贮饲料饲喂牛之前应先检查其质量　优质青贮饲料应当是色、香、味和质地俱佳，即颜色黄色，柔软多汁，气味酸香，适口性好。如果是玉米秸秆青贮则带有很浓的酒香味，如发现表层呈黑褐色并有腐败臭味时应把表层弃掉。

（2）防止二次发酵和发霉变质　饲喂时，青贮窖只能打开一头，对于直径较小的圆形窖，应由上到下逐层取用，保持表面平整。对于长方形窖应自一端开始分段取用，不要挖窝掏取，取后要及时覆盖，防止日晒、雨淋以及尽量减少与空气的接触面降低二次发酵率，避免养分流失、质量下降或发霉变质。已经发霉、发黏、黑色及结块的不能使用。

（3）掌握好每次取用量　每次用多少取多少，不能一次取大量青贮料堆放在畜舍慢慢饲用，要用新鲜青贮料。青贮料只有在厌氧条件下才能保持良好品质，如果堆放在畜舍里和空气接触，就会很快的感染霉菌和杂菌，使青贮料迅速变质。尤其是夏季，正是各种细菌繁殖最旺盛的时候，青贮料也最易变坏。

2. 饲喂技术

要掌握好饲喂量，青贮饲料的用量应视牛的品种、年龄、用途和青贮饲料的质量而定，青贮饲料可以作为牛的主要粗饲料，一般占饲粮干物质的50%以下。刚开始喂时牛不喜食，喂量应由少到多，逐渐增加，待适应后即可习惯采食。停止饲喂时也应由多到少逐步减少，使牛有一个适应过程，防止暴食和食欲突然下降。喂青贮料后仍需喂精料和干草。由于青贮饲料含有大量有机酸而具有轻泻作用，因此母畜妊娠后期不宜多饲喂，产前15d停喂。劣质的青贮饲料有害牛的健康，易造成流产，不能饲喂。冰冻的青贮饲料也易引起母牛流产，应待冰融化后再喂。通常喂量为乳牛20～30kg，役牛10～15kg，种公牛、肉用牛5～12kg。

六、矿物质饲料

矿物质饲料是一类无机营养物质，是可供饲用的天然矿物质。根据各种矿物质元素在动物体内含量不同，可将其分为常量元素和微量元素两种；如按其生物学作用分可分为必需元素和非必需元素。乳牛必需的矿物质元素有16种。乳牛饲料中通常添加的常量元素有钙、磷、钠和氯；微量元素有铁、铜、锰、锌、碘和硒。食盐是奶牛饲料中氯和钠的主要来源，奶牛补盐不仅可以满足其对钠和氯的需要，还可增进其食欲，使胃酸维持正常水平。一般在精料中补充0.5%～1%的食盐或将食盐制成盐砖任其舐食，皆可满足需要。乳牛常用的钙磷饲料主要有石粉、贝壳粉、石膏、磷酸氢钙等。石粉是一种天然碳酸钙，用作乳牛饲料的石粉为钙含量高于33%、镁含量低于0.5%的石灰石制品。贝壳粉一般钙含量为34%左右，主要成分为碳酸钙。石膏即硫酸钙，纯度90%时钙含量为21.4%。用作乳牛饲料的磷酸氢钙一般含钙23%以上，含磷18%以上，铅含量低于50mg/kg，氟含量低于0.1%。乳牛的维持需要按100kg体重供给6g钙和4.5g磷，每kg标准乳供给4.3g钙和3g磷，可满足乳牛的生理需要，钙和磷的比例以2：1至1.3：1为宜。

七、饲料添加剂

为补充营养物质、提高生产性能、提高饲料利用率、改善饲料品质、促进生长繁殖、保障乳牛健康而掺入饲料中的少量或微量营养性或非营养性物质称为饲料添加剂。乳牛常用的饲料添加剂主要有：维生素添加剂，如 V_A、V_D、V_E、烟酸等；微量元素（占体重 0.01% 以下的元素）添加剂，如铁、铜、锌、锰、钴、硒、碘等；氨基酸添加剂，如保护性赖氨酸、蛋氨酸；瘤胃缓冲、调控剂，如：碳酸氢钠、脲酶抑制剂等；酶制剂，如淀粉酶、蛋白酶、脂肪酶、纤维素分解酶等；活性菌（益生素）制剂，如乳酸菌、曲霉菌、酵母制剂等；饲料防霉剂，如双乙酸钠等；抗氧化剂，如乙氧喹（山道喹），可减少苜蓿草粉胡萝卜素的损失，二丁基羟基甲苯（BHT）、丁羟基茴香醚（BHA）均属油脂抗氧化剂。

（一）维生素类添加剂

维生素属于维持动物机体正常生理机能所必需的低分子化合物。饲料中一旦缺乏维生素，就会使机体生理机能失调，出现各种维生素缺乏症。所以维生素是维持生命的必需营养要素。维生素种类很多，通常根据其溶解性分为两大类，即脂溶性维生素（V_A、V_D、V_E 和 V_K）和水溶性维生素（V_B 族和 V_C）。由于牛瘤胃微生物能够合成 V_K、B 族维生素，肝脏和肾脏可合成 V_C。所以，一般情况下，除犊牛外，不需额外添加 V_K、V_B 和 V_C。但日粮中必须提供足够的 V_A、V_D 和 V_E，以满足乳牛不同生理时期的需要。此外，烟酸对于乳牛的营养代谢和泌乳有重要作用，一般在乳牛泌乳初期或产前每头喂 3 ~ 6g/d 烟酸，可防止母牛发生酮病，泌乳量也可明显提高。夏季，对高产乳牛每头增加 6g/d 烟酸也可增加泌乳量。维生素的添加量应根据不同品种、不同生理时期的营养需要量来确定。维生素不足和过量均对牛体健康和生产性能产生不利影响。缺乏 V_A 时会引起犊牛生长发育停滞，皮毛粗糙、无光泽，母牛受胎率低，产后子宫发炎，严重影响生产性能；V_D 缺乏时犊牛出现软骨病，成年牛表现为骨质疏松；缺乏 V_E 的主要症状是犊牛骨骼肌变性，以致运动障碍，成年牛繁殖率下降。维生素添加过量不仅造成浪费，还可引起中毒。如 V_A 过量可导致食欲不振，皮肤发痒，关节肿痛，骨质增生，体重下降；V_D 过量可引起血钙增高，骨骼脱失钙盐，骨质疏松等。

（二）微量元素类添加剂

常用作饲料添加剂的微量矿物元素包括铁、铜、锰、锌、硒、碘、钴等，它们在机体内发挥着其他物质不可替代的作用。铁、铜、钴都是造血不可缺少的元素，起协同作用。锰是许多参与糖、蛋白质、脂肪代谢酶的组成成分，也是硫酸软骨素形成的必需成分之一；其促进机体钙、磷代谢及骨骼的形成。碘是甲状腺形成甲状腺素所必需的元素，缺碘时主要表现为甲状腺肿及代谢机能降低，生长发育受阻，丧失繁殖力。锌是体内多种酶的组成成分，也是胰岛素的组成成分，锌主要通过这些酶及激素参与体内的各种代谢活动。硒是谷胱甘肽过氧化物酶的组成成分，谷胱甘肽可以消除脂质过氧化物的毒性作用，保护细胞和亚细胞膜免受过氧化物的危害。添加剂预混料是由一种或数种添加剂微量成分组成，并加有载体和稀释剂的混合物，如维生素预混料、微量元素预混料及维生素和微量元素预混料。维生素和微量元素预混料，一般配成 1% 添加量（占混合精料的比例）。

（三）缓冲剂类

高产乳牛进食精饲料较多时，易造成瘤胃内酸度增加，瘤胃微生物活动受到抑制，引起消化紊乱、乳脂率下降，并引发与此相关的一些疾病。为了预防此类疾病的发生，在下列情况下应考虑添加缓冲剂：泌乳早期；日粮中精料占50%以上；粗饲料几乎全部为青贮；乳脂率明显下降或夏季泌乳牛食欲下降，干物质进食量明显减少；精料和粗料分开单独饲喂时。缓冲剂的种类较多，一般以碳酸氢钠（小苏打）为主，碳酸钠（食用碱）也可，但对日泌乳量高于30kg的高产乳牛，还要另加氧化镁或膨润土等。

八、特殊类饲料（糟渣类、胡萝卜等多汁类饲料）

特殊类饲料主要指糟渣类、胡萝卜等多汁类饲料，干物质中粗纤维含量小于18%，水分含量大于75%的块根、块茎、瓜果、蔬菜类及粮食、豆类、块根等湿加工的副产品即糟粕料称多汁饲料。

（一）糟渣类

包括酒糟、淀粉渣、糖渣、甜菜渣、啤酒糟、豆腐渣等。因加工方法不同，营养物质含量差别较大，多数水分含量高，喂多易引起拉稀。对怀孕期的母牛更要控制酒糟的用量。淀粉渣、糖渣、甜菜渣、酒糟也属能量饲料。豆腐渣、酱油渣、啤酒糟属蛋白质饲料。

（二）块根块茎

块根、块茎类包括甜菜、胡萝卜、甘薯等。块根、块茎和瓜果类水分含量大，高达70%～90%，干物质含量仅10%～30%。块根、块茎类饲料富含淀粉、糖和V_C，适口性好，具有调节营养作用，饲喂时以切碎为好。胡萝卜、萝卜、甘薯、马铃薯、甘蓝、南瓜、西瓜、苹果、大白菜、甘蓝叶属能量饲料。甜菜渣因干物质粗纤维含量大于18%应归入粗饲料。

第三节　乳牛的日粮配制

乳牛饲料成本占生鲜乳生产成本的50%以上，因此，日粮配制的合理与否不仅关系到乳牛健康和生产性能的表现、饲料资源的利用，而且直接影响乳牛养殖的经济效益。

一、乳牛日粮配制的基本要素

乳牛日粮配制的基本要素是指日粮配制的目标、原则和依据。

（一）日粮配制的目标

保证乳牛的营养需要；适口性强；成本低、经济合理、生产效率高；确保牛只健康和牛乳质量的提高。

（二）日粮配制的原则

满足营养需要；营养平衡；优化饲料组合；体积适当；适口性好；对产品无不良影响；经济性合理。

1. 日粮配制的顺序

保证干物质的采食；保证青粗料；精料比例合理；矿物质平衡；钙：磷＝1.5～2：1；

合理的能量蛋白比；合理的水分含量40% ~55%。

2. 满足营养需要

在生产实践中乳牛所处环境千变万化，多种多样的因素并非饲养标准能完全考虑到，因此在使用饲养标准时不能将其中数据视为一成不变的固定值，应针对各具体条件（如环境温度、饲养方式、饲料品质、加工条件等）加以调整，并在饲养实践中进行验证（见表3－2）。

表3－2　乳牛各阶段对营养物质需求组分要求

	泌乳阶段			干乳牛	
	初乳	中期	末期	干乳期	产犊前
平均泌乳量，kg/d	40	30	20	—	—
干物质采食量，kg	23.8 ~25.5	21 ~22.5	18 ~19	11 ~12	14 ~15
粗蛋白,%DM	17 ~19	15 ~16	13 ~15	12 ~13	14 ~16
过瘤胃蛋白,%DM	35 ~40	30 ~35	25	25	30 ~35
可溶性蛋白,%CP	25 ~33	25 ~35	25 ~40	30 ~40	25 ~35
ADF,%DM	19 ~21	19 ~23	22 ~26	30 ~40	25 ~30
NDF,%DM	30 ~34	30 ~38	33 ~43	45 ~60	38 ~45
非纤维碳水化合物NFC,%DM	30 ~42	30 ~44	30 ~45	30 ~40	35 ~38
粗饲料,%DM	46 ~50	48 ~52	50 ~58	60 ~95	60 ~80
长粗饲料,%DM	7 ~9	7 ~10	8 ~10	10 ~20	12 ~20
泌乳净能，kcal/kgDM	1.64	1.57	1.5	1.35	1.45
总可消化养分,%DM	72 ~74	69 ~71	66 ~68	55 ~62	63 ~65
脂肪，DM中的最大含量	5 ~6	4 ~6	3 ~5	3 ~4	3 ~5
钙,%DM	0.8 ~1.1	0.8 ~1.0	0.7 ~0.9	0.4 ~0.8	0.6 ~0.9
磷,%DM	0.5 ~0.9	0.4 ~0.8	0.4 ~0.7	0.3 ~0.5	0.35 ~0.5
镁,%DM	0.25 ~0.35	0.25 ~0.35	0.22 ~0.30	0.2 ~0.22	0.22 ~0.25
钾,%DM	0.9 ~1.4	0.9 ~1.3	0.9 ~1.3	0.7 ~0.8	0.7 ~0.8
钠,%DM	0.2 ~0.45	0.2 ~0.45	0.18 ~0.45	0.1 ~0.25	0.1 ~0.25
氯,%DM	0.25 ~0.3	0.25 ~0.3	0.25 ~0.3	0.2 ~0.3	0.2 ~0.3
硫,%DM	0.22 ~0.24	0.20 ~0.24	0.20 ~0.22	0.17 ~0.20	0.17 ~0.20
钴,%DM	0.2 ~0.3	0.2 ~0.3	0.2 ~0.3	0.2 ~0.3	0.2 ~0.3
铜,%DM	15 ~30	15 ~30	12 ~30	12 ~30	15 ~30
锰,%DM	60	60	50	50	60
锌,%DM	80	80	70	70	70
碘,%DM	0.8 ~1.4	0.6 ~1.4	0.6 ~1.2	0.5 ~1.0	0.5 ~1.0

（续表）

	泌乳阶段			干乳牛	
	初乳	中期	末期	干乳期	产犊前
铁，% DM	100	75 ~ 100	50 ~ 100	50 ~ 100	75 ~ 100
硒，% DM	0.3	0.3	0.3	0.3	0.3
V_A，1 000 国际单位/d	100 ~ 200	100 ~ 200	100 ~ 200	75 ~ 150	100 ~ 200
V_D，1 000 国际单位/d	20 ~ 30	20 ~ 30	20 ~ 30	10 ~ 20	20 ~ 35
V_E，国际单位/d	600 ~ 800	400 ~ 600	400 ~ 600	400 ~ 600	600 ~ 800

3. 营养平衡

配制乳牛日粮时，除制注意保持能量与蛋白质以及矿物质和维生素等营养平衡外，还应注意非结构性碳水化合物与中性洗涤纤维的平衡，以保证瘤胃的正常生理功能和代谢（见表 3 – 3）。

表 3 – 3 日粮不平衡产生的后果

项 目	乳产量	乳脂率	乳蛋白	问 题
饲料干物质不足	↓	↓	↓	
饲料能量不足	↓	↓	↓	不持久、繁殖
饲料蛋白不足	↓	—	↓	无高峰、繁殖
多精料少粗料	↑	↓		牛只酸中毒，蹄病、真胃移位等
少精料多粗料	↓	↑	—	营养不良

4. 配制优良日粮的方法

一是定期检测、分析关键营养成分和粗饲料的结构、精粗比例。二是优化日粮结构，以最低成本满足乳牛需要。三是在泌乳不同阶段，根据饲料采食量、泌乳量、牛乳成分、体况、气候、血液代谢指标等及时调整日粮结构：一周一次（无牛只调动）。四是优化饲料组合，在配制日粮时应尽可能选用具有正组合效应的饲料搭配，减少或避免负组合效应，以提高饲料的利用性。

5. 体积适当

日粮的体积要符合乳牛消化道的容量。体积过大，乳牛因不能按定量食进全部日粮，而影响营养的摄入；体积过小，乳牛虽按定量食尽全部日粮，但因不能饱腹而经常处于不安状态，从而影响生长发育和生产性能的发挥。正常情况下，泌乳牛对干物质摄取量为每头日平均占体重 3% ~3.5%，干乳牛为 2%。

6. 适口性

日粮所选用的原料要有较好的适口性，乳牛爱吃，采食量大，才能多产乳。

7. 对产品无不良影响

有些饲料对牛乳的味道、品质有不良影响，如葱、蒜类等应禁止配制到日粮中去。

8. 经济性

原料的选择必须考虑经济原则，即尽量因地制宜和因时制宜的选用原料，应充分利用当地饲料资源。注意同样的饲料原料比价值，同样的价格条件下比较原料的质量，以便最大限度的控制饲用原料的成本，提高经济效益。

（三）日粮配制的依据

DHI 报告、日泌乳量、泌乳阶段、胎次、体况评分、乳成分、气候因素、饲养模式（拴系和散放，散放的要增加 20%）。

二、日粮配制的基本步骤

查饲养标准，确定日粮精粗料比例，确定精料配方，确定添加剂配方及添加量。

（一）查饲养标准

根据乳牛的体重、胎次和产乳性能从饲养标准中查出营养需要量。饲料参数包括干物质、乳牛能量单位（或产乳净能）、蛋白质（有条件的已包括可消化粗蛋白、代谢蛋白质、瘤胃降解蛋白、过瘤胃蛋白）、粗纤维（目前国外已不再用而是采用 NDF、ADF，国内仍在采用）、非纤维性碳水化合物、矿物质及维生素需要量。

（二）确定日粮精粗料配方

一般要求粗饲料干物质至少应占乳牛日粮总干物质的 40% ~50%。粗料量确定后，计算各种粗饲料所提供的能量、蛋白质等营养量。饲料的营养成分最好每次均能进行测定，因饲料成分及营养价值表所提供的饲料成分及营养价值是许多样本的均值，不同批次原料之间有差异，尤其是粗饲料。测定的项目至少包括干物质、粗蛋白、钙和磷。

粗饲料配比原则。粗料的 DMI≥日粮 DMI×40%；粗料的目标 DMI＝牛只体重×2%；日粮 NDF、ADF 及长纤维饲料（>3.5cm）占日粮 DMI%；粗料中 NDF 比例；长粗纤维（>3.5）：每头牛应采食 2kg/d 以上（表 3-4）。

表 3-4　日粮 NDF、ADF 及长纤维饲料（>3.5）占日粮 DMI%

泌乳期	NDF	ADF	长粗饲料
早期（1~80d）	28~34	19~21	7~9
中期（80~200d）	30~38	19~23	7~10
后期（>200d）	33~43	22~26	8~10
干乳期	45~60	30~40	10~20
产犊前期	38~45	25~30	12~20

（三）确定精料配方

从营养需要量中扣除粗饲料提供的部分，得出需由精料补充的差值，并通过计算机或手工计算，在可选范围内找出一个最低成本的精料配方。

（四）确定添加剂配方及添加量

除矿物质和维生素外，一些特殊用途的添加剂也由此确定和添加。

三、日粮配制的实施

分群饲养；营养标准（NRC）；各阶段的日粮配制；各阶段日粮配制的注意点：必须供给不同牛只不同的混合精料浓度，必须进行微量元素和 V_A、V_D、V_E 的添加，否则仅以日粮供应的量不能保证乳牛生产强能的发挥，干乳牛、后备牛的添加比例要高于产乳牛，头胎牛、散放牛增加 20%。

四、日粮检测

（一）乳牛干物质采食量

用一些估测乳牛的干物质采食量的公式对乳牛的干物质采食量进行估算，如果实际值远低于估测值则说明乳牛采食量偏低，尚有增加潜力；反之，如果实际值远高于估测值，则表明乳牛饲料利用率偏低，可通过调整精料配方或粗料质量或精粗比来加以改进。

（二）检测乳尿素氮

乳牛乳中尿素氮指标（MUN）可以反映出日粮蛋白质和碳水化合物在体内的转化情况。一般认为，乳中尿素氮正常值为 120～160mg/L，超出这个范围则说明乳牛营养状况有待改进。若结合检测日粮的非结构性碳水化合物、中性洗涤纤维、瘤胃降解蛋白和过瘤胃蛋白平衡状况，则更能说明问题。

五、泌乳早期能量平衡

乳牛在早期存在营养负平衡，为了保持泌乳量的水平，乳牛将会耗用体贮存而损失体重。产犊后头 3 个月，由于以下 3 个原因乳牛的采食量会急剧下降：一是瘤胃以及其他消化系统都需要有一定的时间来填补胚胎及其附带物所以留下来的空间；二是因产犊后的激素分泌和营养状况会引起牛的食欲降低；三是瘤胃微生物是需要适应期去接受营养较丰富的高浓缩饲料。

在产乳头 3 个月阶段（产犊后第一个 100d），当每 kg 体重出现损失，这是意味着开始产乳将会有 7.1kg 的损失。体重损失容易发生渐进式的应激状况、酮病、繁殖力降低、乳脂率下降、整个产乳周期的泌乳量减少。为避免体重出现损失，一般的解决办法是增加日粮中的精料比例，从而提高能量浓度。高浓缩精料是意味着日粮中含有很高量的淀粉质，因而导致瘤胃发酵的改变而产生以下的危害：酸中毒、降低纤维消化率、减少牛乳中乳脂含量、影响泌乳量。

第四节 乳牛常用饲料的无公害调制

一、乳牛常用饲料加工调制的无公害管理

饲料是乳牛生产的物质基础。饲料原料是指饲料添加剂以外的用于生产配合饲料和浓缩饲料的单一饲料，包括饲用谷物、粮食加工副产品、油脂工业副产品、发酵工业副产品、动物蛋白质性饲料、饲用油脂等。乳牛饲养者必须了解乳牛常用饲料原料的种类，各种饲料的特点、所含营养物质，饲料的一般性检验，饲料营养物质测定、有害物质的控

制、加工调制方法以及饲料无公害管理要求和保存方法等。以便充分发挥各种饲料的作用，生产出无公害牛乳，增加乳牛场的经济效益。

对乳牛常用饲料的加工调制进行无公害管理要严格执行国家《饲料和饲料添加剂管理条例》《饲料卫生标准》等法规要求，使用的原料应来自无污染、无有害物质残留的良好生态地区，禁止使用工业合成的油脂、畜禽粪便、泔水、病死畜禽做无害化处理时产生的油脂和肉粉等作为饲料。饲料和饲料添加剂不得发霉变质、结块和异味等，有毒有害物质及微生物允许量应符合《饲料卫生标准》的要求。饲料添加剂应是《允许使用的添加剂品种目录》规定的品种，其产品应是取得生产许可证的生产企业生产的具有产品批文的，应遵照产品标签所规定的用法、用量正确使用。

二、饲料无公害管理应遵循的原则

①饲料的无公害管理必须从源头抓起。生产无公害生鲜乳的乳牛场应有自己的无公害饲料原料生产基地或从无公害饲料生产基地采购饲料原料，确保所生产的饲料中有毒有害物质残留及有害微生物含量符合《饲料卫生标准》的要求。②所使用的工业副产品饲料应来自于生产绿色食品和无公害食品的副产品。③对饲料原料中所含的饲料添加剂应做相应的说明，不应使用未取得产品进口登记证的境外饲料和饲料添加剂，不应在饲料中使用违禁的药物或饲料添加剂。禁止使用动物源性饲料，如骨肉粉、骨粉、血浆粉、动物脂肪、干血浆及其他血液制品、脱水蛋白、羽毛粉、鱼粉和骨胶等。④应禁止使用不符合国家规定的转基因饲料原料，如转基因玉米、转基因大豆等。⑤加强饲料生产过程的质量控制与管理。饲料应按照乳牛营养标准和相关说明的规定进行使用，定期对计量器、计量设备进行检验和正常维护，以确保其精确性和稳定性，其误差不应大于规定范围。微量和极微量组分应进行预稀释，并且应在专门的配料室内进行。⑥在饲料标签、包装、贮存和运输等环节上确保产品符合无公害要求。

三、建设无公害饲料原料的生产基地

生产无公害生鲜乳必须使用无公害的饲料饲喂乳牛。因此，乳牛场应尽可能建立自己的无公害饲料原料生产基地。一般来讲，饲料的污染主要来自于工业的废水、废气、粉尘、废渣、城市的垃圾、地膜及氮素化肥、农药以及在运输、销售过程中污染的饲料或有毒有害物质的污染。这些有毒和有害物质对饲料的污染主要有两条途径，直接污染（如农药污染、大气中的有毒有害气体及粉尘的污染等）与间接污染。间接污染的途径有的是通过污染水源后经灌溉进入饲料地而污染种植的饲料，有的是污染饲料地的土壤后再污染饲料。在实际生产中，多数是通过对饲料生态环境中的土、水、气的污染后再污染饲料原料。因此，选择无公害饲料原料生产基地时应对种植的生态环境进行考察与检测，必须选择大气污染、水质污染、土壤污染等较低的地区，远离城市、郊区及工业区，特别是重工业及化工工业区。

水质污染对饲料作物的危害表现在两个方面：一是直接危害即污水中的酸、碱物质或油、沥青以及其他悬浮物及高温水等，均可使饲料作物植株的组织造成灼伤或腐蚀，引起生长不良，产量下降或饲料产品本身带毒，不能饲喂乳牛；二是间接危害即污水中很多能溶于水的有毒有害物质被饲料作物根系吸收进入植物体内，或者严重影响其正常的生理代谢和生长发育导致减产或者是产品内毒物大量积累，通过食物链转移到乳牛体和人体内造成危害。因此，进行无公害饲料原料的生产时应加大对基地附近水源的检测力度，不使用污染的水灌溉，减少污染水对饲料作物的影响。

无公害饲料原料生产过程中应严格控制农药的污染。农药在防治饲料作物的病虫害、提高产量和品质等方面具有重要的作用。但是，如果农药使用的品种不当或剂量过大，或者有的农药虽然使用剂量和使用方法都符合规定，但是，在多次使用后会在土壤中累积，这些都易导致饲料原料中农药残留超标，从而对乳牛和牛乳消费者的健康产生很大威胁。农药的污染主要是有机氯、有机磷及其他污染，为了保护人、畜的健康，防止农药残留的危害，饲料基地必须从源头抓起，有效地控制农药的使用，及时监测饲料原料的农药污染程度，依法实施无公害饲料原料的生产。

无公害饲料原料生产基地应无重金属污染，在重金属生产矿区、厂区以及已被重金属污染的地区都不能作为无公害饲料原料生产基地。

四、使用和鉴别乳牛无公害饲料添加剂

（一）使用注意事项

①乳牛场要严格执行《饲料和饲料添加剂管理条例》，所购买的饲料添加剂和原料必须是具有产品质量标准、产品质量合格证、生产许可证和产品批准文号，必要时应对饲料添加剂进行质量鉴定和检测。

②对于胡萝卜、甜菜等块根茎饲料要妥善贮藏，防霉防冻，喂前洗净切成小块。糟渣类饲料要鲜喂，严禁饲喂霉烂变质饲料、冰冻饲料、农药残留饲料、重金属污染饲料、被黄曲霉菌污染的饲料和未经处理的发芽马铃薯等有毒饲料，严格清除饲料中的金属等异物。

③库存精饲料的含水量不得超过14%，谷实类饲料喂前先粉碎成1～2mm的小颗粒。一次加工不应过多，夏季以10d内喂完为宜。

④应保证矿物质饲料，应有食盐和一定比例的常量和微量矿物盐。如骨粉、碳酸钙、磷酸二钙、脱氟磷酸盐类及微量元素，并应定期检查饲喂效果且矿物质饲料应未受重金属污染。

⑤应用化学、生物活性菌等添加剂时，必须了解其作用与安全性。

⑥配合饲料应根据每年一次的常规营养成分测定结果，结合高产乳牛的营养需要，选用饲料进行加工配制。应用商品配（混）合饲料时，必须了解其营养价值。

（二）鉴定方法

对饲料添加剂的快速识别和检测可采用感官鉴定、物理检测、化学分析等基本方法。

1. 感官鉴定

感官鉴定是指通过人的感觉器官对原料的外观进行检验和鉴定，包括原料外观鉴定和包装检查。感官鉴定是日常首先应运用的一种识别方法，使用频率高、最方便和最快捷，掌握这种基本方法可当即对原料做出真伪、优劣的判断。

（1）饲料添加剂原料外观鉴定　外观鉴定的依据是每种原料外观物理性状和特点，通过人的视觉、味觉、嗅觉、触觉来进行鉴定。

（2）饲料添加剂的包装检查　不同类型、档次、级别的饲料添加剂具有不同的包装

特点，对于价高、量微而稳定性较差的饲料添加剂更显得重要。正宗优质产品的外包装坚固耐用，防潮，封签封条无严重破损。外包装必须印有品种名、数量、体积、重量、生产日期（批号）、有效期、批准文号、注册商标、厂名、厂址、贮运标识等，外包装内附有产品合格证。内包装应根据不同品种物质、品种质量标准进行检查，要求清洁、无毒、干燥，封口应严密、无渗漏、无破损。遇光易变质的添加剂应采取遮光容器或避光包装等措施。若发现包装粗略、粗糙，箱袋质地薄而脆，字迹不清或脱落，与以前的包装明显不同等情况，可初步判断是伪劣产品。国内产品未用中文标明规格、等级、主要技术指标和成分含量、使用说明等，或未标明生产日期（批号）、有效期、批准文号，无厂名和厂址都可怀疑是假冒或伪劣产品。对进口饲料添加剂进行感官鉴定时，除进行原料外观鉴别和包装检查外，还要注意进货渠道。最好是直接从国外厂家或驻外的分支机构进货或应持有产品进口登记证，否则均有可能是假冒伪劣产品。

2. 物理检测

物理检测是一种使用简单的器具，利用饲料添加剂的物理特性进行快速检测的方法。主要有筛选法、称量法、相对密度（比重）鉴别法、镜检法、水淘选鉴别法以及黏度法、熔点法、旋光法、折光法等物理检查方法。

3. 快速化学定性分析

在饲料添加剂中加入适当的药品，根据发生反应的沉淀、颜色变化等判断其中是否包含某种成分，是否有异物混入。这些方法大多数都简单、快速、易于掌握，一般乳牛场都可以做到。也可将饲料送到专业检测机构进行检测。

第四章　乳牛的繁殖技术

第一节　乳牛的发情与配种

一、乳牛的发情

（一）性成熟、发情与配种

性成熟是指乳牛的性器官和第二性征发育完善，母牛的卵巢能产生成熟的卵子，公牛的睾丸能产生成熟的精子，并有了正常的性行为。交配后母牛能够受精并能完成妊娠和胚胎发育的过程。母牛性成熟时期与品种、营养和气候等因素有关。乳牛的性成熟的年龄一般在 8 ~ 12 月龄，小型母牛 8 ~ 10 月龄，早熟品种为 6 月龄。

性成熟后的乳牛不能马上配种，因为它自身尚处在生长发育中，此时配种不仅影响乳牛自身的生长发育和以后的生产性能的发挥，而且还影响到犊牛的健康成长，要等到牛体成熟后方可配种。体成熟是指乳牛的骨骼、肌肉和内脏各器官已基本发育完成，而且具备了成熟时应有的形态和结构。

体成熟要晚于性成熟，当母牛的体重达到成年母牛体重的 70% 左右时达到体成熟，可以开始配种。乳牛的性成熟和体成熟取决于年龄，同时与品种、饲养管理、气候条件、性别、个体发育情况有关。一般小型品种性成熟和体成熟早于大型品种，饲养管理条件好的早于差的，气候温暖地区早于寒冷地区，所以，确定母牛的初配时间时要灵活掌握。乳牛的初配年龄一般在 1.5 ~ 2 岁，但配种也不能过迟，过迟往往造成以后配种困难而影响生产性能和经济效益。

（二）乳牛的发情周期

母牛在性成熟后出现第一次发情时，其生殖器官及整个机体的生理状态发生一系列的周期性变化。发情时产生生殖道黏膜充血、水肿、排出黏液、精神兴奋、出现性欲、接受其他牛的爬跨、卵巢有卵泡发育和排出卵泡等生理现象。周期性地一直到停止繁殖年龄为止，这种周期性的性活动称为发情周期或性周期。一般从这一次开始发情到下一次开始发情为一个发情周期。母牛的发情周期一般平均为 21d（18 ~ 24d）。发情期受光照、温度、饲养管理、个体情况等因素的影响，有一个变动的幅度，变动的范围为 18 ~ 25d。产后第一次发情间隔通常为 21 ~ 50d。根据精神状态、行为、生殖道的生理变化和卵巢的变化规律分为 4 个时期，即发情前期、发情期、发情后期和休情期。

1. 发情前期

发情前期是发情期的准备阶段，是卵泡准备发育的时期。随着卵巢中上一个发情周期产生的黄体的逐渐萎缩退化，新的卵泡开始发育并稍增大，开始分泌雌激素，雌激素在血液中的浓度也开始增加，阴道的分泌物由干黏状态逐渐变成稀薄，分泌物增加，生殖器官开始充血肿胀，黏膜增生，子宫颈口稍有开放，腺体活动逐渐增加，母畜尚无性欲。在此期间母牛尚无性欲表现，此期持续 1 ~3d。

2. 发情期

发情期是指母牛从发情开始到发情结束所延续的时间，也就是发情持续期。母牛有性欲表现，外阴部充血肿胀，随时间延长发情达到最高峰。子宫颈和子宫呈充血状态，腺体分泌活动增强，流出黏液，子宫颈管松弛，卵巢上卵泡发育很快。多数在发情末期排卵，排卵后卵泡在促黄体素的作用下开始形成黄体。母牛发情持续时间比较短，经产乳牛为 18h（12 ~30h），育成牛为 15h（10 ~21h）。这段时间的长短除受品种因素影响外，还受气候、营养状况等因素的影响。气温高的季节母牛发情持续期要比其他季节短，在炎热的夏季，除卵巢黄体正常的分泌孕酮外，还从母牛的肾上腺皮质部分分泌孕酮以缩短发情持续期。草原母牛饲料不足时发情持续期要比农区饲养的母牛短。发情前期和发情期又可统称为卵泡期。

3. 发情后期

此期母牛从性兴奋状态转变为安静，没有发情表现。雌激素数量降低，子宫颈管逐渐收缩，腺体分泌活动逐渐减弱，子宫内膜逐渐增厚，排卵后的卵巢上形成血红体后转变为黄体，孕酮的分泌逐渐增加，生殖道的充血逐渐消退，蠕动减弱，子宫颈管关闭。在该时期内约有 90% 育成母牛和 50% 成年母牛从阴道流出少量的血，说明母牛在 2 ~4d 前发情，如果失配可在 16 ~19d 后注意观察其发情，这段时间约 3 ~4d。

4. 休情期（间情期）

休情期也称间情期，是指母牛发情结束后的相对生理静止时期。该过程主要特点是黄体由逐渐发育而转为略有萎缩，孕酮的分泌也由增长到逐渐下降。性欲已完全消失，精神状态已恢复正常，子宫内膜增厚，腺体高度发育、大而变曲，分支多，分泌活动旺盛。子宫颈分泌黏液量少，黏稠，黄体发育完全。在休情期后期，子宫内膜回缩，腺体变小，分泌活动停止，卵巢上黄体开始消退。休情期的长短常常决定发情周期的长短，此期约为 12 ~15d。母牛在发情期间配种，如未受胎则在休情期持续一定时间后又进入发情前期。发情后期和休情期可统称为黄体期。

（三）母牛的发情鉴定

牛的发情期虽短，但外部特征表现明显。因此，发情鉴定主要靠外部观察，也可进行试情。阴道分泌物的检查常与输精同时进行。卵泡发育情况进行直肠检查。一般用于排卵鉴定及不孕症诊断。

1. 发情的外部表现

（1）发情前期　母牛发情开始时表现不安，常与其他牛额对额地相对立，而且同性性行为增多。如果与牛群隔离常大声哞叫；拴住时喜欢乱转，放开时母牛常追逐并爬跨其他母牛。阴道流出稀薄、透明的黏液，阴户开始发红、肿胀，但此时不让其他母牛爬跨。

（2）发情期　性欲旺盛，流出的黏液量增多，且黏稠、不透明；母牛常作排尿姿势，尾根经常举起，并常摇尾；其他牛嗅其外阴或被其他母牛爬跨时安静不动，呈现愿意接受交配的样子；人触及其外阴，举尾不拒；如果牛群中有公牛，发情母牛常用舌头舔接近自己的公牛，或嗅闻公牛的会阴及阴囊部；公牛用下颌轻压其尻部或嗅触其外阴，则静立等待交配，有时还回顾公牛。发情时食欲、反刍及乳产量均有下降。母牛发情时最明显的性行为是试图爬跨其他牛或站立等待其他牛的爬跨，尤其是站立等待爬跨是发情最明显的指征。母牛发情时虽有其他牛嗅闻其阴门，但发情母牛却从不嗅闻其他母牛的外生殖器官；年龄较大、舍饲的高产乳牛，特别是产后第一次发情时，发情的外部表现不很明显，须注意观察或利用公牛试情。乳牛群中如有卵泡囊肿牛，常能辅助发情母牛鉴别工作。

（3）发情后期　母牛接近排卵时又表现不让其他母牛爬跨，其他症状（如黏液量、透明度、阴户红肿等）都较中期差。

2. 内部检查

母牛发情时，阴道、子宫颈及其分泌物的变化有一定的规律。因此，对它们检查的结果可作为发情鉴定、不孕症诊断及确定输精时间的参考。

（1）阴道检查　①用消毒过的开膣器打开阴道，检查阴道及子宫颈。发情母牛的子宫颈及阴道，尤其是阴道前端黏膜充血、呈鲜红色，有轻度水肿，有光泽；它们分泌的黏液透明、量多，黏液积存于阴道下端，发情旺期排出的黏液牵缕性强并垂于阴门之外，俗称“吊线”；子宫颈明显肿胀，管腔松弛并开放，利于精子进入子宫内。发情终了时，黏液充血消失，呈浅桃红色，黏液变少。

②黏液的流动性取决于酸碱度，碱性越大越黏。乏情期的阴道黏液比发情期的碱性强，故黏性更大。发情开始后黏液碱性最低，故黏性最小；发情旺期黏液碱性增高，故黏性最强，可以拉长。母牛阴道壁上的黏液比流出的黏液略酸，如发情时的黏液在阴道内测定其 pH 值为 6.57，而取出后在试管内测定时则 pH 值为 7.45。子宫颈的黏液一般比阴道的稍偏酸。

③发情母牛的子宫颈黏液如在涂片干燥后镜检，则呈现羊齿植物状的结晶花纹。结晶花纹典型，排列长而整齐，保持时间达数小时以上，其他杂物如上皮细胞、白细胞等很少，这是发情旺期的表现。如果结晶结构较短，呈短金鱼藻或星芒状且保持时间较短，白细胞较多，这是发情末期的表现。根据结晶的状态及保持时间即可判断发情的时期，此法可作为发情鉴定的参考。根据报道，亦有少数发情母牛的子宫颈黏液涂片不呈结晶状态，此种牛的受胎率较低。

（2）直肠检查　手用来苏尔水消毒，伸入母牛的直肠内，隔着直肠壁触摸卵巢及卵泡的发育程度，来判断母牛的发情情况，可以鉴定是真发情还是假发情。直肠检查还可以诊断子宫的健康状态。此法检查最为可靠，是确定适时配种的最好依据。但母牛的发情持续期较短，卵泡较小，直肠检查时要细心、沉着，结合综合观察，适期配种。如果在发情前后1～2d 行直肠检查，会发现子宫壁紧张，由于雌激素对子宫肌层和组织的刺激，子宫轻度水肿。发情开始时进行直检会发现卵巢上有直径为 1cm 左右的卵泡，表面光滑，紧张，有轻度的波动感。排卵前的卵泡直径可达到 1～2cm。排卵后黄体发育很快，48h 后直径达 1.5cm，7～8d 后黄体达到最大，直径为 2～2.5cm。

（3）卵泡发育　根据直肠检查，母牛的卵泡发育过程可概括为 4 期。

①卵泡出现期：卵泡稍增大，直径为 0.5～0.75cm，直肠触诊为一硬性隆起，波动不明显。这一期中母牛一般开始有发情表现。从发情开始计算，第一期持续约 10h；但也有些母牛在发情出现以前第一期已开始。

②卵泡增大期：卵泡发育到 1～2cm，呈小球状，波动明显。本期历时 10～12h。在

此期后半段，发情表现已开始减轻，甚至消失。卵巢功能减弱的母牛此期的时间较长。

③卵泡成熟期：卵泡不再继续增大，卵泡壁变薄，紧张度增强，直肠触诊有一触即破的感觉。历时6～8h，但也可能缩短或延长。

④排卵期：卵泡破裂排卵，卵泡液流失，卵泡壁变为松软，成为一个小的凹陷。排卵后6～8h，原来的卵泡已开始被形成的黄体物质充填，此时直肠检查可摸到质地柔软的新黄体。

3. 异常发情及乏情

由于母牛的发情受多种因素的影响，一旦母牛发情超出正常规律，就是异常发情。主要有：

（1）隐性发情　就是指母牛发情时缺乏发情外表症状，发情没有明显的性欲表现，但卵巢内有滤泡发育成熟并排卵。常见于高产乳牛、产后带犊母牛、营养不良及体质衰弱的母牛等。其原因是促滤泡生成素和雌激素分泌不足或失调、营养不良、泌乳量高等原因造成的。另一方面需注意的是母牛的发情持续时间较短，冬季在舍内饲喂时间较长的乳牛最容易漏情而造成失配。

（2）假发情　指母牛只有发情的外部表现而无排卵过程的现象。母牛的假发情有两种情况：一是有的母牛在已配种妊娠4～5个月时突然有性欲表现，爬跨其他牛或接受其他牛的爬跨，但子宫口收缩，无发情表现。二是有些卵巢机能不全的青年母牛和患子宫或阴道炎症的母牛，外部虽有发情表现，但卵巢内无发育的滤泡，最后也不排卵。前者多因孕酮不足而雌激素过多所致，在进行阴道检查或直肠检查时，子宫外口表现收缩或半收缩，无发情黏液，直肠检查能摸到胎儿，误配易流产。后者则是屡配不孕。

（3）持续发情　正常母牛的发情持续时间较短，但有的母牛连续发情2～3d以上。其主要原因是由于卵巢囊肿所致，卵巢囊肿是由于不排卵的滤泡继续发育、增生、肿大、分泌过多的雌激素造成的。滤泡不断发育、不断分泌雌激素使母牛持续发情，造成母牛发情时间延长，原因可能是某些因素导致垂体分泌机能失调。

（4）断续发情　可能是卵巢机能发育不全以至滤泡交替发育，先在一侧卵巢有滤泡发育，产生雌激素使母牛发情，不久滤泡发育中断，萎缩退化，而另一侧又有滤泡发育，产生雌激素，母牛又出现发情。此母牛一旦转入正常发情时，配种可受胎。

（5）乏情　即不发情。常见的原因是营养不良，比如能量水平过低、矿物质和维生素不足等；应激因素如气候、卫生、运输等；哺乳时间长、挤乳次数多、泌乳力高而又在泌乳旺期的新分娩母牛，常在产后久不发情。这些不良因素使卵巢活动机能降低，导致乏情。

（四）发情周期的特点

乳牛的发情周期平均为21.7d，变动范围为18～25d。

1. 发情持续时间

乳牛发情持续的时间较短，平均为18h，一般变动范围为12～30h。长者可达3～4d，短者只10h左右，一天中，一般上午发情的占60%左右，下午发情的占40%左右，特别是早晨4～6点钟开始发情的较多。

2. 排卵时间

排卵出现在发情结束后，乳牛的排卵时间出现在发情结束后10～15h。

3. 排卵位置

单侧卵巢排卵约占90%，右侧排卵率高于左侧。乳牛右侧排卵率占53.4%，左侧占36.6%，两侧同时排卵占10%。

4. 发情后期流血

牛发情后阴道排出的黏液中含有不凝固的血液（20～30ml）是一种正常的生理现象，在发情期卵泡迅速成熟，雌激素分泌量增多，促进了子宫内膜毛细血管血流量增加，并充满血液；在发情后期雌二醇在血液中的含量急剧下降，增生组织迅速消退时，表层（尤其是子宫阜）微血管出现淤血，血管壁变脆发生破裂及血细胞渗出。血液穿过黏膜上皮进入子宫腔，混在黏液中通过子宫颈从阴道流出体外。乳牛出现流血和没有流血的比例分别为55%和45%，处女牛发情时约有90%或多或少发生这种现象，发情后少量出血与受胎无关，但大量出血一般都有碍受胎。流血的时间一般在母牛接受爬跨后1～4d，在输精后第二天出现流血的其受胎比例最高。

（五）激素和发情周期的调节作用

乳牛的发情周期大体上在18～25d的范围内，平均为21d。母牛发情周期的发生有内因也有外因，内因如神经、激素等；外因如光照、温度、营养等，由于环境条件、个体等不同，发情周期的长短也有些差异，夏季稍长，冬季稍短；初产牛稍短，经产牛稍长；瘦牛稍短，肥牛稍长等。外因起影响作用，内因起主导作用。

二、配种

应加强此期的管理，勤观察发情，及时记录，配前除对行为表现认真观察和对黏液鉴定外，还应进行直肠检查，确定子宫状况、卵泡发育状况，以决定是否输精、何时输精。

（一）适配月龄

1. 青年母牛的初配，首先决定于个体生长发育的情况，不同用途和不同品种的牛应考虑它的体重和年龄指标来确定初配适龄。青年母牛达到15月龄以上、体况发育适中、体重达成年母牛70%以上即可配种，否则应推迟配种时间。一般而言，黑白花乳牛17月龄，体重达350kg较为适宜。

2. 不同品种的适配年龄不一。早熟品种为公牛15～18月龄，母牛16～18月龄；中熟品种为公牛18～20月龄，母牛18～22月龄；晚熟品种为公牛20～23月龄，母牛22～24月龄。

（二）适配时间

1. 适配时间

为提高母牛的生产性能，产犊后应尽可能提早配种，一般在60～90d配种为宜。情期中配种的适宜时间可根据排卵时间（在发情结束10～15h）；卵子保持受精能力的时间（6～12h）；精子到达受精部位的时间（15min）；精子在母牛生殖道内保持受精能力的时间（30h，范围24～28h）推测。根据经验，通常认为母牛发情开始后12～18h，黏液在拇指和食指间牵拉6～8次不断，直肠检查卵泡直径1.5cm以上、波动明显、泡壁薄、一触即破时输精最适宜。

2. 产后第一次发情配种

母牛产后子宫完全恢复需40d左右，当有发情表现时，应及时配种，目前养牛者多数是掌握在产后50d左右配种，高产乳牛70～90d配种。

（三）输精部位及输精次数

通常需要将输精管插入子宫颈深部输精，即在子宫颈的5～8cm处。如果对乳牛发情、排卵情况掌握准确，输精一次即可。否则，上午发现发情，下午输精，次日上午需再输精一次；下午发情，次日上午和下午各输精一次。两次输精时间间隔8～10h为宜。

（四）直肠把握子宫颈输精方法操作

目前乳牛配种基本上全部采用人工授精方式。我国各省都有种公牛繁育中心，有充足的优质冻精供养牛户使用。乳牛输精工作应由受过专门培训、有资格证书的配种员进行。乳牛人工输精通常采用直肠把握子宫颈输精法，此法输精部位比阴道开张器输精法受胎率高。

配种员将手臂伸入乳牛直肠，掏出积存的粪便，再慢慢伸向前方，以四指隔着直肠壁向下握住子宫颈的外口端，使子宫颈外口与小指形成的环口持平。清洗乳牛外阴，另一手持输精枪由阴门以35～45度向斜上方插入5～10cm，以避开尿道口，而后改为平插或略向前下方进入阴道，当输精枪接近子宫颈外口时，把握子宫颈外口处的手将子宫颈拉向阴道方向，使之接近输精枪前端，并与持输精枪的手协同配合，将输精枪缓缓穿过子宫颈内侧的皱褶轮，插入子宫颈深部2/3～3/4处，注入精液，然后将输精枪抽出。

第二节　乳牛的妊娠与分娩

一、妊娠

从母牛配种受胎至胎儿产出这段时间称为妊娠期，母牛的妊娠期一般平均为280d（270～285d）。

（一）妊娠症状

妊娠后母牛一般不再发情，性情变得温顺、举止安静、行动迟缓、易疲劳。妊娠3个月后，被毛逐渐光亮，食欲亢进，膘情好转，以后又趋下降。4个月后又表现异嗜，5个月后腹围增大，初产牛此时乳房明显增大，乳头变粗，并能挤出黏性分泌物；经产乳牛泌乳量显著下降，脉搏、呼吸次数明显增加。6～7个月时可听到胎儿的心跳，触摸腹壁可触到或看到胎动。8个月后，胎儿体积明显增大，在腹部脐部撞动，腹围更大。阴户浮肿，臀部塌陷。

（二）妊娠诊断

目前乳牛场常用的孕检方法是手工直肠检测和直肠超声波检测（B超），这两种方法为直接诊断方法。

1. 时间

为防止空怀并加强对怀孕母牛的管理，应及早做妊娠诊断，但并不是越早越好，因为会增加早期的胚胎死亡率，高死亡率的出现基本与进行孕检的时间一致（配种后30～50d），孕检越早的牛胚胎死亡率越高。母牛输精后若连续两个情期不发情，可进行妊娠诊断。利用直肠检查法进行妊娠诊断在最后一次输精后一个月左右就可进行，2个月左右可做出正确判断。早期妊娠诊断主要根据妊娠黄体存在、子宫胎泡、胎膜、孕角大小、松软做出判断。资料表明，利用B超进行妊娠诊断时，在配种后21～25d检测，妊娠的敏感性和特异性分别是44.8%和82.3%；在配种后26～33d检测，其敏感性和特异性分别为97.7%和87.7%或更高；在28～35d检测尿囊液的敏感性和特异性分别高达96%和97%。

2. 方法

妊娠诊断应由经验丰富的专职配种人员进行，可采用直肠检查法、激素法、子宫颈黏液诊断法、酶联免疫吸附法、腹壁触诊法、超声波诊断法等。最常用的是直肠检查法，效果最好的应是B型超声波诊断法。

（三）妊娠表现及预产期推算

通过检查一旦确定妊娠，根据配种日期就可推算出母牛的产犊日期。最简便的推断预产期的方法是"月减3，日加6"即从配种月减3，配种日加6，其中月份不足3的加12后再减，日超过30的，月份进一位便可推算出母牛产犊日期。例如，2002年1月28日配种，那么产犊日期为2002年11月4日。又如，2002年12月6日配种，那么产犊月份大致为2003年9月12日。

二、分娩

（一）分娩预兆

1. 体温的变化

产前4周体温逐渐升高，产前7～8d可达39.5℃，但至产前12～15h，又下降0.4～1.2℃。

2. 乳房膨大

产前1个月开始膨大，产犊前7～10d，乳房急速膨大，产前数日可从前面两个乳头挤出黏稠淡黄和蜂蜜状的液体，至产犊前2～3d，乳房发红、肿胀，乳头皮肤胀紧，当能挤出白色初乳时，分娩可在1～2d内发生。

3. 外阴部肿胀

外阴潮红、肿胀、柔软，松弛，皱褶消失，黏液增多、湿润。封闭子宫颈口的黏液变软，子宫塞溶化。分娩前1～2d呈透明索状物从阴道流出，垂于阴门外。

4. 骨盆韧带松弛，臀部有塌陷现象

在分娩前1～2d，骨盆韧带已充分软化，从外部还可明显看到尾根两侧肌肉明显塌陷，使骨盆腔在分娩时能稍增大，为顺利分娩做好了准备。

5. 其他方面

临近产犊，食欲减退或完全消失，精神表现不安，也常排出少量粪便，子宫颈口扩张，开始发生阵痛，时起时卧，尾高举，不时地头向腹部回顾，表明母牛即将分娩。

（二）分娩过程

1. 开口期

子宫肌开始出现阵缩，阵缩时将胎儿和胎水同时推出子宫颈，迫使子宫颈开放，向产道开口，胎儿胎水继续后移。继而，阵缩把进入产道的胎膜压破，部分胎水流出，胎儿的前置部分顺着胎水进入产道。

2. 胎儿排出期

从破水时起，阵痛渐紧，子宫肌发生更加频繁有力的阵缩，同时腹肌和隔肌也发生强烈收缩，使腹内压显著升高，把胎儿从子宫内经产道排出。

3. 胎衣排出期

胎儿产出后，一般经过6～8h的间歇，子宫肌重新开始收缩，收缩的时间较长，直至胎衣完全排出，阵缩才终止，胎衣排出后，分娩的过程才结束。

（三）接产与助产

①准备好产房：母牛产前一周要转入产房，产房、产床要提前打扫，应清洁、干净，用2%火碱水喷洒消毒，铺上清洁、干燥的垫草，保持环境安静。产房要保暖、无贼风，冬季寒冷时可生火炉或采取暖气等其他保暖措施。②准备好接产用具和消毒药物，如消毒剪刀、消毒绳、干毛巾、肥皂、来苏尔、碘酒、酒精棉花、高锰酸钾等，以备断脐后消毒脐带用。③母牛临产时，要有人昼夜看管。④助产人员剪短并磨平指甲，进行器械和手臂消毒。分娩开始时，应先用温水或来苏尔水、0.1%高锰酸钾溶液清洗、消毒外阴部及后躯，并用抹布擦干后躯。观察到胎膜露出体外时，助产人员不要急于助产，应将手臂消毒后伸入母牛产道，检查胎儿的方向、位置和姿势。正常的应让其自然分娩。⑤一般当胎膜水泡露出后约10～20min，母牛多卧下，这时要让其向左侧卧，以免瘤胃压迫胎儿而影响分娩。顺产时应是两前肢托着头先出来，两后肢后出来。当胎儿前蹄将胎膜顶破或人为撕破时，可用桶接羊水，产后给母牛饮用，以防胎衣不下。当胎儿头露出阴门外，胎膜未破的先将其剪破以免胎儿窒息死亡。但也不能过早“破水”，免得产道干涩，难于产出。当头部通过阴门后，要注意保护阴唇，防止阴唇联合处撕裂。若倒生，当后肢露出后，要及时拉出胎儿，因胎儿腹部进入产道时，脐带易被压在骨盆上，时间过久，胎儿可能会窒息死亡。若难产，应先矫正胎位，再进行助产：用消过毒的细绳缚住胎儿前肢系部，交助手拉住，助产者双手伸入阴道，拇指插入胎儿口角，捏住下颚，乘母牛努责时一起用力拉，用力的方向应稍向乳牛臀部后下方。这时应用手捂住阴门及会阴部，以防撑破，胎头拉出后，再拉动时动作要缓慢，以免子宫外翻或外脱。当胎儿腹部通过阴门时，要用手捂住脐带根部，防止脐带断在脐孔内，延长断脐时间，使胎儿获得更多的血液。若胎儿过大或胎位调整不过来，需要对胎儿进行术解。⑥阵痛弱的，经30～40min不能自产的，要及时进行助产。⑦胎衣若超过10h还未排出的要及时请兽医诊治。胎衣排出后要及时清除并用来苏尔水洗外阴部，还要用来苏尔水拭洗从阴道中流出的恶露，进行消毒。⑧拉出胎儿后，要检查产道和母体全身状况，如有损伤、出血等，应及时处理，必要时要向产道内投入抗生素。全身状况较差的、体力消耗较大的母牛可静脉注射5%葡萄糖生理盐水1 000～1 500ml。

（四）对初生犊牛的护理

主要应做好3个方面的工作。首先要清除黏液，犊牛产出后，要立即用干抹布将口、鼻的黏液擦净以利呼吸。顺序是先口、鼻，再体躯，当犊牛吸入黏液而造成呼吸困难时，应速将小牛两后肢提起拍打胸部，倒出咽喉部黏液或羊水，必要时进行人工呼吸。其次是断脐带，脐带往往自然扯断，脐带自己断裂的，在断处用5%碘酒充分消毒，未断的可距腹部10cm左右处拉断（最好用手先捻细再拉断），然后立即用碘酒消毒。为防污染，可用纱布把脐带兜起来。然后剥去软蹄、称重、编号。再次，尽早喂初乳，必须让犊牛在出生后1h内吃到初乳，这对犊牛的健康发育、生长至关重要。

冬天应先擦干犊牛身上黏液再去处理脐带，避免犊牛着凉。若母牛舔小牛，尽量让它舔。犊牛欲挣扎站立，寻找乳头，此时应尽早让它吃上初乳（此时可人工哺育初乳）。母牛分娩后，应喂给温热麸皮盐水汤（麸皮 1.5～2.0kg，盐 100～150g，温水适量），以补充体液。胎衣排出后及时取走并检查是否完整，12～14h 胎衣仍有滞留的应手术剥离。产后 15～17d，恶露就不再排出，阴部干净、正常。为预防产道炎症可产后连续 7d 注射氨苄青霉素。

三、乳牛繁殖力指标

乳牛繁殖中，应尽力实现以下指标：初情期 12 个月，后备牛一情期受胎率 65%～70%，产犊间隔 12.5～13 个月，产后首次发情日龄 <40d，产后 60d 发情牛比例 >90%，产后首配天数 45～60d，成年牛一情期受胎率 50%～60%，3 次配种后受胎率 >90%，配种间隔 18～24d 比例 >85%，平均空怀天数 85～100d，干乳期 50～60d，首次产犊平均月龄 24 个月，流产率 < 5%，繁殖障碍导致的淘汰率 < 10%，产犊（存活）率 >90%，总受胎率 >95%，个体受胎所需配种次数 <1.6 次。

四、提高母牛繁殖力的措施

（一）选择高繁殖力的种牛

选择时先看祖先的繁殖成绩，然后对本身的繁殖性能作全方位的审查。对于公牛，主要是睾丸、附睾，阴茎及包皮表面性状、性发生时间、性行为序列、射精量、精子密度及活力；对于母牛，应注意性成熟早晚、发情排卵情况、受胎能力。不管公母牛，应严格淘汰有遗传缺陷的个体。

（二）科学饲养管理，保持适宜膘情

母牛膘情中等偏上有利于提高受胎率。生产中应根据品种、生理阶段和生产性能等状况合理搭配饲料，满足营养需要。母牛所需的主要营养物质包括能量、蛋白质、矿物质和维生素。如果能量和蛋白不足，青年牛生长缓慢，初情期及适配年龄推迟，降低受胎率，怀孕期自身减重，犊牛初生重小，生长慢，抗病力弱。缺钙主要影响骨骼的生长、发育和正常机能，导致产后瘫痪、泌乳量下降。磷摄入量不足影响能量的利用，导致初情期大大推迟，只排卵不发情，甚至发情周期停止。同时可导致受胎率低，分娩困难，产生弱胎、死胎。日粮中正常的钙磷比为 2∶1。V_A、V_E、Zn、Cu、Mn、Se、Co、I 的营养平衡与繁殖力的关系十分密切。营养水平过高，同样会造成不良后果。同时还要注意牛舍环境，保证牛只有足够的运动，合理调整牛群结构。淘汰老龄及有繁殖障碍的母牛。

（三）提高发情鉴定水平，适时配种

做好发情鉴定是配种成功的前提，这一点把握好可大大提高受胎率。母牛发情持续时间短；排卵是在发情结束之后。实践中人们总结出 3 条经验：一看：看外观表现，黏液的量、透明度及牵缕性。二摸：触摸卵巢上滤泡的发育大小，泡壁厚薄、紧张度及波动感。三配种：根据看、摸的信息，综合判断排卵时间，从而决定配种时间。

此外，可应用活动量监测系统（发情期监测），即乳牛发情时，活动量增加为平时的 2 到 3 倍。发情时间多为 2：00～5：00，所以，人工观察发情效率和可靠性较低。SAC 发情期监测系统首先通过 ID 块记录每头乳牛每天的活动量，当该乳牛进入挤乳厅或补饲机时，信号接收器自动将 ID 块里的数据接收并传输到工控机里。当乳牛下一次将该对应数

据传入系统时，系统自动比较两个数据，如果相差范围明显，计算机和挤乳机控制器面板自动提示管理人员，该乳牛处于强发情期。目前，应用较多的为母牛计步器和项圈，都能实现数据的自动传输。

（四）及时检查并治疗不发情的母牛

凡属先天性的不孕者只能淘汰，属后天不孕者要加强这些牛的饲养管理，适当提高营养水平，合理泌乳，减缓应激（特别是高温）。同时配合使用激素催情，如促卵泡素（FSH）200～300IU，间隔1～2d，肌注2～3次。绒毛膜促性腺激素（HCG）1 000～1 500 IU，间隔1～2d肌注1～2次。孕马血清（PMSG）10ml（或1 000IU），间隔6日肌注2次。此外，采用中医疗法中的补脾益肾，温宫祛寒原理也可提高母牛的受胎率。

（五）抓保胎，防流产

乳牛配种后的受精率为70%～80%，但最后产犊率只有50%，原因是胚胎早期死亡率高。其原因包括致死基因，精子异常、卵子异常、激素紊乱、子宫疾患及饲养管理。因此，要特别注意种公牛或（和）母牛的选择，加强妊娠早期和末期的管理，对习惯性流产的母牛采用药物治疗（黄体期），必要时作淘汰处理。

（六）保证高品质的精液

使用的公牛必须是经过鉴定的，对精液品质差，有繁殖障碍的种公牛一定要淘汰。如果使用冷冻精液则必须符合国家标准。

（七）推广使用繁殖新技术

诸如冷冻精液，人工授精，胚胎移植、生殖激素、性控冻精的应用等对提高母牛的繁殖力起到了很大作用。

五、现代化繁殖新技术的应用

（一）精液的冷冻保存与人工授精

1. 精液的冷冻保存

精液的冷冻保存是指将处理后的精液在超低温冷源（液氮－196℃）中长期保存。

冻精的剂型有塑料细管、玻璃安瓿、颗粒、塑料薄膜（袋）、载片及胶囊等，通用的是前3种。目前绝大多数国家应用塑料细管。

2. 人工授精的技术环节

精液采取→精液品质检查→精液稀释→精液保存→输精

（二）发情控制

1. 诱发发情

诱发发情是在母牛乏情期内（如产后长期不发情）用外源激素或其他方法引起母牛正常发情并配种繁殖的方法。常用的是促性腺激素如：FSH、LH、PMSG、HCG、孕激素、雌激素、前列腺素等。

2. 同期发情

也即同步发情或控情技术。它是利用某些激素制剂人为的控制并调整若干（供、受体）母牛在一定时间内集中发情，它可以对受控母牛不经发情检查即在预定时间内同时授精。同期发情不仅对人工授精技术、冷冻精液技术的应用和推广具有重要意义，而且也是胚胎移植必不可少的重要环节。

现行的同期发情技术有两种途径，都是通过控制黄体。延长或缩短黄体寿命，降低孕酮水平，使生殖周期摆脱孕酮控制的时间一致，从而导致卵泡同时发育，达到同期发情的目的。

（1）施用外源激素　人为的造成黄体期，抑制发情。如此处理一定时间即当受控母牛自然黄体期结束后同时停药，即可引起母牛同时发情。此类孕激素包括孕酮及其合成类似物。如甲孕酮、炔诺酮、氯地孕酮、氟孕酮、18 - 甲基炔诺酮、16 - 次甲基甲地孕酮以及三合激素等。投药方式有阴道栓塞、皮下埋植、口服、注射、涂敷等。

（2）施用促进黄体退化的前列腺素 PGF2α 及其类似物　中断周期黄体发育，即可诱导发情。由于前列腺素等仅对卵巢上有功能性黄体的母牛起作用，而对群体来说，黄体存在于发情周期的各个阶段，所以须隔 10d 后再用药一次，才能使群体达到同期化。PGF2α 的类似物国产的有 15 - 甲基 PGF2α、PGF1α。甲酯及氯前列烯醇等，国外有高效的 PGF2α 类似物制剂，如氯前列烯醇、氟前列烯醇等。此类药物的投药方式有肌注、宫腔或宫颈注入。

国内外实验结果，同期发情率为 70% ~90%，第一发情期受胎率低于自然发情受胎率，第二发情期受胎率正常。

（三）排卵控制

1. 诱发排卵

当卵巢有成熟卵泡时，在发情行为表现之前，利用外源促排卵激素诱导激发成熟卵泡提前破裂排出卵子。故诱发排卵必须掌握两条：一是有成熟卵泡；二是激素处理时间一定要早于内源 LH 峰出现的时间。

2. 诱发产双胎

利用促性腺激素处理母畜引起多个卵泡成熟并排卵，以生产双胎或多胎。这种方法目前用于肉牛和绵羊，尚有许多问题待研究解决。

3. 超数排卵

简称超排。是指在母牛发情周期的适宜时间，用促性腺激素处理母牛，使卵巢比在自然情况下有较多的卵泡发育，并排出多个有受精能力的卵子。超排技术的应用，可充分发挥优良种母（供体）牛的作用，加速牛群改良，同时也是胚胎移植的又一重要环节。

超排处理方法常用的有：

（1）PMSG + PGF2α 法　在性周期第 8 ~ 12d 内一次肌注 PMSG 2 000 ~ 3 000IU（老年牛剂量可更大一些），48h 后肌注 PGF2α15 ~ 25mg 或子宫灌注 2 ~ 3mg，以后的 2 ~ 4d 内，多数母牛发情。

（2）FSH + PGF2α 法　在性周期第 8 ~ 12d 内肌注 FSH，每日 2 次，连注 3 ~ 4d，总剂量 30 ~ 40mg（400 ~ 500 大鼠单位，第一次用量稍多，以后逐日降低），在第五次注射的同时注射 PGF2α，剂量同上法。若需要，可在牛发情后肌注 GnRH（LRH - A2 或 LRH - A3 200 ~ 300μg）。

（3）FSH + LH 法　在性周期 8 ~ 12d 内肌注 FSH，方法同前，发情时再肌注 LH150 ~ 200IU。超数排卵的数量，潜力很大，因犊牛有 7.5 万个卵子，10 岁时尚有 2 500个。但排卵数与授精率和收集率呈负相关趋势。一般认为以 10 ~ 15 个最为理想，但目前还不能准确控制供体牛的一次排卵数。

（四）性控冻精

乳牛XY精子分离技术是指将公牛的精液根据精子自身X染色体和Y染色体的DNA含量不同，把这两种类型的精子通过物理方法进行有效的分离。将X精子分装冷冻后用于牛的人工授精，使母牛怀孕的技术。性控冻精可使母牛生母率达到93%以上，正常情况下也不会低于90%。根据精子自身X、Y染色体中DNA含量的不同而有效分离的冻精就叫性控冻精。

第三节　牛的人工授精技术

人工授精就是利用相应器械，将采集或加工处理的精液注入到母牛生殖器官内使其授精。在乳牛配种上，我国现在基本全面实现了乳牛人工授精。

一、牛人工授精技术在畜牧业发展中的意义

牛人工授精是充分利用良种公牛加快良种繁育的重要途径。在自然交配下，一头公牛一年配种母牛的数量一般只有20～40头，而利用人工授精技术牛可配种数千乃至数万头母牛。这样就能利用少量优良公牛繁殖大量的优良后代。由于人工授精技术的应用，饲养的种公牛可大大的减少。乳牛场可不养种公牛，而代以购买精液为母牛配种，从而节省了种公牛的饲养管理费用。精液可以保存和运输的特点，还为打破配种的时间、地域限制创造了条件。

二、牛人工授精技术操作规程

（一）人工授精前的准备工作

1. 输精器的准备

将金属输精器用75%酒精或放入高温干燥箱内消毒，输精器宜每头母牛准备一支或用一次性外套。

2. 母牛的准备

将接受输精的母牛固定在六柱栏内，尾巴固定于一侧，用0.1%新洁尔灭溶液清洗消毒外阴部。

3. 输精人员的准备

输精员要身着工作服，指甲需剪短磨光，戴一次性直肠检查手套。

（二）冷冻精液的解冻

细管精液的解冻方法是从液氮中取出细管冻精后，将0.25ml的细管冻精封口端朝上、棉塞端朝下，置于35℃的水中，静置20s（或置于40℃温水中，10～12s）即可。

（三）精液品质检查

①检查精子活力用的显微镜载物台应保持35～38℃。

②在显微镜视野下呈直线前进运动的精子数占全部精子数的百分率用来评定精子活率。100%的精子呈直线运动者评为1.0；90%的精子呈直线运动者评为0.9，以此类推。

（四）将塑料细管精液解冻后装入金属输精器

将输精器推杆向后退10cm左右，插入塑料细管，有棉塞的一端插入输精器推杆上，

深约0.5cm，将另一端聚乙烯醇封口剪去。

（五）输精

①母牛需经发情鉴定及健康检查后才能给予输精。

②母牛在输精前，外阴部应经清洗，以1/3 000新洁尔灭溶液或酒精棉球擦拭消毒，待干燥后，再用生理盐水棉球擦拭。

③发情母牛每次输入一头份解冻后冷冻精液。

④输精用精子活率应达0.3以上，输入的直线前进运动精子数在细管型冷冻精液应为1 000万以上。

⑤采用直肠把握输精法将精液注入子宫颈内口或子宫体部位。

⑥输精母牛须作好记录，各项记录必须准时、准确，并定期进行统计分析。

（六）妊娠检查

母牛输完精，接下来就是对怀孕母牛的妊娠检查了。妊娠检查主要是直肠检查，主要根据子宫角的变化情况，还有就是根据触摸子宫中动脉来判断母牛是否妊娠了。

三、提高乳牛人工授精受胎率的技术措施

乳牛人工授精受胎率的高低直接影响到乳牛场的经济效益。

（一）加强对产后乳牛的护理

产后乳牛子宫环境的恢复是乳牛再孕的前提条件，把产后母牛护理好了就能在今后的人工授精中取得事半功倍的效果。

1. 把好接产、助产关

进行接、助产时要严格做好牛体后部的清洗消毒工作，同时助产人员的手、工具和产科器械都要严格消毒，以防病菌带入子宫内造成生殖系统的疾病。助产时应根据母牛的宫缩情况及胎儿的方向、位置和姿势进行施术，不可用蛮力助产，避免造成子宫和产道的损伤而影响以后的生育。

2. 给乳牛喂饮保健汤

产后0.5~1h内要给母牛喂饮与体温相同的保健汤，即益母草浸出膏250mg+红糖500g+米酒500g+温水2kg，使母牛尽快恢复体力，促进血液循环，使胎衣脱落以防止产后疾病的发生。

3. 观察子宫排出物和粪便是否正常

①胎衣自然排出的乳牛应根据恶露变化决定是否对子宫进行药物冲洗或子宫灌注抗菌药物，必要时结合全身治疗以确保子宫正常复原。如果长时间胎衣不下，或排出物的气味和状态有异常应及时处理，最好结合全身治疗以防止其他并发症的发生。子宫康复掌握在产后15~20d，有利于提早产后第1次发情及减少子宫炎症，保持正常的产犊间隔。

②如果粪便出现稀薄、颜色发灰、恶臭等不正常现象，说明瘤胃功能不正常，应适当减少精料，多采食些粗饲料。

（二）发情鉴定，适时配种

发情鉴定是基础，适时配种是保障，两者都是提高受胎率的保证。在实际工作当中应做到勤看、勤摸、勤问。只有做到准确的发情鉴定，抓住适时的配种时机才能提高乳牛人工授精的受胎率。

（1）发情鉴定是乳牛繁殖工作中一个重要技术环节　发情鉴定主要是通过观察母牛的外部表现和精神状态来判断其发情状态。母牛开始发情时，往往有其他母牛跟随、欲爬，但母牛不接受，兴奋不安，常走动，对外界刺激敏感。到了发情盛期，母牛阴门肿胀有光泽，经常有其他牛只爬跨，发情牛此时表现安静，愿意接受爬跨。并常有透明黏液从阴道流出，牵缕性强，用母指与食指拈拉可呈 V 形而不断裂。发情盛期过后，仍有其他牛爬跨，但母牛不愿接受，逐渐转为安静，此时应进行适时配种。以外部观察法来鉴别大部分发情牛只，发情观察次数和时间应为每天至少观察 3 次，每次不少于 30min。观察时间应为：6：00～7：00；10：00～11：00；17：00～19：00；此外晚上还可安排在挤乳完成后的 30min 的时间内。个别牛只通过直肠检查法进行确认，主要检查有无成熟卵泡及卵泡的大小、质地等，以此确定是否真发情或适时输精。对缺乏性欲的安静发情、配后两个月以上的发情、断续发情、持续发情、长期不发情的牛只必须进行直肠检查，对患有卵巢疾病的牛只进行及时治疗。

（2）对经过发情鉴定的牛只在发情后要进行适时的配种　适宜的输精时间为发情开始后排卵前 12h。配种时间为 9 时以前发现发情，当日午后配种；9：00～14：00 时发现发情，当日晚配种；下午或晚上发现发情，次日早晨配种。配种时还应注意个别的特殊牛只，如体弱、老龄、肢蹄有毛病等不好确定发情时间的牛，提早排卵或排卵延迟的牛，应进行直肠检查来确定适时的配种时间。总的原则应掌握在发情中后期配种，同时可以考虑“小配早，老配晚，不老不小配中间”的经验。

（三）正确的输精方法

采取直肠把握子宫颈输精法，于子宫颈深部或子宫体或子宫角输精为宜。方法是：输精前将输精用具彻底清洗、消毒，把金属输精枪放入高温干燥箱内消毒。将牛站立保定，先用干净的纸巾将外阴部擦拭干净（不可用水冲洗），并用一小团纸巾撑开阴门，与直肠检查相似，输精员一只手（多用左手）戴上薄膜手套，伸入直肠，掌心向下，握住子宫颈后端，另一只手持输精枪插入阴门，插入时先向斜上方以 35°～45°插入 5～10cm 再转成水平插入，避免将输精枪插入尿道外口。借助直肠内把握子宫颈的手与持输精枪的手协同配合，使输精枪缓缓通过子宫颈内的螺旋皱褶，通过子宫颈内口到达子宫体底部，左手向前移动，用食指抵住角间沟，用来确定输精枪前端的位置，同时也可防止输精枪刺破子宫壁。然后将输精枪往后拉约 2cm，使输精枪前端位于子宫体中部，注入精液，抽出输精枪，同时左手顺势对子宫角按摩 1～2 次。在把握子宫颈时，位置要适当，才有利于两手的配合，既不可靠前，也不可太靠后，否则难以将输精器插入子宫颈深部。此外，把握子宫颈时不可将子宫颈向上牵拉使子宫颈弯曲成弧形，从而使输精管不易通过子宫颈，也不能将子宫颈向外牵拉而应稍向内牵拉，便于输精管插入子宫颈外口。

（四）合理防治子宫内膜炎

对屡配不孕、乏情、不发情乳牛要及时治疗，输精前要认真检查乳牛是否患有子宫内膜炎，对于患病乳牛要先治疗，痊愈后方可输精。母牛出现不发情或乏情多与营养有关，应及时调整母牛的营养水平和饲养管理措施。对因繁殖障碍引起的不发情或乏情母牛，在正确诊断的基础上可采用孕马血清促性腺激素、氯前列烯醇、三合激素等激素进行催情能收到良好效果，但不同药物、不同使用剂量与处理方式效果各异。

（五）及早进行妊娠检查

乳牛早期妊娠诊断是减少乳牛空怀，提高繁殖效率的重要措施之一。妊娠检查可采用外部观察法、不返情法、直肠检查法、B 型超声波检查法、激素（孕酮）测定法等。在实践中，应用最广泛，最准确的早期诊断方法是直肠检查法。但是这种方法要求鉴定者必须经过一定的技术训练并具有较为丰富的实践经验，如与超声波诊断法配合应用将收到更好的效果。

第四节　胚胎移植技术（ET）

胚胎移植又称受精卵移植，就是将一头母牛（供体）的受精卵移植到另一头母牛（受体）的子宫内，使之正常发育，俗称“借腹怀胎”。

一、胚胎移植的意义

（一）充分发挥优良母牛的繁殖潜力

一般情况下，一头优良成年母牛一年只能繁殖一头犊牛，应用胚胎移植技术一年可得到几头至几十头优良母牛的后代，大大加速了良种牛群的建立和扩大。

（二）诱发肉牛产双胎

对发情的母牛配种后再移植一个胚胎到排卵对侧子宫角内，这样配种后未受孕的母牛可能因接受移植的胚胎而妊娠，而配种后受体母牛则由于增加了一个移植的胚胎而怀双胎。另外，也可对未配种的母牛在两侧子宫角各移植一个胚胎而怀双胎，从而提高生产效率。

（三）应用胚胎移植还可以减少肉用繁殖母牛的饲养头数，可以代替种畜的引进和保存品种资源等。

二、胚胎移植的生理基础

（一）母牛发情后生殖器官的孕向发育

在发情后的最初一段时期（周期性黄体期），不论是否已受精，母牛生殖系统均处于受精后的生理状态之下，在生理现象上妊娠与未孕并无区别。所以，发情后的母牛生殖器官的孕向变化是进行胚胎移植时使不配种的受体母牛可以接受胚胎，并为胚胎发育提供各种条件的主要生理学依据。

（二）早期胚胎的游离状态

胚胎在发育早期有相当一段时间（附植之前）是独立存在的，它的发育基本上靠本身贮存的养分，还未和子宫建立实质性联系。所以，在离开活体情况下，在短时间内可以存活。当放回与供体相同的环境中即可继续发育。

（三）胚胎移植不存在免疫问题

受体母畜的生殖道（子宫和输卵管）对于具有外来抗原物质的胚胎和胎膜组织，一般来说，在同一物种之内并没有免疫排斥现象，这一点对胚胎由一个体移植给另一个体后而继续发育不受影响。

(四) 胚胎和受体的联系

移植的胚胎在一定时期会和受体子宫内膜建立生理上和组织上的联系，从而保证了以后的正常发育。此外，受体并不会对胚胎产生遗传上的影响，不会影响胚胎固有的优良性状。

三、胚胎移植的操作原则

(一) 胚胎移植前后所处环境的一致性

胚胎移植后的生活环境和胚胎的发育阶段相适应。包括生理上的一致性（即供体和受体在发情时间上的一致性）和解剖位上的一致性（即移植后的胚胎与移植前所处的空间环境的相似性）以及种属一致性（即供体与受体应属同一物种，但并不排除种间移植成功的可能性）。

(二) 胚胎收集期限

胚胎收集和移植的期限（胚胎的日龄）不能超过周期黄体的寿命，最迟要在周期黄体退化之前数日进行移植。通常是在供体发情配种后 3 ~5d 内收集和移植胚胎。

(三) 环境控制

在全部操作过程中胚胎不应受到任何不良因素（物理的、化学的、微生物的）的影响而危及生命力，移植的胚胎必须经鉴定并认为是发育正常者。

四、胚胎移植的基本技术程序

胚胎移植的基本技术程序包括供体和受体的准备、供体超数排卵处理和配种、受体同期发情处理、胚胎的收集（采卵）、胚胎的检查（检卵）和胚胎移植等。

为了从供体母牛得到较多供移植的胚胎需对供体母牛进行超数排卵处理。同时，胚胎移植成功与否和供体、受体发情同期化成度密切相关，故需人为地控制供体和受体的发情时间，进行同期化处理。所以，超数排卵和同期发情是进行胚胎移植必须首先完成地两个基本步骤。

(一) 供受体母畜的准备

供体应该是良种母牛，不仅应具有较高的育种价值而且应该有良好的繁殖机能。经产母牛应在分娩两个月后待其生殖机能恢复正常后方可作为供体母牛，而且对超数排卵处理反应良好的母牛可反复用作供体母牛。

每头供体需准备数头受体，受体母牛可选用非优良品种的个体，但应具有良好的繁殖性能和健康状态，体况中上等。在拥有大量母牛的情况下可选择与供体发情时间相同的自然发情个体作受体，供体与受体母牛发情时间前后相差不宜超过一天。由于在一般情况下难以找到足够数量的自然发情母牛作受体，所以多采用对受体母牛进行同期发情处理。

(二) 超数排卵处理

在母牛发情周期中的适当时间注射促性腺激素，使卵巢上有比自然生理状态下更多的卵泡发育并排卵，这种方法称超数排卵，简称超排。

1. 超排处理的意义

如果不能得到足够数量的胚胎就无法充分发挥胚胎移植的优势，所以对供体母牛进行超排处理已成为胚胎移植技术程序中不可缺少的一个环节。从理论上讲经超排处理后排出的卵子越多越好，而事实上如果一次排出的卵子太多，往往会因为促性腺激素使用剂量过大而影响胚胎的质量，出现受精率降低，同时胚胎的收集率也降低。对于牛一般认为一次排出 10～15 枚卵子的超排效果较为理想。

2. 超排处理方法

在母牛发情周期的适当时期，利用外源性促性腺激素处理，增进卵巢的生理活性，诱发许多卵泡同时发育成熟并排卵。

母牛在发情周期的第 16d 或 17d 肌肉或皮下注射 PMSG 1 500～2 000IU。该方法是按照发情周期的规律，在黄体期即将结束、卵泡期即将来临前，顺势促进较多的卵泡生长和成熟。这种超排方法必须和发情周期的进程配合好，所以在时间安排上受到限制，应用很不方便。另一种方法是在发情周期的中期，在注射促性腺激素的同时，注射或子宫灌注 PGF2α 或其类似物以溶解黄体。一般是在发情周期第 10～13d 内进行。具体做法是在注射 PMSG 后，隔日肌内注射 PGF2a 5～10mg，或子宫灌注 PGF2a 2～3mg。如用 FSH 则连续注射 4～5d，2 次/d，总剂量为 30～40mg（国产品 400～500 大鼠单位），在第 5 次注射 FSH 的同时注射 PGF2a。

用 PMSG 超排处理牛，虽然使用方便，仅需注射一次，但由于其半衰期长会产生后效应，导致发情期延长。因此，用 PMSG 进行超排受到局限，结合注射 PMSG 抗血清可以消除半衰期过长的副作用。目前多采用 FSH 进行超排，连续注射 3～5d，2 次/d，剂量均等或递减，效果较好。

超排效果受动物的遗传特性、体况、年龄，发情周期的阶段、产后时间的长短、卵巢功能、季节、激素的品质和用量等多种因素影响。所以，不同的品种，不同的个体，对超排处理的反应差异极大，超排效果很不稳定。这方面迄今仍是胚胎移植中有待改进的问题之一。

（三）供体母畜的配种

经超排处理后的母牛，在表现发情后，应根据育种的需要，选择优良公牛的精液，适时进行人工授精。为了得到较多的发育正常的胚胎，应使用活率高、密度大的精液，而且可适当的增加人工授精的次数，两次授精间隔 8～10h。

（四）胚胎的收集（采卵）

胚胎的收集是利用冲卵液将胚胎由生殖道中冲出并收集在器皿中。收集胚胎有两种方法，即手术法和非手术法，前者可用于各种家畜胚胎的收集，后者仅适用于牛、马等大家畜，且只能在胚胎进入子宫角后收集。

收集胚胎时应考虑配种时间、排卵的大致时间、胚胎运行的速度和发育阶段等因素。只有这样才能顺利地完成胚胎的收集过程，并得到较高的胚胎回收率。胚胎收集的时间不应该早于排卵后的第一天，最早应在受精卵完成第一次卵裂之后，否则不易辨别卵子是否受精。收集时间一般在配种后的 3～8d，牛最好是在配种后的 6～8d，即胚胎发育至桑椹胚或者早期囊胚，以便非手术法收集和移植。

1. 手术法收集胚胎

按牛的外科剖腹术的要求进行术前准备，手术部位从位于右肋部或腹下乳房至脐部之间的腹白线处切开。伸进食指找到输卵管和子宫角后先将一侧输卵管及子宫角移出腹腔切口外，如果在输精后 3～4d 期间采卵，受精卵还处于输卵管而未移行到子宫角时，可采用输卵管冲卵的方法。将一直径2mm，长约10cm的聚乙烯管从输卵管腹腔口插入2～3cm，另用注射器吸取5～10mg30℃左右冲卵液，连接7号针头，在子宫角前端刺入，再送入输卵管峡部，注入冲卵液。穿刺针头应磨钝，以免损伤子宫内膜；冲洗速度应缓慢，使冲洗液连续地流出，并在输卵管的伞部接取冲卵液。然后将该侧送回腹腔，并移出另一侧，用同样方法进行冲洗。如果在输精后5d收胚即确认所有的胚胎都已进入子宫角内时就必须做子宫角冲胚。即用10～15ml冲卵液由宫管结合部子宫角上部向子宫角分叉部冲洗。为了使冲卵液不致由输卵管流出，可用止血钳夹住宫管结合部附近的输卵管，在子宫角分叉部插入回收针，并用肠钳夹住子宫与回收针后部，固定回收针，并使冲卵液不致流入子宫体内。冲卵液用量以子宫角容积大小而异。冲卵操作要迅速准确，以防止对伤口、生殖器官和冲卵液的污染，力求避免给牛带来刺激和对生殖器官造成损伤。一般来说，术后生殖器官容易发生不同程度的黏连，严重时会造成不孕，这是手术法收集胚胎最大的缺点。冲洗之后，应立即缝合伤口，母牛应单独饲养，并随时观察其伤口的愈合情况（图4－1）。

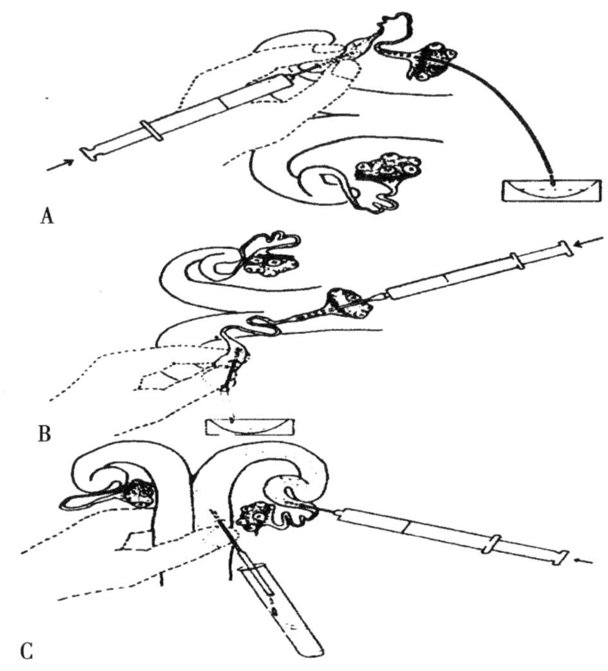

图4－1　手术法收集胚胎示意图

2. 非手术法收集胚胎

牛也可采用非手术法收集胚胎，由于它比手术法简单易行，而且对生殖器官的伤害程度较小，因此在生产中较多采用此法。

牛的非手术法收集胚胎可利用双通式或三通式导管冲卵器，其差别在于双通式采卵器冲卵液注入和流出是经同一管道完成的，而三通式采卵器冲卵液的注入和流出是经过两个不同的管道完成的。无论是双通式还是三通式，其外管前端均连接一气囊。导管中插一根金属通杆以增加硬度，使之易于通过子宫颈。一般用直肠把握法将导管经子宫颈导入子宫角。为防止子宫颈紧缩及母牛努责不安，采卵时可在腰椎或尾椎间隙用2%的普鲁卡因或利多卡因5～10ml进行硬膜外腔麻醉。操作前洗净外阴部并用酒精消毒。为防止导管在阴道内被污染，可用外套膜套在导管外，当导管进入子宫颈后，扯去套膜。将导管插入一侧子宫角后，从充气管向气囊充气，使气囊胀起并触及子宫角内壁，以防止冲卵液倒流。然后抽出通杆，经单路管向子宫角注入冲卵液，每次 15 ~ 50ml，冲洗 5 ~ 6 次，并将冲卵液收集在漏斗形容器中。为更多地回收冲卵液，可在直肠内轻轻按摩子宫角。并用同样方法冲洗对侧子宫角。冲卵液的导出应顺畅迅速，并尽可能将冲卵液全部收回。为此，冲卵时最好用手在直肠内将子宫角提高并略加按压，以利于冲卵液流出。胚胎的回收率与冲卵液回收的完全程度呈正相关。

应用非手术法收集胚胎时，只有当胚胎都进入子宫角后方可进行。显然，这种方法无法收集停留在输卵管内的胚胎。因此，用非手术法收集牛的胚胎时，一般在配种后的 6 ~ 8d 进行。

收集胚胎的冲洗液有多种，多数为组织培养液，主要有林格氏液、杜氏磷酸盐缓冲液（D – PBS），布林斯特氏液（BMOC – 3），合成输卵管液（SOF），惠屯氏液，Ham's F – 110 以及 TCM – 199，尤以 D – PBS 最常用。它们除含有多种盐外，还含有多种有机成分，不但可用于胚胎收集，还可用于胚胎体外培养，冷冻保存及解冻等。

收集胚胎的冲洗液可不含牛血清白蛋白，培养和保存时则需加入，或以胎犊血清代替。血清白蛋白的含量一般为 0.3% ~1%，犊牛血清需在 56℃时持续灭活 30min，冲卵液、培养液中血清的含量一般分别为 5%、10% ~20%。常用的为杜氏磷酸盐缓冲液，加入 0.4% 的牛血清白蛋白或 1% ~10% 犊牛血清。冲卵液温度使用时应为 35 ~37℃，每毫升加入青霉素 1 000国际单位，链霉素 500 ~1 000ug，以防止生殖道感染。

（五）胚胎的检查

胚胎的检查包括两个过程：一是检胚，二是胚胎鉴定。

1. 检胚

检胚时须将收集到的冲卵液于 37℃保温箱内静置 10 ~ 15min 静置，等胚胎下沉后移去上层液，直接吸取底部少量液体移至平皿内，静置后，在实体显微镜下先在低倍(10 ~ 20 倍）下检查胚胎数量。然后在较大倍数（50 ~ 100 倍）下观察胚胎质量。检完的胚胎应及时移入含有 20% 犊牛血清的 PBS 培养液中进行鉴定。

2. 胚胎鉴定

胚胎鉴定的方法有以下几种。

（1）形态学法　这是目前鉴定哺乳动物胚胎最广泛，最实用的方法。一般是在 30 ~ 60 倍的实体显微镜下或 120 ~ 160 倍的生物显微镜下对胚胎进行评定，评定的内容包括：①卵子是否受精，未受精卵的特点是透明带内有分布均匀的颗粒，无卵裂球；②透明带形状，厚度，有无破损等；③卵裂球的致密程度，卵黄周隙内是否有游离细胞或细胞碎片，细胞大小是否有差异；④胚胎的发育程度是否与胚龄一致，胚胎的透明度，胚胎的可见结构是否完整等。根据胚胎的形态特征将胚胎分为 A（优）、B（良）、C（中）、D（劣）四个等级。正常发育的胚胎，其中，细胞（卵裂球）外形整齐，大小一致，分布均匀，外膜完整。无卵裂现象（未受精）和异常卵（外膜破裂、卵裂球破裂等）都不能用于移植。

（2）荧光活体染色法　将二醋酸荧光素（FDA）加入待鉴定的胚胎中培养 3 ~6min，活胚胎显示荧光，死胚胎无荧光。这种方法比较简单，而且可验证上述形态学对胚胎做出的分类结果，因此，在生产上应用的也比较多。

(3) 测定代谢活性法　通过测定胚胎的代谢活性来鉴定胚胎的活力。其方法是将待鉴定的胚胎放入含有葡萄糖的培养液中，培养1h后，测定葡萄糖的消耗量，每培养1h消耗葡萄糖2～5μg以上者为活胚胎。

应该注意的是在检胚及进行胚胎分类时，胚胎均应保持在不低于25℃的环境温度下。

(六) 胚胎的移植

胚胎移植也有手术法和非手术法两种方式，前者适用于各种家畜，后者仅适用于牛、马等大家畜。用作受体的母畜应具有明显的发情症状，发情时间应与供体母畜一致。

1. 手术移植法

先将受体母牛作好术前准备。在进行胚胎检查的同时或之后，已配种母牛在右肋部切口，找到非排卵侧子宫角，再把吸有胚胎的注射器或移卵管刺入子宫角前端，注入胚胎；未配母牛在每侧子宫角各注入一个胚胎，然后将子宫迅速复位，缝合切口。

2. 非手术移植法

非手术移植一般在发情后第6至第9d（即胚泡阶段）进行，过早移植会影响受胎率。在非手术移植中采用胚胎移植枪和0.25ml细管移植的效果较好。将细管截去适量，吸入少许保存液后吸一个气泡，然后吸入含胚胎的少许保存液后再吸入一个气泡，最后再吸取少许保存液。将装有胚胎的吸管装入移植枪内，通过子宫颈插入子宫角深部，注入胚胎。非手术移植要严格遵守无菌操作规程以防生殖道感染，移植时动作要迅速准确，避免对组织造成损伤。黄体发育不良的母畜最好不用作受体，以免影响受胎率。

(七) 供体和受体术后观察

对术后的受体和供体不但要注意观察它们的健康状况，同时要留心观察它们在预定的时间是否发情。供体在下一次发情时可照常配种或经过两、三个月再重复当供体。供体母畜的正常发情是我们所希望的，而受体母畜则相反，术后发情则说明未受胎的原因可能是胚胎移植死亡或在移植过程中丢失，也可能是移植的胚胎本来就有缺陷，如果未发情则需进一步观察，在适当时间进行妊娠检查，如确已妊娠则需加强饲养管理。

五、胚胎移植技术的应用及发展前景

(一) 胚胎移植技术的应用

1. 胚胎分割

胚胎分割的目的有两个，一个是进行性别鉴别，另一个是增加胚胎利用率降低生产成本。这一技术的关键就是保护液选择和切割技术，我国在这一领域的研究和应用与世界先进水平接近。

2. 胚胎性别鉴定

过去采用细胞遗传学、特异性抗原检测。目前采用Y－特异性DNA探针技术，在国内外已开始应用，这项技术要求一定的设备和分子生物学技术，准确度高。据报道，应用PCR试剂盒鉴定性别准确率为97.7%。

3. 胚胎移植提高双胎率是肉牛生产的重要技术

国外报道给仅存一个黄体的子宫角中放入一个受精卵，双胎率达到73%。国内报道把7日龄的冻胚移植到两侧子宫角受孕率61.5%，双胎率50%，移植到一侧受孕率

52.2%，双胎率41.7%。在这一方面的研究我国与国外还有一定差距。

4. 胚胎移植目前存在的主要问题

尽管胚胎移植技术在国外已经是一项比较成熟的技术，但在国内，由于技术、管理上的问题，推广面积小。从胚胎生产角度来看，依靠进口胚胎势必造成成本太大不利于推广。国产胚胎因技术、设备落后，质量不稳定，也没有形成规模。从胚胎移植技术来看，由于牛的品种个体一致性差，在超排药物种类选择，尤其是适宜剂量等方面掌握的不好。缺乏足够的试验数据，积累的经验还不够。同期发情处理、最佳移植条件的确定与检测、性别鉴定技术的实用化程度等方面都还没有形成配套技术，熟练程度也是影响胚胎移植技术推广的重要原因。理论上讲胚胎移植技术的应用可使母牛的繁殖力比在自然状况下提高很多倍，但从目前的技术水平和所取得的成绩看，胚胎移植的效果比理论上的预期值低很多。例如每头供体母牛经一次超排处理后移植，最后产犊一般是2～4头。胚胎移植目前存在的主要问题有以下几个方面。

（1）超排效果不够稳定　利用外源性促性腺激素刺激多排卵并不能每次都得到预期效果，不同的个体对超排处理的反应差异极大，排卵率很不稳定。有的个体甚至对超排处理毫无反应或排卵数很少，也有的个体经超排处理后卵巢上虽有大量卵泡发育，但无排卵发生。

（2）胚胎回收率低　位于输卵管或子宫角内的胚胎并不能够全部回收，而且排卵数过多往往会降低胚胎的回收率，其原因可能是卵巢体积太大（超排处理的结果），排出的卵子未能进入输卵管伞而丢失。胚胎的回收率通常在50.80%，利用非手术法收集胚胎时，收集完全失败的情况也有时发生。

（3）移植成功率低　胚胎移植成功率受一系列因素的影响，如胚胎的质量，操作的正确性及熟练程度，以及受体与供体发情同期化的程度等，此外，母畜生殖系统的健康状态也影响胚胎的存活。目前，世界范围内胚胎移植的成功率大多在50%～60%。

（二）发展前景

人工授精和胚胎移植是提高公牛和母牛繁殖力的两项技术措施，但由于收集胚胎不像采集精液那样容易，所以其发展速度和规模都受到了限制。尽管如此，由于胚胎移植技术本身具有极大的优越性，加上研究工作的进展，预计该项技术在未来的养牛生产等领域将会有突破性的进展，从而加速这项技术的推广应用。值得肯定的是，随着胚胎移植技术的不断改进和完善，先进设备的应用以及专门人才的大量培养，胚胎移植会像今天的人工授精技术那样被广大养殖场户接受和采用。胚胎移植技术在以下一些环节上有待提高和改进：一是改进牛的超数排卵、同期发情及冲卵技术，提高及稳定超排效果，以提高采集有效受精卵的数量；二是改进非手术法收集和移植胚胎的技术和器具，提高移植成功率和受胎率；三是胚胎移植技术应和胚胎切割、胚胎冷冻、早期胚胎的性别鉴定等技术相结合，以提高胚胎的利用率，有目的的控制公母群体数量，降低生产成本，这样将使该项技术的前景更为广阔；四是改进胚胎移植双卵技术并与性控冻精技术相结合以达到生产雌性双胎牛，提高乳牛生产效益。

第五节　性控冻精技术

性控冻精是近年来通过人为的干预措施，使雌性动物繁殖出人们所期望的性别后代的一种繁殖新技术。随着畜牧业的发展以及畜牧人更高的要求和推广，以及性控冻精成本的不断降低，以后的发展趋势应是性控冻精逐渐替代常规冻精。因为性控冻精相比于胚胎移植操作更容易，成本也相对更低廉，越来越得到乳牛养殖场户的普遍认可，逐渐被各大乳牛场在生产中广泛使用，带来了更大更多的效益。

一、性控冻精

乳牛 XY 精子分离技术是指将公牛的精液根据精子自身 X 染色体和 Y 染色体的 DNA 含量不同，把这两种类型的精子通过物理方法、利用计算机技术等进行有效的分离，利用此技术获得的冻精就叫性控冻精。将 X 精子分装冷冻后用于牛的人工授精，再使母牛怀孕的技术。性控冻精可使母牛生母犊率达到 93% 以上，正常情况下也不会低于 90%。

从经济效益来讲，该技术的应用将直接为牧场及养牛户带来更多的收益和优质良种母牛改良的机会，增加了养牛场的经济收入。不过相对来说会比常规冻精成本高很多，收益当然相对也会更高。

二、性控冻精与常规冻精的比较

由于流式细胞分离仪的工作原理使精子在分离过程中在体外滞留的时间相对常规冻精要长，耗能也要多，因此，性控冻精具备以下几个特点。

一是性控冻精所含 X 精子解冻后在体外存活的时间较常规冻精短，数量相对也会更少。二是解冻后精子的活力高，性控冻精在分离过程中经过筛选后保留下的活力最高、受胎能力最强的 X 精子群。三是每支性控冻精含有的精子数比常规冻精要少。性控冻精每支 X 精子含量在 230 万左右，而常规冻精每支精子数在 1 000万左右，然而性控冻精在分离过程中将 Y 精子分离的同时对那些活力较差、受胎能力不强的精子也进行了剔除，留下来的都是受胎能力非常好的精子。因此受胎率与常规冻精相当，也不会悬殊太多。

三、发情的准确观察

只有准确观察到乳牛的发情时间才能为性控冻精的适时配种提供有效的帮助。牛的发情活动具有一定的规律性，大多数发情集中在傍晚、夜间或凌晨，若想观测到 90% 的发情母牛就必须注重傍晚和凌晨的观察。一般不要低于 3 次以上的观察，有条件的每日可以观察四到五次。

四、掌握准确的配种时间

对养殖场来说，由于乳牛场的工人、参与负责观察发情的人员对乳牛的发情掌握的不是很准确，因此，配种师必须靠自己并以直肠检查为主、外部症状判断为辅来确定最佳适时配种时间。受胎率的高低并不是全部掌握在配种师一个人手里，在大型牧场也要受诸多因素影响。乳牛发情后卵泡发育的质量与好坏是受胎率的基础，在饲养条件同等的情况下掌握卵泡的发育程度以及最佳输精时间是提高受胎率的关键所在。

(一) 观察及检查乳牛的发情变化

在实际配种过程中乳牛的外部表现和卵巢上卵泡的发育程度是一致的，要结合母牛的外部发情表现，利用直肠检查卵泡发育情况及成熟度来确定配种时间是最准确、最科学实用的的方法。一般卵泡发育可分为四个阶段，最适合配种的是发情后期。在子宫环境状况良好的情况下，发现如下症状时即可进行输精操作。一是卵泡膜变薄且表面光滑；二是卵泡波动感明显，有一触即破的感觉；三是子宫兴奋性明显降低，已感觉不到发情旺盛期时子宫受到刺激后的充实感和弹性感；四是外阴已接近泛白，母牛已经安静。

(二) 输精时间的判定与掌握

输精时间尽量控制在排卵前 6h 之内，越接近排卵越好，也可在开始排卵后 3h 内输精。但需要注意的是排卵后输精时，稀释冻精时水的温度相对要高几度。50℃以内的温度效果理想，但也可根据估测排卵的时间调节稀释冻精的水温高低。

外部观察及判定　一般是在发情结束后 10～12h 进行配种，即乳牛接受爬跨后 10～12h。乳牛表现安静，外阴肿胀开始消失，阴门流出半透明的牵缕性黏液。

五、性控冻精的解冻方法

当我们从液氮罐中取出冻精时，提漏或布袋中的冻精不可超过液氮罐口，应尽量在 10s 之内取出冻精，若没有及时取出，就应再次浸入液氮中几分钟，然后再重新操作，取出冻精后立即放入 38℃左右的清水中停留 10s 后取出，用无菌的干脱脂棉擦干，剪断封口装入输精器准备输精。水温也可以根据预计排卵时间的长短自己定制温差，或高或低。没有百分之百的必要定在一个温度点。

六、输精的方法和要领

配种师在输精时应尽量做到轻插、慢推、缓出，严禁配种操作中动作粗暴，以防止不必要的子宫内膜损伤。输精部位要求在排卵侧子宫角，性控冻精更要采用子宫体深部输精，保证有足够精子到达与卵子受精部位，以保证更高的受胎率。

七、配种的注意事项

一般在输精时不宜再次检查卵泡和卵巢以免影响卵巢排卵或人为触破卵泡。人工授精前后也可以肌内注射 LHRH－A2，LHRH－A3 等有利于促进卵巢排卵的外源性激素，以提高受胎率。

配种后 8h 进行第二次直肠检查，确定是否排卵。对于没有排卵的牛，仔细做直肠检查并判断卵泡的性质。在推断排卵时间后要适时输精，也可根据具体情况使用外源性激素。配种后在下个情期继续观察是否有发情症状表现，应在配种后两个月直肠检查确定是否妊娠。

八、提高参配母牛的选择标准

（一）首选育成牛

育成牛要求在16～18月龄，体重达到350kg以上，体格健康，营养状况良好且生殖系统发育正常，均为高产乳牛的后代。

（二）成母牛（经产母牛）的标准

对于经产母牛要求身体健康，无生殖疾病、无难孕史、无胎衣不下病史和其他相关疾病，产后50d以上，发情正常的高产乳牛。

九、严格做好发情鉴定和母牛配前的卵泡检查

准确地发情鉴定才是确定适时输精时间的重要依据。观察乳牛发情并记录开始发情时间、站立发情时间、发情结束时间是提高受胎率的重要手段，发情鉴定应该由配种师亲自鉴定。母牛的检查在人工授精前的6h左右进行，直肠检查时手法越轻、次数越少越有利于提高受胎率，直检时不宜牵动卵巢或用力捏卵泡，不然会导致损伤卵泡或由于用力过猛卵泡被捏破。这样会使乳牛空怀期人为延长，给自己的成绩和老板的效益造成不必要的损失。

十、最佳输精时间的把握及输精部位

最适宜的输精时间是在排卵前3h。在使用直肠把握法输精时，使输精枪沿着子宫颈外口进入子宫颈，通过子宫颈内口再进入子宫体缓慢推入到有卵泡发育一侧的子宫角处前端，稍将枪回退0.5～1cm，避免枪头顶住子宫黏膜造成精液回流，推完精液后缓慢退出。在输精过程中一定要保证无菌操作，减少因污染而造成的子宫感染。比较凶的母牛尽量保定好以后再进行人工输精。

十一、需要使用性控冻精乳牛的饲养管理及要求

在使用性控冻精配种过程中应该严格按照高产乳牛饲养管理规范进行饲养和管理，这也是提高性控冻精情期受胎率的基础，应该引起各牧场及养殖户的重视。饲养管理水平的高低和季节、气候、兽医水平等都会影响着配种师工作成绩以及牧场经济效益。在抓几项重点的同时必须要注意这期间的微量元素和维生素的供给与结合，保证乳牛营养全面均衡。只有这样才能为配种师使用性控冻精创造更好的条件。

不宜使用性控冻精的牛群为：一是每次注射疫苗的前、后30h内不宜使用性控冻精进行配种，因为这段时间受胎率会受到影响。二是平时要严格做好性控冻精的配种记录，及时观察返情情况，做好每一头已配母牛的返情记录。三是做好牛群的产犊记录、产后子宫治疗及药物处理记录、母牛子宫恢复情况记录。发现子宫异常的要及时记录出来，以便再采取其他治疗措施。四是乳房炎、肢蹄病、脓包、关节炎、子宫疾病、各种病症以及正在爆发传染性疾病的牛群也不适宜使用性控冻精进行配种。这几类情况严重影响着配种师的工作，发现这几种情况要及时报告给兽医人员，让他们及时治疗以免造成空怀期延长，导致不必要的损失。

第六节 同期发情—定时输精技术

一、同期发情的概念

同期发情也叫发情同期化，又称同步发情，即通过利用某些外源激素或类激素的药物，人为控制并调整一群母牛在预定时间内集中发情和排卵，以达到同期配种、同期人工授精或胚胎移植的方法，也就是使一群母牛中的大部分个体在相对集中的时间内同时发情。世界各国从 20 世纪 70 年代起已开始研究乳牛同期发情技术，目前国外应用最为广泛的同期发情药物是 MGA，其次是 Synchro-mateB 等。应用最为广泛的同期发情操作程序是 MGA/PGF2 方法和 MGA/GnRH/PGF2d 方法。我国也在 20 世纪 70 年代开始了同期发情技术的研究，许多单位进行了试验并取得了一定成效。目前，国内广泛应用的同期发情药物包括兽用氯前列烯醇、孕激素和促性腺激素释放激素。

同期发情是表面现象，而同期排卵则是同期发情的内在表现和本质，是我们追求的结果。在胚胎移植过程中使用冷冻精液配种和新鲜胚胎移植时，一般要求发情差异时间不超过一天。因此，必须严格控制同期发情的效果和准确性。

二、同期发情的原理

母牛的发情周期分为卵泡期和黄体期两个阶段。卵泡期是在黄体期退化继而血液中孕激素含量显著下降后，卵巢中卵泡迅速生长发育最后成熟并导致排卵的时期，这一时期一般是从发情周期的第 18d 至第 21d。卵泡期之后，卵泡破裂排卵后在卵巢的原排卵位置会发育成黄体，随即进入黄体期，这一时期一般从发情周期的第 1d 至第 17d。黄体期内黄体分泌的孕激素对卵泡发育有极强的抑制作用，卵泡生长发育受到抑制，母牛不表现发情。只有黄体消退、血浆中孕激素水平下降以后新的卵泡才能发育成熟和排卵，乳牛表现出正常的发情。黄体形成后，母牛若受孕，则黄体将持续存在，直至分娩。在未受精的情况下，黄体维持约 17d 即行退化，随后进入另一个卵泡期。由此看来，黄体期的结束是卵泡期到来的前提条件，相对较高的孕激素水平可以抑制发情，一旦孕激素水平降到低限，卵泡即开始迅速生长发育。因此，同期发情的关键是控制黄体期的寿命即控制卵巢上黄体的消长。如能使一群母牛的黄体期同时结束，就能引起它们同期发情。同期发情的原理就是人为地向母牛体内注射溶解黄体的激素，使黄体同时被溶解，卵泡则同时开始生长，同时排卵，从而达到同期发情的目的。

三、同期发情的方法

（一）激素法

在自然状态下，单个母牛的发情是随机的，在一个大群体的未孕成年母牛群中，每天有 1/21 左右的母牛表现发情。人为地控制母牛卵巢上黄体的消长就可以改变这种发情的随机性，使一群母牛按照人们的意愿发情和排卵。人工延长黄体期或缩短黄体期是目前进行同期发情所采用的两种技术途径。

（1）延长黄体期的同期发情方法　对一个群体的母牛同时用孕激素进行处理，处理期间母牛卵巢上的周期性黄体退化。由于外源激素的作用卵泡发育受到抑制而不能成熟，如果外源孕激素处理的时间过长，则处理期间所有母牛的黄体都会消退并且无卵泡发育至成熟，当所有母牛同时解除孕激素的抑制则可在同一时期发情。目前多采用孕激素（P4）处理9～12d，处理后不能使全部母牛的黄体消退。因此可以在孕激素处理开始时给予一定剂量的雌激素，以加速黄体溶解，缩短黄体期，提高孕激素处理结束后卵泡发育的同期率。

（2）缩短黄体期的同期发情方法　消除母牛卵巢上黄体最有效的方法是利用前列腺素及其类似物（PGs）。母牛用PGs处理后黄体消退，卵泡发育成熟从而发情。各种家畜对PG的敏感程度不一样，牛的黄体必须在上次排卵后第5d才对PG敏感，故一次PG处理后牛的理论发情率为16/21。使用PG两次处理法可以克服一次处理中有部分母牛不能同期发情的不足，通常在第一次处理后9～12d再做第二次处理，可以获得较高的同期发情率和配种受胎率。

（二）同期发情—定时输精的处理方法

同期发情的原理在各种家畜都是通用的，但是不同畜种间、不同生理阶段使用不同激素处理所要求的剂量不尽相同，因此应具体加以分析。目前乳牛常用的方法有阴道栓塞法、埋植法、注射法等。

1. 孕激素阴道栓塞—定时输精法

优点是药效可持续发挥作用，投药简单；缺点是容易发生脱落。使用PRID或CIDR放置阴道栓于阴道深部使药液不断被吸收，一般放置9～12d后撤栓，大多数母牛在撤栓后第2～4d内发情，可以在撤栓后第56h输精。也可以在撤栓后第2～4d内加强发情观察，对发情者进行适时输精，受胎率更高；利用兽医B超实时检测卵泡发育，当有大卵泡发育时，肌注GnRH，2h后人工授精。

2. 埋植法

其方法是将专用埋植复合剂埋植于乳牛耳皮下，经12d后取出，同时肌注800～1 000 IU孕马血清促性腺素，2～4d母牛发情。

3. 注射法

（1）PG处理法　注射前列腺素（PGF2α）及其类似物可溶解黄体，缩短黄体期，达到同期发情。多数牛在处理后2～4d发情（有70%左右的母牛有反应），然后进行发情鉴定，适时输精。该方法适用于卵巢上有黄体的乳牛，无黄体的乳牛不起作用，注射剂量通常为0.2～0.5mg。用前列腺素处理后可能有部分乳牛没有反应，对于这些乳牛可采用两次处理法，即在第一次处理后间隔11d再用同样剂量处理一次后即进行第二次注射，同期发情率可达到80%以上，80～82h后定时输精，可获得54%的情期受胎率。由于前列腺素有溶解黄体作用，已怀孕乳牛注射后会出现流产，故使用前列腺素时必须确认乳牛空怀。

（2）孕激素—PG法　先用孕激素通过阴道栓处理7d，处理结束时注射PG，母牛一般可在处理结束后2～3d内发情并排卵。其理论依据是：经过孕激素处理7d后，处理排卵后5d内的母牛其黄体已经至少发育了5d，这时对PG已经敏感，此时再用PG处理后可以获得较高的发情率和受胎率。高庆华等（2006）利用孕激素海绵栓－PMSG－PG法处理受体牛同期发情率达到75%，48h同期率达到62.15%，受胎率达到44.14%。

无论是采用哪种方法处理均要注意观察乳牛发情表现并及时输精。同期发情的效果与两个方面的因素有关，一方面与激素的种类、质量及投药方法有关；另一方面也与乳牛的体况、繁殖机能及季节有关。

四、同期发情的激素

（一）抑制卵泡发育的激素

抑制卵泡发育的激素为孕激素及其类似物：孕酮、甲孕酮、氟孕酮、氯地孕酮、甲地孕酮及18－甲基炔诺酮等。这类药物的用药期可分为长期（14～21d）和短期（8～12d）两种，一般不超过一个正常发情周期。

（二）溶解黄体的激素

前列腺素及其类似物：前列腺素如PGF2α和氯前列烯醇均具有显著的溶解黄体作用，在用于同期发情处理时，只限于处在黄体期的母牛有效。

（三）促进卵泡发育、排卵的激素

在使用同期发情药物的同时，如果配合使用促性腺激素，则可以增强发情同期化和提高发情率，并促使卵泡更好地成熟和排卵。这类药物常用的有PMSG、hCG、FSH、LH、GnRH和氯地酚等。

五、同期发情——定时输精技术在乳牛生产上的意义

乳牛发情鉴定在规模化乳牛养殖中是一个难题容易因发情鉴定不及时或者暗发情而漏配，增大产犊间隔，降低繁殖效率。使用同期发情、同期排卵、定时输精技术可有效的克服这一缺点。并且不需要发情鉴定即可定时输精，提高繁殖效率，便于配种员的操作。

（一）有利于推广人工授精技术

常规的人工授精需要对每头乳牛进行发情鉴定，这对于群体较大的规模化乳牛场来说费时费力，不利于推广。而利用同期发情技术结合定时输精技术（TAI）就可以省去发情鉴定这一中间步骤，减少因暗发情造成的漏配以提高乳牛繁殖效率。

（二）便于乳牛生产管理，提高效率

现代乳牛养殖业是规模化、标准化的养殖，利用同期发情技术可以实现同期配种、妊娠、分娩、泌乳高峰。集中安排生产活动，提高生产效率，降低生产成本，便于牛乳销售。对于低繁殖率的牛群，例如我国南方地区的黄牛和水牛，其繁殖率一般低于50%，这些牛群中的部分个体因饲养水平较低、使役过度等原因往往在分娩后很长一段时间内不能恢复正常的发情周期，因而对其进行诱导同期发情、配种、受孕就可以提高繁殖率。随着乳牛泌乳量的不断提高而乳牛的繁殖率却一直在下降，使用同期发情技术可以提高乳牛的繁殖率。

（三）同期发情是胚胎移植技术的基础

采用新鲜胚胎移植时，一个供体可以获得十多枚胚胎，这就需要一定数量与供体母牛同期发情的受体母牛。此外，有时候胚胎的生产和移植不在同一个地点进行，也需要异地受体与供体发情同期化，从而保证胚胎移植的成功进行。

六、定时输精

同期发情—定时输精是一项经济有效的繁殖技术，国外已经普遍的推广应用并取得较好

的效果，国内还处于起步和推广阶段。理论上讲，人工授精的最佳时机应在排卵前 8 ~ 16h，Ovsynch 法（GnRH + PGs + GnRH）可控制排卵发生在 GnRH 二次处理后的 36h 内，所以在 GnRH 二次处理后 12 ~ 20h 内人工授精最好。有研究表明，GnRH 二次处理后第 16h 实施人工授精后的受胎率（44%）最高，第 32h 人工授精的受胎率最低。这可能是第 32h 实施人工授精时已发生排卵，待精子获能后卵子的受精能力已降低。因此，定时人工授精应在二次处理后第 16h 实施最好。利用 Ovsynch 程序可以获得较高的受胎率（50% 以上）并且成本低廉，每头乳牛 30 ~ 40 元的处理成本，因此，同期发情—定时输精是一项经济有效、使用方便的繁殖技术。并且可以用于卵巢囊肿的母牛，也能取得较高的受胎率。

七、定时输精技术与兽医 B 超相结合

同期发情—定时输精技术可以获得较高的受胎率，但仍有一些牛只卵泡发育不好或者没有排卵，如果按通常的做法就定时输精势必造成冻精的浪费和配种间隔的增大。利用兽医 B 超可以实时的检测卵巢和卵泡的发育情况，并且在屏幕上显示出来供多人判断，这克服了传统上靠配种员一个人“摸”卵巢的局限性。在定时输精前利用兽医 B 超检测卵巢上卵泡的发育情况，据此决定配种时机可以提高受胎率。国产便携式兽医 B 超售价大 1.5 万 ~3 万元（WED – 3000、兽用 Animal – 218V 全数字 B 超），可以达到进口 B 超的效果。举例说明，以一个 1 000头规模的乳牛场计算，科学的牛群结构应有成母牛和适配牛 700 只左右，每头牛每天精饲料和粗饲料的成本大约是 45 元；假定用 B 超和直肠检查进行妊娠诊断之间的差距按照 30d 计算，那么 B 超诊断一头牛配种未孕的饲料成本价值就是 1 350元/次；假定每年有 300 头次检出未孕牛只，那么一个千头规模化乳牛场利用 B 超进行早期妊娠诊断所创造的价值不少于 40.5 万元/年，相比于 1.5 万 ~3 万元的 B 超投资还是非常有应用价值的。

八、定时输精技术与性控精液的结合

使用性控精液可以大大提高产母犊的比例。性控精液与常规精液相比，产母犊率从自然状态下的 50% 提高到 92% 左右。同时，国产性控精液的售价随着竞争的激烈也越来越低，这为性控精液的推广提供了广阔的空间。随着对输精部位和输精时机的科学把握，性控精液的受胎率不断提高，甚至有的可以达到常规精液的受胎率。性控精液在青年母牛上具有更大的利用价值。青年母牛无产科疾病、受胎率更高。利用同期发情和定时输精技术对体重达到 360kg 的青年牛进行同期发情，然后用性控精液进行配种可以得到较高受胎率。超排与性控精液的结合就有可能获得人工诱导雌性双胎牛。2003 年以前使用常规精液进行配种，如果双胎中一个是公犊，一个是母犊，引起母犊不孕（自由马丁现象），限制了诱导双胎技术在乳牛繁殖上的应用。现在利用性控精液，可以保证 92% 左右的雌性率，为性控双胎牛技术提供了新的可能。利用激素诱导孪生双胎技术，结合使用性控精液和定时输精技术输精，可以人工诱导雌性双胎牛，大大提高母牛繁殖效率。因此，乳牛同期发情—定时输精技术是一项使用方便、经济高效的繁殖技术。尤其是采用 Ovsynch 程序只需要按照说明按时“打 3 针”就可以定时输精，国内已有公司开发出专门的配套产品（“生源 2 + 1”，两支 100μg 的 GnRH，一支 0.5mg 的 PGs）；并且国内外大量的实验表明可以获得 50% 以上的情期受胎率，是一项值得大力推广的繁殖技术。

第五章　乳牛的饲养与管理

第一节　犊牛的饲养管理

犊牛是指出生至6月龄的小牛。犊牛自身免疫机能还不完善，生理机能处于急剧变化的阶段，抵抗力差，死亡率高，是最难饲养的阶段。同时，该阶段可塑性大，是一生中相对生长强度最大的阶段，饲养管理方式和营养水平关系到日后乳用特征的形成和产乳潜力的发挥。高产乳牛除了应具备优秀的血统外，犊牛阶段是关键，不注重犊牛早期的培育就会影响到成年母牛的生产性能。所以，我们一定要从干乳期就要开始注重饲养方式及日粮的营养搭配，只有做好全程的准备工作才能给成年产乳母牛带来良好的体况，成年产乳母牛才能给予我们最好最大的经济效益。要做好乳牛犊牛的饲养管理，0～3月龄是关键，过了这一段时间犊牛各种机能已正常，管理就比较容易了。要做好这一阶段的管理要从母牛的干乳期开始工作。

一、干乳牛饲养良好是犊牛健康的保障

犊牛健康护理应该是从干乳牛（即产前2个月）开始的，这个阶段是胎儿生长最快最主要的时期。干乳期饲养管理的好坏，一方面影响母牛的健康，另一方面也影响初乳中抗体的数量和质量。干乳牛摄取的营养要同时满足其自身的生长需要和胎儿的生长需要，一般胎儿生长要优于母体自身维持或生长。如果日粮中营养不能满足这些需要，胎儿还是会长至在营养充足情况下的体积，因为母体会自动动用自身储备来弥补日粮的不足。干乳期的营养不足容易造成头胎牛难产几率上升或者经产牛体况下降，分娩后产量下降从而影响初乳的质量。同时干乳期足量维生素和矿物质的供应对母牛和胎儿也非常重要，它们可以显著提高母牛免疫功能，减少产前和产后的健康问题如胎衣不下、乳房炎等。如果日粮中这些营养元素不足也会导致它们在胎儿和新生犊牛体内的不足，从而影响到新生犊牛的抵抗力。所以要想犊牛好，干乳牛的饲养管理一定要做好，要注意干乳牛的日粮搭配，要保证各种营养元素的平衡。

二、接产护理

（一）准备产房

新生犊牛的管理要密切关注临近分娩的母牛，产房要有足够的空间，采光性好，保持通风，避免贼风，清洁卫生、干燥并铺好垫草。要消毒好母牛的阴部。

（二）清除黏液

新生犊牛出生后，要马上清除新生犊牛嘴和鼻孔内及其周围的黏液以免妨碍呼吸。当

犊牛已吸入黏液时，一个人握住犊牛的后肢将犊牛倒吊起来，另一个人用手拍打犊牛的胸部使其将黏液排出，严重的可以进行人工呼吸。犊牛生出后要立即擦净体躯上的黏液以免犊牛着凉，尤其是冬季温度低时，更要迅速的用干净的毛巾擦干犊牛身上的黏液；天气暖和时，如果母牛精神状态良好，可以让母牛舔干犊牛身上的羊水，有利于母牛子宫的收缩复原及胎衣的排出，也能促进犊牛的周身毛细血管的血液循环。

（三）消毒脐带

在据腹部 8 ~ 10cm 处剪断或钝性的撕开脐带进行断脐，并立即用5%的碘酒对脐带进行浸泡消毒 1 ~ 2min，注意不要涂抹消毒，而且不能用乳头消毒液或其他低浓度的碘消毒液，以免影响消毒效果引发脐带炎。12h 后再消毒一次，24h 后再消毒一次。若产双胞胎时，在第一个牛犊的脐带上扎两道绳，在两道绳中间剪开。剥去软蹄，进行称重编号等，犊牛需要站立时应给一些帮助。

（四）隔离犊牛并喂初乳

犊牛出生后，应尽快将犊牛与母牛隔离开并送入犊牛舍中饲养，以免母牛认犊之后不利于挤乳。并且应尽早挤乳以确保犊牛在出生后较短的时间内吃到初乳。

三、哺乳期的饲养管理

（一）犊牛生长发育特点

1. 犊牛的生理特性

犊牛出生前后的环境差异极为悬殊，即一切由寄生生活方式变成独立生活方式。为了生存，犊牛生后必须做到：自我调节体温来应付外界变温的环境，用自己的消化器官获取营养物质，用自己的肺活动来做气体的交换，靠自己的抗病系统来应付微生物的侵袭。新出生犊牛胃容积很小，机能不发达；瘤、网胃只有雏形而无功能；真胃和肠壁虽初具消化功能，但功能不完善；神经系统的反应迟缓。因此，犊牛的抗病力、对外界不良环境的抵抗力、适应性和调节体温的能力均较差。

2. 体重和体型变化

一般情况下荷斯坦犊牛初生重可达到 36 ~ 45kg。在正常的饲养条件下，犊牛生后体重增加迅速，一般以日均增重 500 ~ 600g 为宜。母牛妊娠期饲养管理不良，胎儿生长发育受阻，则初生犊牛的体高普遍矮小。出生以后如果饲养方式不当导致犊牛过肥（日增重 900g 以上）或生长发育受阻（日增重 500g 以下），则很难培育出乳用特征明显、健康高产的乳牛。

3. 瘤胃发育

新生的犊牛真胃相对容积较大，约占四个胃总容积的 70%。瘤胃、网胃和瓣胃的容积都很小，仅占 30%，而且机能不完善。1 ~ 2 周龄的犊牛几乎不反刍，3 周龄以后开始反刍，随之瘤胃迅速发育。瘤胃的发育对犊牛、育成牛、成母牛的饲养具有特殊的意义。

（1）瘤胃（反刍胃）　发育步骤（表 5 - 1）。

表 5－1　瘤胃的发育过程

步骤	日（月）龄	发育程度
1	出生～3d	瘤胃机能未发育（单胃动物消化功能）
2	4～35d	摄取固形物（饲料）而启动瘤胃功能
3	35～42d	瘤胃的消化功能趋于稳定
4	42d～3 月	瘤胃容积开始发育
5	3～6 月	虽然瘤胃容积已发育，但仍然不足。因此，以精饲料依存型饲养管理
6	6 月以后	瘤胃的容积趋于稳定

（2）犊牛应及早饲喂植物性饲料　犊牛的瘤胃发育、功能的建立和容积的发育均与饲喂植物性饲料有关。因此，犊牛生后应及早饲喂植物性饲料。植物性饲料中的碳水化合物在瘤胃中发酵，其产物乙酸和丁酸可刺激瘤胃、网胃的发育，尤其是瘤胃上皮组织的发育，而植物性饲料中的中性洗涤纤维有助于瘤胃功能的启动和容积的发育。可见，植物性饲料的供给时间、类型和给量对瘤胃、网胃的发育至关重要。

（二）犊牛培育要求

1. 重视胎儿时期营养供给，确保新生犊牛的健壮　要重视怀孕母牛的饲养管理，应根据妊娠前期和后期胎儿发育特点和母体子宫的发育规律，适当调整各种营养物质的供给量，以保证胎儿组织器官的正常发育，保证新生犊牛的健壮。

2. 提供良好的条件　犊牛培育的好坏直接影响到成年牛的体型及生产性能，而犊牛的优秀遗传基因只有在适当条件下，才能表现出来。在众多的条件中，环境管理、营养与饲料最重要，其次是合理的饲喂和良好的卫生。

3. 保持良好的乳用犊牛体型　犊牛对日粮质量要求较高，营养要丰富，特别要注意提供优质的粗饲料，促进犊牛消化机制的形成和消化器官的发育，时刻保持清秀的乳用犊牛体型。

4. 增强犊牛的健康　新生犊牛对外界环境的抵抗力差，机体的免疫机能尚未形成，容易遭受消化道和呼吸道疾病的侵袭而导致死亡率极高。因此，要及时哺喂初乳，按时注射相关疫苗，保持环境卫生，加强护理，适当运动。

（三）犊牛饲养方式

1. 集中饲养

集中饲养是一种传统的饲养方式，即犊牛出生后在犊牛舍单独的犊牛笼内饲养，7d 后与其他犊牛混群饲养，在同一圈舍内、同一饲槽上饲喂。集中饲养的优点是便于统一管理，节省人力，牛舍占地面积少。集中饲养的缺点是犊牛喂料不易掌握，难以满足需求；更不利的是人工哺乳犊牛时，犊牛会相互舔吮，增加病原微生物传播机会，发病率、死亡率高。

2. 单栏饲养

（1）犊牛从出生到断乳始终单独在一个圈舍内饲养　为了提高犊牛的成活率，目前普遍采用可移动式犊牛栏或犊牛岛。犊牛岛可用聚乙烯塑料或木板制成，要求既能保温，又能通风，由室内牛床和室外运动场两部分组成，围栏上分别设有料桶、乳桶、水桶和草架。犊牛岛的优点是干净卫生，可避免犊牛相互吸吮和接触，避免交叉感染，有利于减少疾病的传播，降低了发病率和死亡率；栏内通风就能够保持圈舍内空气新鲜，光线充足；犊牛自由运动可增强犊牛体质；管理方便，在每头犊牛使用过后可拆卸移动到新的场地，并对原有的地面进行充分的消毒和晾晒，防控疾病。

图5－1　移动式牛岛

（2）犊牛舍要铺稻草等垫草　一是有保暖作用，二是可保护犊牛肢蹄，肢蹄好坏与乳房好坏同等重要。每天要勤看勤换、及时加草、注意细节，保证犊牛过得舒服。

（3）采用高栏式漏缝地板　高栏的高度为距地面30cm，保持犊牛舍的环境清洁卫生，每天都要打扫清理牛笼和笼底，保证牛舍里的良好空气，可防止氨气浓度超标，以免引起呼吸系统疾病。防止蚊蝇滋生，否则蚊蝇太多就会影响犊牛休息和生长，造成犊牛间疾病的交叉感染而使其生长缓慢、抵抗力下降，成活率降低进而直接影响其一生的泌乳量、日增重和牧场的经济效益。

（四）初乳

（1）初乳的化学组成　母牛产犊后5d内分泌的乳叫初乳（表5－2）。严格来说，母牛分娩后第一次挤出的乳叫初乳，第二次至第八次（即分娩后4d）所产的乳称为过渡乳。

表5－2　初乳与过渡乳、常乳组成成分的比较

组　成	挤乳次数					
	1	2	3	4	5	6
	初乳		过渡乳		常乳	
总固体（%）	23.9	17.9	14.1	13.9	13.6	12.5
脂肪（%）	6.7	5.4	3.9	3.7	3.5	3.5
蛋白质（%）	14.0	8.4	5.1	4.2	4.1	3.2
抗体（%）	6.0	4.2	2.4	0.2	0.1	0.09
乳糖（%）	2.7	3.9	4.4	4.6	4.7	4.9
矿物质（%）	1.11	0.95	0.87	0.82	0.81	0.74
VitA（g/100ml）	295.0	—	113.0	—	74.0	34.0

（2）初乳的生物学功能　初乳含有较多的干物质（第一次挤出的初乳干物质高达24%），黏度大，能覆盖在消化道表面起到肠壁黏膜的作用，可阻止细菌侵入血液提高犊牛对疾病的抵抗力。初乳含有较高的酸度（450～500T）可使胃液变成酸性，从而刺激消化道分泌消化液，而且有助于抑制有害细菌的繁殖。初乳中含有溶菌酶和免疫球蛋白（2%～12%），能抑制和杀灭多种病原微生物，提高犊牛的免疫力。初乳中含有丰富而易消化的养分，其中，蛋白质含量较常乳高4～7倍，乳脂肪多1倍左右，V_A、V_D多10倍左右，各种矿物质含量也很丰富。初乳中含有较多的镁盐，具有通便作用，有利于胎粪的排出。初乳还能刺激皱胃黏膜分泌胃酸和各种消化液，有利于对初乳的消化吸收。

（3）初乳的保健作用　由于胎盘的特殊结构，母牛血液中的免疫球蛋白不能透过胎盘传给犊牛，初生犊牛没有任何抗病力，只有依靠从初乳中得到免疫球蛋白而获得被动性免疫。初乳中的免疫球蛋白只有在未经消化状态透过肠壁被犊牛吸收入血后才具有免疫作用。初生犊牛第一次吃初乳其免疫球蛋白的吸收率最高，随着消化功能的建立，肠壁上皮细胞收缩，免疫球蛋白的通透性开始下降，出生后24h，抗体吸收几乎停止。也就是说，在此期间如不能吃到足够的初乳就会对犊牛的健康造成严重的威胁。

（4）初乳利用　初乳是不允许做商品乳出售的。每产犊一次，每头母牛分娩后所产初乳量60～100kg，而每头犊牛初乳喂量为30kg左右，其余初乳经冷藏或发酵，用于饲喂犊牛具有很好的保健作用。一是冷藏，每一份2kg装入塑料袋中，保存于冷冻室，饲喂时用温水解冻，按1∶1比例加入温开水。二是发酵，发酵初乳有自然发酵和加酸发酵等两种方法。①自然发酵法：该方法适合于温度低于20℃的天气状况下。方法是把初乳用纱布过滤后倒入干净的桶内（大罐头瓶和盆都可以），及时盖上桶盖并用塑料布封严。放在室内阴凉处，自然发酵。每天要打开盖搅拌1～2次以防止凝成块，搅拌后立即封盖好。一般10～15℃经4～6d，15～20℃经2～3d就可发酵好。发酵好的初乳呈微黄色，有乳酸香味，像豆腐脑。这样的初乳可用30～40d。超过这个天数后初乳就会变质有臭味，不能再喂犊牛。如果发酵完后就发现不正常、变质、有臭味时也不能喂犊牛。喂发酵初乳时，以2～3份初乳加1份水稀释并兑入少量的小苏打（按0.5g/kg添加），稀释后的喂量与正常乳喂量相同。喂发酵初乳不仅节省鲜乳，而且喂初乳的犊牛下痢少，犊牛发育快。②加酸发酵法：当气温超过20℃时，可加入丙酸（乙酸、甲酸可以）发酵，加入量为100份初乳加1份丙酸，丙酸可到化学试剂商店购买。发酵处理方法同上面介绍的方法一样，20～25℃，2d即成；25～30℃只需1d。需注意的是患乳房炎牛的的初乳和近期用过青链霉素的乳牛，初乳不能用于制作发酵初乳，否则发酵时会发生变质变臭。

（五）犊牛的饲养管理

犊牛出生后最初几天，由于组织器官尚未完全发育，对外界不良环境抵抗力很弱，适应力很差，消化道黏膜容易被细菌穿过，皮肤保护机能不强，神经系统反应性不足。所以，初生犊牛最容易受各种病菌的侵袭而引起疾病，甚至死亡。为了确保犊牛健康存活，必须加强饲养管理。

1. 单独饲养

母犊牛全部采用人工哺乳的方式饲喂，出生后立即与母牛隔离，分开单栏饲养管理，饲养上要求精细。新生犊牛应该每只犊牛配备一间小舍（室外活动式犊牛栏或犊牛岛），以此来防止犊牛间疾病的相互传播。犊牛舍应排水便利，用稻草等做垫料，尤其是寒冷的情况下，并经常保持清洁、做好消毒工作。在保持犊牛栏干燥、卫生和勤换垫草的条件下，能有效预防犊牛下痢和肺炎，犊牛成活率和增重速度都显著高于室内培育犊牛，而且露天培育对增进体质和健康十分有利（图5－2）。

图5－2　移动犊牛岛

2. 尽早哺喂足量初乳

（1）新生犊牛存活的关键是尽早吃上初乳　因为刚出生的犊牛对疾病的抵抗能力弱，它们需要通过及时摄入足量的、高质量的初乳来获得免疫力，否则很容易感染疾病造成死亡。因此，犊牛出生1h之内应饲喂或灌服4L高品质初乳，12h内再饲喂同样的量，即应保证犊牛在出生后最初12h内摄入其10%体重的初乳。这是保证犊牛的血浆IgGI浓度的重要措施。犊牛对抗体的获得量与产后初乳饲喂的时间有关，产后6h内肠道对抗体的吸收能力降低1/3，产后24h肠道的吸收能力只有刚分娩时的11%，而此时肠道内消化酶会分解消化所有的抗体。因此，为了保证犊牛的成活一定要保证在产后2h内吃到第1次初乳。从母牛那里把初乳挤进量奶器并进行检验，免疫球蛋白含量够多、质量够好的话可直接喂给犊牛，如果测出的结果不理想就用之前存好的初乳喂犊牛。不管什么时间产犊牛都要保证有技术员值班，保证犊牛在产后及时吃上初乳而确保犊牛的存活。饲喂犊牛的时候要慢慢调教，让犊牛在乳桶里舔食。先往乳桶里倒上牛乳，将手洗干净后用手撩起一些牛乳放入犊牛嘴里，引导犊牛到乳桶里吸食乳汁。犊牛出生后一到三天，每头饲喂6kg/d初乳，分3次饲喂，乳温应该保持在38～39℃。注意，初乳最好是母乳。

如果母牛死亡或者母牛患有乳房炎，可以用常乳加上鱼肝油200ml（V_A，V_E）/d，再加上蓖麻油（Mg^{2+}，轻泻作用）50g/d，头五天还需要加上250mg土霉素，以后减半。还可以用鲜鸡蛋2～3枚，盐9～10g，新鲜鱼肝油15g加到0.5kg的牛乳中加热到38℃进行饲喂。

（2）开乳时间和免疫物质的吸收情况（表5－3）

表5－3　出生后免疫物质吸收情况

犊牛产出后的时间（h）	0	3	6	12	18	24
免疫球蛋白吸收效率（%）	50	40	15	7	5	1

（3）严格意义上的初乳　指的是产后第 1 次挤的乳，接下来 3d 时间挤出的乳称为过渡乳。初乳与常乳相比含有常乳 2 倍的乳固体、2 ~ 3 倍的矿物质、5 倍的蛋白质，初乳还含有多种激素和生长因子。这些物质对犊牛生长发育，以及消化道生长都是必需的，初乳中乳糖含量很低，这有助于降低腹泻的发病率。初乳非常浓稠，呈乳油状，高质量初乳中免疫球蛋白的含量超过 50mg/ml，产后第 1 次以后挤的乳在质量上次于初乳。挤初乳时乳头要用消毒毛巾擦干净，稀薄、带血或者乳房炎的初乳不能喂给犊牛，对于一些拒食的新生犊牛可应用特殊的饲喂器强制饲喂。牛场每天要冷藏保存一定量（10 ~ 20L）的优质初乳，以满足一些患有乳房炎等疾病母牛和初产牛所产犊牛对初乳的需要，但解冻应在温水中进行，初乳饲喂后在接下来的 3d 中应饲喂来自其母亲或其他健康牛的过渡乳。

3. 及时登记犊牛信息

分娩后要及时的给犊牛进行完整的信息记录，在生产中从出生到六个月龄的小牛也就是犊牛阶段是饲养的重要时期，一般以 45 日龄为界限，分为哺乳期和断乳期。哺乳期犊牛是指出生到断乳前的这一阶段，一般在 45d 对犊牛进行断乳。犊牛出生后要给犊牛佩戴耳标、照相、登记系谱、填写出生记录等，并将照片和记录等资料输入电脑进行信息化管理（图 5 - 3）。

编号：　　　　　耳号：　　　　　场址：

性　别	出生地	出生日期
品　种	产地来源	出生重（kg）
进场日期	配种月龄	出场日期
外貌特征	级　别	种畜禽许可证编号

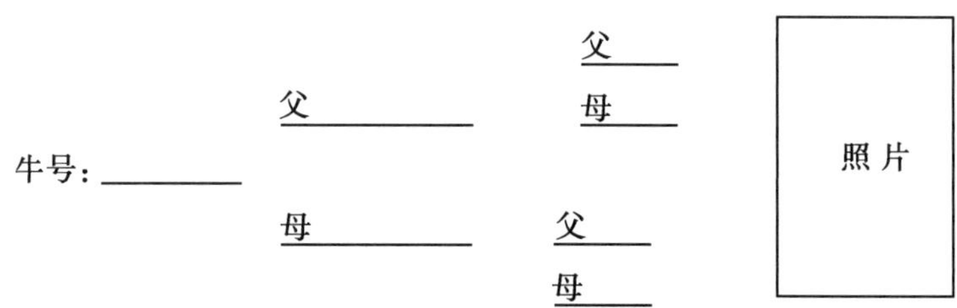

图 5 - 3　犊牛信息登记表

4. 哺乳期喂养要点

犊牛出生后的 2 周内主要从牛乳中获取营养物质。在喂完初乳、过渡乳以后，就可以用常乳或代乳粉饲喂犊牛，具体选择主要取决于价格、便利、可获得性等因素。从第 4d 开始到 40d 左右对犊牛饲喂犊牛代乳粉，一天饲喂 2 次，每次饲喂 0.25kg 代乳粉。方法是在每 1.5L 热水中加入 0.25kg 代乳粉，搅拌均匀后保持乳温在 38 ~ 39℃，对犊牛进行饲喂。在犊牛生后第 4d 补开食料，开始的时候，犊牛不喜欢吃开食料，要把开食料用手撩起一些放入犊牛嘴里诱导犊牛吃。从第 40d 左右到 45d，每天只对犊牛饲喂一次代乳粉，每次饲喂0.25kg代乳粉，并充分供给开食料，让犊牛自由采食。寒冷季节饲喂犊牛的乳品必须加温，犊牛母亲的常乳是最好的，一般每天应饲喂2次，饲喂量是犊牛出生体重的10%。

5. 哺乳期和哺乳量

传统上犊牛哺乳期为6个月，喂乳量为800～1 000kg。过去一直采用3～4月龄断乳，哺乳量为300～500kg。但根据目前我国乳牛的饲养管理水平，多采用2～3个月哺乳期，哺乳量250～300kg。畜牧业发达的国家5～8周龄断乳。犊牛出生后第5～7d开始哺喂常乳，用乳桶喂，3次/d，与母牛挤乳时间安排基本一致。目前也有很多牛场采用2次/d喂乳，效果也很好。无论是2次还是3次饲喂，一经采用不要随意改变。为了确保犊牛消化良好，食欲旺盛，犊牛哺乳应坚持“六定”原则：定时、定量、定温、定质、定次数，定人。

6. 及时补料，自由饮水，适时断乳

牛乳虽然是犊牛最好的饲料，但是只用牛乳培育犊牛，不仅消化器官生长停止，还阻碍消化系统的机能和腺体功能。因为犊牛早期阶段的消化功能类似于单胃动物，刚出生时，瘤胃、网胃和瓣胃还不发达，基本不具备消化食物功能，当犊牛采食开食料和饮水后，瘤胃才开始发育。给犊牛开食料时不能喂草，而是喂颗粒饲料。且犊牛开食料应有很好的适口性，包含足够的蛋白质、维生素和微量元素。应从第4d起开始调教犊牛采食开食料，让犊牛自由采食以补充犊牛的营养需要，同时要在犊牛开食料中添加抗球虫药。开食料的营养成分可参考其他相关书籍。犊牛开食料和饮水能促进瘤胃发育，出生2周的犊牛开食料的摄入量一般每头不超过170g/d，3～4周龄犊牛对开食料的摄入增加，干草只能在犊牛8周龄或断乳后才能饲喂。在犊牛生后第4d补开食料的同时应该让犊牛自由饮水，这样有利于犊牛增加对开食料摄入量，促进增重。自由饮水和高质量的开食料促使犊牛从“单胃动物”转变为能消化粗料和精料的反刍动物。当犊牛摄入常乳或其他代乳品时，乳品不在瘤胃停留，直接进入皱胃，乳品中的水分不能为瘤胃中的微生物生长提供水源。因此，除了1～3d在每次喂乳后1～2h饮给温水，我们要供给每头犊牛单独清洁、新鲜的自由饮水，寒冷时要适当提供温水，以保证瘤胃的生长发育。

四、断乳期犊牛的饲养管理

（一）犊牛早期断乳

早期断乳的关键在于：一是犊牛料及代乳料的配制和营养的合理过渡；二是精细的管理，断乳对犊牛是一个大的应激，容易引起各种疾病，所以在生产中应注意环境卫生条件的控制。

1. 犊牛早期断乳的依据和意义

犊牛大量使用鲜乳（600～800kg）不利于瘤胃的发育；瘤胃的发育程度如何对后期乳牛利用粗饲料的能力有很大影响，发育越早则后期利用粗饲料的能力越强；全部使用鲜乳会导致犊牛营养摄入的不平衡。因此，犊牛早期断乳可缩短哺乳期，一般为28～56d，最长不超过60d；减少哺乳量，一般低于100kg，最多不超过150kg；大幅度降低犊牛培育成本，促进瘤胃的发育，减轻劳动强度，促进乳腺的发育。尽管早期断乳犊牛的早期生长发育稍落后于高乳量长期培育犊牛，但后期均可利用补偿代谢赶上，而且尚未发现早期断乳牛泌乳量低。

2. 犊牛早期断乳的标准

要达到摄取一定量的开食料，一般为连续3d以上采食量超过1.0kg以上颗粒料；连续3d以上平均日增重超过0.5~0.6kg就可以断乳。

3. 注意事项

一是饲喂好初乳，控制好乳温，乳温要保持在36~38℃，最高不超过40℃；二是控制好开食料的采食量，哺乳期1.5kg以内，断乳后2.0kg以内，最多不超过2.5kg；三是要单独饲养，最好采用犊牛栏或犊牛岛。

4. 制定合理的断乳方法

要掌握好犊牛的断乳时机，犊牛的断乳是根据犊牛摄入开食料的量决定的，而不是根据年龄决定。有的犊牛4周龄就可以断乳，而有的犊牛要到10周龄左右才能断乳。确定断乳的日龄后，要根据代乳料和犊牛的重量来拟定合理的断乳方法，实现营养的合理过渡，断乳时要有3~7d的过渡停乳时间。具体的断乳方法是从第4d开始到40d左右对犊牛饲喂犊牛代乳粉，一天饲喂2次，每次饲喂0.25kg代乳粉。在犊牛生后第4d开始逐渐补饲开食料，使之熟悉开食料的口感，并随日龄的增加而增加开食料的喂量。从第40d左右到45d，每天只对犊牛饲喂一次代乳粉，每次饲喂0.25kg代乳粉，并充分供给开食料，让犊牛自由采食。从100g开始喂起，每天加25g料，当开食料的采食量连续3d超过0.7~1.0kg以上时，可以断乳。

5. 早期断乳专用饲料

早期断乳技术的核心就是必须提供犊牛优质的代乳料和犊牛料。代乳料也称人工乳，是指一种以乳业副产品（如脱脂乳、乳清粉等）为主，添加高比例的动物油脂等多种原料组成的粉末状商品饲料。代乳料的使用除了节约鲜乳、降低成本外，还能补充全乳某些营成分不足的特点。代乳料的营养指标为蛋白质不低于20%，脂肪不低于0.5%。犊牛开食料是根据犊牛营养需要而配制的一种适口性强、易消化、营养丰富，专用于犊牛断乳前后的混合精料。它的作用是促使犊牛由以吃乳或代乳料为主向完全采食植物性饲料过渡。犊牛料是专为适应犊牛断乳而配制的以植物性饲料为主的饲料，具有适口性好、易消化、营养丰富等特点。其蛋白质含量不低于16%~18%，粗纤维不高于6%~7%。精饲料要兼顾营养和瘤胃发育的需要，保证日粮中中性洗涤纤维含量不低于30%。同时，适当增加优质牧草的喂量以促进瘤网胃的发育。4月龄以前精粗比例一般为1:1~1.5，4月龄以后调整为1:1.5~2。

（二）断乳期犊牛的饲养管理

断乳期犊牛是指犊牛从断乳后到6月龄的犊牛。断乳后应有2周的变料和转群的渐进过程。断乳后的犊牛应该编成4~6头的小群饲养（断乳前是单独饲养的要合群饲养，混合饲养的需要分群饲养），以便让犊牛适应群体饲养环境，使牛与牛之间的竞争最小化。合群和分群的原则一样，即月龄和体重相近的犊牛分为一群，每群10~15头。第45d到6月龄期间，每头犊牛每天投喂3kg犊牛饲料。犊牛饲料中严禁含有尿素。另外，断乳后还要及时给犊牛补饲优质的干草，最好是多喂一些植物性的饲料，这是因为植物性的饲料可以促进瘤胃的生长发育，瘤胃的生长发育又能促进植物性饲料的消化利用，为日后培育高产乳牛打下坚实的基础。应加强犊牛运动增强犊牛体质。开始犊牛在运动场上不活动时应适当的进行驱赶，每天运动时间不能少于 1h。夏天应避开中午烈日的时候，冬天要避开阴冷天气，最好在中午较暖和的时间段活动。每月称重，并做好记录，对生长发育缓慢的犊牛要找出原因。同时，定期测定体尺，根据体尺和体重来评定犊牛生长发育，因体高和体重对后备母牛初次泌乳量的影响更大。犊牛应散放饲养，自由采食，自由饮水，并保证饮水和饲料的新鲜、清洁卫生。牛舍清洁、干燥，并定期消毒。

五、确保犊牛的健康

饲养犊牛最关键的问题是保证健康，避免损失。保证犊牛健康的措施之一是严格按饲养技术要求去做，同时还要注意以下几点。

1. 喂养犊牛要做到定时、定次数、定温度、定数量、定质、定人员

（1）定时间、定次数、定质量　喂犊牛的时间和次数应该固定下来。每天可喂 3 次，每次喂的时间也不能随意变动。遵守时间和次数有利于犊牛消化利用营养成分。同时要保证乳的质量，为犊牛全程提供优质的乳。

（2）定温度　喂乳的温度要固定在 37 ~ 38℃，不可忽冷忽热。在上述温度下，最有利于消化。不定温易发生下痢；犊牛饥饿感会使其急速吃乳过高时，易损伤黏膜。每次挤完乳后应立即喂犊牛，此时温度正合适，放置后温度下降，反而麻烦。

（3）定数量　定数量并不是指喂量总是不变的，而是指要按标准量饲喂，不要忽多忽少。当然要停乳时应在前 10d 左右逐渐减少喂乳量，然后停乳。培育一头犊牛一共喂多少乳，每天喂多少量，这要根据不同断乳方法来定，不同的地区，不同场家，乳牛户都有所不同。一般的来讲，若以 3 个月断乳为例，则第一个月每天饲喂 4.5 ~ 5.5kg，第二个月 5.5 ~ 6.5kg，第三个月 2.5 ~ 3.5kg，全期共用乳 430kg 左右。若两个月断乳，第一个月每天喂 5.5 ~ 6.5kg，第二个月 3.5 ~ 4.5kg，全期共用乳 300kg。现在提倡犊牛早期断乳，每天喂 4.2 ~ 4.3kg，生后 8 天补喂犊牛开食料，42d 断乳，全期共用鲜乳 150kg，这种断乳方法可大大节省犊牛培育费用，并可促进犊牛瘤胃发良，使犊牛长成后利用粗料能力增强，应大力提倡。

（4）定人员　饲养人员要固定，不能随意更换，且饲养员的工作服也不能经常更换。

2. 多观察，发现问题及时解决

（1）观察精神状态　喂乳时，当饲养人员接近犊牛时，健康的犊牛会双耳伸前，抬头迎接，犊牛双眼有神，呼吸有力，动作活泼，显示出强烈的食欲。而有问题的犊牛则精神不振发蔫。

（2）观察粪便状况　观察粪便可了解犊牛消化道的状态和饲养管理状况。在清扫圈舍时要注意观察犊牛粪便是否正常。正常的犊牛在哺乳期内粪便呈黄褐色，黏粥状。若粪便稀，有恶臭味，有气泡，混有黏液则属不正常。随犊牛补料和采食干草，犊牛粪便颜色变黑变硬并显盘状。此时若饮水量不足则粪便变得非常干硬。

（3）观察呼吸状况　犊牛在正常情况下，呼吸均匀，每分钟 20 ~ 50 次，呼吸在胸和腹肋作用下完成。若犊牛发喘、呼吸时胸部活动大，还伴有咳嗽，流鼻涕症状，应注意观察。

（4）测体温和心跳　当发现异常情况后，应立即测体温和心跳，并坚持多测几次，做好记录，以便于兽医诊断。犊牛正常体温在 38.5 ~ 39.5℃之间，比成牛高半度。当犊牛体温达40℃时称微烧，40～41℃时称中烧，41～42℃时称高烧。犊牛心跳次数较快，每分钟120～190次，以后随着生长发育，心跳次数减少，长成成牛后每分钟60～85次。发现犊牛异常后应立即采取处理方法，不要拖拉，以免影响治疗效果。

3. 控制犊牛疾病

由于各种因素的影响，会引起犊牛下痢、犊牛球虫病、感冒、肺炎等病发生。下痢和肺炎是犊牛常见病，尤其是在第一周发病率最高，引起的犊牛死亡占犊牛总死亡数的50%。因此，只有了解疾病发生的规律，做好预防工作就可以大大降低发病率。犊牛下痢是由致病性大肠杆菌引起的一种急性传染病，犊牛出现急性腹泻、虚脱、消瘦，治疗不及时常发展为败血病而死亡；犊牛球虫病是艾美耳球虫引起的出血性肠炎，表现为带血的或包血囊状的顽固性腹泻；犊牛感冒常发生在寒冷季节，由保温工作没做好引起；犊牛肺炎是由环境温度突然变化、牛舍粉尘过大等多种因素引起。发病还是不可避免的，这就要求技术员工作要认真负责，及时发现，及早治疗发病的犊牛。

4. 其他管理技术

（1）犊牛栏　犊牛应单栏饲养并应该用活动的牛栏。除特别寒冷的天气外，生后3～5d的犊牛都应该放在舍外犊牛栏内露天饲养。

（2）搞好刷拭　刷拭不仅有利于保证牛体的清洁卫生，更重要的是可促进和增强牛体血液循环，使牛产生舒适感。此外刷拭还有助于人牛亲和，犊牛温顺，便于管理。每天可刷拭1～2次。简单的刷拭方法是用扫耙清扫牛体。较理想的刷拭方法是用铁刷和毛刷配合使用，先用铁刷逆毛上推，顺毛刷下，再用毛刷刮一下以清除刷上污物，然后用毛刷将体表刷净。后躯和腹下常黏有硬粪块，这时在刷前应先用温水打湿，然后用草把刷干净，不要用铁刷硬抓，否则牛会反感甚至造成皮肤损伤。

（3）运动和调教　生后20d内的犊牛不需要特别的运动，20d后可逐渐增加活动。第一次放出时要控制犊牛活动量，否则犊牛会狂奔乱跑，易发生危险。开始时10～20min，以后逐渐增加到2～4h。犊牛的调教就是使其养成其良好的采食习惯和温驯的性格。为此，饲养员要经常亲近犊牛并抚摸它，按摩乳房和刷拭牛体。

（4）去角

①犊牛去角最佳的时间。带角的成年母牛不利于管理，互相之间经常争斗易造成顶伤，因此，母犊牛要去角。牛去角的最佳时间是15～20日龄进行，此时期犊牛易于保定、流血少、痛苦小，不易受细菌感染，对采食和以后生长影响小。过早应激过大，容易造成疾病和死亡。过晚生长点角化，应用药物去角很困难，应用烧烙的方法也不容易掌握也不利于止血，犊牛反抗能力比较强，对犊牛心理会产生影响，因此要注意时间的选择。去角的方法有电烙铁去角法、氢氧化钠去角法、氢氧化钠棒去角法、去角灵膏剂法等，比较安全实用的还是电烙铁去角法。电烙铁去角法选择枪式去角器，其顶端呈杯状，大小与犊牛角的底部一致。应先给犊牛注射适量的麻醉药（10ml皮下注射），通电预热后，一人保定后肢，两人保定头部，也可以将犊牛的右后肢和左前肢捆绑在一起保定，然后用水把角基部周围的毛打湿，并将电烙铁顶部放在犊牛角顶部15～20s或者烙到犊牛角四周的组织变为古铜色为止。用电烙铁去角时犊牛不出血，在全年任何季节都可进行。新式取角器不是烫角，而是把牛角连根挖出来，3分钟左右就可弄好。去角可减少牛角划破身体的机会，有些顶人的牛去角后，可减轻对人的威胁。

② 去角注意事项。采用氢氧化钠去角法去角最好是在犊牛单栏饲养的时候进行，以避免相互舔舐造成犊牛的口腔、食道等部位被烧伤；去角处理后须对犊牛隔离数日，去角后 24h 内要每小时观察一次，发现异常及时处理，要防止雨水或者乳等液体淋湿牛体，特别是头部；使用氢氧化钠法时，操作者要带好防护手套防止氢氧化钠烧伤手，同时要涂抹完全防止角细胞没有遭到破坏而使角继续长出。

（5）注意卫生　一是哺乳卫生，犊牛在人工哺乳时要注意哺乳用具的卫生，每次使用后要及时洗净，最好用热碱水和毛刷刷洗 2～3 次，再用清洁水洗烫之后倒放，备下次使用或用清洁水冲洗后在用前开蒸汽消毒。饲槽用后也要洗刷干净，定期消毒。每次喂乳后要用干净毛巾将犊牛口、鼻周围的残留乳汁擦干，防止互相乱舔而养成舔癖。二是犊牛栏卫生，牛栏和牛床均要保持清洁干燥，勤换垫草，定期消毒。保持舍内阳光充足，通风良好，空气新鲜。三是皮肤卫生，刷拭是保持皮肤卫生的重要措施。每天刷拭牛体 1～2 次。通过刷拭可保持牛体清洁，防止外寄生虫的孳生并有利于养成较温驯的性格。

（6）去副乳头　许多牛除了正常的 4 个乳头外还有 1～2 个副乳头，副乳头不能用于挤乳，也不利于乳房清洗且易导致乳房炎，故在犊牛阶段剪除副乳头。剪除副乳头的最佳时间为 2～6 周龄，且要尽量避开夏季。剪除方法是先清洗下乳房周围部位然后轻轻下拉副乳头，用锐利的剪刀沿着副乳头基部剪下，伤口用2%碘酒消毒或涂抹少量消毒药，有蚊蝇的季节涂少量驱蚊剂。如果不易区分副乳头或正常乳头时可推迟至能够区分时再进行，不能错剪乳头。

第二节　育成母牛的饲养管理

育成期母牛是指从 7 月龄至初次配种前的这段时期的牛。初次配种一般在育成牛 14 月龄以上进行，犊牛 6 月龄后即由犊牛舍转入育成牛舍。育成母牛是乳牛的未来，该阶段的母牛正处于快速生长发育阶段，饲养的好坏直接影响着乳牛的体质好坏、体成熟的早晚等等，与母牛的繁育和未来的生产潜力关系极大。

一、育成母牛生长发育特点

（一）瘤胃发育迅速

犊牛断乳后即转变为主要依靠采食植物性饲料的饲养阶段。随着年龄的增长，瘤胃功能日趋完善，7～12 月龄时瘤胃容积大增，利用青粗饲料能力明显提高，12 月龄左右接近成年牛水平。因此，既要保证饲料有足够的营养物质，以获得较高的日增重；又要具有一定的容积，以促进瘤胃的发育。

（二）生长发育快

此阶段是牛的骨骼、肌肉发育最快的时期，7～8 月龄以骨骼发育为中心，7～12 月龄期间是体长增长最快阶段，12 月以后体躯转向宽深发展。生产中必须利用好这一时期进行科学地饲养管理，有助于塑造乳用性能良好的体型。

（三）生殖机能变化大

育成母牛的性器官和第二性征发育很快，至 12 月龄已经达到性成熟。一般情况下8～12 月龄的荷斯坦育成牛体重达到 250kg 以上时，可出现首次发情；13～14 月龄时育成牛逐渐进入性机能成熟时期，生殖器官和卵巢内分泌功能更趋健全；15～16月龄体重达到380kg以上时可进行第一次配种。

二、育成母牛培育要求

育成母牛培育的目标是保证母牛正常的生长发育和适时配种。发育正常、健康体壮、体型优良的育成母牛是提高牛群质量、适时配种、保证乳牛高产的基础。育成母牛是体尺和体重快速增加的时期，饲养管理不当会导致母牛体躯狭浅、四肢细高，达不到培育的预期要求，从而影响以后的泌乳和利用年限。育成期良好的饲养管理可以部分补偿犊牛期受到的生长抑制，因此，育成母牛从体型、机能发育及适应性的培育诸方面，较犊牛阶段更为重要。通过这一阶段培育，按不同年龄发育特点和所需营养物质进行正确饲养，培育出体型高大、采食量大、消化力强、繁殖良好、乳用型明显的理想体型，以实现健康发育、正常繁殖、尽早投产的目标。中国荷斯坦乳牛育成牛的培育目标为整个生长期平均生长率为750g/d，前期600～700g/d，后期800～900g/d。15～16月龄时达到初次配种体重380～400kg，体重为成年体重的65%左右。

三、7～12月龄母牛的饲养

7～12月龄是生长速度最快的时期，尤其在7～9月龄时更是如此。此阶段母牛处于性成熟期，性器官和第二性征的发育很快，尤其是乳腺系统发育最快，体躯则向高度和长度方面急剧生长。前胃已相当发达，具有相当的容积和消化饲料能力，但还不能采食足够的青饲料来满足快速发育的营养需要。同时，消化器官本身也处于较快的生长发育阶段，需要继续锻炼。因此，此期除供给优质牧草和青绿饲料外，还必须适当补充精料，精料的喂量主要依据粗饲料的质量确定，日粮中75%的干物质应来源于青干草等青粗饲料，25%来源于精饲料，日增重达到700～800g。在饲喂上，以青饲料为主，饲料品种要多样化。以6月龄的育成牛为例，饲料按每天每头投喂8kg青贮玉米、4.5kg干苜蓿草、3kg精料进行混合饲喂。建议精料配比为玉米55%、麸皮12%、豆粕7%、棉粕6%、玉米酒糟蛋白饲料15%、微量元素5%。饲料的投喂量要随着育成母牛的长大而逐渐增加。饲养员要注意观察育成母牛的发情情况以便适时配种。

在性成熟期的饲养应注意两点：一是控制饲料中能量饲料的含量。如果能量过高会导致母牛过肥，大量的脂肪沉积于乳房中，影响乳腺组织发育和日后的泌乳量。二是控制饲料中低质粗饲料的用量。如果日粮中低质粗饲料用量过高，有可能会导致瘤网胃过度发育而致营养供应不足，形成“大肚、矮体”的不良体型。

四、12月龄至初次配种的饲养管理

此阶段育成母牛消化器官的容积进一步增大，消化器官发育接近成熟，消化能力日趋完善，可大量利用低质粗饲料。同时，母牛的相对生长速度放缓但日增重仍要求高于800g，以使母牛在14～15月龄达到成年体重的70%左右（350～400kg）。配种前的母牛没有妊娠和产乳负担，而利用粗饲料的能力大大提高。因此，只提供优质粗饲料基本上能满足其营养需要，再少量补饲精饲料即可。此阶段饲养管理的重点是保证适度的营养供给。营养过高会导致母牛配种时体况过肥，易造成不孕或以后的难产；营养过差会使乳牛生长发育抑制，发情延迟，15～16 月龄无法达到配种体重，从而影响配种时间。配种前中国荷斯坦乳牛的理想体重为 350～400kg，体高 122～126cm，胸围 148～152cm。

五、育成母牛的管理

（一）分群

育成牛除非体重差异过大一般不重新分群，以减少频繁转群对牛造成的应激。如果原有群过小，可将几个群合并或将小群转入原有育成牛群，但每个群体要求月龄相差不能超过 3 个月。

（二）运动和刷拭

充足的运动对于维持育成母牛的健康发育和良好体型具有非常重要的作用。如果运动不足就容易形成体短、肉厚的肉用牛体型，不仅泌乳量低，而且利用年限短。舍饲育成母牛运动场面积应在 $15m^2$ 左右/头，运动不少于 2h/d。育成母牛一般采用散养，除恶劣天气外，可终日在运动场自由运动。同时，在运动场设食槽和水槽，供母牛自由采食青粗饲料和饮水。

（三）修蹄

育成母牛生长速度快，蹄质较软易磨损。因此，从 10 月龄开始，每年春、秋季节应各修蹄一次以保证牛蹄的健康。

（四）乳房按摩

乳房按摩可促进乳腺的发育和产后泌乳量的提高。对于育成母牛，12 月龄以后即可每天进行一次乳房按摩。按摩时用热毛巾轻轻揉擦，避免用力过猛而损伤乳房。

（五）称重和测定体尺

育成母牛应每月称重并测量 12 月龄、16 月龄的体尺，详细录入母牛档案作为评判育成母牛生长发育状况的依据。一旦发现异常应及时查明原因，并采取相应措施进行调整。

（六）适时配种

适时配种对于延长母牛利用年限，增加泌乳量和经济效益非常重要，育成母牛的适宜配种年龄应依据发育情况而定。过早配种会影响母牛正常的生长发育，降低整个饲养期的泌乳量，利用年限也会大大缩短；过晚配种则会增加饲养成本，同样缩短利用年限。乳牛传统的初次配种时间为 16～18 月龄，现在随着饲养条件和管理水平的改善，育成母牛 13～14 月龄体重即可达到成年体重的 70%，可以进行配种。这将大大提高乳牛的终生泌乳量，显著增加经济效益。

第三节　青年母牛的饲养管理

根据产乳胎次可将育成期后的母牛分为初产母牛和经常母牛。初产母牛也称为青年母牛，指的是初次配种到产前 2 个月的乳牛，而经产母牛是指已经产过犊的牛。青年母牛由于是初次怀孕，其饲养管理有许多值得注意的事项。这个时期的乳牛虽然生长速度已经下降，但其身体还继续生长发育，体躯显著向宽深发展，乳房的发育很快，而且要供给胎儿的营养。所以，青年母牛的饲养不仅影响第一产的泌乳量，而且还影响其终生泌乳量，一定要保证其合理的日粮供给。青年母牛怀孕期饲养管理的要点是保证胎儿的健康发育并保持母牛一定的膘情，以确保母牛产犊后获得尽可能高的泌乳量。

一、妊娠前期母牛的饲养管理

妊娠前期一般指乳牛从受胎到怀孕6个月之间的时期，此时期是胎儿各组织器官发生、形成的阶段。

（一）妊娠前期的饲养

妊娠前期胎儿生长速度缓慢，对营养的需要量不大。但此阶段是胚胎发育的关键时期，对饲料的质量要求很高。怀孕前两个月，胎儿在子宫内处于游离状态，依靠胎膜渗透子宫乳吸收养分。这时如果营养不良或某些养分缺乏会造成子宫乳分泌不足，影响胎儿着床和发育，导致胚胎死亡或先天性发育畸形。因此，要保证饲料高质量，营养成分均衡，尤其是要保证能量、蛋白质、矿物元素和V_A、V_D、V_E的供给。在碘、硒缺乏地区要注意补充碘、硒。此期初产母牛还处于生长阶段，所以，还应满足母牛自身生长发育的营养需要。胚胎着床后至6个月对养分的需求没有额外增加，不需要增加饲料喂量。母牛舍饲时，饲料要控制饲粮的营养水平，应遵循以优质青粗饲料为主、适当搭配精饲料的原则。过肥将造成体内贮存过多脂肪，影响母牛健康；过瘦则造成母牛体躯窄浅，四肢细高，成为泌乳量不高的乳牛。放牧时，应根据草场质量，适当补充精饲料，确保蛋白质、维生素和微量元素的充足供应。混合精料日喂2~2.5kg。

（二）妊娠前期的管理

母牛配种后，对不再发情的牛应在配种后20~30d和90d进行早期妊娠检查，以确定其是否已经妊娠。检查最常用的方法为直肠检查法或B超检查，技术熟练的人员通过这两次检查即可确定母牛是否妊娠。对于配种后又出现发情的母牛，应仔细进行检查以确定是否是假发情，防止误配导致流产。

确诊怀孕后就要特别注意母牛的安全，重点做好保胎工作，预防流产或早产。青年母牛往往不如经产母牛温顺，在管理上必须特别耐心，应通过每天刷拭、按摩等与之接触，使其养成温顺的性格。怀孕牛要与其他牛只分开，单独组群饲喂。无论舍饲或放牧都要防止相互挤撞、滑倒、猛跑、转弯过急、蹦跳、饮冰水、喂霉变饲料等，放牧应在平坦的草地。对舍饲乳牛要保证其有充分采食青粗饲料的时间。饮水、光照和运动也要充足，每天需让其自由活动3~4h，或驱赶运动1~2h。适当的运动和光照可以增强其体质、增进食欲，保证产后正常发情，预防胎衣不下、难产和肢蹄疾病，有利于V_D的合成。每天刷拭牛体一次可保持牛体清洁。每年春、秋修蹄各一次，以保持肢蹄姿势正常，修蹄应在怀孕的5~6个月进行。要进行乳房按摩，每天一次，每次5min以促进乳腺发育，为产后泌乳奠定良好的基础。要保证牛舍和运动场的卫生，给予充足清洁的饮水供母牛自由饮用，有条件的可安装自动饮水器。

二、妊娠后期母牛的饲养管理

妊娠后期一般指乳牛从怀孕7个月到分娩前的一段时间，此期是胎儿快速生长发育的时期。

（一）妊娠后期的饲养

妊娠牛后期是胎儿迅速生长发育和需要大量营养的时期。胎儿的生长发育速度逐渐加快，到分娩前达到最高，妊娠期最后两个月胎儿的增重占到胎儿总重量的75%以上。因此，需要母体供给大量的营养，精饲料供给量应逐渐增加。同时，母体也需要贮存一定的营养物质使母牛有一定的妊娠期增重，以保证产后正常泌乳和发情。妊娠期增重良好的母牛，犊牛出生重、断乳重和泌乳量均高，犊牛断乳重约提高16%，断乳时间可缩短7d。青年母牛由于自身还处于生长发育阶段，饲养上应考虑其自身生长发育所需的营养。这时，如果营养缺乏会导致胎儿生长发育减缓、活力不足，母牛体况较差，但也要注意防止母牛过肥。对于青年母牛保持中上等膘情即可，过肥容易造成难产，而且产后发生代谢紊乱的比例增加。体况评分是帮助调整妊娠母牛膘情的一个理想指标，分娩前理想的体况评分为3.5。

舍饲时，饲料除优质青粗饲料以外，混合精料每天不应少于2～3kg。放牧时，由于怀孕后期多处于冬季和早春故应注意加强补饲。否则易引起出生犊牛发育不良，体质虚弱，母牛泌乳量低。为了满足冬季母牛对蛋白质的需求，在缺乏植物性蛋白质饲料的地区可以采用补充尿素的方法，每头30～50g/d，分两次拌入精料中干喂，喂后60min内不能饮水。严禁饲喂冰冻、霉烂变质饲料和酸性过大的饲料。在分娩前30d进一步增加精饲料喂量，以不超过体重的1%为宜。同时增加饲料中维生素、钙、磷和其他常量元素、微量元素的含量。在预产期前2～3周开始降低日粮中钙的含量，一般比营养需要量低20%。同时保证日粮中磷的含量低于钙的含量，有条件的可改喂围产期日粮，这样有利于防止母牛出现乳热症。分娩前最后一周，精饲料喂量降低一半。

（二）妊娠后期的管理

妊娠后期管理的重点是为了获得健康的犊牛，同时保持母牛有一个良好的产后体况。为此，要加强妊娠母牛的运动特别是在分娩前一个月这段时间，可有效地减少难产。但应避免驱赶运动，防止早产。同时，在运动场提供充足、清洁的饮水供其自由饮用。分娩前两个月的青年母牛，应转入干乳牛群进行饲养。对妊娠180～220d的牛应明确标记、重点饲养，有条件的单独组群饲养。

妊娠后期青年母牛的乳腺组织处于快速发育阶段，应增加每天乳房按摩的次数，这对促进乳房发育和养成挤乳的习惯是必要的，一般每天2次，每次5min直至产前半个月停止。按摩乳房时要注意不要擦拭乳头。特别是不要将乳头表面的蜡状保护层擦去，如果擦掉有可能导致乳头龟裂，严重的可能擦掉“乳头塞”。这会使病原菌侵入乳头，造成乳房炎或产后乳头坏死。由于青年牛乳头较小，乳头括约肌紧，加之又不习惯挤乳，常表现胆怯不安。所以青年牛挤乳前要先给予和善的安抚使其消除紧张的状态，以利于顺利操作。因此青年母牛最好在临产前的两三个月交由有经验、有耐心、技术熟练的饲养员管理。

此外要计算好预产期，预产期前2周将母牛转移至产房内，产房要预先做好消毒。预产期前2～3d再次对产房进行消毒。青年母牛难产率较高，要提前准备齐全助产器械，洗净消毒，做好助产和接产准备。

第四节　妊娠母牛的饲养管理

一、泌乳期母牛的饲养管理

如果妊娠母牛是经产母牛，它从配种后到临产前 2 个月的这段时间正处于泌乳期，就按泌乳期母牛的饲养管理来进行。

二、干乳期母牛的饲养管理

如果妊娠母牛是经产母牛，妊娠母牛自分娩前 2 个月到分娩的这段时间就是母牛的干乳期。干乳方法、干乳期的长短及干乳期的饲养都直接关系到胎儿的发育以及下一个泌乳期的泌乳量。

（一）干乳期意义

干乳是乳牛饲养管理过程中的一个重要环节，这个阶段处于泌乳期的母牛应该停止挤乳。因为乳牛干乳期正处于妊娠后期，胎儿生长非常迅速，需要大量的营养物质。通过干乳可以将有效的养分主要供给胎儿生长发育，保证胎儿发育所需营养，有利于产出健壮的犊牛；也可弥补母牛因产乳造成的体内养分损失，恢复体质；另外，干乳还能恢复由于长期挤乳而损伤的乳腺组织，使乳腺组织有个更新，有利于下一个泌乳期获得高产。因此，干乳方法的好坏，干乳期长短的安排及干乳期的饲养管理对胎儿的发育，母子的健康以及下一个泌乳期的泌乳量有着直接的影响。

（二）干乳期母牛的饲养管理

1. 干乳期的划分

母牛干乳前期是指停止挤乳到分娩前 21d 天的这一段时间，干乳期的后 21d 的时间为干乳后期，干乳后期也正处于母牛的围产前期，就按照后面所说的围产前期的管理方法来进行饲养管理。

干乳期是下一个泌乳周期的开始，干乳期饲养管理好坏对乳牛下一个生产周期泌乳表现影响很大。因此，干乳期的饲养管理十分重要。泌乳乳牛经过长时间的产乳和妊娠，体内已消耗了很多养分。因此，需要一定的干乳时间以补偿体内消耗的营养，保证胎儿发育良好并使母牛体内蓄积必要的营养物质，让乳腺组织和机体得到良好的恢复，给下期泌乳创造条件。妊娠母牛的干乳期一般在临产前 2 个月。

2. 干乳期的长短

干乳期的长短主要取决于母牛的年龄、泌乳性能、营养与健康状况。如果母牛营养良好，身体健康，可适当缩短到 1. 5 个月的干乳期。对体质瘦弱的乳牛、老龄母牛、高产母牛、初胎或早配母牛以及饲养条件较差的母牛，可适当延长到 2 个月以上的干乳期。在正常情况下，干乳期平均为 60d。科学试验和生产实践表明，干乳期短于 40d 会明显降低下一个泌乳期的泌乳量。试验观测表明，干乳期 60d 的母牛，在第二和第三个泌乳期最高日泌乳量分别比第一个泌乳期高 4. 5kg 和 6. 8kg。而没有干乳期的母牛，第二胎泌乳量下降 25%，第三胎下降 38%。可见每个泌乳期有 60d 干乳是十分必要的。

3. 干乳前检查乳房炎

干乳过程是治疗隐性乳房炎和临床乳房炎的最佳时机，在进行干乳前一定要先检查乳牛是否有乳房炎。在进行乳房炎治疗时的乳应完全抛弃，不得用于生产食用乳制品。

检查乳房炎的做法是对母牛的乳头进行消毒后，往托盘的每个小圆盘中挤入2ml左右的生鲜乳，将托盘倾斜45度，牛乳不流出，说明挤入的牛乳的量正好合适，然后滴入乳房炎检查液，用量参考药物的产品说明书。轻缓的晃动托盘让检测液和牛乳充分融合，如果圆盘中有絮状物说明乳牛患有隐性乳房炎，如果圆盘中有胶状物说明乳牛患有临时性乳房炎，如果没有上述现象说明乳牛正常。如果乳牛患有乳房炎，干乳之后乳牛的乳腺组织恢复较慢，就达不到预期的效果。所以，一定要先治愈。方法是用盐酸林可霉素注射液对乳牛进行注射，用量参考药物的产品说明书。一般来说，5～7d就能治愈乳牛的乳房炎，然后就可以进行干乳了。

4. 干乳方法

（1）逐渐干乳法即在12～20d内逐渐停止泌乳　具体方法是：在预定干乳前5～10d开始变更饲料，减少青草、青贮、块根块茎等多汁饲料和精料的喂量，控制饮水，停止运动和放牧，停止乳房按摩，改变挤乳次数和挤乳时间，逐渐减少每天挤乳次数，使牛逐渐干乳。由3次挤乳逐渐改为2次和1次，以后隔日或隔2～3d挤一次乳。每次必须将乳完全挤净，当泌乳量降到4～5kg时停止挤乳。这种方法适用于高产母牛。

（2）快速干乳法即在4～7d内使产乳牛基本停止泌乳　具体方法是：到预定干乳时开始停喂糟渣类、块根块茎及青绿多汁饲料，控制饮水，加强运动。适当减少或不减少配合料的喂量，逐步减少每天的挤乳次数，打乱挤乳的顺序，停止乳房按摩。使实际日泌乳量每天有较大幅度下降，经4～7d，日泌乳量接近5～8kg时停止挤乳。最后一次挤乳要充分按摩、挤净。用杀菌液蘸洗乳头，再注入干乳软膏并对乳头表面进行消毒，待完全干乳后用火棉胶涂抹乳头附近。此方法适于泌乳量偏低或中等泌乳量的牛。

（3）骤然干乳法是乳牛业发达的国家普遍使用的方法　到预产期计算所得的预定干乳日期时，在正常挤乳之后充分按摩乳房，将乳挤净，在各乳头口注入干乳软膏5g，停止挤乳。少数日泌乳量仍很高的牛在停挤2～3d后再把乳挤净一次，重新注干乳软膏。在停乳当天开始减喂辅料（糟渣、根茎类）和配合料，4～5d减到干乳期的精料喂量。从停止挤乳到乳房萎缩到最小，大约经7～10d。此法简单，对乳牛无不良副作用，是目前最简单的干乳方法。

在干乳过程中最好不要减少精料的供应以免影响乳牛膘情。最后一次挤乳时，必须对乳房进行充分按摩以利于将乳挤净。在母牛机械挤乳后，对每个乳头用护乳宝或3%次氯酸钠或乳头药浴碘甘油溶液浸泡消毒。然后用手将母牛的4个乳头的乳水挤干净，用消毒纸对4个乳头进行擦拭消毒，然后对每个乳头注射一针10ml的苄星氯唑西林乳房注入剂（干乳膏），这样，一次性干乳操作就完成了。苄星氯唑西林乳房注射剂不仅能促使乳牛停乳，还能有效治愈乳牛乳房炎。乳头封口后不得再动。在停乳后的3～4d内，母牛的乳房因贮积较多的乳汁而膨胀，所以这一期间不要触摸乳房。要注意观察乳房的变化和母牛的表现。在正常的情况下，经过几天后乳房内贮藏的乳汁可自行被吸收而使乳房萎缩。如乳房中贮藏乳汁过多，使乳房过硬而出现红、肿、热、痛的炎症反应，说明未能干好乳，应继续采取干乳措施，重新干乳。

5. 干乳期饲养

干乳后当残留乳汁被吸收，乳房干瘪后就可逐渐增加精饲料和多汁饲料的喂量，5～7d内达到正常饲养标准。在干乳前期对营养状况较差的牛和初产牛要适当提高饲养水平，增加精饲料。对营养状况较好的牛从干乳到产前最后几周一般只给予优质的干草，这对改进瘤胃机能起着重要的作用。在干乳后期这期间应为牛的分娩和产后的饲养管理作准备，也就是对即将开始的泌乳和瘤胃对产后高精料的喂量进行必要的准备。因此日粮中要适当提高精饲料的水平，这对初孕牛更为必要。在满足干乳期营养的前提下，为使其尽早停止泌乳活动，干乳期的日粮应以粗饲料为主，控制精饲料、干苜蓿草和青贮玉米的喂量，严禁喂块根、块茎类的饲料，适当减少糟渣类的饲料并维持中等营养水平，保持乳牛中等体况，体况评分在3～3.5分。一般日粮干物质喂量应控制在干乳牛体重的2～2.5%，粗蛋白质占12～13%，粗纤维含量≥20%，钙0.6%，磷0.35%。精、粗饲料的比例为精料占日粮中干物质的25%左右，粗饲料占日粮中干物质的75%，每天食盐的采食量不超过31g，不要添加碳酸氢钠，保证有足够的微量元素和维生素。通过营养来控制干乳牛的体况，把日增重限制在0.45kg内。母牛干乳初期日喂0.5～2.0kg精料，以后每周酌情增减0.5kg。到围产期前，精料日喂量应为每100kg体重1kg、干草3kg、青贮玉米12kg，同时补喂矿物质、食盐等微量元素。高产乳牛和体况差乳牛可适当加喂精料。预防发生皱胃移位，日粮中的干草应适当用些长草或铡成2～3cm以上的草，不少于3～4kg/d。

6. 干乳期管理

干乳期应加强运动，坚持每天刷拭牛体。同时，做好保胎工作，避免剧烈运动以防止机械性流产。作好乳房按摩，于干乳成功1周以后和临产前2周开始对乳房进行适当按摩，每天一次，但产前出现乳房水肿（经产牛产前15d，头胎牛30～40d）时应停止按摩。保持饮水清洁卫生，冬季饮水温度应在10～15℃，不喂发霉变质和霜冻结冰的饲料。停乳后10～15d以及临产前10d也是乳房炎的多发段，加强牛体卫生，重点是乳房和后躯卫生并搞好牛舍及运动场的环境卫生，有利于防止乳牛乳房炎的发生。产前14d进入产房，进产房前应对其彻底消毒，铺垫干净柔软的干草，并设专人值班。创造良好、安静的环境，自由运动或躺卧，单独分群以免相互拥挤和碰撞。为了提高乳牛的产量和减少平时生产的应激反应，对进入干乳期的乳牛，有计划地逐头喂给抗寄生虫药物，以及进行修蹄、药浴蹄底和接种疫苗等工作。

7. 干乳期精料调整方案

产犊前3周，根据粗料品质调整精料给量。饲喂较低品质粗料者：>2～4kg精料；饲喂品质良好粗料，但乳牛体况良好者：<2～4kg精料；饲喂品质良好粗料，但乳牛过瘦者：>2～4kg精料。产犊前2～3周，使用围产期饲料，在预产期前2周精料给量应达到1%体重，产犊前应适当增加蛋白质给量。

第五节 围产期母牛的饲养管理

乳牛从分娩前21d到分娩后的21d是生产当中非常关键的围产期。为了保证乳牛体质、顺利的分娩以及产后泌乳情况和健康状况，我们一定要加强围产期的饲喂管理，以促进生产的顺利进行。

一、围产前期母牛的饲养管理

产前21d称为围产前期。母牛在预产期的前15d转入产房，熟悉产房环境。每牛一栏，不拴系，任其自由活动，并由有经验的人员管理。产栏事先用来苏尔或新洁尔灭消毒，铺垫清洁蓐草（如稻草或锯屑）。这一阶段母牛通常采食量降低，一般比干乳早期低10%～30%。对分娩前半个月内的乳牛要实行低钙日粮饲养，避免高钙日粮，使日粮中的钙质含量减至平时喂量的50%～60%，传送动用骨骼Ca的信号，对乳热病的预防有效果。这时饲料品种不宜变动过大，应逐步增加精料比例和饲喂量，让母牛瘤胃逐步适应产犊后的高能量日粮。这一阶段精料的最大饲喂量不可超过乳牛体重的1%。一般围产前期母牛每头每天投喂不超过8kg青贮玉米、3kg羊草、3kg精料。建议精料配方为：玉米50%，麸皮15%，豆粕15%，棉粕10%，玉米酒糟蛋白饲料5%，微量元素5%。在围产期给每头母牛打一针10ml的维生素A、D、E，可有效降低母牛产后胎衣不下、生产瘫痪等代谢疾病的发生。每头牛饲喂烟酸6～8g/d。日粮中无需添加食盐，尽量减少钠的含量，减少富含阳离子的饲料如苜蓿干草等。饲料中可以添加阴离子盐添加剂以增强钙的吸收，防止低血钙的产生。为防止发生亚急性酮中毒，在分娩前3～7d，每头牛灌喂丙二醇100～120ml/d。

围产前期，饲养员要随时注意观察乳牛临产症状的出现，做好接生准备工作，最好设专人昼夜不停的值班。母牛临产时要用温水（尤其是冬季）清洗牛体，对外阴部进行消毒处理，认真做好产前检查。临产前母牛阴户肿大松弛，尾根两侧和耻骨间开始松弛下降。最初下陷处可容一指，逐渐增大至能容四五指或一拳时，即将分娩。这时应用消毒水洗净母牛的后臀、外阴和乳房。更换垫草，保持环境安静，作好一切助产前的药物和用具准备，随时注意母牛动态，准备助产。一般在母牛阴门露出胎膜后20～30min胎儿即可产出。当胎儿的前蹄将胎膜顶破时，要用桶将羊水接住，产后给母牛饮3～4L，这样可预防胎衣不下。尽量让牛自然分娩，当发生难产时要及时请兽医助产。母牛分娩后要尽快将之赶起。母牛分娩后的0.5～1.0h，要喂温热的麸皮盐水汤（麸皮1.5～2.0kg，食盐100～150g），有助于母牛体质的恢复。随后清除污秽垫草，换上干净蓐草。上述工作完毕后，母牛即可开始挤乳，使犊牛在1h以内吃到生母的初乳。犊牛生下后立即用干抹布或干草将口、鼻腔及体表的黏液擦拭干净。若有假死（心脏仍在跳动）应即将犊牛的两后肢拎起，倒出喉部羊水，并进行人工呼吸。犊牛出生后要断脐带，在离肚脐10cm处将脐带掐断，对脐带断端用5%碘酒浸泡2分钟进行充分消毒，处理好了脐带，母牛会自己将犊牛身上的黏液舔舐干净。冬天可先擦干犊牛体表的黏液再处理脐带。剥去软蹄，然后进行称重和编号。母牛产后应及时供给温水；立即注射催产素（缩宫素）100～150单位，间隔6～8h重复1～2次；按规定剂量注射常规抗生素3d，并跟踪监测体温变化，如果体温升高应继续治疗；静脉注射10%葡萄糖1 000ml，10%葡萄糖酸钙500～1 000ml（或5%氯化钙250～500ml）。如果心律异常或乳房水肿，可按规定剂量添加安钠咖注射液，以提高血糖、血钙含量，强化心脏功能，防止产后瘫痪和代谢病的发生。补液时，应将液体温度调节到与体温基本一致。

加强产后母牛的护理　分娩后要立即驱使母牛站起，促使子宫复位以减少出血和防止子宫外脱；产后为了及时补充水分，给母牛饮温麸皮盐钙汤（水15kg、麸皮1.5kg、盐

0.15kg、碳酸钙0.1kg)；葡萄糖酸钙/氯化钙静脉注射用于补钙；加强外阴部消毒，保持环境清洁卫生、干燥，防止产褥疾病；在每次挤乳前热敷和轻度按摩乳房，有利于乳房血液的微循环，促使泌乳潜力的发挥；夏季要降温、灭蚊蝇，冬季要保温、通风。

二、围产后期母牛的饲养管理

产后21d内为围产后期。围产后期的饲养方法与后面泌乳早期母牛相同。围产后期为了使母牛早期恢复体质，防止由大量泌乳而引起产后瘫痪等疾病，对泌乳母牛特别是对高产母牛，在产后4~5d内不可将乳全部挤净。乳牛产后第一天的挤乳量应为日常量的60%~70%，从第2天起逐渐增加，到第4至第5天，泌乳和消化机能恢复后再正常挤乳，这样可以有效的防止乳热症的发生。在围产后期，饲养员要认真观察母牛的采食量，精神状态，产后恢复情况等，每天测量体温。具体操作是把体温计插入乳牛肛门，测量5min后取出体温计，用棉球擦干体温计表面后读数，正常的母牛体温一般为38~39℃。在围产后期，还要给每头母牛注射一针10ml的维生素ADE，以促进产后发情，提高受胎率。

产后要监控母牛的子宫恶露排出和恢复情况，及时做好子宫净化工作。有的乳牛场使用市售中药制剂，按规定时间和疗程进行子宫灌注工作，对子宫净化和恢复取得了明显的效果。母牛产犊后应及时停止饲喂阴离子盐添加剂，饲喂全价产乳牛日粮，给予充足的优质干草（苜蓿、青草)，逐步增加精饲料的喂量，充足饮水，饮水温度不宜过低。在加精料过程中，要随时注意消化和乳房水肿变化情况。如发现消化不良，排稀便并有恶臭味，或者乳房硬结、水肿迟迟不消，就要适当减料。日粮应喂适口性好、易消化吸收、有软便作用的饲料，不要使用催乳作用较强的饲料。产后母牛机体恢复得越好，对发挥泌乳高峰的潜力越为有利。

第六节　泌乳母牛的饲养管理

泌乳牛是指处于泌乳期内的乳牛。母牛产后21d到305d左右就进入泌乳母牛的管理了。泌乳期母牛由于要挤乳，营养消耗很多，饲养管理的好坏直接影响到乳牛产乳性能的高低和繁殖性能的好坏，所以我们必须加强乳牛泌乳期的饲养管理。

一、泌乳母牛在泌乳期内的变化规律

（一）泌乳量的变化规律

母牛产犊后，在正常情况下泌乳量逐日增加且快速上升，到产后28~56d出现最高日泌乳量，其泌乳量比初乳期可提高30%。若按泌乳月计算，则第二个泌乳月为泌乳量最高峰。此后3~5个月为平稳期，泌乳量缓慢下降，高产乳牛曲线基本不变，有些乳牛每月可下降3%~5%，有些低产乳牛下降7%~8%，直到305d停止挤乳后进入干乳期。根据泌乳量的变化把整个泌乳期划分为泌乳早期、泌乳盛期、泌乳中期和泌乳后期四个阶段。

（二）体重的变化规律

据测定，饲养好的、体重较稳定的母牛，产后0~70d体重共减少35kg，平均每天减

500g；其中前30d每天平均减1.8～2.2kg，后40d仅为30～100g。产后71～150d，高产乳牛体重可维持不变；但中低产乳牛体重略有增加，约150g/d/头。产后151～305d阶段，一般乳牛体重可明显恢复，含胎儿的生长发育，日增重可达400～500g。60d的干乳期，其日增重为350～500g。

乳牛泌乳期体重（膘情）的变化用体况评分进行衡量，失重越多，体况得分一般越低。使用比较普遍的体况评分法是5分制法（1分—非常瘦，2分—偏瘦，3分—正常，4—略胖，5分—严重肥胖）。分娩时，乳牛理想的体况得分为3.75分。分娩后，随着泌乳量的快速增加，乳牛体况迅速变差，到泌乳期的8～10周到最差，体况评分一般只能为2.5。以后，随着采食量的增加和泌乳量的下降，乳牛体况逐渐恢复，到泌乳期结束基本达到分娩前的体况，在干乳期乳牛的体况基本保持不变。

（三）干物质采食量的变化规律

母牛产犊后，随着泌乳量的逐渐增加其日粮干物质采食量也在快速增加，但在产后70～90d阶段，母牛进食的养分不能满足泌乳养分的需要，处于能量和蛋白质的负平衡，母牛减重用于产乳。一般产后90d左右母牛干物质进食量达到最高峰，以后基本保持平衡，采食的养分能满足维持和泌乳的需要，且有部分养分用于修补机体组织和胎儿的需要。一般产后7～8个月母牛采食量开始下降，高产乳牛可保持9～10个月。干乳期母牛采食量明显下降，高产乳牛可下降40%～50%，到临产前5～7d食欲最差，干物质进食量仅为体重的1%。

（四）乳蛋白和乳脂肪的变化规律

在整个泌乳期，乳脂肪和乳蛋白呈现出与泌乳量变化完全不同的规律。初乳中乳蛋白（>4%）和乳脂肪（>5%）的含量很高，随着泌乳量的增加，其含量迅速下降，到泌乳峰值降到最低，乳蛋白只有3%左右，乳脂肪约为3.2%。随后随着泌乳量的下降，又开始出现增加的趋势，但增加的速度很慢，增加的幅度很小。

二、泌乳早期母牛的饲养管理

泌乳早期是指从产犊到产犊后21d这一段时间。对于经产母牛，泌乳早期常划入围产期，称为围产后期。此期母牛还应在产房内饲养。母牛分娩后体质较弱，消化机能较差，所以此阶段饲养管理的重点是促使母牛体质尽快恢复，为泌乳盛期的来临打下基础。

（一）泌乳早期的饲养

乳牛产后泌乳量迅速增加，代谢异常旺盛。如果精料饲喂过多极易导致瘤胃酸中毒并诱发蹄叶炎等其他疾病。而此阶段奶牛体况损失大，食欲差，采食量低，加上泌乳量快速增加，对营养物质需求量急剧增加，即使采食高营养浓度的日量仍不能满足乳牛的需要，因此必须根据乳牛消化机能、乳房水肿、恶露排出等情况进行饲养。

1. 分娩后要立即喂给温热、充足的麸皮盐水，有利于体况恢复和胎衣排出　为了子宫恢复和恶露排出应补饮益母草红糖水，供给的饮水要充足、清洁、适温，对于乳房水肿严重的乳牛要适当控制饮水量。

2. 配制的日粮要适口性好以刺激食欲，也可添加一些增味剂（如糖类等）　但要保证日粮优质、全价。在产后2～3d以优质牧草为主并让牛自由采食，不要饲喂块根块茎类多汁饲料、青贮饲料、糟渣饲料以免加重乳房水肿。此后逐步增加青贮、块根块茎、糟渣类饲料的喂量。乳牛分娩后，日粮应立即改喂阳离子型的高钙日粮（钙占日粮干物质的0.7%～1.0%）。从第二天开始逐步增加精料喂量，至第7～8d达到泌乳牛的给料标准，产后8～15d依据乳牛的体况继续增加精料喂量，直至泌乳高峰到来，目的就是为了迎接泌乳高峰的到来并尽量减轻体况的负平衡。增加精料时要注意观察，如出现消化不良、乳房水肿不消的现象就要减少精料喂量，待恢复正常后再增加。由于分娩后乳牛体内的钙磷处于负平衡状态，加之泌乳量快速增加，钙、磷消耗大，因此日粮中必须提供充足的钙、磷、V_D以免乳热症、软骨症、肢蹄病等的发生。为防止瘤胃酸中毒必须限制饲料中能量的含量，使此期乳牛动用体能和体蛋白储备来满足泌乳需要。高钾日粮、过高非蛋白氮会抑制镁的吸收，高钼、铁、硫会影响铜的吸收，应相应增加镁、钾、铜的含量。

（二）泌乳早期的管理

泌乳早期管理的好坏直接关系到以后各阶段的泌乳量和奶牛的健康，必须关注泌乳早期的管理。

（1）做好分娩前的准备工作　分娩时要细心照顾，合理助产，母牛分娩时应使其采用左侧躺卧体位，以免胎儿受瘤胃压迫导致难产；分娩后尽早驱使其站立，这有利于子宫复位和防止子宫外翻，同时要保证乳牛安静休息，对犊牛进行认真护理。

（2）乳牛分娩后，第一次挤乳的时间越早越好　提前挤乳时间有助于产后胎衣的排出，同时保证犊牛尽早吃上初乳。但是每个乳区挤出的头3把乳需废弃并做无害化处理。乳牛分娩后应立即挤净初乳，可刺激乳牛加速泌乳，增进食欲，降低乳房炎的发病率，促使泌乳高峰期提前到达，而且不会引起产后瘫痪。但对于体弱或3胎以上的乳牛应视情况补充葡萄糖酸钙500～1 500ml。

（3）加强乳房的护理　由于乳房在分娩后水肿严重，挤乳前应进行热敷和按摩并适当增加挤乳次数。如果乳房消肿慢时可用40%硫酸镁温水洗涤，并按摩乳房以加快水肿的消失。

（4）注意检测胎衣是否排出　一般分娩后4～8h胎衣即可脱落排出，排出后要将其及时处理掉以免乳牛吃掉。并对乳牛外阴部进行清洗，然后用1～2%新洁尔灭彻底消毒。如分娩后12h胎衣仍未排出或排除不完整，需要请兽医进行处理。

（5）分娩后要及时清理产房并进行消毒，主要是对牛的后躯和产房进行消毒　并加强护理，注意观察恶露排出情况。如产后几天内仅见稠密透明分泌物而不见红色液态恶露就应及时处理，以防发生产后败血症或子宫炎等生殖道感染疾病。此外，在12～14d肌内注射促性腺激素释放激素可有效预防产后早期卵巢囊肿，并使子宫提早康复。

（6）加强日常观察　主要是查看阴门、乳房、乳头等部位是否有损伤以及有无瘫痪等疾病发生的征兆；每天测1～2次体温，体温升高时要由兽医查明原因并作处理。泌乳早期后乳牛基本康复，各种机能逐步恢复，乳房水肿消失，恶露排净，可由产房转入大群饲养。

三、泌乳盛期母牛的饲养管理

泌乳盛期是指乳牛产后22d到120d的泌乳阶段，也称为泌乳高峰期，是乳牛平均泌乳量最高的时期，其泌乳量占全期乳量的50%，其泌乳量的高低直接影响整个泌乳期的泌乳量。一般峰值泌乳量每增加1kg，全期泌乳量能增加200～300kg。因此，必须加强泌乳盛期的饲养管理。

（一）泌乳盛期的饲养管理

此阶段乳牛泌乳处于高峰期而其采食量尚未到达高峰期，因采食峰值滞后泌乳峰值约一个半月，使乳牛摄入的养分不能满足泌乳的需要，不得不动用身体储备来支撑泌乳，造成泌乳盛期开始阶段体重仍有下降。最早动用的身体储备是体脂肪，如果体脂肪动用过多，在葡萄糖不足和糖代谢障碍的情况下，导致乳牛爆发酮病，对乳牛健康损害过大。此阶段乳牛因分娩而带来的特殊生理状态已基本消除，此时食欲正常、体质恢复、恶露排净、子宫复原、乳房消肿，在生理上做好了大量泌乳的准备。此时良好的饲养管理对充分发挥泌乳能力起到重要的作用，因此生产重点是充分发挥乳牛的生产潜能，减缓能量负平衡，以保证乳牛机体健康和正常繁殖。

1. 充分发挥乳牛潜能

（1）根据泌乳量和乳脂率、乳蛋白率，参照饲养标准配制日粮　配制的日粮要尽量符合下列标准：干物采食量逐步由占体重的3%上升到3.5%，甚至达到4%；每千克日粮干物含 NND2.3～2.4；粗蛋白（CP）占日粮干物的15%～17%；Ca 占日粮干物的0.7%；P 占0.38%～0.45%；精粗比50：50，最高比例为60：40；每产2.5kg乳喂给1kg精料；粗纤维（CF）15%，最低不少于13%，最好达17%；NDF（中性洗涤纤维）28%～30%；ADF（酸性洗涤纤维）19%～20%；粗饲料中应有50%长度在2.6cm以上，以便保证有效反刍。此外还要按需要供给足量的微量元素和脂溶性维生素。

（2）为促使乳牛多产乳、充分发挥产乳潜力，日粮营养标准在泌乳盛期要高出15%左右　高出的部分一般是谷物精料，即在正常标准的基础上再额外增加1～2kg精料，直到产乳高峰期出现且乳量不再增加时，再恢复正常饲养标准。同时需密切注意乳牛的食欲和粪便状况（不得出现恶臭和过稀的现象），灵活掌握饲料的增喂速度。

（3）保证清洁、充足的饮水　冬季水温尽量达到15℃左右；夏季最好饮用凉水以利于防暑降温，保持乳牛食欲。

（4）细心护理　夏防暑、冬防寒，减少饲养密度，卧床和颈枷数量要比实际容纳头数富裕20%。卧床多铺垫料以增加乳牛舒适度，保证充分的休息时间。一胎牛单独组群防止以强欺弱。要密切注意乳牛产后的发情情况，出现发情后要及时配种，且配种时间以产后70～80d较佳。保证有效的刷拭，因大型牧场实施每天人工逐头刷拭牛体有一定困难，可在牛舍生活区和待挤厅安装自动牛体刷予以克服。泌乳盛期乳牛每天的采食量很大，应适当延长饲喂时间，每天空槽时间在2～3h，饲料少添勤喂，保持饲料新鲜。不使用TMR日粮的乳牛场可采用精料和粗饲料交替饲喂，以使乳牛保持旺盛的食欲，并保证每头乳牛都有足够的食槽空间便于牛只的充分采食。每天的剩料量控制在3%～5%。

（5）泌乳盛期是乳房炎的高发期　要着重加强乳房的护理，加强乳房的热敷和按摩，挤乳前后对乳头进行严格的药浴，可有效减少乳房被感染的机会。

（6）勤观察，详记录　饲养人员对乳牛要勤观察，并做好体况、采食量、泌乳量、繁殖性能、发病情况等记录，出现异常情况应立即请技术人员进行处理。在泌乳盛期，由于乳牛动用身体储备维持较高的泌乳量，体况下降，但体况最差应在2.5分以上，否则会使乳牛极度虚弱，极易患病；如果乳牛体况过差就应增加精料喂量或延长饲喂时间和频率。

(7) 饲喂优质干草　如苜蓿、羊草、花生藤、全株玉米青贮，啤酒糟、DDGS 等营养丰富、消化率高、增乳效果明显的饲料；通过添加过瘤胃脂肪酸、植物油脂、全脂大豆、整粒棉籽等提高日粮能量浓度，每天脂肪的用量为 0.5kg 左右，且严禁饲喂动物性脂肪；乳牛日粮蛋白质中必须含有足量的在瘤胃中不可降解的蛋白，如过瘤胃蛋白、过瘤胃氨基酸（如蛋氨酸羟基类似物）等用以满足乳牛对氨基酸的需要，过瘤胃蛋白含量应占日粮总蛋白质的 48% 左右。玉米蛋白粉、小麦面筋粉、啤酒糟、白酒糟等过瘤胃蛋白含量较高，适当增加喂量可增加乳牛的泌乳量；此阶段钙的含量应占到日粮干物质的 0.6% ~ 0.8%，钙磷比为（1.5 ~2）:1。

2. 减缓能量负平衡

通常泌乳高峰期出现在产后 4 ~8 周，而采食量的高峰期则要延至产后 10 ~14 周。两个高峰期不是同时出现而是有 6 周的时间差，此时间段因采食受限，由日粮供应的能量满足不了泌乳的需要而只得动用体内脂肪转化为能量供给泌乳。体脂肪的损失使机体逐渐消瘦，这期间被称为能量负平衡阶段。能量负平衡是必然的也是必须的，否则不可能完全表达产乳潜力。产后体重不下降的乳牛，往往就是低产牛。如饲养得当，此间体重下降35 ~ 55kg，体况评分下降 0.5 ~1 分。体况评分能保持在 2.5 分以上，最多不能低于 2 分。若饲养不当，体重将会下降 90kg 以上。能量负平衡来的过猛必然导致牛体消瘦、泌乳量减少、免疫力下降、各种感染性疾病增多，进而导致繁殖力下降、发情延迟、卵泡发育受阻、受胎率降低。因而在没有采取有效改善产后能量负平衡的措施前，过度强调高产将严重影响产后牛体健康。

泌乳盛期的两大目标：一是提高泌乳量；二是缓解能量负平衡。但是提高泌乳量要比减缓能量负平衡容易的多，因为此阶段大量泌乳是牛的天性，乳牛分娩 7 ~8 周内，在体内分泌较高浓度的催乳素和催产素协同作用下，不惜失去体膘、损害身体也要保证牛乳的大量分泌，这是受激素控制却不以自身意志为转移的。因此对泌乳盛期的高产乳牛应把缓解能量负平衡放在首位，发挥产乳潜能放在第二。避免一味地追求高产而忽视牛体健康，进而导致牛体消瘦、抗病力下降、妊娠难和代谢病的增加，使乳牛被动淘汰率升高。乳牛高产不一定健康；但乳牛健康了才能保证乳牛的高产，可通过增加乳牛日粮能量的浓度和采食量缓解能量负平衡。

(1) 增加日粮营养浓度

①增加精料量：这是提高营养浓度最简单也是最有效的方法。牧场若想提高泌乳量，在正常日粮和正常泌乳状态下，只要再增喂精料乳量就能上升，如额外再增加 1kg 精料，乳量一般还能再升 0.5kg 左右。而且 1kg 精料换 0.5kg 牛乳在经济上也是合算的。但精料虽然是升乳的好饲料却不能无限度地增加喂量，最高日喂量为 15kg，精粗比以 50 : 50 最佳，最高不能超过 60 : 40。过多的精料使瘤胃内容物 pH 下降，抑制了纤维分解菌的活性，进而引发急性或亚急性瘤胃酸中毒，引发蹄叶炎和代谢病。高精料必然使日粮粗纤维降低，低纤维的日粮还可导致反刍减少、乳脂率下降。

②饲喂瘤胃缓冲剂：为缓解高精料所带来的负面影响，一是增加精料饲喂次数，每次 3kg 以内；二是采用全混合日粮；三是加喂缓冲剂。高产牛一般日喂碳酸氢钠 120 ~200g、氧化镁 40 ~80g，借以中和精料发酵所产生的过多有机酸。

③饲喂过瘤胃脂肪：目的是既不影响负担繁重的瘤胃及其微生物的正常功能，又能增

加能量的吸收。脂肪能值是碳水化合物（例如淀粉）的 2.5 倍，1kg 脂肪酸钙含 7.6 个 NND，相当于 3kg 玉米的能值。它是在小肠内消化吸收，减轻了瘤胃的负担。常用脂肪酸钙商品名为营大哥、万力补、美加力等。一般喂量 300～400g 效果最佳，达 500g 时效果欠佳。它的主要功能是缓解能量负平衡而对升乳的作用不太明显。

④饲喂油料籽实：整粒棉籽和整粒大豆含有较高的过瘤胃脂肪和过瘤胃蛋白，对缓解能量负平衡的作用仅次于脂肪酸钙，但价格便宜。大豆含有 2.9 个 NND、341g 蛋白。棉籽（尤其是带绒棉籽）含 NND2.93、蛋白 200g、NDF39%、非降解蛋白 45%，含有大量的可消化纤维可缓解瘤胃的压力。棉籽中含有的棉酚和生大豆含有的抗胰蛋白酶因子对单胃动物有害，而反刍动物瘤胃微生物能有效克服适量棉酚，能降解抗胰蛋白酶因子。喂棉籽时可加大微量元素中硫酸亚铁的喂量，使铁离子和棉酚螯合而消除毒性。大豆加热可解毒，但大量实验表明大豆可以生喂且消化率与膨化大豆或炒熟大豆相比无差异。整粒棉籽和整粒大豆的适宜喂量各为 2kg 左右。

⑤添加饲料酵母及其培养物：它可刺激瘤胃中的乳酸利用菌的生长，加速乳酸的利用并刺激纤维分解菌的生长，提高粗纤维的消化率。

⑥提高粗料质量：要饲喂优质蜡熟期全株玉米青贮、优质苜蓿干草和优质羊草，少喂或不喂营养含量低的玉米秸、稻草等秸秆和劣质干草。

⑦控制日粮粗蛋白含量：以粗蛋白占日粮干物的 16% 左右为宜，不宜达到 18% 以上。这样除降低成本、减缓瘤胃负担外，还可以适当控制乳量的超量分泌。

（2）增加采食量　处于泌乳盛期的乳牛干物质采食量应占体重 3.5%～4.0%。

①提高日粮的适口性，保持饲料新鲜度，不喂二次发酵的玉米青贮，不喂发霉变质、冻结饲料，清除饲料中的各种异物。②采用全混合日粮（TMR）且让牛全天自由采食，空槽时间不多于 3h。根据测定，采用 TMR 方式与传统的舍饲方法相比，在相同饲料、相同环境条件下采食量可增加 1～2kg 干物质。③保持日粮的适当含水量：日粮适当含水量为 35%～45%。较湿的饲料在瘤胃中发酵所需的时间长，使瘤胃排空速度慢影响采食量，如日粮含水量大于 50%，则每增加一个百分点，干物质采食量将递减体重的 0.02%，因此尽量不喂含水量大的青草、青刈和瓜菜类饲料。④合理分群，减少密度，防止以强欺弱。⑤保证充足新鲜、清洁的饮水。⑥提高粗饲料质量，饲喂优质粗饲料。采食量的多少主要取决于饲料的质量，而与各种饲料的饲喂顺序无关。保持饲料多样化，既解决了营养互补，又能提高适口性。⑦提倡日挤两次乳以便减少人为干扰从而增加乳牛的休息时间，两次挤乳可延长高峰期的持续时间，泌乳曲线平稳，缓解能量负平衡。

（二）泌乳盛期的饲养方法

近年来，许多乳牛场为保持和延长泌乳高峰期，采用了“分群饲养”、“引导饲养”等技术，取得明显效果。所谓“分群饲养”就是根据乳牛在不同生产周期的生理状况、不同的生产性能、不同的生产胎次、不同的体质所需营养水平的高低，将乳牛按不同类型重新组群，分为不同的群体进行饲养和管理。技术人员应根据不同群体的营养需求和不同阶段的乳牛饲养标准配合日粮，根据不同阶段的工作重点进行管理。避免低产牛饲喂过多，体膘过肥，高产牛饲喂不够，产乳性能不能得到充分发挥的弊端，从而在提高泌乳量的同时平衡牛群的膘情，节省饲料成本，提高经济效益。而“引导饲养”是根据泌乳阶段（也就是泌乳曲线）对产乳牛实施个体或分群饲喂，在泌乳曲线上升阶段要料领着乳走；在泌乳曲线平坦阶段要保持日粮的稳定；在泌乳曲线下降阶段要料随着乳走。

泌乳盛期的饲养管理主要是为提高泌乳量创造有利条件，供给充足的营养以使乳牛产乳潜力充分发挥，使泌乳高峰持续时间延长。因此，每日除供给优质青贮饲料、块根饲料外，还应供给足够的混合精料。混合精料的种类及比例可按当地饲料资源选择，一般配合的比例大致为：玉米50%，糠麸类20% ~22%，豆饼或蚕豆20% ~25%，食盐2%。在本阶段除按常规饲养管理程序安排生产外，为提高泌乳量并确保乳牛体质健康，可选择采用以下几种饲养方法。

1. 短期优势法

这是一种在泌乳盛期增加营养供给量、充分发挥乳牛泌乳能力的饲养方法。具体做法是：从乳牛产后15 ~20d开始，在满足维持需要和产乳需要的饲料基础上，再追加1 ~ kg混合精饲料作为提高乳牛泌乳量的“预支饲料”。加料后若泌乳量持续上升，隔一周再调整一次，直至泌乳量不再上升为止，以后则随着泌乳量的下降逐渐降低饲养标准。掌握的原则是在优质干草和多汁饲料等喂量不变的基础上，多产乳就多喂精饲料。此法适用于中等产乳水平的乳牛。

2. 引导饲料法

这是一种在一定时期内采用高能量、高蛋白日粮饲喂乳牛以大幅度提高泌乳量的饲养方法。具体做法是：从乳牛产犊前两周开始，在喂给干乳期饲料的基础上逐日增喂一定数量的精饲料。即第一天喂给1. 8kg精饲料，以后每日增加0. 45kg，直至平均每100kg体重采食1. 0 ~1. 5kg混合精饲料为止。体重550kg的乳牛，两周共喂精饲料60 ~70kg。产犊后继续按每日0. 45kg增料，一直增加到泌乳高峰出现为止，待泌乳高峰过后再调整精饲料喂量并逐渐过渡到饲养标准。整个引导期要保证粗饲料自由采食，饮水充足，尽量延长乳量增产的时间。如引导得法可诱导乳牛出现新的泌乳高峰，增产优势将持续于整个泌乳期。此法仅限应用于高产乳牛，中低产乳牛效果不佳，容易肥胖，引导无效的个体应淘汰出高产牛群。

3. 更替饲养法

这种方法是定期改变日粮中各类饲料的比例，增加干草和多汁饲料的喂量，交替增减精饲料的喂量以刺激乳牛的食欲，增加采食量，从而达到提高饲料转化率和增加泌乳量的目的。具体做法是：每7 ~10d改变一次日粮的构成，主要是调整精饲料与饲草的比例，但日粮的总营养水平不变。例如：从乳牛产后20d开始日给干草8kg、青贮饲料10kg、块根类饲料12kg、精饲料7kg。饲喂一周后精饲料减为3kg、干草增到11kg、青贮饲料增到30kg，而泌乳量未下降。持续一周以后再将精饲料增到10kg，随着泌乳量也相应提高。经一周以后再把精饲料减为4 ~5kg、干草增到14kg、多汁饲料增加到40kg。如泌乳量不下降则下周把精饲料增到11 ~13kg，进一步刺激乳牛泌乳以充分发挥其产乳潜力。如此反复不断地变换日粮种类不仅使乳牛始终保持旺盛的食欲，还能保持乳牛健康，增加泌乳量。此法适用于一般产乳水平的乳牛。

4. 挑战饲养法

乳牛产犊后，在饲喂优质粗饲料的基础上每日增喂0. 45kg精饲料，一周以后自由采食精饲料，最高精饲料日喂量不得超过15kg，饲喂时间不超过12周的高能量饲养，以后按饲养标准供给饲料。此法也只适用于高产乳牛，对低产乳牛也会导致过肥而产生不利影响。

四、泌乳中期母牛的饲养管理

泌乳中期是指产后121～200d的泌乳阶段，也称泌乳平衡期。这段时间母牛的泌乳高峰刚过去，泌乳量虽然有所下降，然而母牛的体况还需进一步的恢复。所以，在饲养方法和投喂量上还要保持与泌乳盛期相同。此阶段母牛干物质采食量进入高峰期，故体重开始恢复。因此，此阶段的目标是最大限度地增加乳牛采食量，促进乳牛体况恢复，延缓泌乳量下降的速度，力争泌乳量达到全期泌乳量的30%～35%。

（一）泌乳中期乳牛饲养

第一，此阶段可按维持产乳的需要进行全价日粮饲养，可不考虑体重变化问题。精粗饲料比55∶45；蛋白质19%，能量1.7NND，干物质占体重3%～3.5%；Ca0.6%，P0.4%，K1.5%～1.8%；粗饲料尽最大量满足，自由饮水；随着妊娠天数地增加，饲料利用效率提高而泌乳量逐渐下降，在满足蛋白和能量需要的前提下，及时根据乳牛体况和泌乳量调整日粮营养浓度。日粮中应增加青、粗饲料喂量，减少精料喂量，使泌乳曲线保持平稳下降防止体重减轻。一般按照每产3kg乳喂给1kg精料的方法确定精料喂量。第二，对于日泌乳量高于35kg的高产乳牛应添加高能高蛋白营养饲料。第三，高产乳牛在此阶段干物质采食量可高达每百千克体重3.5～4.5kg，且食欲很旺盛，但仍然要细心饲养才会成功。

（二）泌乳中期乳牛的管理

主要是尽量减缓泌乳量的下降速度，控制乳牛的体况在适当的范围。每月泌乳量的下降率应保持在5%～8%，如果每月泌乳量下降超过10%则应及时查找原因，对症采取措施；随着泌乳量的变化和乳牛采食量的增加，分娩后160d左右乳牛的体重开始增加，精料饲喂过多就会造成乳牛过肥，而乳牛过肥会严重影响泌乳量和繁殖性能，因此应依据泌乳量和体重变化每周或隔周适当调整精饲料喂量，在此阶段结束时使乳牛体况达到2.75～3.25分；同时加强刷拭牛体、按摩乳房、加强运动、保证充足洁净饮水等日常管理，以保证乳牛的高产稳产。

五、泌乳后期母牛的饲养管理

泌乳后期是指产后201d到停乳的这一段时间。泌乳后期乳牛泌乳量下降较多，体况继续恢复，膘情相对较肥，可适当减少精料的投喂。此阶段乳牛一般处于妊娠期，除了要考虑泌乳外还应考虑妊娠，对于头胎牛还要考虑生长因素。此阶段目标是延缓泌乳量下降速度，使乳牛在泌乳期结束时恢复到一定的膘情并保证胎儿的健康发育。每头母牛每天投喂青贮玉米12kg、苜蓿干草1kg、羊草5.5kg、精料7kg就可满足泌乳后期的营养需要。建议精料配方为玉米53%、麸皮10%、豆粕13%、棉粕13%、玉米酒糟蛋白饲料8%、微量元素3%。对于泌乳后期的母牛要注意检查空怀率，对少数仍然空怀的母牛进行适时配种。头胎牛泌乳量每月降低约6%，经产牛约9%～12%。

（一）泌乳后期的饲养

此时母牛已进入妊娠中后期，对营养的需要包括维持、泌乳、修补机体组织、胎儿生长和妊娠蓄积养分等5个方面，所以母牛对养分的需要量增加。此期体重的增加量高于泌乳中期，一般每日增重500～750g。泌乳早期减去的35～50kg体重要尽量在泌乳中期和后期恢复，但又不能使母牛过肥。此阶段母牛用于恢复体重的代谢能转化为体重的效率高于干乳期，因此应充分利用泌乳后期使乳牛达到理想的膘情可显著提高饲料的利用效率。同时，泌乳后期是为下一个泌乳期做准备的时期，要确保乳牛在此期获取足够的的营养以补充体内营养储备。如果乳牛营养摄入不足导致体况过差，干乳期又未能完全弥补，会使乳牛在下一个泌乳期的泌乳量大大低于遗传潜力，导致繁殖效率低下。但如果营养过高，体况过好，又容易在产犊时患酮病、脂肪肝、真胃移位、胎衣不下、子宫炎、子宫感染和卵巢囊肿等代谢性疾病。因此必须高度重视泌乳后期乳牛的饲养管理，让乳牛在泌乳后期结束时能获得比较理想的体况，在干乳期能够维持体况即可。此外，对于头胎牛还要考虑生长的营养需要，保持乳牛0.5～0.75kg的日增重以便到泌乳后期结束时乳牛达到3.5～3.75分的理想体况。此阶段日粮应以青粗饲料特别是干草为主，适当搭配精料。一般以每产3.5kg乳喂1kg精料并降低精料中非降解蛋白特别是过瘤胃蛋白质或氨基酸的添加量，停止添加过瘤胃脂肪，限制小苏打等添加剂的饲喂以节约饲料成本。精粗饲料比为40：60；随泌乳量的降低而逐渐减少精料量；蛋白质为16%，能量为1.4NND，干物质为2%～2.5%；Ca为0.45%，P为0.35%，K为1.2%～1.5%。

（二）泌乳后期的管理

泌乳后期乳牛的管理可参照妊娠期青年母牛的管理，同时考虑到乳牛泌乳的特性。泌乳后期是饲料转化体脂最高的时期，为了恢复乳牛体膘，饲料喂量应适当增加。乳牛的日粮应单独配制，确保乳牛达到理想的体脂储备，也可减少过瘤胃脂肪、过瘤胃蛋白质或氨基酸等价格昂贵饲料的用量，降低饲料成本，同时增加粗饲料比例有利于乳牛瘤胃健康；根据体况对乳牛分群饲喂可有效预防乳牛过肥或过瘦；做好保胎工作，要禁止喂冰冻或发霉变质的饲料，防止机械性流产如防止母牛群通过较窄通道时互相拥挤，防止滑倒等；干乳前应进行一次直肠检查以确定是否妊娠，便于及时停乳。对于双胎牛应合理提高饲养水平，并确定该牛干乳期的饲养方案。

六、影响乳牛泌乳量和乳质的几个主要因素

影响乳牛生产性能的因素很多，归纳起来主要有遗传（品种、个体）、生理（年龄与胎次、体型大小、初产年龄与产犊间隔、泌乳期）、环境（气候、温度、挤乳技术、饲养）三大方面因素。

（一）遗传

包括品种、个体。不同品种间泌乳量的差异很大，这是由遗传因素决定的。其中荷斯坦乳牛泌乳量最高，但乳脂率最低，而娟姗牛泌乳量虽低但乳脂率最高。不同个体泌乳量不同，即使同一品种内不同个体差异也很显著，甚至大于品种间的差异。

（二）生理

包括年龄、胎次、泌乳期、初产年龄、干乳期、内分泌激素等。乳牛泌乳性能随年龄和胎次增加而发生规律性变化，因为乳牛的泌乳量是随着机体生长发育程度特别是随着乳腺的发育程度而增长的，当泌乳量达到高峰时，由于机体的衰老而泌乳量又开始下降。据统计，荷斯坦乳牛以6岁5胎泌乳量最高，但早熟品种牛第四胎泌乳量最高。初产母牛一般泌乳量仅能达到壮龄牛泌乳量的60%～70%。随着年龄、胎次增加，乳腺发育增大，

泌乳量也逐渐增大，当壮龄（第5~6胎）后则逐步降低，当达到第8、9胎次时产量仅能达到壮龄的70%~80%。乳牛个体间泌乳量虽有差异，但通过大量统计，体型大小与泌乳量之间也有关系。在一定限度时每100kg体重可能相应增加生鲜乳1 000kg，但超过一定限度并无明显增加。牛的乳脂肪和非脂固体物的含量似有随年龄增长而略有降低的趋向。第一个泌乳期与第五个泌乳期相比，乳脂肪和非脂固体物分别减少0.2%和0.4%。荷斯坦乳牛年龄达16~18月龄、体重达成年牛70%即380kg以上就可以配种，经产母牛在产后第二个情期约1.5个月后配种合适，高产牛还可根据体况延长到70~90d。初产年龄过早不仅影响当次泌乳量，而且影响个体发育。一般应掌握乳牛体重达成年体重70%左右配种，24~26月龄第一次产犊较为有利。母牛初产后应保持一年一犊，一年中有10个月的产乳期，这样母牛的一生可多次出现泌乳高峰，无论对泌乳还是获得犊牛都十分有利。但不恰当的延长泌乳期虽可获得当前利益，实际得不偿失，故母牛产犊后应尽量使其在60~90d内再度受孕。

乳牛泌乳期内泌乳量呈规律性变化，一般母牛分娩后泌乳量逐渐上升。低产牛在产后20~30d，高产牛在产后40~50d泌乳量达到高峰。高峰期可维持20~60d，高产牛的高峰维持时间长，中、低产牛则维持时间短。高峰过后泌乳量开始下降，高产牛每月下降4%~5%，低产牛每月下降9%~10%，最初几个月下降幅度较小，到泌乳末期（妊娠后5个月以后）由于胎儿的迅速生长，胎盘激素和黄体激素分泌加强而抑制脑垂体分泌促乳素，因此泌乳量下降幅度较大。

（三）环境

包括饲料、饲养管理、挤乳技术、产犊季节、外界温度、疾病、药物等。荷斯坦乳牛不耐热，当气温过高时呼吸脉搏次数增加，采食量下降，饲料消化率下降，泌乳量减少。荷斯坦乳牛对温度的适合范围是0~20℃，最适的气温是10~16℃，外界温度升到25℃时，乳牛则呼吸频率加快，升到40.5℃时，呼吸频率加快5倍，且采食停止。我国南方荷斯坦乳牛夏季泌乳量比冬季减少一半左右，乳中脂肪和非脂固体物在冬季最高，夏季最低。荷斯坦乳牛在气温-10℃以下，娟姗牛在4℃时泌乳才开始下降。合理的挤乳应当使乳牛早有挤乳准备即先以温度较高的热水擦洗乳房并加以按摩，使乳牛产生排乳反射，当乳房变硬产生放乳反射时，集中精力立即挤乳。乳牛泌乳能力的遗传力仅为25%~30%，其余为饲养管理因素。在饲养中，丰富的营养、日粮合理的搭配、精心的调制是泌乳的物质基础。事实证明，同一品种的乳牛在不同牧场饲养，其泌乳量差异很大，这固然与选择有关，但大部分原因是饲养管理的差异。高产母牛营养需要较多但完全靠精料满足需要往往效果很差，长期高度精料型饲养易发生胃肠病、代谢病和难产等疾病。低产牛过度营养饲养则牛体过肥，反而影响泌乳量并发生难孕及难产等。高质量的粗饲料是提高泌乳量和乳脂率的基础。个体牛对饲养水平反映并不一致，在执行饲养标准中照顾到个体特点是饲养技术的重要措施。据统计分析在12月产犊的母牛泌乳量最高，1—2月产犊母牛次之，10—11月再次之，6月产犊的母牛乳量最低。这里品种、饲料、饲养管理、温度与季节变化是主要的。

总的来说，乳的组成和泌乳量是受母牛本身、外界环境等相互作用的结果。品种选育工作是创造高产乳牛的前提，科学合理的饲养管理和幼牛培育等技术是发挥乳牛生产潜能的关键。如果没有正确的饲养管理和环境条件，品种再好也不能充分发挥其原有的产乳潜力，两者必须有机地结合起来才能达到稳定高产。

第七节 高产乳牛的饲养管理

高产乳牛是指那些泌乳量特别高（头胎牛 7 500kg 以上，经产牛 9 000kg 以上）、乳成分好、乳脂率（3.4% ~3.5%）、乳蛋白率（3% ~3.2%）高的乳牛，全群平均泌乳量应在 8 000kg 以上，畜群健康、在群时间长，胎间距 13 个月，泌乳水平使牛场的利润和收入最大化。这些乳牛必须同时具有健康的体况，旺盛的食欲，发达的消化系统和泌乳器官。高产乳牛在美国指泌乳量 11 000kg 的乳牛，世界最高纪录为 1996 年英国的 23 000kg 和 1999 年美国的 27 087kg。

高产乳牛饲养是一项系统工程，从生产要素方面考虑包括优良的品种、良好的饲料供应、科学的饲养管理、合理有效的疫病防治程序、完善的生产设施设备等。从生产过程角度考虑应包括犊牛培育、小母牛饲养、青年牛饲养、干乳牛饲养、泌乳牛饲养等等。高产乳牛由于泌乳量特别高，很容易患代谢疾病和生殖疾病。因此，除应采取一般乳牛的饲养管理措施外，还应根据高产乳牛的生理特点采取特殊的饲养管理措施。

一、高产乳牛的生理特点

（一）高产乳牛所需养分多

因此，采食和反刍的时间均比低产乳牛明显延长，瘤胃蠕动次数也相应增加，反刍后每分钟咀嚼 60 次左右。

（二）饮水量

高产乳牛由于采食量大，消化食物所需要的水大量增加，而且维持泌乳所需要的水分也增加。因此，高产乳牛饮水时间比低产乳牛长，泌乳高峰时每头乳牛需水量在 100kg 以上。

（三）消化代谢

高产乳牛采食量和饮水量大，新陈代谢旺盛，排粪时间也相应增加，排粪量大且较稀。

（四）泌乳速度和泌乳量

高产乳牛的乳头比低产乳牛松弛，排乳速度快。产犊一周后泌乳量达到 20kg/d，产后泌乳量持续增加，大约 10 周时出现最高泌乳量；第 2 ~4 个泌乳月最高；5 ~7 个泌乳月为平稳期，每个月平均下降幅度 3% ~5%；第 8 ~10 个泌乳月每月下降 7% ~8%（表 5 –4）。

表 5 –4 泌乳高峰与泌乳量的关系

平均高峰泌乳量（kg）		平均 305d 泌乳量（t）
头胎牛	经产牛	
23	26	5.0 ~5.5
27	29	6.0 ~6.5

（续表）

平均高峰泌乳量（kg）		平均 305d 泌乳量（t）
头胎牛	经产牛	
30	33	7.0～7.5
33	37	8.0～8.5
37	41	9.0～9.5
40	44	10.0～10.5

（五）饲料利用率

与中低产乳牛相比，高产乳牛对各种饲料的利用率明显提高。这主要是由于高产乳牛将采食的绝大部分营养物质用于泌乳，而饲料营养用于泌乳的效率最高。

（六）生理指标

高产乳牛基础代谢率高，心跳、呼吸、血压等生理指标均比中低产乳牛显著增加，体温变化不大，这充分反映高产乳牛机体功能强，代谢旺盛。

（七）体况和体质

高产乳牛每天需要采食 80～100kg 的饲料（约折合干物质 20～25kg）来满足自身的生理需要，整个消化系统始终处于高度紧张的状态，而且呼吸、心跳等整个机体代谢机能也随之增强。因此，乳牛必须具有良好的体况和体质才能保证高产。

二、高产乳牛的饲养

高产乳牛一个典型的特点是采食量大，对营养物质的需求量高，虽然精饲料喂量大，但营养负平衡仍比较严重。因此，饲养的重点是尽量降低营养负平衡，保证瘤胃机能的正常，维护乳牛健康，获得稳产高产。

（一）保持饲料营养平衡，严格控制精粗饲料比

在配制高产乳牛饲料配方时必须严格按照乳牛饲养标准来制定，以满足高产乳牛在各个阶段的营养需要。尤其要注意干物质的采食量、能量、蛋白质、纤维、矿物质和维生素、微量元素的营养平衡。在粗饲料和精饲料的搭配上要严格控制精粗饲料的比例。高产乳牛为了维持高的泌乳量需要大量的能量，而增加能量最简单有效的途径就是提高日粮中精料的比例，这就极易导致精粗比失衡。精料比例过高会导致乳牛消化机能障碍、瘤胃角化不全、瘤胃酸中毒、酮病和蹄叶炎的发生率大幅度提高。因此，在整个泌乳盛期尽量将精饲料比例控制在 40%～60%，即使在泌乳高峰期精料比例也不宜超过 60%。

碳水化合物占乳牛日粮 60%～70%，是乳牛日粮中的主要能量来源，其在为瘤胃微生物和动物提供能量的同时维护着肠道健康。饲料 NDF 含量直接影响饲料干物质消化率（负相关），影响瘤胃功能（维持瘤胃 pH 稳定和挥发性脂肪酸浓度）、咀嚼时间、唾液分泌量、乳脂率和乳牛健康；饲料 ADF 含量直接影响饲料干物质进食量（负相关）。与短草相比，长草可有效刺激唾液分泌，苜蓿、羊草等作为粗饲料时其长度不应少于 3cm。不同种类纤维促进动物咀嚼活动、唾液分泌、瘤胃缓冲能力和维持乳脂率的效果不同，故有效性不同。乳牛日粮中粗纤维不低于 17%，中性洗涤纤维（NDF）应为 28%～33%，酸性洗涤纤维应为19% ~24%，使用全混合日粮时需要相应提高日粮NDF含量（表5-5）。

表5-5　乳牛日粮NDF、NFC和ADF（%DM）的推荐量

粗饲料来源NDF	日粮最低NDF	日粮最高NFC	日粮最低ADF
19	25	44	17
18	27	42	18
17	29	40	19
16	31	38	20
15	33	36	21

（二）确保优质粗饲料的供给

对于高产乳牛来说保证优质粗饲料的供给比精饲料的供给更为重要。这是由于优质粗饲料可以维护高产乳牛的健康，而精饲料虽然可以增加泌乳量但过量饲喂对乳牛的健康损害很大。日粮有效纤维不足是生产中的普遍问题，可导致乳脂率低和轻度酸中毒。乳牛常用饲料的eNDF值为小麦秸98%、小麦麸4%、大豆皮10%、苜蓿干草92%、干玉米秸100%、青贮玉米秸60%、整粒玉米34%、棉籽粕23%、酒糟4%、干草98%、大豆粕23%。乳牛有效纤维需要量在全日粮为15% ~21%。

国外发达国家在高产乳牛饲养中粗饲料普遍使用优质豆科干草、优质禾本科干草或优质带穗玉米青贮（全株玉米青贮），而很少使用糟渣类等高水分饲料，整个日粮干物质中粗纤维的比例为15% ~17%。这样不仅能满足高产乳牛稳产高产的营养需要，还能使日粮精粗比例控制在50∶50左右，非常有利于乳牛健康。国内由于优质干草数量少，粗饲料多为质量中等的羊草和普通玉米青贮。为了维持高产必然需要加大精料的比例，大量使用糟渣类和青绿多汁饲料，这就导致日粮中粗纤维比例低（一般只有14% ~15%）而不利于高产乳牛的健康。在我国目前不能广泛使用优质牧草的情况下应大力推广专用青贮玉米品种，采用蜡熟期整株玉米带穗青贮以提高粗饲料品质。

（三）使用过瘤胃蛋白和过瘤胃脂肪酸

蛋白质的可溶性和可消化性非常重要。瘤胃微生物每天约能提供2.5 ~3kg蛋白质，如果体内需要的蛋白质超过这个量就必须由在瘤胃内没有降解的日粮蛋白质在小肠中消化吸收来补充，这些在瘤胃内没有降解的蛋白质就是过瘤胃蛋白质。高产乳牛需要大量的过瘤胃蛋白来满足产乳需要，而我国乳牛饲养中所使用的蛋白质饲料主要是饼粕类饲料和糟渣类饲料，粗饲料质量又差，很难满足乳牛对过瘤胃蛋白质的需要。因此，需要在高产乳牛日粮中大量添加过瘤胃蛋白质。提高饲料过瘤胃蛋白质水平的方法有加热处理（如膨化大豆）、化学处理（酸、碱、乙醇等）、包被处理（单宁、木质素磺酸盐等）、使用过瘤胃蛋白质含量高的饲料原料等。应用较多的过瘤胃蛋白质有保护性氨基酸（包括蛋氨酸锌、MHA等）或蛋白质、整粒棉籽、全脂膨化大豆等，严禁使用动物性过瘤胃蛋白质。判断乳牛饲料蛋白质水平是否适宜的指标为乳尿素氮（MUN）12 ~16mg/100ml，血浆尿素氮（PUN）PUN = MUN ÷0.85。

高产乳牛对能量的需要量也比中低产乳牛高得多。国外发达国家高产乳牛的能量饲料以压扁或简单破碎的高水分玉米和大麦为主，加上全脂大豆和整粒棉籽中含有的大量油脂。粗饲料多为优质干草或牧草，虽然仍不能满足泌乳盛期能量的需要，但可有效降低能量负平衡的程度，保证高产泌乳潜力的发挥同时不影响乳牛健康。而我国乳牛的能量饲料以玉米粉、次粉与麸皮为主，粗饲料品质较差，根本无法满足高产乳牛对能量的需要。泌乳盛期能量负平衡非常严重，这会影响随后的泌乳量、下一泌乳期的泌乳量和乳牛健康。因此，需要在日粮中添加一定量的油脂以提高日粮能量浓度，减轻高产乳牛的能量负平衡，同时是脂溶性维生素吸收的介质，也提供瘤胃微生物合成所需的磷脂。常用的油脂有植物油、保护性过瘤胃脂肪酸（脂肪酸钙、棕榈酸钙等）和全脂膨化大豆、整粒棉籽或菜籽等，禁用动物性油脂。在添加油脂时应注意添加量，由于添加油脂会对瘤胃微生物有毒害作用，影响乳牛瘤胃微生物的发酵活力进而影响纤维消化，因此，添加量不宜过高，以日粮脂肪增加3%为宜，日粮脂肪总量控制在6%～7%。

（四）满足矿物质和维生素的需要

高产乳牛对矿物质和维生素的需要量也比中低产乳牛高得多，仅通过精料和粗料很难满足需要，必须在日粮中额外添加适量的矿物质和维生素。添加量要根据饲养标准同时结合当地的实际情况以及环境条件确定。如在某地区土壤中缺乏硒，就应在饲养标准的基础上再提高硒的添加量。我国硒、硫、铜和锌的缺乏较多，高产乳牛患生殖疾病的可能性增大，提高日粮中 V_E 和 V_A 的添加量有助于减少发病率。脂溶性维生素（A、D、E、K）是在乳牛饲料中必须添加的。乳牛天然饲料中含有的瘤胃微生物合成的维生素 K 和 B 族维生素数量一般可以满足产乳需要，但在高产乳牛中，烟酸、胆碱和硫胺素等的合成量可能不足，需要适量补加。泌乳量在8 000kg以上的牛群、体重超重的干乳牛、日粮中添加脂肪时都需添加烟酸，从产犊前1～2周开始并持续到产后10～12周，添加量以6～8g/d为宜。胡萝卜素在日粮中一般不需要另外添加，但在高产乳牛分娩前30d和分娩后92d在日粮中添加7g胡萝卜素制剂，可将整个泌乳期泌乳量提高200kg左右。在高产乳牛日粮中添加较高的硫酸钠（0.8%）可提高泌乳量和饲料利用率。高温季节增加日粮中氯化钾的添加量可有效缓解热应激对高产乳牛造成的应激。胆碱虽不属于传统的维生素但可改善神经传导、作为甲基的供体、节省蛋氨酸并使脂肪肝的发病率降到最低，而瘤胃微生物对胆碱具有降解作用，需要对胆碱进行过瘤胃保护。

（五）采取措施控制瘤胃酸中毒

瘤胃酸中毒是由于反刍动物突然采食大量易发酵碳水化合物使瘤胃有机酸及肠毒素迅速产生并吸收，从而引发动物体内生物化学和生理学应激的病理现象。生产上常为慢性发生，其发生率为泌乳牛>50%，控制好瘤胃酸中毒有利于提高泌乳量、增重速度、采食量，改变乳成分，提高动物福利等。可从几方面减少瘤胃酸中毒的发生：一是控制淀粉进食量，限制最大进食量，不同发酵速度谷物饲料搭配使用，利用易消化纤维饲料，如大豆皮等。二是中和瘤胃中产生的部分有机酸，添加碳酸盐，增加日粮中 eNDF 含量（刺激唾液分泌量）。三是调控瘤胃有机酸的产生和利用，日粮中添加莫能霉素，瘤胃接种乳酸利用菌，有机酸调控，植物提取物。四是应用营养均衡的高品质全混合日粮。

（六）使用非常规饲料添加剂

1. 缓冲剂

高产乳牛由于在整个泌乳期精饲料采食量都比较大。因此，需要在日粮中始终添加适量的小苏打、氧化镁等缓冲剂以提高高产乳牛的采食量、泌乳量和维持正常的牛乳成分，维护乳牛健康，减少瘤胃酸中毒的发生，调节和改善瘤胃微生物发酵效果，有效地维持瘤胃 pH 值稳定。小苏打喂量一般占混合精料量的 1.5%，氧化镁喂量占混合精料的 0.6% ~0.8%。

2. 抗应激剂

应激是指乳牛对运输、预防免疫、高温、潮湿、寒冷、产犊、泌乳、转群等不良刺激因素做出的应急反应。高产乳牛对于高温、寒冷、分娩、泌乳等应激反应比较敏感，因此，在发生上述情况前应将日粮中具有抗应激作用的微量元素锰、铁、铜、锌、碘、钴的含量比正常水平增加约一倍，可有效增强高产乳牛的抗应激能力。烟酸与缓冲剂、微量元素、维生素和抗生素等可以作为反刍动物抗应激剂使用。有机铬（吡啶羧酸铬）对高产乳牛具有良好的抗应激作用，还能改善能量代谢，提高对锰、铁、铜、锌的利用率，激活多种酶的活性，适宜添加浓度为 0.2mg/kg。

3. 离子载体

离子载体提高反刍动物生产性能的机制与改变瘤胃中挥发酸产生比例和减少甲烷产生量有关，使用离子载体可提高日增重和饲料转化率、节省蛋白质、改变瘤胃充满度和瘤胃食糜外流速度。常用的离子载体添加剂有莫能菌素（瘤胃素）、拉沙里霉素（牛安），乳牛日粮中添加莫能霉素可提高乳牛的泌乳量并影响乳成分。据报道，添加莫能菌素在乳中没有任何残留。莫能菌素作为离子载体目前在泌乳牛饲料中的使用已得到澳大利亚、新西兰、南非等 20 多个国家的批准，但我国尚未批准莫能菌素在泌乳牛饲料中使用。

4. 生物活性制剂

应用较多的为饲用纤维素酶制剂、酵母培养物（YC）、活菌制剂（DFM）。

因瘤胃微生物能分泌充足的纤维降解酶以消化饲料中的纤维素成分，所以，饲料中再添加外源性纤维素酶制剂可能是多余的。国外研究结果显示，在乳牛饲料中添加 YC 能够提高泌乳量 1 ~1.5kg，乳脂率和乳蛋白率也有不同程度的提高。在产前 2 周到产后 8 周按每头 15 ~115g/d 添加，有助于预防采食量的下降和提高泌乳量，也有助于稳定瘤胃环境。活菌制剂能够维持动物胃肠道微生物区系平衡，提高泌乳量 3% ~8%，减少应激和增强抗病能力。常用的有芽孢杆菌、双歧杆菌、链球菌、拟杆菌、乳杆菌、消化球菌和其他一些微生物菌种。

5. 其他

（1）蛋氨酸锌（或 MHA）　按 5 ~10g/d 添加蛋氨酸锌可提高泌乳量，降低乳中体细胞数，硬化蹄面和减少蹄病。日粮精料水平高于 50%、日粮蛋白质水平低于 15%、产乳平均水平高于 23kg 时在产后 100d 内按每头 20 ~30g/d 或占日粮干物质重的 0.15% 添加 MHA。

（2）丙二醇类　在高产乳牛日粮中添加或直接灌服丙二醇类物质如乙烯丙二醇、异丙二醇等可以减少和预防酮病发生。

（3）异构酸类　在高产乳牛精料中添加 1% 的异位酸类添加剂如异戊酸、异丁酸、2 - 甲基丁酸等可显著提高泌乳量，同时提高乳脂率和饲料转化率。

（4）沸石　在乳牛精料中添加 4% ~5% 的沸石可提高泌乳量 8% 左右。

（5）稀土　添加稀土可以将泌乳量提高 10% 以上同时乳脂率也有所提高，有效添加量为 40～45mg/kg。

三、高产乳牛的管理

高产乳牛新陈代谢特别旺盛，饲料采食量大，易患各种疾病。因此，在普通乳牛管理的基础上必须加强以下各方面的管理：

（一）适当延长干乳期

高产乳牛为了维持高产必须在泌乳阶段采食大量精料，这就使瘤胃代谢长期处于紧张状态。这种特殊状态如果在干乳期内不能得到有效缓解，瘤胃机能不能恢复正常，将严重影响下一个泌乳期的泌乳量和乳牛健康。近几年，随着人们对高产乳牛生理研究的深入加之饲养实践，认为将高产乳牛的干乳期延长到 60d 左右可以使瘤胃有充足的时间恢复正常机能，有利于下一个泌乳周期的高产和乳牛健康。

（二）适当延长挤乳时间

高产乳牛的日泌乳量比中低产牛高 30%～50%。虽然高产乳牛泌乳速度快但泌乳所需要的时间也要比中低产乳牛长，因此，采用机械挤乳也应适当延长挤乳时间。

（三）保证充足的采食时间

传统的乳牛饲养一般精料在挤乳时供给，日喂 3 次，粗饲料和糟渣类饲料随同精饲料饲喂或自由采食。但高产乳牛由于采食量特别大，其吃足定量饲料每天至少要用 8h 的采食时间。因此，采用传统饲养方法，高产乳牛采食时间一般不够进而导致干物质采食量不足而影响乳牛健康和泌乳潜力的发挥。同时，精料多次饲喂更有利于高产乳牛瘤胃的健康。因此，对于高产乳牛应延长饲喂时间，增加饲喂次数。一般要求高产乳牛每天能自由接触日粮的时间不少于 20h，每天饲喂 5～6 次，如采用全混合日粮每天投喂 2 次。

（四）保证足量的干物质采食量

日粮干物质采食量（DMI）的高低直接决定乳牛获得用于维持和产乳所需营养物质的数量，乳牛日粮干物质采食量越高则从日粮中获得的营养物质越多，泌乳量也必然升高。在正常情况下，成年乳牛日粮干物质采食量为体重的 3%～3.5%，干乳牛为 2%。高产乳牛日粮干物质采食量比普通乳牛高出 40% 以上。在实践中最好将乳牛的实际采食量与理论采食量定期进行比较。如果实际采食量偏低说明尚有增加的可能，需要对日粮营养水平、饲料组成和饲料给量进行调整。高产乳牛在产犊初期采食量恢复的速度较泌乳量增加的速度慢，所以，乳牛必须动员体内贮存的脂肪和蛋白质用于产乳。提高采食量是产后母牛的饲养重点之一，使其用尽可能少和尽可能短时间摆脱依赖体内贮存物质进行产乳。为了达到产乳牛最大采食量为其所提供粗饲料质量要好，每 kg 的 NE 最好在 5.5MJ 以上，饲喂次数每天在 3 次以上，严格限制尿素喂量，减少应激影响，使用全混合日粮饲喂，控制好日粮含水量（表 5－6）。

表 5－6　产乳牛日粮干物质采食量（占体重%）

4% 校正乳（kg）	乳牛体重（kg）				
	400	500	600	700	800
10	2.7	2.4	2.2	2.0	1.9

（续表）

4%校正乳（kg）	乳牛体重（kg）				
	400	500	600	700	800
15	3.2	2.8	2.6	2.3	2.2
20	3.6	3.2	2.9	2.6	2.4
25	4.0	3.5	3.2	2.9	2.7
30	4.4	3.9	3.5	3.2	2.9
35	5.0	4.2	3.7	3.4	3.1
40	5.5	4.6	4.0	3.6	3.3
45	—	5.0	4.3	3.8	3.5
50	—	5.4	4.7	4.1	3.7
55	—	—	5.0	4.4	4.0
60	—	—	5.4	4.8	4.3

（五）加强发情观察，适当推迟产后配种时间

高产乳牛在泌乳盛期的发情表现往往不明显，必须密切观察发情表现以免错过发情期而延误配种。与中低产乳牛相比，高产乳牛的繁殖性能较低，产后配种的受胎率较低。产后适当延迟配种可有效提高配种的受胎率，避免多次配种造成的生殖道感染。适宜的初次配种时间为产后60d左右。延迟配种虽然会延长产犊间隔，但有利于提高整个利用年限内的总泌乳量。

（六）保证充足的饮水

高产乳牛需要水量非常大，一头日产50kg乳、采食25kg干物质的乳牛每天需要45kg水来补充泌乳损失的水，需要75～125kg水来代谢饲料。所以，每天水的基础需要就高达120～170kg，热天的需要量更多。因此，必须保证充足的饮水，否则会严重影响干物质采食量和泌乳量。有条件的牛场最好安装自动饮水器，不具备条件的牛场，每天饮水要在5次以上。同时，在运动场设置饮水槽，供其自由饮用并及时更换。

（七）控制日粮水分含量

虽然高产乳牛要保证充足的饮水但日粮中的水分含量不能太高，如果水分太高，会降低总干物质的摄入量，如饲喂高水分（水分大于50%）青贮料或多汁饲料时，水分每增加1%则预期干物质采食量将降低乳牛体重的0.02%。这主要是由于较湿的饲料发酵所需时间长，瘤胃排空速度慢。但日粮水分也不是越少越好，日粮水分过少会使适口性变差，同样影响采食量。应尽量控制总日粮干物质含量在50%～75%。

（八）建立稳定可靠的优质青粗饲料供应体系

高产乳牛发挥高产泌乳潜能的关键是摄入足量的高质量青粗饲料。高质量的青粗饲料包括全株玉米青贮、早期刈割的黑麦草、苜蓿鲜草或干草以及粗纤维含量低的其他优质牧草。每头成年乳牛每年约需相当于4 500kg干草的优质青粗饲料。优质青粗饲料如果供应不足或不稳定，将会严重限制高产乳牛泌乳潜力的发挥。如果用精饲料代替优质青粗饲料，短期内虽然效果好但对乳牛的健康影响较大，会导致瘤胃酸中毒、乳牛利用年限大大缩短等严重后果。因此，必须建立稳定、可靠的优质青粗饲料供应体系，保证青粗饲料全年的稳定、均衡供应。

（九）合理储存青粗饲料

青粗饲料必须在适宜的条件下进行储存。如果以干草形式储存，必须早期刈割，采取快速烘干或晾干，使水分降到15%以下再储存在阴凉、干燥、防雨的地方。水分过高，一方面会使干草品质快速下降，另一方面容易引起发霉。在多雨季节或其他因素使得晾制干草困难或不可能的地区，可以采用塑料裹包半干青贮法制成青贮饲料保存，效果很好。

（十）采取更为细致的分群饲养

高产乳牛各个时期的泌乳量差异很大，对日粮营养的需求变化也很大。如果采用混群饲养很难做到根据泌乳量调整饲料喂量和日粮营养浓度，结果要么处于泌乳盛期和中期的牛采食不足，要么处于泌乳后期或其他时期的牛采食过多而导致体况过肥。因此，只要条件具备就应尽可能把牛群分得更细。应首先将泌乳牛、干乳牛、围产牛分开，再根据泌乳量的高低和泌乳期的不同阶段将泌乳牛分群，根据体况把干乳牛、围产牛分群。由于头胎牛需要比经产牛多花10%～15%的时间采食，因此还应该把头胎牛与经产牛分开。

（十一）做好高温季节的防暑降温工作和寒冷地区的防寒保暖工作

高产乳牛对气候的变化要比中低产乳牛敏感得多，因此，夏季要做好防暑降温工作。可以采用在牛舍安装喷雾装置，结合纵向正压通风来降低温度，减轻乳牛的热应激，同时提供足量的清洁饮水；冬季要做好防寒保暖工作，特别是要避免寒风直接吹袭乳房，以保证乳牛的稳产高产。

第八节　生鲜乳收购站机械化挤乳

一、挤乳操作

（一）有下列情况之一的乳牛不得入厅挤乳

正在使用抗菌药物治疗以及不到规定的停药期的乳牛；产犊7天内的乳牛；患有乳房炎的乳牛；患有结核病、布鲁氏菌病及其他传染性疾病的乳牛；不符合《乳用动物健康标准》相关规定的乳牛。

（二）挤乳前应对乳房进行清洁与消毒

先用35～45℃温水清洁乳房、乳头，然后用专用药液药浴乳头15～20s后擦干。每头乳牛应有专用的毛巾，最好用一次性纸巾擦干。药浴液应在每班挤乳前现用现配，并保证有效的药液浓度。

（三）手工将头3把乳挤到专用容器中

检查是否有凝块、絮状物或水样物，乳样正常的牛方可上机挤乳。乳样异常时应及时报告兽医，并对该牛只单独挤乳，单独存放，不得混入正常生鲜乳中。

（四）应在45s内将乳杯稳妥地套在乳头上

使乳杯均匀分布在乳房底部，并略微前倾。挤乳时间4～7min，出乳较少时应对乳房进行自上而下地按摩，防止空挤。挤乳套杯时应避免空气进入杯组中。挤乳过程中应观察真空稳定性、挤乳杯组乳流，必要时调整乳杯组的位置。

（五）挤乳结束后

应在关闭集乳器真空2～3s后再移去乳杯。不得下压挤乳机，避免过度挤乳。挤乳结束后，应再次进行乳头药浴，药浴时间为3～5s。

（六）挤出的生鲜乳应在2h之内冷却到0～4℃保存

贮乳罐内生鲜乳温度应保持0～4℃。生鲜乳挤出后在贮乳罐的贮存时间不应超过48h。

二、管理制度

①生鲜乳收购站应建立完善的管理制度，至少应包括卫生保障、质量安全保障、挤乳操作规程、化学品管理等。

②生鲜乳收购站应建立生鲜乳收购、销售、留样、检测、不合格牛乳无害化处理记录、生鲜乳交接单等。

三、卫生条件

①工作人员进入生鲜乳收购站应穿工作服和工作鞋、戴上工作帽。要洗净双手，并经紫外线消毒。工作服、工作鞋以及工作帽必须每天消毒。非工作人员禁止进入生鲜乳收购站。

②生鲜乳在挤乳、冷却、贮存、运输过程中，应在密闭条件下操作，不得与有毒、有害、挥发性物质接触。生鲜乳运输罐在起运前应加铅封，严防在运输途中向乳罐内加入任何物质。

③挤乳厅与相关设施在每班次牛挤乳后应彻底清扫干净，用高压水枪冲洗，并进行喷雾消毒。乳桶、乳杯等每班次专用，用后彻底消毒和清洗。

④应严格按照设备清洗规程对挤乳、贮乳设备进行清洗、消毒，并保存有完整的清洗前后水温、冲洗时间、酸碱液浓度记录。如果清洗消毒后超过96h未使用，再次使用前应重新清洗消毒。

⑤贮乳罐外部应保持清洁、干净，没有灰尘。贮乳罐的盖子应注意保持关闭状态。交乳后应及时清洗消毒贮乳罐并将罐内的水排净。

⑥清洗完毕后，应排干或烘干管道内以及所有和生鲜乳接触过的容器表面的水，防止因湿度过大引起微生物滋生。乳泵、乳管、节门应定期通刷、清洗，每周2次。

⑦挤乳厅、贮乳间只能用于生产、冷却和贮存生鲜乳，不得堆放任何化学物品和杂物；禁止吸烟，并张贴相关警示标志；有防鼠防害虫措施，如安装纱窗、使用捕蝇纸和电子灭蚊蝇器，捕蝇纸要定期更换，并不得放在贮乳罐上；贮乳间的门应注意保持经常性关闭状态；贮乳间污水的排放口需距贮乳间15m以上或将污水排入暗沟。

⑧站内许可使用的化学物质和产品应存放在不会对生鲜乳造成直接或间接污染的位置。

⑨收购站周围环境每周应用2%氢氧化钠溶液或其他高效低毒消毒剂消毒一次。站内排污池和下水道等每月用漂白粉消毒一次。

第九节　乳牛的四季饲养管理

乳牛的四季饲养管理主要侧重点在于夏季和冬季的饲养管理。

一、夏季乳牛的饲养管理

（一）夏季给乳牛带来的危害

夏季炎热高温，牛体散热困难，当受高温应激时必将产生一系列的应激反应。如体温升高，呼吸加快，皮肤代谢发生障碍，食欲下降，采食量减少，精神不振，营养呈负平衡。因此，造成的后果便是体重减轻，体况下降，泌乳量及乳脂率同时下降，繁殖力下降，乳房炎、子宫炎、肢蹄病等发病率增高，甚至死亡，给乳牛养殖业带来巨大的经济损失。

（二）夏季防暑降温的主要措施

1. 注意满足并调整营养需要，选择适口性好的饲料合理搭配饲喂

乳牛生性耐寒怕热，其采食量在高温时下降。据测定，环境温度每升高 1℃需要消耗 3% 的维持能量，即在炎热季节消耗能量比冬季大（冬季每降低 1℃需增加 1.2% 维持能量），所以夏季要增加营养浓度，适当提高饲料中能量、粗蛋白等营养物质含量，多喂青绿、鲜嫩、多汁和蛋白质含量高的饲料并维持一定的粗纤维含量（15% ~17%）以保证正常的消化机能。高产乳牛应喂给高质量的饲料以满足泌乳需要，饲料种类多样化，但应注意精料比例不应超过 60%，中性洗涤纤维不低于 28% ~30%，以免影响乳脂率及出现营养代谢紊乱。

2. 供给新鲜清凉充足饮水

乳牛的饮水量与外界气温、泌乳量、个体、品种、年龄有关，给乳牛饮用新鲜、清洁、充足的深井凉水有助于乳牛降低体温，增进食欲。每天至少需饮 5 ~7 次以加大乳牛尿液排泄量，带走多余的体热，减少因体温升高、大量出汗造成的体液损失。同时可在饮水中加入 0.5% 的食盐以促进乳牛消化和维持电解质平衡。

3. 延长饲喂时间，增加饲喂次数

调整饲喂时间，尽量将饲喂时间调整到早晨和晚上，饲喂次数由 3 次改为 4 次。应用全混合日粮的可将投喂次数由 2 次改为 3 次，即中午增加一次。根据夏季乳牛营养需要及时调整饲料配方，保证乳牛饲喂的营养均衡性和饲料利用率。中午舍内温度比舍外低，为了使牛体避免受到太阳直射，中午气温高时尽量使牛在牛舍休息或采食，晚上牛舍保证有充足的光照和给乳牛足够的自由采食时间。

4. 调节牛舍环境温湿度

采用遮阳、通风、喷水、洗牛等方法为奶牛创造一个适宜的环境温度以减少高温对牛的危害。乳牛汗腺不发达，比较怕热，牛舍温度超过 30℃时就会阻碍体表热量散发而导致新陈代谢发生障碍。牛舍内相对湿度应控制在 80% 以下。相对湿度大，牛体散热受阻加大，加重热应激，所以牛舍必须保持干燥，应打开通风孔或门窗，促进空气流通，或采用大功率换气扇、纵向风机和淋浴的方式降温。二者可同时交替使用，在封闭式牛舍可采用中央空调或冷隧道等比较先进的方式降温。天气热时每天下午挤乳后用清水向牛体喷雾降温，增加牛的食欲。喷雾要根据温度情况进行，当温度在30℃以上时，每隔2～3h喷雾一次，每次喷雾30min为宜。开放式牛舍通风条件好，可采用喷淋降温、安装遮阳网等措施，在挤乳厅有排风扇等设施。另应建有空调房供高温条件下病牛和弱牛使用。其次在乳牛舍周围种植一些阔叶树遮荫，既可减少辐射又可美化环境。发现乳牛呼吸困难时，煮绿豆汤冷却后饮服，并用“风油精”擦抹乳牛额角、鼻端等处提神解暑。运动场周围要搭设凉棚，可减少30%～40%的太阳辐射热。

5. 保持牛体和牛舍内外环境卫生

每天在挤乳前用刷子刷拭牛体1～2次，以保持牛体皮肤的正常代谢，并用温水对牛体进行洗刷。夏季乳牛排泄量比较大，环境温度高时细菌繁殖也非常快，牛舍不干净最容易污染牛体，既影响牛皮肤正常代谢且有碍牛体健康，又严重影响牛乳卫生。因此要及时清扫舍内外的粪便及异物，保持舍内干燥，定期清洗牛床，认真执行消毒制度，可用4%的火碱溶液对舍内及过道进行消毒。此外为防寄生虫滋生可用1%～1.5%敌百虫药水喷洒牛舍及其环境。

6. 防蚊蝇的影响

夏季牛舍内外蚊子和苍蝇特别多，不仅叮咬乳牛，影响乳牛的正常休息，而且还会导致乳牛泌乳量下降，同时也会传播各种疾病。因此夏季对蚊子和苍蝇的预防不容忽视，可在牛舍的门窗上安装细纱窗，利用捕蚊蝇器等驱杀蚊虫等。

7. 加强疾病预防

为了防止乳房炎、子宫炎、腐蹄病、食物中毒的发生，应坚持挤乳前后要用温水擦洗乳房，用5%碘伏溶液浸泡消毒乳头；母牛产后15d检查一次生殖器官，发现问题及时治疗；每月用清水刷洗一次牛蹄，并涂以10%～20%硫酸钠溶液；每天清洗一次饲槽。

二、冬季乳牛的饲养管理

乳牛是耐寒怕热的动物，荷斯坦牛泌乳适宜温度为0～20℃，身体代谢处于正常状态，尤其是5～15℃范围最为适宜。当温度低于－5℃时，为了克服外界气候对乳牛的影响，吃进的饲料不仅用于泌乳，还要用于维持体温的消耗，出现泌乳量开始下降等某些应激反应；当温度低于－15℃时，乳牛体热散失较多必须不断增加体热以后维持正常体温，从而导致产乳净能减少，泌乳量下降，因此必须注意冬季牛舍保温措施。

（一）保证牛舍温度

确保舍内温度在0℃以上，避免因感冒引发肺炎，尤其是犊牛抵抗力差更应保暖。牛床铺有垫草，临产牛晚上赶到较暖和的牛舍或产房，产房温度应在10℃左右，以免犊牛冻死。为了提高牛舍冬季温度，需将牛舍迎风面的门窗、墙缝堵严，防止贼风、“过堂风”侵袭。也可安装自动调温设施设备。

（二）注意通风防潮

冬季天气寒冷，有些牛场怕牛只遭受寒风侵袭，早晚把门窗堵得严严实实，污浊的空气不能排除，新鲜的空气不能进入，使牛舍湿度过大引发疥癣、呼吸道疾病从而影响乳牛的健康和泌乳。因此在保暖的同时牛舍顶部应有通风孔或排气扇进行通风换气。乳房炎和蹄病都和牛舍潮湿有关，潮湿还易引起真菌病症。为此，加强冬季牛舍防潮措施控制牛舍湿度，可减少疾病的发生率。

（三）增加精料饲喂量，精心饲养

在寒冷的冬季由于外界气温低，乳牛的体热散失量增加，所以用以维持体温所需的热量也就相应增加，环境温度18℃以下时每下降1℃乳牛每千克代谢体重增加维持需要0.64kcal。因此必须提高饲料营养标准，日粮的蛋白质水平一般比饲养标准高15%～20%，可增加20%的混合精料。饲料种类要多样化，喂给足量的优质干草和一定数量的糟渣类、胡萝卜、玉米糖渣等多汁辅料，如有青贮饲料，则以此为主，喂量由少渐多，不喂冰冻饲料。

（四）饲喂温水，保证饲料供应

保证乳牛每天喝到充足的水，水的温度在9～15℃，可向温水中加少量食盐。避免乳牛直接饮用凉水或冰冻的水而引起妊娠牛流产、早产或引起胃肠痉挛、腹痛、食欲废绝等消化道疾病。保证充足的饲料供应，避免因下雪致路面结冰而使饲料无法调入导致乳牛挨饿。及时清扫棚舍积雪防止倒塌。

（五）加强运动

乳牛白天在运动场内活动的时间不宜超过6个小时，在天气好的时间上、下午各活动3个小时。乳牛多运动能减少在冰冷地面躺卧时间，增强新陈代谢提高御寒能力。在冬季白天阳光充足温暖的中午前后可将乳牛赶到舍外运动场让乳牛晒太阳和自由运动，以增强乳牛的体制和提高乳牛的新陈代谢能力。保持运动场干燥，及时清除牛床、运动场和道路上的冰层、积雪、粪便，防止乳牛卧在冰上、冰水或雪地里或滑倒。

（六）要勤刷拭牛体

应当做到每天定时给乳牛刷拭牛体，可保持牛体的清洁卫生，促进乳牛的血液循环，从而增加流经乳房的血液量，有利于乳牛的健康和提高乳牛的泌乳量。

三、秋季乳牛的饲养管理

秋季乳牛喂养要喂高质量饲草，多喂一些精饲料或者高脂肪物质来提高日粮的能量，可用豆类，补充量以1%～1.5%为宜。提高全价日粮中的蛋白质含量使其在18%左右，粗纤维含量不要过多特别是青贮饲料。实践表明：日泌乳量在32kg以上的乳牛，秋季每天饲喂青贮饲料量应控制在17～22kg。

（一）加强饲喂管理

饲喂适口性好的全价饲料以增强乳牛食欲。按照各阶段乳牛的营养标准和泌乳量、体重、体况等调整日粮成分，喂给高产乳牛高质量饲草，多喂一些精料或者高脂肪物质来提高日粮的能量，可用豆类、全棉籽，补充量以1%～1.5%为宜。在全价日粮中要提高蛋白质水平1%～2%，使蛋白质含量在19%以内，粗纤维含量不要过多，特别是青贮饲料。

（二）搞好秋配

母牛秋季发情配种的旺季在9—10月，应加强发情监测、鉴定并适时配种。达到配种期的乳牛应具有中等膘情的体况，过肥或过瘦都不利于配种。因此，应针对不同体况的牛对日粮的饲喂量作适当的调整。

（三）搞好疾病防治

搞好环境卫生，定期对牛舍进行消毒，减少乳牛发病率，特别是要注意防治牛流行性感冒。此阶段分娩母牛较多，应加强接生和护理。

四、春季乳牛的饲养管理

春季气温逐渐回升，日照时间逐渐延长，乳牛虽然对寒冷有较强的适应能力，但气温骤冷骤热，温差对乳牛的机体很容易造成应激反应，诱发乳牛的各种疾病发生。因此，做好春季乳牛的饲养管理与保健尤其重要。

（一）饲草饲料

早春奶牛的草料成分比较单一，应尽量采用多种饲料进行日粮配合，及时调整饲料配比，力求多样化。且以优质干草为主，多喂食青贮饲料，辅料要多给予青绿多汁的饲料，如胡萝卜、白薯、土豆、冬牧70黑麦草等，粗饲料喂量直至乳牛吃饱为限，精饲料喂量要根据乳牛的个体和需求量确定。

（二）饮水必须加温

春季乳牛的饮水水温应保持在10～12℃，有条件的可先将饮水经过高温消毒冷却至10～12℃后再让乳牛饮用。乳牛的饮水量与乳牛的泌乳量密切相关。所以，一定要保证乳牛有充足的饮用水。如果向温水中加点食盐和豆末，不仅增强牛的饮欲，而且有降火、消炎的作用。

（三）防寒保暖、调湿度

春季天气时冷时热，昼夜温差较大，饲养员容易忽视对乳牛的防寒工作，很容易导致乳牛的疾病发生和泌乳量下降，容易造成饲养成本过高。因此，白天舍内保持通风3～5h，保证牛舍湿度适当，及时关闭门窗和调节好通风孔，定期消毒，及时清理乳牛的粪便以保持舍内干燥清洁，并及时更换地上被粪便浸湿污染的褥草，给乳牛创造一个较好的生活环境。当夜间气温降到0℃以下时应将乳牛赶入圈舍内过夜，以防冻伤乳头或体能过多消耗。

（四）刷拭牛体

坚持每天早晚两次刷拭牛体，每次3～6min，保健刷拭要遍及乳牛全身，对于乳牛乳房要用手适当进行轻轻的抓捏和按摩，这样有利于预防乳牛的乳房炎症。

（五）常晒太阳

常晒太阳对乳牛有保健作用，增强乳牛的免疫力，预防各种感染。阳光中的紫外线有杀灭病原微生物的作用，同时紫外线可增加钙的吸收。而钙除了能增强骨骼和肌肉的强度，改善心肺功能外，还有利于呼吸道炎症的消除，增强机体免疫力。钙的摄入要借助乳牛体内血液中的 V_D，天然的 V_D 只有在紫外线照射后变成 V_{D2} 和 V_{D3} 才能被乳牛机体吸收入血液中。

（六）加强运动

春季气温回升，天气转暖，乳牛习惯吃饱就躺着，不愿运动。让牛群自由活动，每天增加乳牛2～3h的运动时间，不但可以促进乳牛健康，也可以促进乳牛的泌乳量。

（七）疾病预防

很多乳牛场都选择冬季为乳牛配种，冬季配种可避开炎热的夏季产犊，不但有利于乳牛获得高产，也可以便于犊牛饲养，提高犊牛的健康水平。但是，由于技术水平不高、管理粗心大意、卫生消毒不彻底等原因往往容易给乳牛的阴道和子宫造成不同程度的创伤或感染。因此，在春寒期间，每天一定要及时观察乳牛的阴部分泌物有无异常，要做好子宫炎等疾病的预防工作。发现疾病，及早治疗，确保春寒期间乳牛的健康。此外，要定期对牛舍、运动场进行消毒，并按防疫程序进行疫苗注射，对疾病早治疗，确保乳牛健康，保证多泌乳。

第六章 全混合日粮（TMR）饲喂技术

一、TMR 的概念

TMR 英文全称为 Total Mixed Ration（全混合日粮），是根据不同生长发育及泌乳阶段乳牛的营养需求和饲养战略，按照营养专家计算提供的乳牛日粮配方，把每天饲喂乳牛的各种饲料（粗饲料、青贮饲料、精饲料和各类特殊饲料及饲料添加剂）通过特定的设备（特制的搅拌机）和饲料加工工艺进行充分搅拌、揉碎而使日粮各组分科学、均匀的混合在一起，供乳牛自由采食的一种更科学、更符合乳牛生理特点的一种营养相对平衡的饲喂方式，从而达到满足乳牛营养需要。TMR 的最大优势是劳动生产率的提高，TMR 更适用于大型“散放饲养、自由牛床”的牛场中。TMR 的优势还表现在饲料适口性和乳牛采食量的提高以及每一口日粮的一致性。

TMR 技术是一个系统工程，为达到最佳的经济效益必须有配套的技术措施—优良的品种、牛只分群，日粮结构、饲料种类、粗饲料质量，机械性能、设备的选择、配套设备与设施，牛场设计、散栏式，乳牛场的环境与日常管理，挤乳厅等等。

二、TMR 技术应用效果

（一）可提高乳牛泌乳量

一方面，将全日粮中的碱、酸性饲料均匀混合，加上乳牛大量的碱性唾液，能有效地使瘤胃 pH 值控制在 6.2 ~ 6.8，为瘤胃内微生物创造一个良好的环境，促进微生物的生长、繁殖、发酵，提高微生物的活性和蛋白质的合成率，从而提高了饲料营养的转化率（消化、吸收）；另一方面，由于 TMR 技术可避免瘤胃酸中毒的发生，可减少由此产生的前胃弛缓、瘤胃炎、皱胃移位、蹄底溃疡、肝脓肿等疾病和食欲下降等问题。乳牛泌乳高峰期适量增喂精料时，TMR 技术可缓解瘤胃酸度的提高，有利于乳产量的提升。

（二）增加乳牛干物质的采食量

TMR 技术将粗饲料切短后再与精料混合，这样物料在物理空间上产生互补作用从而增加了乳牛干物质的采食量。在性能优良的 TMR 机械充分混合情况下，完全可以排除乳牛对某一特殊饲料的选择性（挑食），因此，有利于最大限度地利用最低成本的饲料配方。同时 TMR 按日粮中规定的比例完全混合，减少了偶然发生的微量元素、维生素的缺乏或中毒现象。

（三）提高牛乳品质

粗饲料、精料和其他饲料均匀混合后被乳牛统一采食，减少了瘤胃 pH 值波动，从而保持瘤胃 pH 值稳定，为瘤胃微生物创造了良好的生存环境，促进微生物的生长、繁殖，提高微生物的活性和蛋白质的合成率。饲料营养的转化率（消化、吸收）提高了，乳牛采食次数增加，乳牛消化紊乱减少和乳脂含量显著增加。

（四）降低乳牛疾病发生率，提高乳牛使用年限

瘤胃健康是乳牛健康的保证，使用 TMR 后能预防营养代谢紊乱，减少真胃移位、酮血症、产褥热、酸中毒等营养代谢病的发生，从而使乳牛更健康，也相应的提高了乳牛的使用年限。

（五）提高乳牛繁殖率

泌乳高峰期的乳牛采食高能量浓度的 TMR 日粮可以在保证不降低乳脂率的情况下，维持乳牛健康体况，有利于提高乳牛受胎率及繁殖率。

（六）节省饲料成本

TMR 日粮使乳牛不能挑食，营养素能够被乳牛有效利用，与传统饲喂模式相比饲料利用率可增加 4%；TMR 日粮的充分调制还能够掩盖饲料中适口性较差但价格低廉的工业副产品或添加剂的不良影响。

（七）节约劳力时间

采用 TMR 后减少了饲养的随意性，使管理精准程度大大提高，饲养工不需要将精料、粗料和其他饲料分道发放，只要将料送到即可，同时便于组织机械化、规模化饲养，提高生产率，降低管理成本。

三、应用全混合日粮的技术要点和管理要素

（一）技术要点

建立在当地饲草料资源基础上的日粮配方的制作、牛群体况评分基础上的科学合理分群、营养浓度的控制、日粮的混合搅拌、饲槽管理、每周一次检测日粮营养浓度及其水分、新型饲料添加剂的应用。

（二）管理要素

正确配制日粮，优质的饲料原料，正确地混合日粮，检测采食量，良好的饲槽管理（饲料细度适当，能吃到饲料－推拢饲料），良好的记录。

（三）全混合日粮配置操作流程

料单—加草料—加副料—取料机取玉米青贮—投放精料—混合发料

四、选择适宜的 TMR 设备

目前，TMR 混合机类型多样，功能各异。从混合方向区分可分立式和卧式两种；从移动方式区分可分为自走式、牵引式和固定式三种。结合各乳牛场实际情况，以牛舍结构、道路、日粮结构组成、乳牛头数进行 TMR 混合机类型的选取。

①原建乳牛场中牛舍和道路不适合 TMR 设备移动上料的牛场选用固定式或固定式＋送料车模式即全混合日粮混合好后由饲养人员用电动三轮车运往牛舍进行人工投喂或混合好后由专用车运到各牛舍门口，再由饲养人员运进牛舍人工投喂。

②新建牛场或适合 TMR 设备移动的已建牛场采用移动式，如新绿洲牧场、宝全牧场等大型规模化乳牛场（1000 头以上）采用自走式全自动或牵引式 TMR 混合机。

③以乳牛头数确定采购 TMR 混合机的容积大小：300 头以下的用 $5m^3$ 的，300～500 头用 $7～9m^3$ 的，500～800 头用 $9～11m^3$ 的，800～1 000头用 $13～17m^3$ 的，1 000头以上

的采用 $20m^3$ 以上的（图 6－1）。

图 6－1　固定式 TMR 机和牵引式送料机

五、科学分群饲养

根据牛群大小、泌乳期、牛场设施、体况等确定分群数，每个牛群都有各自的全混合日粮。

（一）分群饲喂技巧

①分组群饲喂以泌乳量的高低为主，兼顾膘情、泌乳天数、饲料干物质采食量、年龄和怀孕阶段等，并尽量减少组内差异。

②按泌乳量和干物质采食量相似的原则分组，每一组群内的乳牛其日泌乳量差异不应超过 10kg；各组群间的营养浓度差异不应超过 15%，以避免乳牛消化不良；泌乳后期乳牛转群时产量下降幅度比泌乳早期要大，符合早期转群条件的尽早转群；对各牛群进行调整时，每次转群的乳牛越多越好并且最好在晚上转群。

③在进行分群分栏饲养中每栏牛的头数不宜太多，以 30～50 头一群为宜，能使乳牛比较平和均匀地获得饲料与营养。

④头胎乳牛单独配制日粮；大型乳牛场的空怀乳牛单独分组饲喂；处在泌乳后期但膘情较差的乳牛仍应饲养在高产组；如果乳牛年单产超过 9 000kg 则需另配制一种全混合日粮。

（二）大型乳牛场（500 头以上的分群）

根据泌乳阶段分，分别设计全混合日粮。

（1）新产牛群　（产乳 1～21d）—干物质采食量低，多用优质干草，每头 2～3kg/d（减少竞争）。

（2）第一泌乳期乳牛　体重比成年母牛轻 100kg，干物质采食量低，达到泌乳和干物质采食量高峰比成母牛缓慢（上高峰晚，下降也较缓慢）。

（3）泌乳牛群（高产）　（产乳 21～180d）—包括年龄较大、体型较大的高产乳牛，产乳 45d 达泌乳高峰，产乳 60d 达干物质采食量高峰。处在泌乳后期但膘情较差的乳牛仍饲养在高产组以使其能恢复膘情。

（4）泌乳中期牛群（产乳 180～250d）　泌乳量和干物质采食量低于高产牛群。

（5）泌乳后期牛群（产乳 250～300d）　泌乳量和干物质采食量低于高产牛群。

（6）干乳早期牛群（妊娠 220～260d）　高饲草日粮。

（7）干乳后期牛群（产前 2～3 周）　干物质采食量低，设计用高纤维、高营养浓度、矿物质、维生素、饲料添加剂、缓冲剂营养完善的日粮。

（三）中小型乳牛场（500 头以下的分群）

（1）新产牛和第一泌乳期乳牛群（产乳 1～21d）　—干物质采食量低，多用优质干草，每头 2～3kg/d。

（2）泌乳牛群（经产和高产）（产乳 21～180d）　—包括年龄较大、体型较大的高产乳牛，产乳 45d 达泌乳高峰，产乳 60d 达干物质采食量高峰。

（3）泌乳中后期牛群（产乳 180～300d）　泌乳量和干物质采食量低于高产牛群。

（4）干乳早期牛群（妊娠 220～260d）　高饲草日粮。

（5）产前牛群（产前 2～3 周）　干物质采食量低，设计用高纤维、高营养浓度、矿物质、维生素、饲料添加剂、缓冲剂营养完善的日粮。

六、合理设计全混合日粮

（一）全混合日粮配制原则

通过饲料配方的优化为瘤胃微生物创造良好的生存环境，维护瘤胃正常的生理机能，减少乳牛消化道疾病、繁殖障碍，提高乳牛的受胎率和繁殖率，有效预防营养代谢紊乱，减少真胃移位、产褥热、酸中毒、蹄病等营养代谢病的发生。

①根据牧场实际情况同时考虑乳牛的类别、泌乳阶段、泌乳量、胎次、体况、饲料资源以及气候特点等因素，由营养专家依据各阶段乳牛的营养需要、日粮营养水平及干物质采食量，参照《美国 NRC 乳牛营养需要量》（一般牛群取 90% 值）、《中国乳牛饲养标准》，充分利用当地的的饲草料资源和现代物流优势进行优化配置，制作出最优的低成本全混合日粮配方。考虑各牛群的大小，每个牛群都有各自的全混合日粮以满足不同牛群的需要。

②为保证乳牛全混合日粮相对稳定，饲料原料要质量稳定，货源充足，便于采购和贮存，依据当地的具体条件，选择和充分利用当地生产的饲草料资源，不足部分积极储备外购原料。

③根据每组群的平均泌乳量、体重和乳脂率配制日粮，饲草料质量发生变化时重新配制日粮。对饲草的分析至少每月一次，青贮类型或质量有变动应立即分析，青贮切铡长度以 1.5～2cm 为宜但要保证青贮料中有 15%～20% 的长度超过 4cm，供应充足的饮水。

④日粮中的蛋白质含量应在 15%～18%，可降解蛋白应占总粗蛋白的 60%～65%。应注意谷物饲料蛋白低，缺乏必需氨基酸，特别是赖氨酸和蛋氨酸。额外添加氨基酸时可适当降低日粮中蛋白质的含量。

⑤适宜的粗纤维含量与长度，2.5～3.0cm 的长干草 2～3kg。乳牛应当采食其体重 1.5%～2% 的粗饲料。全混合日粮中总 NDF 的 65%～75% 来源于粗饲料，高产乳牛在泌乳初期前 3 周 ADF 和 NDF 的最低推荐量分别为 21% 和 28%，在泌乳高峰期两者分别减少到 19% 和 25%。

⑥产乳净能应在1.6～1.75Mcal/kg（DM）或6.7～7.3MJ/kg（DM）。以全株玉米青贮和谷物饲料为主应在日粮中添加了缓冲剂碳酸氢钠（小苏打）和氧化镁。

（二）干物质采食量预测

乳牛日粮干物质采食量一般采用如下公式推算：干物质采食量（kg）=0.0185×体重（kg）+0.305×泌乳量（4%标准乳，kg）。生产中一般应满足最大干物质采食量，非产乳牛干物质采食量假定为占体重的2.5%。

或采用“乳牛饲养标准”推荐产乳牛干物质需求：适用于偏精料型日粮的参考干物质采食量（kg）=0.062 $W^{0.75}$ +0.40Y（适于偏精料型日粮即精粗料比约为60：40），适用于偏粗料型日粮干物质参考采食量（kg）=0.062 $W^{0.75}$ +0.45Y（适于偏精料型日粮即精组料比约为45: 55），4%乳脂率的标准乳（FCM）（kg）=0.4X乳量（kg）+15X乳质量（kg）

式中：Y为标准乳重量（kg）；W为体重（kg）。

如果实际采食量与预测相差在5%以上应查找原因，是采食率问题还是称重或是其他原因，并加以校正。

（三）利用新技术及新添加剂

由以前使用大豆饼粕、花生饼粕作为蛋白来源改为大豆粕、棉籽、菜籽粕合理配合使用来提高全混合日粮中过瘤胃蛋白的含量；不添加花生饼粕以防止黄曲霉毒素污染；不添加肉骨粉、血粉等动物性饲料原料预防疯牛病发生；适当添加啤酒糟、DDGS（玉米酒精糟及可溶物）；为防止乳牛瘤胃酸中毒，日粮缓冲剂采用氧化镁和碳酸氢钠按1：2比例制成的混合剂；泌乳牛在泌乳期按比例添加胆碱、蛋氨酸羟基类似物20～30g/d /头或占日粮干物质重0.15%（或蛋氨酸锌5～10g/d/头）、活菌制剂；在产前3周至产犊添加阴离子盐硫酸铵（250～400g/d/头）减少产乳初期的酮病、乳房炎的发病率；在产前2周至产后8周添加酵母培养物（10～120g/d/头）；在产前2周至产后16周给泌乳量在8 000 kg以上的乳牛添加烟酸（6～8g/d/头）提高泌乳量和乳蛋白率；在产前1周至产后2周添加丙二醇（300g/d/头）在一定程度上降低牛乳体细胞数、细菌数，改善产后乳牛免疫健康状态；在每日口服生物素的范围内，在日粮中添加生物素20mg用以改善牛蹄的健康状况，增加泌乳量，降低干乳期天数及配种次数。通过以上日粮添加新技术使乳牛始终保持最佳生产性能和健康状况，最大限度的发挥其产乳潜能。

七、全混合日粮营养浓度及水分的控制

①测定原料的营养成分是科学配制全混合日粮的基础，因原料的产地、收割季节及调制方法的不同，其干物质含量和营养成分都有较大差异。故对原料要定期检测成分与含水量，每批化验一次，至少一月一次，最好每周化验检测一次，并随成分变化随时调整日粮配方，以达到较好的控制日粮水分，但不得随意更改饲料配方以保持全混合日粮的稳定性。

②原料水分是决定全混合日粮饲喂成败的重要因素之一，其变化必将引起日粮干物质含量的变化。日粮过干或过湿均会影响乳牛干物质的采食量，应经常检测日粮的水分含量。干物质变化大于1%时应调整日粮中的饲草给量。常年均衡使用青贮饲料的日粮，日粮中水分相对稳定在40%～50%比较理想，每立方米日粮的容重为275～320kg。为保证

日粮含水率40% ~50%，可以加水或精料泡水后加入。夏季可根据温度和日粮水分蒸发情况的不同，适当将水分控制50% ~55%。

③用专门饲料水分测定仪或微波炉测定水分。微波炉测定法为取待测饲料样品100g左右，全株青贮中玉米粒用针穿破，天平称重（初重），样品平摊放入炉中，根据饲料水分高低选择时间，称量并记录重量，重复烘烤，称重记录，选择火力以样品不煳为准，直到样品重量减少小于1g时，此时样品重量作为末重。若不慎样品焦煳，以上一次样品重量为末重。

样品干物质% =末重/初重　　样品水分% =（初重-末重）/初重

八、TMR的混合

（一）加入原料的次序

需借鉴TMR混合机操作说明，参考基本原则兼顾混合预期效果来建立合理的填料顺序。基本原则为先精后粗、先干后湿、先长后短、先轻后重。投料顺序可在一定范围内根据分级筛的检测结果对实际混合效果进行评价并做适当调整。

1. 卧式混合机投料次序

谷物饲料—蛋白质饲料—矿物质饲料—维生素、微量元素预混剂—长干草—副料—全株玉米青贮—其他—水

2. 立式混合机加料次序

长干草—谷物饲料—蛋白质饲料—矿物质饲料—维生素、微量元素预混剂—副料—全株玉米青贮—其他—水

单个垂直混合机：①青贮或干草首先装料。②混合3 ~4min以切短干草。③装料时开机。④混合并切割8 ~12min。

卷筒式混合机：①首先加入液态饲料。②然后装量少的饲料。③装料时混合机缓慢开机。④料装好后混合3 ~4min。

由4个搅拌器组成的混合机：①量少的料既不首先加入也不最后加入。②切短的干草最后加入。③装料时混合机间断性开机。④混合2 ~8min。

（二）混合时间

控制好混合时间，边加料边混合，日粮全部填充后再混合3 ~6min，避免过度混合。确保搅拌后日粮中大于3.5cm长纤维粗饲料（干草）占全日粮的15% ~20%。

（三）混合量

装料不能太满，高效混合时必须给机箱内至少留有20%的自由空间用于饲料的循环混合。要避免出现“拱桥”现象，即饲料没有循环混合而是都搭附搅龙上。有效混合容积约等于最大容积的70% ~80%，TMR一次制作量要大于总容积的50%。

（四）全混合日粮分别混合

各组群由于泌乳量有别，饲料配方不同，需要分别混合日粮。

九、饲养管理

（一）饲槽的管理

①撒料要求均匀并观察采食情况。采用卸料机投喂时，卸料时要注意先开卸料皮带，

后开卸料门；停止卸料时要先关卸料门，再关卸料皮带，这样可以防止饲料堆积在卸料门口。并且要注意撒料均匀度，避免牛只乱争抢，整个饲槽投放均匀，每头母牛应有 50～70cm 的采食空间，并让乳牛进行 24h 自由采食饲料。

②全混合日粮每天投喂 2 次，热而湿的夏季每天投喂 3 次，且最好在乳牛挤完乳后返回牛舍时进行全混合日粮的投喂。采食前后全混合日粮在料槽中应该是基本一致性的，饲料不应分层，发现发热发霉的剩料应清出并给予补饲。

③由于目前很多乳牛场都采用散栏式的饲养模式，因此必须保证乳牛每天至少有 20h 以上可接近混合饲料且确保充足的饲槽空间和数量。每天空槽时间不应超过 2～3h。每天保持饲料新鲜并及时推料，注意将全混合日粮推集至乳牛能采食到的范围内并均匀分布。每天至少 6 次以上将饲料推拢一起，24h 残留的饲料重量小于所喂全混合日粮的 3%。

④剩料应及时出槽。添加全混合日粮前后要清理干净饲槽中剩余的全混合日粮，泌乳牛吃剩下的全混合日粮用于饲喂后备母牛。全混合日粮按乳牛营养需要的量再增加 10% 配给，以照顾采食能力差的乳牛也能采食较多的全混合日粮，可在一段时间中颈夹固定牛只采食。定期清洁槽道，保持饲槽清洁卫生。

⑤记录每天每次的采食情况、乳牛食欲、剩料量等，每次饲喂前应保证有 3% 剩料，以防止剩料过多或缺料。观察全混合日粮是否受到挑拣，并注意察看剩料，剩料看起来应该像最初的全混合日粮一样（图 6－2）。

图 6－2　娟姗牛在采食 TMR 料

（二）人员管理

①结合 TMR 机厂家共同对 TMR 机、青贮取料机等操作人员、乳牛饲养人员定期进行操作流程、机器维护保养等相关技术培训并建立合理的考核机制。经培训、考核合格的上岗，不合格的不允许上岗。

②准备好日粮配方，严格按全混合日粮配方中各种原料组成及比例称重取料并按规定

顺序依次添加各种饲料原料及维生素、微量元素预混剂等，严禁随意添加，要注意称量准确，投料准确。

③分批次混合日粮，先混合高产乳牛群全混合日粮，再从高到低依次混合各阶段不同组群乳牛的全混合日粮。严格按重量称取日粮后，固定式的由电动三轮车运往各牛舍，并均匀添加在料槽中；牵引式或自走式的由投料机投喂。

④定期用滨州细度分筛器对全混合日粮进行监控测定，依据所测各层饲料剩留比例及时调整全混合日粮的混合时间。

⑤设定各类别饲料误差标准，建立实际投放记录表，乳牛场的管理人员要随时进行现场监督和检查，对投放超过误差的要进行考核，特别要定期检查和核定库存的数量。

（三）设备的管理

①TMR 混合机必须由经培训合格的专职操作人员按照使用说明书的规定进行启动等操作，并确保操作安全，严禁其他人员违规操作。操作人员在感到身体不适、疲惫、酒醉、服药后不准操作。

②启动前检查所有的保护装置是否正常，工作范围内无其他人站立，预见危险时立即停机，严禁用机器载人、动物及其他物品。

③准备一些辅助设备，如青贮取草机，上、卸料皮带等。

④原料添加前将称重显示器归零；定期对 TMR 混合设备的计量装置进行校正，每三个月测试一次 TMR 混合机磅秤的准确性；并采用质量控制测试方法定期对混合机进行测试以确保混合质量。

⑤TMR 混合设备计量和运转时应处于水平位置，且一次上料完毕后及时清除搅拌箱内的剩料。混合机装料时勿装填过满，其装载量占总容量的 60% ~75% 为宜，搅拌量最好不超过最大容量的 80% 。

⑥添加原料过程中防止铁器、石块、包装绳等杂质混入混合机。

⑦做好机器保养工作，及时检修和更新 TMR 混合机的混合螺旋和刀具，检查混合机刀片磨损情况，按规定更换磨损刀片，其他部分按规定并结合 TMR 机厂家进行定期维修和保养。

（四）记录管理

饲养员每天详细记录日期、饲养员姓名和每组群的全混合日粮喂量、从每组群清出的饲料量、每组群的牛数、饲喂次数、推料次数、填料时间、乳牛反刍情况等。TMR 混合机操作人员清楚记录每批次各种原料实际添加量及每次混合的日粮总量，并进行审核。

（五）检查干物质采食量

经常检查乳牛实际采食的干物质量和预期值的差，若低于预期值就要检查原料称量是否准确、粗饲料含水量是否有变化、剩料是否彻底清除、饮水是否充足清洁等，并及时找到原因进行纠正。

（六）其他管理注意事项

①饲养方式的转变应有一定的过渡期，使乳牛平稳过渡以避免由于采食过量而引起消化疾病和酸中毒；注意乳牛采食量及体重的变化，在泌乳中期和后期可通过调整日粮精、粗饲料比来控制体重的适度增加。

②全混合日粮的营养平衡性和稳定性要有保证。在配制全混合日粮时，饲草质量、准

确计量、混合机的混合性能及全混合日粮的营养平衡性要有保证。每天饲喂同样的数量、按照同样的配比、在同样的时间饲喂。

③保持自由采食状态，可以采用较大的饲槽也可在围栏外修建一个平台，将日粮放在平台上，供乳牛随意进食。饲槽底要光滑，浅颜色且饲槽位要有遮阳棚。

④全混合日粮每天现喂现配，干草的长度最少不低于4cm，最好用长草。对实际配制的全混合日粮的全料与残料的营养成份要经常进行监控。每次在分发完日粮后，根据气候等因素对日粮湿度、保鲜状况和混合态势的影响，尽可能地延长在槽时间以适应不同牛只的采食行为。

⑤在某些情况下，先用手工配制一头乳牛的混合饲料，并把其成分分析与来自混合机的全混合日粮进行比较，看看两者到底相差多少。可搞清日粮不平衡到底是由于TMR混合造成的还是饲料质量改变而引起的。

⑥大牛场采用自动投料，小牛场可采用人工投料。

⑦青贮管理：青贮料采掘面要保持平整，每次至少挖进15cm，每次掀掉的顶部覆盖物不超过1m，在挖料前去除发霉或腐败的青贮；至少每周一次检查青贮料的干物质含量，当干物质含量变化大于2%时应调节全混合日粮中的饲草数量。

⑧每月至少一次的体况评分和产量检测，对过肥过瘦牛只以及产量差异大于10kg的牛只在分析原因的基础上进行分离。

十、评价全混合日粮混合质量

（一）感官评价

随机的从牛全混日粮中取出一些，用手捧起观察，估测其总重量及不同粒度的比例。全混合日粮应精粗饲料混合均匀，松散不分离，色泽均匀，新鲜不发热，无异味，不结块。一般推荐，可测得3.5cm以上的粗饲料部分超过日粮总重量的15%为宜。

（二）水分检测

全混合日粮的水分应保持在40%～50%为宜。每周应对含水量较大的青绿饲料、青贮饲料和全混合日粮进行1次干物质测试。偏湿则采食量会受限制，偏干则适口性受到影响，采食量也要受到限制。

（三）滨州细度分筛器法

随机采取混合好的全混合日粮放在上筛，水平摇动，至没有颗粒通过筛子。对筛分成粗、中、细的3部分分别称重，计算它们在日粮中所占的比例。上筛长纤维6%～8%、中筛短纤维40%～50%、底盘碎末小于50%。用四层的分筛器时，上筛2%～8%、中筛30%～50%、下筛30%～50%、底盘小于20%。

（四）观察乳牛反刍

观察乳牛反刍是间接评价日粮制作粒度的有效方法，充足的反刍可保证乳牛瘤胃健康。粗饲料的品质与适宜切割长度对乳牛瘤胃健康至关重要，劣质粗饲料是乳牛干物质采食量的第一限制因素。同时，青贮或干草如果过长会影响乳牛采食，造成饲喂过程中的浪费；切割过短、过细又会影响乳牛的正常反刍，使瘤胃pH值降低而出现一系列代谢疾病。乳牛每天累计反刍7～9h，随时观察牛群时至少应有50%～60%的牛正在反刍。

十一、粪便冲洗检测

用粪便分离筛对乳牛粪便采样经清洗分离后，观测不同层次的剩余饲料量。

①对所要检测的牛群分别取样，每群100～150头，取10～15头牛粪样，每个取样2L。

②对放入筛中的粪便冲（淋浴状态）洗（慢放快提流出至清洗的水清亮）。

③冲洗完后湿干分别称重并做好记录，如日期、筛检人、牛群、筛上物比例，拍照。

④根据筛上物颗粒种类判断出结果，从而对发现问题改善措施。

十二、TMR设备的安全注意事项及保养

（一）安全注意事项

①开机前检测油量等是否充足，做到预热5min，在预热过程中倾听设备的声音是否正常，眼看，耳听，手摸，鼻闻。正常后再进行工作。

②严禁将机器作为升降机使用或者爬到切割装置里，当需要观察搅拌机内部时请使用侧面的登梯；严禁站在取料滚筒附近，料堆范围内及青贮堆的顶部；严禁调节、破坏或去掉机器上的保护装置及警告标签。在升降大臂之前要确定大臂四周没有人，其次要确保截止阀是否处于打开状态。

③机器运转或与拖拉机动力输出轴相连时，不能进行保养或维修等工作。当传动轴在转动时，要避免转大弯，否则将损坏传动轴。在转大弯时应先停止传动轴再转弯，这样可以延长传动轴的使用寿命。还有要注意传动轴转动时，人不能靠近，防止被传动轴卷入，造成人身伤害。

④取料滚筒大臂在取料滚筒负荷增大时，会自动上升，经常这样会对机车的液压系统有一定的损坏。所以在负荷过大时，应调整大臂下降速度或减小取料滚筒的切料深度。在改变取料滚筒的转向时，应先等取料滚筒停止转动后再进行操作，否则将容易损坏液压系统。

⑤在下降取料滚筒大臂时，应在大臂与大臂限位杆即将接触时调低大臂的下降速度（可用大臂下降速度调节旋钮进行调解），这样可以避免大臂对限位杆的冲击，保证限位杆及后部清理铲不受损坏。

（二）设备保养

1. 所有工作结束后　要将拖拉机和搅拌车停放平稳，拉起手制动，降低后部清理板，将取料滚筒放回最低位置。

2. 根据要求保养

①初运转50～100h进行例行保养，清扫传输过滤器，更换检查润滑油，更换减速机润滑油，注入新的齿轮润滑油；每工作8h对于传动轴上的油嘴，还有主副搅龙上的油嘴上黄油。

②对于机车上的液压油和齿轮油，要求工作头100h更换一次，以后每工作800h更换一次。

③最早使用的头50h以后，用柴油清洗位于液压油箱中的液压油滤芯，然后用压缩空气从滤芯的内部向外将其吹干净。最早工作的头100h后及接下来每工作400h清洗液压油

滤芯。

④班前班后的保养，应定期清除润滑油系统部位积尘油污，在注入减速机润滑油时，要用擦布擦净润滑油的注入口，清除给油部位的脏物，油标显示给油量，油标尺显示全部到位。

⑤如果发现搅拌时间比往常要长的话，需要调整箱体内的刀片。随着搅龙运动的刀片称为动刀，固定在箱体上的称为定刀。正常情况下，动刀刃和定刀刃之间的距离小于1mm的。如果动刀磨损，需要更换。如果定刀磨损，可以将其抽出来换个刀刃，因为定刀有四个刀刃，因此可以使用四次。要特别注意的是，换刀时，要保证拖拉机处于熄火状态，最好钥匙能在换刀人手上，以保证人身安全。

⑥机械每工作200h应检查轮胎气压；每工作400h应检查轮胎螺母的紧固状态，检查减速机油标尺中的油高位置；每工作1 500～2 000h应更换减速机的润滑油。

⑦注意链条松紧度等情况。

十三、TMR应用中常见的错误及问题

（一）常见错误

1. 混合过度

混合应在所有饲料原料加入后3～10min内完成。混合过度将造成各种饲料成分的分离（尤其是当混合饲料都是干的）、缩小饲料尺寸和过分研磨饲料，并进一步导致消化不良、真胃移位、蹄叶炎和乳脂率低下。

2. 不常测试饲料水分

TMR饲喂使得乳牛吃下去的每一口饲料均含有相同的成分，这有许多优点但同样也有不少缺点。如果没有经常测定粗料的含水量则TMR的缺点就会明显反映出来。例如含50%水分的22. 7kg日粮，其干物质为11. 35kg。但如果饲料含水分达到60%，则意味着干物质只有9kg，这样一来将造成粗纤维严重不足，应做到每周检测一次青贮饲料的水分。

3. 没有控制自由采食的粗料

如果TMR中缺乏有效的粗纤维，则应单独补充干草。一般说来，单独补饲不超过2. 3kg的干草是被营养学家所接受的。然而，单独饲喂干草也许会造成更多的问题。当乳牛有机会在TMR饲料和干草之间作出选择时，问题比较突出。为了满足乳牛的纤维需求量，乳牛需要吃下去一定数量的干草。但如果乳牛不吃干草，则其日粮中只有TMR饲料，这一TMR料中可能含有16%～17%的ADF，乳牛将处在酸中毒的状态。如果一头乳牛吃了过多的干草，则影响其TMR的摄入量，结果导致过瘤胃蛋白和能量摄入量不足。

4. 过分添加补充料

对某些TMR来说，适当添加一些补充料对乳牛有一定的作用。但牛乳生产者与乳牛营养学家必须进行良好的交流和沟通，新的TMR用户不太愿意相信乳牛能从TMR中获取其所需的全部蛋白质及能量，因而他们有过分添加补充料的倾向。这使得TMR再一次变成了不平衡的饲料，使乳牛吃下去的饲料与日粮报告中的不一致。

5. 粗料喂量过少

这一错误往往出现在乳牛无法吃光配下去的日粮的时候。生产者认为精料及蛋白类饲

料是最重要的，于是就想方设法确保乳牛吃到足够的精料及蛋白补充料，因而就减少粗料的喂量，以便乳牛能吃完所有的饲料——这可能是 TMR 用户的最大错误。平衡的 TMR 的最大优点在于乳牛吃下去的每一口饲料都含有适量的粗料和精料。如果乳牛吃不下配下去的饲料，则千万不要只减少其中的一种成分，而应按比例减少各种饲料成分，应请乳牛营养配制人员重新配制日粮以便更符合实际的干物质采食量。

6. 混合过程中的错误

如果饲料在混合时出现错误，则将造成食槽中的饲料与配制的日粮不同。避免出现混合不当的一个较好的方法是定期对离开混合机的饲料进行采样分析，对这些样品进行实验室分析得出的数据应与日粮报告中的数据接近。混合结束后对首先倒出来的饲料、中间倒出来的及最后倒出来的饲料进行抽样可帮助了解在混合及卸货期间是否存在各种原料分离的状况。

（二）存在的问题

由于 TMR 设备投资较大，我国全混合日粮（TMR）技术整体的应用比例还比较低，我国全混合日粮技术普及率亟需提高；缺乏全方位的技术支持，不能依据原料成分的改变及时调整日粮配方；缺少必要的检测设备，第三方检测机构不健全，导致未能及时检测日粮的营养成分；日粮搅拌不均匀或混合过度、日粮均一性差；有的养殖场私自添加精料，破坏了 TMR 中各营养成分的平衡；不能及时对 TMR 设备进行保养等。

第七章　乳牛生产性能测定技术（DHI）

第一节　DHI 技术概述

一、DHI 技术定义

DHI 是英文字母 Dairy Herd Improvement 3 个单词的大写首字母的简称，其含义是乳牛群体改良计划，也称牛乳记录系统。在国内一般称之为乳牛生产性能测定，也可概括为："测乳科学养牛"。乳牛 DHI 技术是对规模乳牛场（小区）的乳牛的系谱、胎次、产犊日期、泌乳量等基础数据信息进行采集并进行档案管理，每月对泌乳牛个体乳样的乳成分、体细胞数等项目进行测定、数据处理和科学分析，形成生产性能测定报告。技术人员根据 DHI 技术报告层层剖析，准确找出牛只、牛群和牛场存在的问题，有针对性地制定改进措施和调整计划，从而科学有效地进行量化管理，达到乳牛场科学化和精细化管理，使牛群最大限度地发挥其生产性能，是提高经济效益的一项技术和手段。性能测定是乳牛管理和育种工作的基础，通过监测生产性能，保证资料准确，提供乳牛场有用信息指导生产，生产性能测定的最大受益者是乳牛场。

二、DHI 技术的发展及在国内应用的情况

乳牛 DHI 技术诞生于 1906 年，经过百年发展完善，在乳业发达国家已成为一项非常成熟的技术体系。到 2006 年，世界乳牛单产最高（10 500kg/头）的国家以色列的所有牛群全部参加生产性能测定。在丹麦、瑞典、荷兰、加拿大、美国参加生产性能测定的乳牛分别达到 92%、85%、84.5%、65.8% 和 44.4%，这些国家乳牛平均单产水平都达到 8 000kg/头以上。

我国于 1992 年开始引入乳牛生产性能测定技术，1995 年农业部实施"中加乳牛综合育种项目"，先后在上海、北京、天津、西安、杭州等地开展。2008 年农业部在 16 个省（区、市）的 18 个项目区建立 DHI 实验室推广该项技术。截至 2009 年底，全国有 1 024 个牛场开展了测定工作，测定牛只达到 52 万余头。

三、DHI 的成就

系统的、长期的遗传改良工作是乳牛业发展的根本动力。如不加强选育工作，就会因自然选择而退化，所以乳牛育种利在千秋。DHI 体系对乳牛业的发展起决定性作用，贡献率达 43% 以上。如以色列通过牛群改良计划，全国乳牛的平均泌乳量由 1949 年的 4t 提高到 1999 年的 10t。

第二节 乳牛生产性能测定的意义及应用效果

一、开展乳牛生产性能测定的意义

主要体现在以下几个方面：一是能完善乳牛生产记录体系；二是牛场通过测试每头泌乳牛的生产性能，并根据测定报告科学制定牛场管理计划，对牛群实行科学管理，使牛场管理建立在数据化、科学化的管理之上，既掌握整体状况，又清楚个体水平，从而改变粗放型、经验型管理养牛模式；三是根据报告中乳成分含量变化及时改进配方，提高饲草饲料利用率；四是指导牛场兽医防治疾病；五是通过调控饲料营养水平和改善管理，生产出达到理想成分指标和卫生指标的牛乳；六是能提高牛场的牛群质量和经济效益；七是通过在全国推广 DHI 测试体系，结合后裔鉴定技术，根据生产记录对应用的种公牛做出遗传评价，确定乳牛良种补贴入选种公牛向社会进行推荐，能推进整体牛群遗传改良，持续提高全国的乳牛群品质；八是政府部门可以将 DHI 测定中心作为生鲜乳检验部门，推行第三方检验制度，保障乳业健康发展。此外也有助于建立有效的乳牛育种与良种登记体系，可以缩短我国与发达国家乳业生产水平的差距。

二、DHI 技术在乳牛场生产管理上的应用及效果

①DHI 在乳牛场生产上的应用主要有以下几个方面：DHI 对乳牛乳房炎管理、选种选配、牛只买卖、兽医诊断、追踪牛只表现、观察牛群表现、牛只淘汰、牛群间相互比较、饲料配方平衡、提高牛乳质量、考核员工业绩、开发新项目等有很大的帮助。

②DHI 系统的分析结果即 DHI 报告可以为牛场管理牛群提供科学的方法和手段，同时为育种工作提供完整而准确的数据资料。DHI 技术是被实践证明了的一项有效提质增效技术，效果非常明显。1989—1998 年，美国应用 DHI 技术后乳牛单产水平提高了 20%。每头牛平均年增加效益 3 500美元，回报为投入的 2 ~ 50 倍；参加测定的牛群比非测定牛群泌乳量提高 20% ~40%。据有关资料报道，宁夏平吉堡乳牛场从 2001 年开始应用 DHI 技术，到 2008 年平均乳牛单产由 6 789kg 提高到 8 600kg，牛乳的乳脂率、蛋白率和体细胞数平均在 3.6%、3.05%、25 万 ~30 万个，牛乳质量有了明显提高和改善，乳价高于全区内平均值的 40% 以上。宝鸡市澳华现代牧业有限公司从 2009 年 5 月到 2010 年 6 月应用乳牛 DHI 技术仅一年时间，305d 乳牛平均单产由 4 565kg/头提升到 7 102kg/头，呈明显持续上升趋势。该公司牛群平均体细胞数由 113.17 万个/ml 下降到 54.74 万个/ml，呈明显下降趋势。平均每头泌乳牛平均单产提高了 2 607kg/头，按该场每月平均送乳样 247 头，乳价 3 元计，仅提高生产水平一项就增加收入 193 万元，效果明显。

第三节 乳牛 DHI 技术基本流程及应用的技术要求

一、乳牛 DHI 技术应用的基本流程

乳牛 DHI 技术应用的基本流程主要由 4 个过程组成，一是参测乳牛场建立牛只档案，

完善档案管理的前期准备和按操作规程采送样工作；二是 DHI 实验室化验分析乳样工作；三是 DHI 数据中心进行数据处理，形成报告工作；四是乳牛场根据报告查找问题、改进饲养管理的整改工作和育种机构遗传评估分析工作。

二、乳牛 DHI 技术应用的技术要求

应用乳牛 DHI 技术在每一个方面和环节都有严格的要求。

（一）参测牛场的条件和要求

1. 参测牛场基本条件

目前随着全国对牛乳质量要求的不断提高以及计价体系的不断完善，要求参加 DHI 的牧场日益增多，参测牛场应具备以下条件。

①要有规模。原则上为存栏 200 头以上的规模牛场，测试牧场要有一定的测试群体（50 头以上）才有测定与分析、比较的价值。②要测试牧场必须是管道式或挤乳台式挤乳设施，并同时配备流量计、计量瓶或带搅拌和计量功能的采样装置以便于读数与取样。③要有完整准确的档案信息资料，测试牧场的所有乳牛必须将牛号标识、出生日期、系谱档案等资料登记造册，并能定期将乳牛的配种、怀孕、分娩、乳产量、所产犊牛情况等资料做好记录。④要配备责任心强的专业技术人员。⑤企业的负责人对该项技术有全面了解和认识，能积极主动配合。⑥由于乳样保质期与运输的原因，测试牧场与测试点的距离最好控制在 250 公里以内，便于乳样的运输、服务工作的跟进。⑦参加 DHI 体系的牧场须每月把以下资料交付测试中心。乳账单：每头牛的早、中、晚各次产量及当天合计产量；头胎牛资料：牛号、分娩日期、犊牛号、性别、初生重、留养情况、与配公牛、出生日期、母号、外祖母、外祖父、父号；经产牛：牛号、分娩日期、犊牛号、性别、初生重、留养情况、与配公牛；淘汰牛：牛号、淘汰日期；移棚牛：牛号、移棚日期、现牛棚号；干乳牛：干乳牛号、日期。⑧由于目前防疫形势的需要，最好要求乳牛场场内自行测定，所以必须每月有专人间隔 26～33d 对泌乳期内的每头乳牛每月测定一次日泌乳量，并按规定一日三次取样，送 DHI 测试点测试。⑨根据 DHI 测试点发回的测试数据与测试报告，学会如何应用，有针对性地解决存在的各种问题。

2. 建立完整准确的信息档案

牛场首先按照 NY/T1450－2007《中国荷斯坦乳牛生产性能测定技术规范》中 4.3.1 准备工作的具体要求完善牛群资料信息。填写《初次参测牛只档案》《犊牛记录表》《干乳牛和淘汰牛记录表》《牛只产乳明细表》，并按要求形成电子档案报乳牛 DHI 测定中心。

（二）人员及硬件设备要求

①测定中心的工作人员要经过农业部的专业培训、考核。牛场技术员要经过省 DHI 中心专业培训，能准确解读报告。

②实验室要有福斯 CombifossFT＋乳成分及体细胞一体综合分析仪和操作系统，每月对仪器校准。

（三）采送乳样要规范

1. 准备工作

采样前与 DHI 测定中心联系预约送样时间，准备足够的采样瓶、样品架和防腐剂，按要求报送有关电子档案等。

2. 测定乳牛要求

测定的乳牛应是产后7d至干乳前7d的泌乳牛。每个泌乳牛每个泌乳月采送样一次，两次测定时间间隔为26～33d，为了操作方便，固定为每月的某一天。

3. 采样操作

（1）添加防腐剂　采样时必须使用DHI测定中心带有取样刻度标记的专用样品瓶和样品架，采样前先在每个采样瓶内加入0.03g重铬酸钾防腐剂。

（2）登记耳号和泌乳量　乳牛上挤乳台之后，先按顺序登记牛耳号，挤完乳之后，记录每头牛的泌乳量，然后取样，保证耳号与样瓶上的牛号一致。

（3）掌握取样量　每次应对每头泌乳牛逐头采样，一天3次挤乳的按早、中、晚4∶3∶3的比例取样；一天两次挤乳的按早晚6∶4比例取样。每头牛取样总量为40ml，样品采在同一个样品瓶里。取样时，流量计或计量瓶要先放气使牛乳充分搅拌混匀，然后取样。因为乳脂肪比重小，一般分布在牛乳的上层，不经过搅拌采集的乳样会导致测出的乳成分生产性能测定报告不准确。

（4）采样注意事项　采样时要注意保持乳样清洁，勿让粪、尿等杂物污染乳样。采样结束后，样品应摇匀，让防腐剂与乳样充分混匀。样品箱（架）必须放在安全的地方，天气炎热时，应将乳样放置于冷藏室（2～7℃），但不可冷冻，或放在通风阴凉处，避免阳光直接照射。样品筐（架）的标签上应准确填写牛场名称、牛舍或筐号。采样结束后，将样品瓶按泌乳量明细表中的牛号顺序（1～10）排放在样品架里。

4. 样品送检

从开始采样到送达检测室的时间应该控制在夏季不超过48h，冬季不超过72h，最好采完立即送样。各牛场严格按照DHI中心排定的送样日期送样，若有临时变动，须提前与DHI中心联系。运输途中避免剧烈震动和倾倒。

（四）测定中心测定分析工作与要求

测定中心要核对乳样和正确测定。

1. 核对乳样

收样员接收乳样时，查对采样记录等各类表格是否齐全，样品有无损坏、是否加防腐剂、采样记录表编号是否与样箱编号一致。如有10%以上样品不符合要求，应通知牛场重新采样。

2. 测定

测定时，实验室应利用福斯combifossFT+乳成分及体细胞一体综合分析仪和操作系统，严格按照操作规程化验测定，测出乳脂、乳蛋白、乳糖、全乳固体含量和体细胞数等，并每月对仪器进行一次校对。

（五）测定中心数据处理与要求

测定中心数据处理室将乳牛场的基础资料输入计算机建立牛群档案，并与乳样测定结果相结合，应用"中国乳牛生产性能测定信息系统"进行数据加工处理与分析从而形成DHI测定分析报告。另外还可根据乳牛场需要为其提供305d泌乳量排名报告；不同牛群生产性能比较报告；体细胞总结报告；典型牛只泌乳曲线报告；DHI报告分析与咨询等多种DHI测定分析报告。

（六）信息反馈与指导

乳牛DHI测定中心根据测定分析结果形成牛场生产性能测定报告反馈给市县业务单

位和牛场。一般在牛场乳样到达测试中心后的3～5d，DHI报告就可以出来了。如果乳牛场有传真机或互联网，则可在测试完成的当天或第二天获得DHI报告用以指导生产。

（七）技术应用

市县业务部门帮助牛场管理者和技术人员通过对报告解读分析，找出问题和原因，制订改进方案和措施，牛场则要根据改进方案和措施负责落实改进到位。

三、乳牛性能测定方法

泌乳量测定方法可分为场内自行测定或监测人员测定。泌乳期内每月测定一次泌乳量，间隔26～33d，同时要注意缺失记录和异常记录。

第四节　DHI技术的应用

一、DHI测试的项目

目前，在全国16个地区开展的DHI测试，基础测试指标有测试日泌乳量、乳脂率、乳蛋白率、体细胞数、乳糖率及总固体率。在最后形成的DHI报告中有20多个指标，这些是根据乳牛的生理特点及生物统计模型统计推断出来，通过这些指标可以更清楚地掌握当前牛群的性能表现状况，牛场管理者也可以从其中发现生产经营的好坏。

二、报告指标

泌乳天数，乳损失，前次体细胞数，首次体细胞数，高峰天数，高峰乳量，305乳量，305脂肪，305乳脂率，305蛋白，305乳蛋白率，已泌乳量（总乳量），已产脂肪（总乳脂），已产蛋白（总蛋白），体细胞分，乳款差，经济损失，校正乳，持续力，WHI群内级别指数，成年当量。

三、DHI基础知识

1. 测试内容

日泌乳量、乳脂率、乳蛋白率、乳糖率、总固体率、乳尿素氮含量、体细胞数。

2. 测试间隔

26～33d，平均30d左右。

3. 测试对象

所有泌乳牛在产后一周开始检测。

4. 测试原理

乳成分是依据红外原理，根据各成分对红外吸收程度的不同而进行分析。体细胞测试是将乳样稀释，细胞核染色，然后通过电子自动计数器生成而得。

5. 乳样要求

日3次挤乳早、中、晚比例为4∶3∶3，日2次挤乳比例为早、晚6∶4。

6. 乳样存放

含防腐剂的乳样在2～7℃下安全存放7d；在室温18℃下安全存放4d。

7. 样品防腐剂

一般为重铬酸钾，加入量是0.03g（40～50ml的乳样）。

8. 乳样测试温度

40℃ ±2℃。

9. 测试所需设备

乳样测试仪、流量计、恒温水浴箱、采样瓶、样品架、样品箱、乳样运输车和相关化学试剂等。

10. 测试仪器校正

（1）DHI测试仪校正：每使用3个月或仪器经过维修。（2）流量计的校正：每使用6个月校正一次。

11. 流量计使用

保持清洁，计量过程中必须垂直悬挂，倾斜角度不超过5度。

四、DHI报告主要指标简介

1. 序号

样品的测试顺序号，由测试中心统一编号。

2. 牛号

依据中国乳业协会规定统一编号，共计十位。前五位是所在省份（市）（前2位）和牛场编号（第3～5位），后5位是出生年份（第6～7位）及顺序号（第8～10位）。统一编号增加数据的规范性、准确性，便于数据库管理、建档。

3. 分娩日期

由牛场提供，计算其他各项指标的依据，可产生一系列重要参数。

4. 胎次

由乳牛场提供，是计算305d预测泌乳量的必备条件。一般保持牛群平均胎次为3～3.5比较合理。因为处于此状态的牛群不但有较高的产乳潜力及持续力，而且还有条件不断更新牛群，这样可以尽可能利用其优良的遗传性能，提高群体生产水平。

5. 泌乳天数

指从分娩当天到本次测试日的时间。

6. 产犊间隔

本次分娩日期到上次分娩日期的时间。

7. 日泌乳量

本次测定日牛的泌乳量，反映牛只、牛群当前真实的产乳水平。

8. 校正乳量

依据实际泌乳天数和乳脂率校正为泌乳天数为150d、乳脂率3.5%时产生的日泌乳量。可用于比较不同泌乳阶段、不同胎次的乳牛间的生产水平，也可用于不同牛群间生产性能的比较。例如99001号牛与98012号牛某月泌乳量基本相同，但是就校正乳量而言，后者比前者高出近10kg，说明98012的产乳性能好。

9. 前次乳量

即上次测乳日的泌乳量，和当月测试结果比较用于说明牛只生产性能是否稳定。

10. 乳脂率和乳蛋白率

乳脂率（F%）指乳中脂肪的百分比，乳蛋白率（P%）指乳中蛋白的百分比。这两项指标是通过红外线分析仪测定的，乳脂率、乳蛋白率是牛乳计价标准的主要指标。乳脂率和乳蛋白率的高低主要受遗传和饲养管理两方面的影响，因此除了选择优良的种公牛（冻精）外，还需要加强饲养管理。

11. 脂肪蛋白比

指牛乳中乳脂率与乳蛋白率的比值。

12. 累计乳脂量和累计蛋白量

从分娩之日起到本次测乳日该牛的乳脂总产、蛋白总产。

13. 体细胞数

牛乳体细胞数的英文为 somatic cell count，SCC。牛乳体细胞数是指每毫升牛乳样品中的该牛体细胞数的含量，多数是白细胞，通常由巨噬细胞、淋巴细胞、多形核嗜中性白细胞等组成，约占牛体细胞数的95%，其余是乳腺组织死去脱落的上皮细胞。

14. 线性体细胞计数

即体细胞评分，将体细胞数由计算机通过数学的方法线性化而产生的数据。利用体细胞分评估乳损失较直观（表7－1）。

表7－1　体细胞评分标准

体细胞数（千）	体细胞分
≤12.5	0
＞12.5	体细胞分＝取整（log（体细胞/12.5）/log（2）＋0.5） 如果体细胞分＞9则体细胞分＝9

15. 前次体细胞数

上次测定日测得的体细胞数，用以说明乳牛场采取的预防管理措施是否得当，治疗手段是否有效。

16. 乳损失

指由于乳房受细菌感染而造成的牛乳损失，可以通过体细胞数和泌乳量的数值进行计算。DHI报告详细地提供了每头牛的乳损失及平均乳损失，由此可直接计算出经济损失。这正是牛乳记录系统的意义所在，也是牛场所关心的焦点问题。通过一些有效的管理措施，降低体细胞数，减少乳房炎发病率，定会提高牧场的经济效益（表7－2）。

表7－2　乳损失与体细胞分的关系

体细胞计分	体细胞值×1 000	体细胞中间值×1 000	第一胎乳损失（kg）	二胎以上乳损失（kg）
1	18～34	2	0	0
2	35～68	50	0	0
3	69～136	100	90	180

（续表）

体细胞计分	体细胞值×1 000	体细胞中间值×1 000	第一胎乳损失（kg）	二胎以上乳损失（kg）
4	137～273	200	180	360
5	274～546	400	270	540
6	547～1 092	800	360	720
7	1 093～2 185	1 600	450	900
8	2 186～4 271	3 200	540	1 080
9	>4271	6400	630	1260

17. 经济损失

指由于乳腺炎所造成的总的损失，其中包括乳损失和乳腺炎的其他损失。据统计乳损失约占总经济损失的64%。乳腺炎的其他损失包括：乳房永久性破坏，牛只传染，过早干乳、淘汰，兽医、兽药费，抗生素残留乳，生鲜乳质量下降等。例如，00413 号牛，测试日泌乳量 27kg。体细胞数 81 万（体细胞分 6 分），换算成乳损失 2. 2kg，乳款差 4. 84 元（以乳价 2. 2 元/kg），那么本测试日造成的经济损失则为 7. 56 元（4. 84/64%）。

18. 305d 乳量

对于泌乳未满 305d 的牛只指预测乳量，当泌乳天数达到或超过 305d 时指 305d 的实际乳量。

19. 累计乳量

从分娩之日起到本次测乳日该牛的泌乳量累加数，对于完成胎次泌乳的牛代表胎次泌乳量。

20. 高峰日与高峰乳量

高峰日指乳牛在几次测乳中乳量最高时的泌乳天数即高峰乳出现时的泌乳天数，高峰乳量指几次测乳中的最高乳量。

21. 持续力

根据个体牛测试日乳量与前次测试乳量，可计算出个体牛的泌乳持续力。

22. 干乳日期

反映了干乳牛的情况。如果干乳时间太长说明过去存在繁殖问题；干乳时间太短将影响乳牛体况的恢复和下胎的泌乳量。正常的干乳时间应为 60d 左右。

23. 繁殖状况

乳牛当前所处的生理状况（配种、怀孕、产犊、空怀）。

24. 预产期

根据配种日期及怀孕检查推算而来。

25. WHI（群内级别指数）

指个体牛只或每一胎次牛在整个牛群中的生产性能等级评分，群内级别指数＝个体牛只的校正乳/牛群整体的校正乳×100。它是牛只生产性能的相互比较，反映牛只生产潜能的高低。

26. 成年当量

指将各胎次产量校正到第五胎时的305d产量。一般认为第五胎母牛的身体各部位发育成熟，性能理论上达到最高峰。利用成年当量可以比较不同胎次母牛的整个泌乳期的生产性能高低。

五、DHI计算方法

1. 日乳量的测定

全天24h泌乳量的累加。

2. 各乳成分量的计算

①若是采取混合样方式，是将每头牛各班次分别按照比例，将乳样放入一个采样瓶中，测出的乳成分率与其相对应的日乳量相乘后，得出每头牛鉴定日的各种乳成分的量。

②若是采取不同班次分别取样方式，是将每头乳牛各班次分别测出的乳成分率与其相对应的班次产量相乘后，结果相加得出每头牛鉴定日的各种乳成分的量。各种乳成分量分别去除日泌乳量，得出各乳成分率。

以3次挤乳，计算乳脂率为例：

M1：中班泌乳量；M2：晚班泌乳量；M3：早班泌乳量；M：日泌乳量。

F1%：中班乳脂率；F2%：晚班乳脂率；F3%：早班乳脂率；F：乳脂量

$$M1 + M2 + M3 = M$$

$$M1 \times F1\% + M2 \times F2\% + M3 \times F3\% = F$$

$$\text{乳脂率} = (F/M) \times 100$$

3. 泌乳期乳量、乳成分计算

M1，M2，…，Mn分别为第1次，第2次，…，第n次鉴定日测得的乳量；

F1，F2，…，Fn分别为第1次，第2次，…，第n次鉴定日测得的乳脂量；

L1，L2，…，Ln－1分别为第1次至第2次鉴定，第2次至第3次鉴定，…，第n－1次至第n次鉴定的间隔天数；

L0为产犊日至第1次鉴定的间隔天数；

Ln为末次鉴定至泌乳期结束日的间隔天数；

LM为泌乳期乳量；

LF为泌乳期乳脂量。

$$LM = M1\ (L0 + L1/2) + M2\ (L1 + L2)\ /2 + M3\ (L2 + L3)\ /2 + \cdots + Mn-1\ (Ln-2 + Ln-1)\ /2 + Mn\ (Ln-1/2 + Ln)$$

$$LF = F1\ (L0 + L1/2) + F2\ (L1 + L2)\ /2 + F3\ (L2 + L3)\ /2 + \cdots + Fn-1\ (Ln-2 + Ln-1)\ /2 + Fn\ (Ln-1/2 + Ln)$$

$$\text{平均乳脂率} = (LF/LM) \times 100$$

4. 中途不能鉴定的月份

在鉴定期中途（进行第1次鉴定以后）不能实施鉴定时，采用前后两个月的鉴定日的平均乳量，算出平均数，作为未实施鉴定日的乳量，再乘该月鉴定间隔天数，计算出月乳量。乳脂量、乳脂率等乳成分的计算与乳量的计算方法相同，通过前后两个月的平均数进行计算。

推测与正式记录：所谓“推测”是指在不得已情况下，鉴定员不能到现场参与采样或采样失败时，将前后月的记录的平均数作为这个月 1d 的鉴定记录。但必须注意，连续 2 个月没有得到记录时，因不能计算前后月的平均数，所以不承认是正式记录。一个泌乳期内推测次数不得超过 2 次。

5. 305d 期待乳量

鉴定日的累计乳量乘以系数。系数的计算应通过泌乳天数与泌乳量的关系，画出标准泌乳曲线。对不满 305d 泌乳期母牛，泌乳量使用系数校正来计算 305d 期待量。

6. 持续力

泌乳持续力 = 测定日乳量/前次测试日乳量 × 100%，用于比较个体牛只的产乳持续能力。

7. 体细胞计数（SCC）线性分的计算

即体细胞评分 = log2 ×（体细胞计数/100 000）+3

8. 体细胞计数（SCC）与乳损失的换算关系

乳损失 =（乳量 × 乳损失率/100）/（1 – 乳损失率/100）

表 7–3　SCC 与乳损失的关系

体细胞计数（SCC，万）	乳损失率	乳损失
<15	0	0
15 ~ 25	1.5	1.5 × 日泌乳量/98.5
25 ~ 40	3.5	3.5 × 日泌乳量/96.5
40 ~ 110	7.5	7.5 × 日泌乳量/92.5
110 ~ 300	12.5	12.5 × 日泌乳量/87.5
>300	17.5	17.5 × 日泌乳量/82.5

9. 乳款差

乳损失 × 当前乳价

10. 经济损失

乳款差/（64%）

11. 校正乳（个体）

（（0.432 × 日产乳）+（16.23 ×（日产乳 × 乳脂率））+（（产乳天数 – 150）× 0.0029）× 日产乳）× 胎次校正系数；

胎次校正系数（见表 7–4）。

表7－4　胎次校正系数与胎次关系

胎　次	系　　数	胎　次	系　数
1	1.064	5	0.93
2	1.00	6	0.95
3	0.958	7	0.98
4	0.935	＞7	0.98

11. 校正乳（群体）

［（0.432×群体平均日产乳）＋（16.23×（群体平均日产乳×群体平均乳脂率）］＋［（群体平均泌乳天数－150）×0.0029）×群体平均日产乳］

12. 总乳量、总乳脂量、总蛋白量（表7－5）

表7－5　泌乳天数与总乳量、总乳脂和总乳蛋白的关系

条件计算值	泌乳天≤30		泌乳天＞30		
				上次泌乳天≥40	
	1胎	2胎以上	上次泌乳天＜40	上次日产乳＞0	上次日产乳≤0
总泌乳	日产乳×泌乳天×［0.605＋0.0435×SQRT（泌乳天）］		日产乳×泌乳天数	上次总产乳＋（日产乳＋上次日产乳）×泌乳天数/2	日产乳×泌乳天数
总乳脂	总产乳×［0.136＋0.316×SQRT（泌乳天）－0.0351×泌乳天＋0.000130×（泌乳天^2）］×乳脂率/100	总产乳×［0.177＋0.324×SQRT（泌乳天）－0.0366×泌乳天＋0.000141×（泌乳天^2）］×乳脂率/100	总产乳×乳脂率/100	上次总乳脂＋（乳脂率＋上次乳脂率）×总产乳×/200	总产乳×乳脂率/100
总蛋白	总产乳×［0.235＋0.239×SQRT（泌乳天）－0.0225×泌乳天＋0.000069×（泌乳天^2）］×蛋白率/100	总产乳×［0.476＋0.146×SQRT（泌乳天）－0.0115×泌乳天＋0.000038×（泌乳天^2）］×蛋白率/100	总产乳×蛋白率/100	上次蛋白量＋（蛋白率＋上次蛋白率）×总产乳×/200	总产乳×蛋白率/100

13. 305d估计乳量（表7－6）

总乳量×估计系数

表7－6　产乳天数与产乳量的关系

产乳天数	第一胎	二胎以上	产乳天数	第一胎	二胎以上
30	8.32	7.42	180	1.51	1.41
40	6.24	5.57	190	1.44	1.35

（续表）

产乳天数	第一胎	二胎以上	产乳天数	第一胎	二胎以上
50	4.99	4.47	200	1.33	1.30
60	4.16	3.74	210	1.32	1.26
70	3.58	3.23	220	1.27	1.22
80	3.15	2.85	230	1.23	1.18
90	2.82	2.56	240	1.19	1.14
100	2.55	2.32	250	1.15	1.11
110	2.34	2.13	260	1.12	1.09
120	2.16	1.98	270	1.08	1.06
130	2.01	1.85	280	1.06	1.04
140	1.88	1.73	290	1.03	1.03
150	1.77	1.64	300	1.01	1.01
160	1.67	1.55	> 305	实际305乳量	
170	1.58	1.48			

14. 平均乳脂率、平均蛋白率

平均乳脂率 =（总乳脂量/总乳量）×100

平均蛋白率 =（总蛋白量/总乳量）×100

15. 成年当量（表7－7）

成年当量 = 305d估计泌乳量 × 成年当量系数

表7－7　成年当量与成年当量系数

胎次	系数	胎次	系数
1	1.1476	5	1.000
2	1.0781	6	1.0080
3	1.0333	7	1.0329
4	1.0082	8	1.0774
		> 8	1.0774

16. 胎次比例失调乳损失

①期望牛群比例。1胎：2胎：3胎及以上 = 30%：20%：50%

②期望牛群年泌乳量 = 牛群头数 ×（1胎305d平均泌乳量 × 30% + 2胎305d平均泌乳量 × 20% + 3胎及以上305d平均泌乳量 × 50%）

③实际牛群年泌乳量 = 牛群头数 ×（1胎305d平均泌乳量 × 实际1胎比例 + 2胎305d平均泌乳量 × 实际2胎比例 + 3胎及以上305d平均泌乳量 × 实际3及以上胎比例）

④损失 = 期望牛群年泌乳量 – 实际牛群年泌乳量

如果损失 >0，则存在比例失调乳损失。

17. 高峰日丢失乳损失

牛群头数 × 理想高峰日 ×（实际高峰日 – 理想高峰日）×0.07 + 牛群头数 ×［（实际高峰日 – 理想高峰日）^2］×0.07/2

18. 泌乳期过长乳损失

泌乳牛头数 ×0.07 ×（实际平均泌乳天数 – 理想平均泌乳天数）×365

19. 胎次间隔过长乳损失

泌乳群头数 ×（产犊成活率/2）×［（实际产犊间隔 – 理想产犊间隔）/理想产犊间隔］×母犊牛价格

20. 体细胞带来的年乳损失

本年度乳合计乳损失

21. 干乳比例失衡乳损失

理想泌乳周期泌乳量 = 305d 泌乳量平均 × 理想非干乳比例（85%）× 牛群头数［85% =60 ×（干乳期/365 或 2/12）］

实际泌乳周期泌乳量 =305d 泌乳量平均 × 实际非干乳比例 × 牛群头数

干乳比例失衡乳损失 = 理想泌乳周期泌乳量 – 实际泌乳周期泌乳量

22. 遗传进展损失

泌乳群牛数 × 产犊/2 ×（实际产犊间隔 – 理想产犊间隔/理想产犊间隔）×1 000（一个犊牛年损失的乳产量，假设 2 年前有同样的表现）× 乳价格

23. 淘汰牛年龄过小乳损失

淘汰牛平均成年当量 × 淘汰牛平均胎次 × 淘汰牛头数

六、DHI 运作

（一）DHI 测试点

根据乳牛场提供的系谱资料等进行登记录入工作，并进行 DHI 采样培训—规范牛乳采样（24h 三班按比例采样 4∶3∶3，至少 30ml）；采好乳样后，由 DHI 测试点统一上门收取乳样或自行托运到 DHI 测试点进行乳样测试、数据分析、报告制作、数据传输、指导应用。

（二）DHI 报告种类

产乳报告，牛群管理报告，干乳报告等；体细胞追踪表，牛群分布统计表，综合损失表，样品丢失报告，305d 泌乳量排名报告，不同牛群生产性能比较报告，体细胞总结报告，典型牛只泌乳曲线报告，DHI 报告分析与咨询。报告分为：基本检测报告、初产月龄报告、产犊间隔报告、305d 乳量报告、各阶段脂肪/蛋白质比例报告、脂蛋比异常的牛只明细报告、各阶段牛只产量、SCC 比较报告。

（三）DHI 报告内容

DHI 报告中提供乳牛当月测试日的所有相关信息，有当天泌乳量、乳脂率、蛋白率、体细胞数、乳损失、305d 预计产量和累计产量、高峰天数、高峰产乳和上月信息追踪等等，为牧场管理提供第一手数据。

七、DHI 报告分析说明

（一）乳脂率、乳蛋白率的应用

1. 乳脂率、乳蛋白率

乳脂率和乳蛋白率可以衡量营养状况和体况评分。乳脂率下降可能是瘤胃功能不佳，存在代谢病、饲料组成主要是粗饲料搭配比例不当或饲料加工即饲料物理形式存在问题等的指示性指标。如果在泌乳早期（主要指产后前 100d）乳蛋白率太低，可能的原因为干乳期日粮差，配方不合理造成产犊时膘情差；泌乳早期碳水化合物缺乏，NSC <35%，蛋白含量低；日粮中可溶性蛋白或非蛋白氮含量高；可消化蛋白和不可消化蛋白比例不平衡；油脂作为能量来源过多，配方中包含了高水平的瘤胃活性脂肪（多加 >0.5 ~0.75kg 的脂肪），导致乳蛋白下降；蛋白质缺乏，氨基酸不平衡；产后 120d 以内牛群平均脂肪蛋白比如果太高，可能是日粮蛋白中过瘤胃蛋白不足。如脂肪蛋白比太低，可能是日粮组成中精料太多，缺乏粗纤维。以及热应激，通风不良；注射疫苗的后遗症；泌乳量上升过高，乳蛋白率下降等。

2. 脂肪蛋白比

（1）正常情况下的脂肪蛋白比　应为 1.12 ~1.13，小于 1 时即为典型的瘤胃酸中毒，若这种牛占全群的 8 ~10% 说明该牛群有瘤胃酸中毒现象，应检查精粗料比例是否合理，一般来说精料不能超过 70%。饲喂不同组别和用于泌乳的不同阶段的牛，高产牛比值偏小，如 3% 乳脂和 2.9% 的蛋白，特别是处于泌乳 30 ~120d。整个牛群总乳蛋白质率与乳脂率一样高或甚至还高时（例如：乳脂率 3.2%，乳蛋白率 3.3%），可确定有相当多的乳牛有瘤胃过酸症。乳牛产后因不当的饲粮转换，容易发生产后食欲降低、代谢障碍及严重失重。比值太大，大于 1.4，如高脂低蛋白可能是日粮中添加了脂肪，或日粮中蛋白不足，或不可降解蛋白不足。在泌乳早期的过高的脂肪意味着乳牛在高速动用体脂肪——应尽快检验酮病。而低比值则相反，蛋白大于脂肪，可能是由于日粮中太少的谷物精料，或者是日粮中缺乏纤维素。乳脂率低于蛋白 0.4 百分点，预示瘤胃酸中毒。

（2）假如乳牛群乳蛋白率与乳脂率一样高　或高过乳脂率超过 15% ~20%，饲粮中可能含过量非纤维性碳水化合物或长纤维草料不够，或以上两种情况都发生，即草料纤维（量及长度）及非纤维性碳水化合物（过量）都不适当。乳脂率下降的速度快于蛋白下降幅度，瘤胃发酵（粗料）减少，前胃迟缓。低蛋白，而乳脂率正常，意味着乳牛能量不足。低蛋白而高乳脂率，DMI 少和 MCP 微生物蛋白合成量预示代谢有问题。

（3）低乳脂率可分两类

① 乳脂降低。即以前高，现在低（动态）

A. 特征：牛只体重增加；过量的精料采食量（高于体重的 2.5%）；乳脂测定 <2.8%，乳蛋白率高于乳脂率；许多牛在群中受影响；瘤胃酸中毒。

B. 主要原因：瘤胃功能不正常。

C. 提高乳脂率的措施。

降低精料采食量，精料不要磨得太细；饲喂精料前先喂 1 ~2h、长度适中的干草；提高优质粗料采食量；避免在泌乳早期过早给太多的精料；提高粗纤维水平或物理形式；添加缓冲剂：$NaHCO_3$、MgO；补充优质蛋白饲料；补充必需氨基酸；避免发酵不正常的青贮；降低体细胞数；饲料中中性洗涤纤维（NDF）应大于28%，酸性洗涤纤维（ADF）不少于18%；精粗比例≤40∶60。

② 低脂测定。

A. 特征：牛瘦、干物质采食量低、脂肪测定2.5%~3.2%、泌乳天数大于120d。

B. 引起低脂测定经常性的原因：能量不足、饲料配方不平衡。

C. 低脂测定的校正方法：平衡日粮；提供高质量的饲料；增加干物质的采食量；高能量精料。

（4）乳蛋白低可采取的措施　日粮中可发酵的碳水化合物比例较低，影响瘤胃微生物蛋白质的合成，可添加脂肪或油类作为能量来源；增加蛋白质供给或保证氨基酸摄入平衡；减少热应激，增加通风量；增加干物质摄入量。

（二）牛乳中尿素氮（MUN）的应用

通过牛乳尿素氮的测试直接反映出血液中尿素的含量（牛乳尿素氮是血液尿素氮的83%~98%），而血液中尿素的含量可以反映出牛只瘤胃中蛋白代谢的效率。

1. 牛乳尿素氮的正常范围

大量的研究报告建议，牛群的平均值大约在13~14mg/dl，典型的大多分布在正负3~4。也即大多在10~18mg/dl范围内。

2. 牛乳尿素氮的测试意义

在20多年前，国外的DHI系统就将牛乳尿素氮列入其中，因为饲料占了养牛成本的60%，而蛋白料是饲料中最贵的一种，因此测试牛乳尿素氮能反映出乳牛瘤胃中蛋白代谢的有效性。因此，测试牛乳尿素氮有以下4点优势：①平衡日粮，最大效率地利用蛋白质而降低成本。②过高的牛乳尿素氮会降低乳牛的繁殖率。③保持能、氮平衡，发挥乳牛潜能。④利用牛乳尿素氮的测试值选择价廉物美的蛋白饲料。

一般而言，牛乳尿素氮数值过高直接反映出饲料中能氮不平衡，造成蛋白没有有效利用，引发乳牛的繁殖、饲料成本、有效生产性能的发挥和环境等方面的一系列问题。许多研究表明牛乳尿素氮过高与繁殖率低下有很大的关系。夏天牛只在产后第一次配种前30d的MUN大于16mg/dl的话，那么它的不受孕率是MUN值低并在冬天配种牛的18倍。蛋白饲料是日粮组成中最贵的。而MUN能反映乳牛对蛋白的利用率，掌握这一信息可以从通过平衡日粮来降低饲料成本。瘤胃中过高的降解蛋白（相对可发酵碳水化合物而言）产生大量的NH_3，而NH_3在肝脏成尿素时需要能量，因此就减少了用于产乳的能量，故最佳生产性能的发挥也受到限制。通过尿液排放在环境中的NH_3也是一个不可忽略的问题，特别在重视环境保护的今天。

（三）体细胞数

1. 体细胞数的作用

①牛群体细胞数是保健管理水平高低的标志，反映了牛乳质量及乳牛的健康状况，体细胞评分反映了该牛群乳量损失。牛只体细胞分越高，乳质越差。1~3分为好，4分以上说明乳房保健存在问题。在正常情况下，牛乳中体细胞数一般在20万~30万个/mL。当乳牛乳房受到病菌侵袭或乳房损伤时，乳腺分泌大量白细胞进入其中，把细菌包围起来并吞噬掉。随着炎症的加剧，体细胞数会急剧增加，当炎症消失后，体细胞数会逐渐减少。因此体细胞数是反映乳房健康程度的指示性指标，乳房的健康与动物的产乳能力有关。另

外，身体其他部位的炎症也会造成体细胞数一定程度的增加。此外体细胞数高也会使牛乳质量下降，表现为乳脂率降低，钙含量下降，钠及氯含量上升，影响牛乳的营养价值及乳制品风味。因此许多国家的乳品加工厂都设立了体细胞计数高低的奖罚措施。上海乳业在2004 年 9 月将体细胞数纳入计价体系。在国外提供 30 万体细胞原料乳者会被处罚，50 万体细胞数以上则会被拒收。牛乳质量的好坏也反映一个牧场的总体管理水平。因此，测量牛乳中体细胞数的变化有助于及早发现乳房损伤或感染、预防治疗乳腺炎，同时还可降低治疗费用，减少牛只的淘汰，增加产乳能力。

②但体细胞数的高低只反映乳房受感染的程度，而并非超过某一特定值就表示该牛一定患了乳房炎而需治疗。对于体细胞数较高的牛群，应检查挤乳设备的消毒效果；挤乳设备的真空度及真空稳定性（真空泵节拍以每分钟 450 ~ 550 次为宜，且节拍要均匀，不均匀易发隐性乳房炎）；乳衬性能及使用时间（乳衬破了要更换，否则易伤乳头）；牛床、运动场等环境卫生及牛体卫生、挤乳操作卫生（挤乳前建议用碘液浴洗乳头 30s 至 1min，也可对着乳头喷洒碘液。浴洗或喷洒以后，用热毛巾或一次性纸巾擦干净。若用毛巾，应一头牛一块。挤乳后乳头再用碘液封闭，即浴洗一下，但不必擦净）。

③通过阅读 DHI 报告，总结月、季、年度的体细胞数，分析其变化趋势，分析和评估乳牛场管理措施和乳腺炎防治计划，达到降低体细胞数的目的。各胎次牛体细胞数都在下降则措施正确。若两次体细胞数持续很高，可能是传染性乳腺炎，如葡萄球菌或链球菌等，因挤乳而发生传染，治愈时间一般较长。若体细胞数或高或低，多为环境性乳腺炎，一般与牛舍、牛身及挤乳员卫生问题有关，如乳头浸泡效果不好。此种情况治愈时间较短，且易于治愈。

④在 DHI 报告中提供了因牛群体细胞太高而造成的乳牛泌乳量损失，应用该数据可以计算出乳牛场全年泌乳量损失及直接经济损失。

2. 乳牛理想的体细胞数

第 1 胎≤15 万/ml，第 2 胎≤25 万/ml，第 3 胎≤30 万/ml。

3. 影响体细胞数变化的因素

病原微生物对乳腺组织感染、应激、环境、气候、遗传、胎次等，其中致病菌影响最大。

4. 体细胞和乳房炎的关系

测定牛乳中的体细胞数是判断乳房患病程度的有力手段之一，但检查对象不同，其诊断意义也有所不同。

①乳区乳与个体乳。在诊断乳房炎时，一般是以乳区为单位，以 50 万/ml 的细胞数为标准。如果检查的对象不是乳区而是个体牛乳房，体细胞数多的乳区经常被体细胞数少的乳区稀释，为此健康牛与异常牛的区分界定为 20 万/ml 比较合适。当然个体牛的体细胞数会随着感染区细胞数的增加而增加。

②个体乳与冷罐乳。临床型乳房炎的乳中含有大量的体细胞，一般 1ml 中超过 100 万，在检查冷却罐的乳时，如果体细胞数的数量很高，说明牛群中患有乳房炎的牛多。即使冷却罐中体细胞数含量低，但也应该注意到牛群中仍有可能存在患乳房炎的牛。应把这些牛视为污染源，加以控制防止大范围的感染。在牛群中，如果 25 万以下的个体牛所占的比例大，那么，冷却罐中体细胞的含量就会很少。

5. 牛乳体细胞数的危害

①减少泌乳量，这是由于侵入乳房的细菌及其分泌的毒素损伤乳腺组织的结果。体细胞数在20万基础上，每增加10万，泌乳量将减少2.5%，乳房炎防治工作搞得好的牛场，很容易控制在20万以内。

②影响乳制品的质量，体细胞数的增加，使牛乳中不受欢迎的脂肪酶及血纤维蛋白酶含量增加。脂肪酶分解脂肪会产生酸败气味，阻止酸乳乳酸菌繁殖，并且减少乳制品存储时间。

6. 泌乳期的变化

正常情况下，体细胞数在泌乳早期较低而后逐渐上升。随泌乳期的推进，体细胞数也在增加。泌乳末期，接近干乳的牛，其体细胞的数量比产乳旺期要多，把泌乳阶段分4个阶段，无论哪个阶段，体细胞数都有所增加。到泌乳后期，因乳量减少，体细胞浓度随之上升，体细胞数也就增加，如果没有疾病，体细胞的种类主要是上皮细胞。如果患有疾病，主要是多形核白血球和嗜中球细胞的增加。

若泌乳早期体细胞数偏高则预示干乳牛治疗、挤乳程序或挤乳设备等方面有问题。检查并改善这些情况体细胞数就会相应下降。若中期体细胞数高，可能是乳头药浴无效、挤乳设备功能不全、环境肮脏、饲喂时间不当等，应进行隐性乳腺炎检测以便及早治疗和预防。若在泌乳后期体细胞数高则应及早干乳和用干乳药物进行治疗。

7. 降低体细胞的措施

维护环境的清洁、干燥；正确使用和维护挤乳设备；使用正确的挤乳程序；治疗干乳牛的全部乳区；合理治疗泌乳期的临床乳腺炎；淘汰慢性感染牛；保存好体细胞数原始记录和治疗记录，定期检查；定期监测乳房健康；定期回顾乳腺炎的防治计划；制定维护乳房健康的计划；补充微量元素和矿物质，如：Se、V_E等；严防苍蝇等寄生性节肢昆虫滋生；落实各部门在防治乳腺炎过程中的责任。

（四）报告中乳量这一数值的应用

1. 前次个体泌乳量的作用

主要用于比较个体产乳水平的变化，可以反馈出营养配方、牧场管理方面的缺陷。若明显下降可能预示该动物受到应激，如生病、肢蹄病、争吃草料等。两次测乳量较大的波动可能是：日粮配方更换太快；母牛产犊时过肥，可能会发生代谢病。如：酸中毒、酮病等。

2. 牛只测试乳量、前次乳量、305d预计产量

①检查牛只测试日乳量、前次乳量及305d预计乳量可提供个体牛是否盈利的信息，确定牛只的305d产量及日生产是否平衡，便于尽早淘汰不赚钱牛，降低饲料费、配种费、管理费等。

②在生产中应用测试日泌乳量。反映该牛当月产量高低，可评价上月产量管理水平；按产乳水平合理分群管理；为经济配合日粮提供依据；测试日平均泌乳量及产乳头数可用于衡量牧场盈利水平；将305d预计乳量和实际产量结合分析可以用于本月及长期的预算。

③在生产中应用305d乳量。305d预测乳量是衡量一个乳牛场生产经营状况的指标，也是进行牛只淘汰的重要依据，有助于管理者及早淘汰那些亏本饲养的乳牛，以保证牛群的整体水平与经济效益。查看本项目，可了解牧场不同牛只的生产水平及牛群的整体生产

水平，作为乳牛淘汰的决策依据。仔细研究前后几个月305d的预测乳量，就会发现同一头乳牛不同月份305d的预测量有所差异。如果这个预测乳量增加，说明饲养管理有所改进；若乳量降低，表明乳牛的遗传潜力因为饲养管理等诸方面因素的影响未能得以充分的发挥。连续测乳3次即可得到305d的预测乳量。

3. 泌乳天数

反映了乳牛所处的泌乳阶段，有助于牛群结构的调整，是计算305d预测乳量的必备条件。特别应关注那些泌乳天数较长的乳牛，查看其繁殖状况及泌乳量。如果属于长期不孕牛应考虑其存留与否。在全年均衡配种的情况下牛群平均泌乳天数应为150～170d，这样可使牛群全年产犊均衡、泌乳量均衡。如果DHI报告提供的信息显示这一指标过高，说明牧场存在繁殖等一系列问题，可能是配种问题，也可能是饲养方面的间接影响，可导致产犊间隔延长，并影响到下一胎次的正常泌乳。用此手段来监测牛群繁殖状态，然后再检查影响繁殖的因素，使其得到改善。这些均直接影响牧场的经济效益，长的平均泌乳天数意味着乳牛较长的产犊间隔。

4. 产乳天数、日泌乳量、校正乳量及繁殖状况的作用

依据DHI报告，分析泌乳天数、日泌乳量、校正乳量及繁殖状况，便于制订计划，若近期内分娩的牛数比正常多，泌乳天数应该下降，日产量水平应该上升，月产量也应上升；反之，日泌乳量将下降。

5. 泌乳持续力的应用

①根据个体牛测试日乳量与前次测试乳量，可计算出个体牛的泌乳持续力（注：泌乳持续力＝测试日乳量/前次测试日乳量×100%），用于比较个体牛的生产持续能力。泌乳持续力随着胎次和泌乳阶段而变化，一般头胎牛的泌乳持续性比其他胎次好，泌乳量下降比二胎以上的牛慢。泌乳的持续力基于每月牛乳的平均数，在精心饲养管理条件下，每月的持续力为90%～95%。持续力反映泌乳高峰过后，产乳持续能力的指标。

②影响泌乳持续力两大因素　遗传、营养。

③正常的泌乳持续力指标（表7－8）。

表7－8　泌乳天数和泌乳持续力

泌乳天数 / 持续力	0～65d	65～200d	200d以上
一胎	106%	96%	92%
二胎以上	106%	92%	86%

④若泌乳持续力高，可能预示着前期的生产性能表现不充分，应补足前期的营养不良。若泌乳持续力低，表明目前饲养配方可能不能满足乳牛产乳需要，或者乳房受感染，挤乳程序、挤乳设备等其他方面存在问题。

6. 高峰泌乳量、峰值日的实际意义

（1）高峰日到来的时间和高峰乳量的高低直接影响胎次乳量　据统计，高峰乳量每提高1kg，相对于头胎乳牛胎产量提高400kg，二胎乳牛胎产量提高270kg，三胎乳牛胎产量提高256kg。在乳牛饲养中，及时到达泌乳高峰，并保持高峰乳量是乳牛饲养所追求的目标。理想的产乳高峰日应为产后45~70d，通常情况下泌乳高峰到达的时间为产后约50d，而乳牛采食量高峰到达的时间较晚，约为产后90d。如果高峰提前到达，泌乳量很快下降，应从补充微量元素、加强疾病防治方面入手。如果产后正常达到产乳高峰，但持续力较差，达到高峰后很快又下降，说明产后日粮配合有问题。如果达到产乳高峰很晚，说明乳牛饲养不当或分娩时体况太差（表7-9）。

表7-9　峰值乳量与胎次乳量的关系

胎次乳量（kg）	峰值乳量（kg/d）
5 440~6 350	26.5
6 350~7 260	30.5
7 260~8 160	34.5
8 160~9 070	38.2
9 070~9 980	42.0
9 980~10 890	46.1
10 890~11 800	50.1
11 800~13 600	55.8

一胎牛与其他胎次的峰值比，所有的不同的产乳水平的牛群其峰值变化范围窄，即0.76~0.79。正常比值范围很小，以此作为一个诊断工具，管理者弄清自己的牛群的比值，如果比值不在正常范围内，应该及时找出原因。

（2）为使乳牛产乳高峰及时到达并保持较高的产乳持续力必须做好以下工作　经产牛在上胎次泌乳末期适当增加膘情，注意干乳牛的饲养，进行必要的干乳期治疗。头胎牛做好犊牛期及育成期的培育，注意体尺体重，掌握好适时配种月龄。做好围产期的管理，保持环境干净、卫生，防止乳腺炎及其他并发症的发生。加强泌乳早期的营养，适时调整日粮配方，保持饲料的全价性及较高的营养水平。

（3）泌乳40~60d到达产乳高峰　高峰产乳越高，泌乳期产乳也高。高峰期后，每月泌乳量应为上月的90%~95%。头胎牛高峰日泌乳量为成年牛高峰日泌乳量的75%，若比例小于75%，说明没有达到应有的泌乳高峰；反之，则表明头胎牛的泌乳潜力得到充分发挥，或成母牛的泌乳潜力没有得到充分发挥。采食高峰通常在产后70~90d，泌乳早期要动用体内脂肪储备，体重降低。

（4）高产乳牛与低产乳牛的区别

①相同点：A. 所有母牛的正常峰值出现在第二个测乳日（产后60d），高产期补充料能充分挖掘乳牛产乳性能。B. 所有的牛峰值过后产量逐日下降。C. 在相同的胎次牛组，所有不同的产乳水平的曲线下降斜率是相似的，这一下降率正常情况下为每日0.07kg。

②不同点：A. 高产母牛的产乳峰值也高。B. 一胎牛的产乳持续性比其他胎次的牛要强。C. 初产乳牛不能在泌乳早期达到DMI高峰，但它们一旦达到高峰，通常比经产乳牛更能维持DMI的持久性。

③平均泌乳曲线的特点：高产乳牛的产乳峰值也高；一般乳牛的高峰出现在第二次采

样时；产乳高峰过后，所有牛的泌乳量逐渐下降，高产乳牛泌乳量平均每月下降3%～5%，低产乳牛泌乳量平均每月下降9%；头胎牛的持续性要好于经产牛，持续力%＝本次测定泌乳量/前次测定泌乳量X100。

（5）峰值日和持续性——高峰提前 使用前次的乳量和本次乳量比较计算产乳持续性及峰值日可以说明营养问题：

①如果一个牛早早达到峰值，但显示较差的持续性，这是泌乳期营养差的指标；②因为事实是该牛有足够的体况膘情使之达到泌乳高峰，但由于营养不足无法支持可以达到的泌乳水平，这可以作为营养管理的调节指示。

（6）峰值和持续性——高峰推迟 峰值日和计算持续性或本次测乳与上次测乳的比较，可能显示峰值日推迟但持续性好。是因为牛在分娩时膘情不足因之而不能按时达到峰值，一旦采食上升到足以维持产乳时，高峰延迟了，应该注意以下几个问题：一是干乳牛膘情，二是围产期管理，三是泌乳早期营养。

（7）峰值日与泌乳持续力之间的关系（表7－10）

表7－10 峰值日和泌乳持续力之间关系

峰值日	百分比（%）	牛群状况	解决措施
≤40d	≥90	乳牛体况及营养等正常	维持现状
	≤90	牛有足够的体膘使之达到产乳高峰，营养不足无法支持应有产乳水平	恰当调节饲料配方
40≤x≤60	≥90	乳牛体况、营养等正常	维持现状
	≤90	产乳高峰前该乳牛体况及营养均正常，但产乳高峰后乳牛受到应激，乳量急剧下降	是否酸中毒，日粮配合是否合理，干物质采食量及能量是否足够等
x≥60	≥90	不适应干乳期日粮、胃口差导致峰值日延长；峰值日后营养合理	注意干乳牛日粮结构
	≤90	不适应干乳期日粮，胃口差导致峰值日延长，峰值日后营养不合理	养好干乳牛，调整日粮结构

注：由于DHI采样为每月一次，故DHI报告中峰值日70d内。

（8）影响高峰泌乳量的因素

体况：获得高峰泌乳量的前提，膘情从前一胎产乳后期开始恢复，在分娩时理想体况评分应为3.5分。育成牛饲养：育成牛应发育良好，分娩时体重大约500～550kg。产期护理：围产期乳牛护理不当将影响其高峰泌乳量的发挥，应保持产犊环境干净，避免子宫感染。泌乳早期营养：泌乳早期营养直接影响能否达到高峰泌乳量。日粮改变须逐渐进行，如将干乳牛日粮配方改为产乳牛日粮配方时12周的调整期是必要的。遗传：遗传性能关系到乳牛高峰泌乳量的高低。乳腺炎：避免产乳高峰发生乳腺炎。产后疾病和并发症：若牛产后受到应激，将不能达到理想的峰值水平，并发症起因：干乳牛营养不当、产犊环境不洁及助产太多等。不完全挤乳：劣质挤乳设备的使用，或挤乳设备维护不当或不正确的挤乳程序等均能降低高峰泌乳量。干乳牛管理：这是校正牛膘情的最后机会。在这一时期瘤胃修复泌乳期高精料日粮引起的损伤，乳房也修复由于上次泌乳所引起的损伤。

(五) DHI 数据对现代乳牛育种的重要意义

首先应明确 DHI 为计算公牛育种值提供了数据；其次生产性能与乳牛体型外貌部分性状间存在正相关，因此通过阅读 DHI 报告，了解本牧场的实际情况，在配种时恰当选择公牛来改良牧场乳牛的生产性能与相应的外貌体型（表 7－11）。

表 7－11　体型性状和生产性状之间的遗传相关

性状	泌乳量	乳脂量	乳蛋白量
整体评分	0.16	0.33	0.27
体高	0.06	0.13	0.13
体深	0.15	0.26	0.23
体强度	0.02	0.13	0.10
乳用性	0.59	0.68	0.67
蹄角度	0.10	0.18	0.17
后肢侧视	0.09	－0.01	0.05
尻角度	0.18	0.01	0.11
髋宽	0.11	0.12	0.11
前房附着	－0.31	－0.12	－0.21
后房附着	0.19	0.28	0.32
后房宽度	0.31	0.33	0.40
乳房深度	－0.44	－0.29	－0.38
乳房悬垂	0.01	0.17	0.15
乳头后望	－0.03	0.01	－0.01

(六) 利用 DHI 报告中总平均值

对大型牛场而言，可以通过评估 DHI 记录反映出生产管理的好坏来考核员工的工作效率，例如配种人员由一年的产犊情况来决定，即泌乳天数；牛群饲养员考核全年乳牛泌乳曲线，即峰值乳量及测试乳量；挤乳员用体细胞计数和牛群乳房健康比例来衡量。

八、DHI 测试注意事项

(一) 牛场信息档案资料一定要全面准确

乳牛 DHI 报告是通过乳牛基本信息、测定的乳成分和体细胞数综合分析而形成报告。如果参测牛场没有乳牛的档案资料；或缺少要求的项目内容；或档案资料信息错误，就不可能得到正确的分析报告，就不可能正确的指导生产，也不可能达到预期效果。因此，要强调参测牛场的信息资料一定要及时、完善和准确。特别是对日常信息如配种时应用的种公牛号，产犊和干乳时的日期等等，要做到随时记录的习惯。新生牛犊及时建立档案。

(二) 采样送样一定要按规范操作

①不严格按规程操作采送样品，就会导致腐败变质不能测定，引起测定仪器故障，使

测定工作受阻。不严格按规程操作采送样品，所采样品没有代表性，所测数据将会是不真实的数据，不真实的数据自然出具不科学的报告，就会对牛场给予错误性的指导。因此，采样时一定要按操作规程操作到位。

②采样前，一定要在采样瓶上标记牛只号码，每头测试乳牛的编号要保持唯一性，避免样品号码与所采样牛号不一致或忘记标号；一定要在采样瓶中先添加防腐剂。没加防腐剂或没先加防腐剂都会导致样品腐败变质。

③采样时，有的场采用计量瓶挤乳机械，采样时先要放气将乳样打匀后再采样，避免所采乳样乳成分不均匀。因为乳脂肪比重轻，计量瓶的乳中上部脂肪较多，下部脂肪较少，不放气将乳打匀，所采样品乳脂偏低；一定要按牛挤乳次数所要求采样的比例和采样量采样。因为同一头牛早、中、晚乳的成分有差异，不按要求采样，所采样品真实性不够。更不能投机取巧，在大罐取样；每次采样时都要及时摇匀乳样，否则采样瓶中上部的样品接触不到防腐剂容易腐败变质；采样过程一定要防止样品受到污染导致不能测定。

④采样分析，必须对牛场所有的泌乳牛全部进行采样，不能只采高产的，不采低产的；不能将泌乳牛分两部分或几部分轮流采样；也不能采取抽样的方法进行采样；更不能随意采些牛的样品。牛场不能全部采送样，就不能对牛群情况做出正确的分析判断。采送样一定要连续，不得间断，决不能时送时停。没有连续的资料，就无法科学分析牛只、牛群生产中存在的问题，难以分析采取的技术措施和管理措施是否有效，效果如何。

⑤采样后，一定要仔细核对牛号，并按信息单的号码顺序将样品放置样品筐中，便于测定中心收样核对，提高效率；采样后及时将样品置于要求的低温环境下保存；及时送到测定中心。

（三）牛场技术员应会分析解读报告

乳牛 DHI 技术的关键在于查找问题、改进提高。牛场如果缺乏技术员或技术员看不懂 DHI 报告，就无法分析本场牛只、牛群和牛场存在问题，更谈不上进行整改。因此，要求参测乳牛场一定要聘请专业化技术人员或培养专业技术人员为本场解读 DHI 技术报告。

（四）要求牛场整改一定到位

乳牛 DHI 技术的落脚点在于整改，只有整改才会提高，只有提高才会见效。目前有许多牛场也送样分析并查找出问题，但是没有进行整改，收效甚微。

（五）应用 DHI 技术要持续

DHI 技术是一项综合技术体系，需要坚持一段时间，并认真去做才能见效。不能简单的认为送几次样就能很快见效。需要持续测定，持续分析查找问题，持续改进，才能达到持续提高增效。

九、确保 DHI 检测数据准确性的措施

DHI 是一套完整的乳牛记录体系。它是乳牛育种工作的基础，是评估公牛遗传素质最重要的数据来源，是提高牛群管理水平和生鲜乳质量水平的有效工具，并为乳业的科学研究提供准确的数据。通过坚持不懈、细致深入的工作，可以让 DHI 数据充分发挥效用，保障其数据的准确性是一项非常重要的基础性工作。

（一）测试仪器定时检修、校正

测试仪主要是丹麦 FOSS 公司生产的，按要求，做好每周控制样检测，每季度或者仪器经过维修后的梯度样校测，以确保每批样品的准确性。流量计损坏或者老化要及时修理、更新，否则严重影响计量和分流的准确性，并且每次采样结束都要彻底清洗干净、晾干。

（二）减少人为误差

1. 每月采样时候要正确填写 DHI 基础资料，及时上报测试中心。2. 测试中心人员必须按照牧场上报资料及时正确输入电脑系统数据库。3. 采样操作过程要确保采样前、中、后的操作完整、正确。

所有泌乳牛在产后一周开始采样检测，用特制的加有防腐剂的采样瓶对参加 DHI 的每头泌乳牛每月取样 1 次，所取乳样总量约为 40ml；应确保每头乳牛编号的唯一性，乳牛号与样品号相对应；所取乳样必须为流量计中充分混合的乳样，使其具有代表性；每次采样完成，采样员必须确保各样品瓶中的防腐剂完全溶解；每次取样完毕后，在样品盘外的标签上标明场名、牛棚号，防止混淆；乳样存放：应在冷藏设施中保存样品，以免乳样腐败而影响测试结果。无特殊情况，尽早送到测试室测试，从而提高 DHI 报告的时效性；乳样测试温度要求：恒温水浴箱中水温达到 40℃，牛乳混匀，防止脂肪漂浮在表面而造成生鲜牛乳理化指标不准确。

（三）检测人员掌握技术、熟悉操作

必须进行检测人员技术培训和考核，要按照 DHI 的操作流程，规范操作，保证 DHI 测试数据的准确性不断提高，促进 DHI 功能的充分发挥。

十、DHI 的展望

DHI 测试体系所提供的各项内容包括了乳牛场生产管理的各个方面，它代表着乳牛场生产管理发展的新趋势。阅读 DHI 报告，了解本乳牛场的实际情况，掌握和应用好各项目指标，在配种时恰当选择公牛（冻精）来改良乳牛场乳牛的生产性能与相应的体形外貌，是管理好乳牛场的关键，最终能够为乳牛场带来高的经济效益。DHI 测定是乳牛业向集约化、规模化、专业化发展的必然趋势，是乳牛场向管理要效益的最佳管理工具。农业部对 DHI 项目的支持、乳协的推动、公牛育种体系的建设将会进一步加速我国乳牛 DHI 的发展。

第八章　牛乳牛肉的成分、营养价值及质量安全控制

第一节　牛乳的成分及营养价值

一、牛乳的概念及特性

牛乳是母牛分娩后由乳腺分泌的一种白色或稍带微黄色的不透明液体。它含有幼小机体生长发育所需要的全部营养成分，特别是含有足够的蛋白质和矿物质。牛乳中含有挥发性脂肪酸及其他挥发性物质，所以，牛乳带有特殊的香味。这种香味随温度的升高而加强，牛乳经加热后香味强烈，冷却后减弱。牛乳除固有的香味之外，还很容易吸收外界的各种气味。所以，如果周围环境有很大的气味或储存容器不良时，都会使牛乳带有一种奇怪的味道，如饲料味、金属味等。

二、牛乳的成分

牛乳中的成分十分复杂，主要包括水分、脂肪、蛋白质、乳糖、无机盐类、磷脂、维生素、酶、免疫相关因子、色素以及其他的微量成分。它被营养学家称之为“接近完善的食品”、“白色血液”，是人类不可多得的理想天然食品之一，适合所有年龄段人群饮用。

三、牛乳的营养价值

（一）乳脂肪

牛乳中的脂肪含量随乳牛品种及其他条件而异，一般为3%～5%。乳脂肪是能量的携带者，全脂牛乳的能量含量平均为2 678kJ/kg，与母乳中的含量（约2 803kJ/kg）相似，500g全脂牛乳即可供给一个成年男性每日需要能量的11%。牛乳中的脂肪组成主要为短链和中链脂肪酸，由于脂肪球直径小，呈高度乳化状态，极易被人体吸收。据统计，乳脂肪的消化率高于玉米油、豆油、葵花油、橄榄油、猪油等其他动植物脂肪。从合理膳食角度来讲，由于乳脂肪的易消化、吸收，它给机体造成的负担很少，因此通常被认为是肠胃类疾病、肝脏、肾脏、以及胆囊疾病和脂肪消化紊乱患者膳食中最有价值的营养成分。

（二）乳蛋白

乳蛋白质是生命的重要物质基础。乳中一般含2.7%～3.5%的蛋白质。乳蛋白质包括酪蛋白、乳清蛋白及少量脂肪球膜蛋白，乳蛋白质是乳中主要的含氮物质，另外，还有

少量的非蛋白氮。乳蛋白质消化吸收率高（87% ~89%），还含有丰富的赖氨酸，是谷类食物的良好天然互补食品。乳蛋白质优于植物蛋白质，因植物蛋白中人体必需氨基酸如赖氨酸含量较低。应该指出的是，与其他动物蛋白质相比，乳蛋白质是廉价的优质蛋白。据统计，乳和乳制品提供的蛋白质占食物总蛋白质的20%以上时，成本仅占15%。乳蛋白质不仅增加了膳食的营养价值，由于其富含一些必需氨基酸，所以添加到其他膳食蛋白质（特别是植物蛋白质）中，可以提高膳食的生物学价值。

（三）乳糖

乳糖是乳中主要的碳水化合物，是人体内主要的供能物质，它能促进钙、铁、锌的吸收，还能促进肠道中某些嗜酸菌的增长，抑制腐败菌的繁殖，因而有利于肠道健康。乳糖是哺乳动物乳汁中特有的糖类，含量为4.6% ~4.9%，在乳中呈溶解状态；母乳的乳糖含量要比牛乳高，为7%。乳糖易被乳糖酶分解成葡萄糖和半乳糖而被吸收。而半乳糖是构成脑及神经组织的糖脂质的一种成分，对婴儿的智力发育十分重要。

对初生婴儿来说，乳糖是很适宜的糖类。经研究发现一般的动物出生后消化道内分解乳糖的乳糖酶最多，往后就逐渐减少。有一部分人随着年龄增长，消化道内会缺乏乳糖酶，不能分解和吸收乳糖，饮用牛乳后出现腹痛、腹泻等症状，这就是所谓的“乳糖不适应证”或“乳糖不耐症”。究其原因是由于肠道内没有乳糖酶分解乳糖，乳糖直接进入大肠后，使大肠的渗透压增高；大肠粘膜把水分吸收至大肠中去，由大肠中细菌的发酵而产生CO_2，从而刺激大肠引起腹痛等症状。另外，乳糖因消化慢，对糖尿病人不构成威胁，食用乳和乳制品可使糖尿病人在摄入碳水化合物的同时获得高生物学价值的乳蛋白质。

（四）矿物质

牛乳中富含钙、磷等矿物质，比例合适，易于吸收。虽然成人的体格不再增长，可是人体的组织器官需要不断更新。骨骼中的钙也要不断与人体混溶钙池中的钙进行交换，从而使骨骼得以更新。喝乳对满足人们日常生活对钙的需要非常重要。牛乳不仅营养丰富而且还具有许多保健功能。例如：丰富的钙、磷对于佝偻病、老年骨质疏松症都有较好的预防和治疗作用；同时它与牛乳中的酪蛋白磷酸肽共同作用可以防治龋齿。牛乳中的蛋白质具有轻度解毒的功能，可以阻止人体吸收食物中有毒的砷、铅等重金属。牛乳中含有微量活性物质，如功能肽、L－色氨酸等，这些物质具有一定的调节人体免疫功能作用。

因此，牛乳不仅营养全面，而且价格低廉。在物质不再匮乏的今天，牛乳不应只是婴幼儿的食品，儿童、青少年、成人、中老年人都应该每天喝点乳，以利健康。

第二节　牛肉的成分及营养价值

一、牛肉的营养成分

牛肉含有丰富的蛋白质，每100g中含量达20.1g；其氨基酸组成比猪肉更接近人体需要，脂肪平均含6%左右；牛肉是几种矿物质的良好来源，其中，铁、磷、铜和锌含量特别丰富；牛肉又是V_A、V_{B1}、V_{B2}、V_{B6}和生物素、尼克酸和泛酸等营养物质的良好来源。故牛肉营养价值非常高。每100g新鲜牛肉中含蛋白质20.2g；脂肪2.3g；碳水化合物

1.2g；膳食纤维 0g；胆固醇 58mg；灰份 1.1g；维生素 A 6ug；胡萝卜素 0mg；视黄醇 6mg；硫胺素 0.07mg；核黄素 0.13mg；尼克酸 6.3mg；V_C 0mg；V_E 0.35mg；钙 9mg；磷 172mg；钾 284mg；钠 53.6mg；镁 21mg；铁 2.8mg；锌 3.71mg；硒 10.55ug；铜 0.16mg；锰 0.04mg；碘 10.4mg。

二、牛肉的营养价值

（一）增长肌肉

鸡肉、鱼肉中肉毒碱和肌氨酸的含量很低，牛肉却含量很高，它对增长肌肉、增强力量特别有效。其中，肉毒碱主要用于支持脂肪的新陈代谢，产生支链氨基酸，是对健美运动员增长肌肉起重要作用的一种氨基酸。

（二）增加免疫力

牛肉含有足够的 V_{B6}，可帮助增强免疫力，促进蛋白质的新陈代谢和合成，从而有助于紧张训练后身体的恢复。

（三）促进康复

牛肉中脂肪含量很低，但却富含亚油酸，可以有效对抗举重等运动中造成的组织损伤。牛肉含钾和蛋白质，钾的含量会影响蛋白质的合成以及生长激素的产生，从而影响肌肉的生长。牛肉中富含蛋白质，能提供人体所需的蛋白质需求，能提高机体抗病能力，对生长发育及手术后、病后调养的人在补充失血、修复组织等方面物别适宜。另外，亚油酸还可以作为抗氧化剂保持肌肉块。

（四）补铁补血

铁是造血所必需的元素，而牛肉中富含大量的铁，多食用牛肉有助于缺铁性贫血的治疗。

（五）抗衰老

牛肉中含有的锌是一种有助于合成蛋白质、能促进肌肉生长的抗氧化剂，锌与谷氨酸盐和维生素 B_6 共同作用，能增强免疫，对防衰防癌具有积极意义；牛肉中含有的钾对心脑血管系统、泌尿系统有着防病作用；含有的镁则可提高胰岛素合成代谢的效率，有助于糖尿病的治疗。镁则支持蛋白质的合成、增强肌肉力量，更重要的是可提高胰岛素合成代谢的效率。

（六）提供能量

牛肉含丙胺酸，丙胺酸的作用是从饮食的蛋白质中产生糖分。在碳水化合物的摄取量不足时，丙胺酸能够供给肌肉所需的能量以缓解不足。牛肉含 V_{B12}，V_{B12}对细胞的产生至关重要，而红细胞的作用是将氧带给肌肉组织。V_{B12}能促进支链氨基酸的新陈代谢，从而供给身体进行高强度训练所需的能量。

（七）食用多样化

牛的后腿肉、侧腹肉、上腰肉和细肉片在滋味和口感上都有所不同，能做成很多种不同口味和口感的佳肴。

牛肉是我国人民常吃的肉类食品之一。牛有黄牛、肥牛、水牛、牦牛等种类，平时供给食用的牛肉主要是黄牛肉、肥牛以及淘汰的乳牛肉。

第三节　生鲜乳质量安全控制

自三聚氰胺引发“三鹿”婴幼儿乳粉事件和《乳品质量安全监督管理条例》《中华人民共和国食品安全法》的相继实施以来，广大消费者越来越关注食品质量安全问题，生鲜乳质量及乳制品加工企业始终是乳制品消费者关注的焦点。而继“三聚氰胺”之后“OMP”、“水解蛋白”、“解抗剂”、“含抗乳”、“黄曲霉毒素”以及澳大利亚的“肉毒杆菌”事件等一系列问题的不断出现，一次次地考验着广大消费者的心理承受能力，使消费者对国内外乳制品的质量安全一次又一次地丧失了信心，产生了心理上的恐惧感。此外，国外乳制品的大量涌入，进一步挤压了国产乳制品的销售和生存空间，进而导致了生鲜乳收购价格偏低，严重影响了国内乳牛养殖业、生鲜乳的生产、收购、销售及乳制品整个行业的健康、可持续发展，也严重波及了乳牛养殖业的生存和发展空间。确保生鲜乳质量安全得到有效控制是一项系统、复杂的工作，涉及到乳牛场、投入品、挤乳、生鲜乳储存运输、监督检查、生鲜乳入厂和化验检测等诸多环节。

一、乳牛场饲养环节的质量安全控制

（一）场址环节

乳制品消费市场的恢复，关键在于消费者对乳业信心的提振，而提振消费者的消费信心关键在于乳制品的质量安全，而乳制品的质量安全关键在于生鲜乳的质量安全，而乳牛场又从多方面影响着生鲜乳的质量。如生鲜乳质量安全受到乳牛场的选址和规划、乳牛的健康和卫生水平等方面的影响。从乳牛场的选址和规划来说，乳牛场应建在四周无污染、水源清洁的地方，应符合动物防疫条件并取得《动物防疫条件合格证》。

（二）环境卫生环节控制

乳牛饲养环境直接影响生鲜乳卫生质量，若乳牛运动场地面长期潮湿，圈舍通风不好，特别是粪便清理不及时、不充分，牛体和牛舍卫生就很难保持清洁，导致乳牛乳房炎、肢蹄病、不孕症、难产等疾病发病率增加，引起原料乳中细菌数和体细胞数也升高，从而影响生鲜乳的卫生指标。

（1）牛场清洁，定期进行消毒　场区内各条道路及道路两侧、运动场使用3%火碱；圈舍（夹杠、槽道、地面、墙壁）及牛体消毒，消毒药主要为0.2%浓度的过氧乙酸（牛舍内及墙壁）和1：800 消毒威溶液。

（2）牛舍建筑坚固耐用，宽敞明亮、通风良好、具备良好的排粪排水系统　在牛舍外设运动场并和牛舍相通，每头牛占用面积20m^2 左右，运动场地平坦且有一定的坡度，四周建排水沟，场内有凉荫棚、饮水槽、矿物质补饲槽和干草补饲槽。牛到运动场后，专人负责清理牛床粪便，保持牛床干净、干燥、整洁。夏季每周进行牛舍灭蝇，擦管道；刷洗牛舍地面用次氯酸钠进行消毒。

（3）运动场有专人清除粪便、排除污泥积水，实行人工和机械化共同操作　冬季运动场内垫碎棒秸，夏季垫沙土，并定期清理及时更换。牛舍内每班都要清除粪便等污物，保持良好通风。

（4）牛舍和运动场周围种树、种草、种花，美化环境，改善牛场小气候

（5）挤乳厅潮湿、通风不良、异味、灰尘超标等都会影响生鲜乳的质量安全　应加强日常清洗、消毒、通风换气，保持挤乳厅小环境的卫生，防止污染牛体和生鲜乳。

（三）饲养管理环节控制

良好的乳牛饲养管理是保证乳牛健康和乳牛生产优质卫生原料生鲜乳的基础。乳牛发病后尤其是患乳房炎后，生鲜乳中药物残留、病原体、体细胞数会增加，使该乳牛所产生鲜乳质量下降，并使与之混合的其他生鲜乳质量也受影响。

（1）乳牛场各饲养阶段的乳牛应分群管理，饲喂、挤乳时间不轻易变动　每班饲喂期间要及时堆料，饲喂前后都要清槽。坚持每天刷拭牛体，以保持牛体清洁和乳牛舒适，但刷拭牛体后不要立即挤乳。春秋各进行一次检蹄、修蹄。提供良好的饲养环境，供给全混合日粮和清洁饮水，确保乳牛机体非特异性抵抗力始终处于正常状态。

（2）严格执行防疫、检疫和其他兽医卫生管理制度，建立系统的乳牛病例档案　高度重视乳牛场的防疫注射及检疫密度，保证每头应该注射牛只均能得到有效注射，并不断规范和完善养殖档案，对遗漏的乳牛采取必要、有效的补救措施。正确注射疫苗使乳牛机体产生特异性抗体并保持在较高水平，可有效保护乳牛免受相应病原体侵染。

（3）给乳牛创造健康的生长环境，减少细菌、病毒的感染机会　只有健康的乳牛才能生产出高品质的生鲜乳。乳牛的健康应以预防为主，认真落实防疫、检疫、抗体监测、提高乳牛的饲养管理水平等措施，应在规模乳牛场积极推广使用 TMR 料饲喂技术，在降低饲养成本、发病率的同时提高乳牛健康水平、泌乳量、生鲜乳的品质。外购乳牛时首先要调查清楚当地牛只的防检疫及发病情况，进场前进行必要的隔离饲养处理；其次，从外省购进的牛只要严格按照乳用动物跨省调运规定引进乳牛。

（4）抓好日常消毒工作，防止病原体的传入和繁殖　定期进行消毒，对进出乳牛场的人员、运输车辆（饲草料、生鲜乳、牛粪运输等）、外购乳牛等采取适当有效的消毒措施，进场人员应换专用的工作服且彻底消毒；设有工作人员消毒、洗手的相关设备设施；有对进出车辆进行消毒的喷雾器和消毒池，保证消毒池内消毒液的量和有效浓度。

此外，乳牛场应每年对全场工作人员进行健康体检，特别是高度重视对结核病、布鲁氏杆菌病等人畜共患病的检查，应做到体检合格的上岗，不清楚情况的人员坚决不能上岗，每天对进场人员要全部采取适当的消毒预防措施。

二、投入品环节的质量安全控制

（一）饲草料环节的质量安全控制

1. 饲草料环节

饲草料是养殖成本中的重中之重，是重要的投入品之一，饲草料质量直接影响生鲜乳的产量和品质，涉及饲草料的购入、贮存、加工、检测等方面。

（1）饲草料购入环节控制　牛场选择饲料时，在关心采购价格的同时，更应关心饲草料的采购标准、进场验收接收标准、青贮料制作和 TMR 料制作过程控制、饲草料的贮存和防护，主动与销售人员进行沟通，要求其提供相关产品的质量安全标准并签订承诺书，确保饲料来源安全、组成明确，无污染，以便最大限度地保证饲草料质量安全和最大程度地减少浪费，提高饲草料利用率。如采购玉米时要考虑所购玉米的水分、预计使用的时间和有效贮存条件，对水分高的玉米要重视通风以免导致玉米发热、霉变，在使用过程中发现霉变的饲草料必须废弃不得使用，避免导致生鲜乳黄曲霉毒素超标。

（2）贮存环节控制　每批饲草料应分批堆放整齐，标识鲜明。做到早进早出，防止饲草料的长期积压而降低品质。饲草料进场入库要有数量和日期记录，对1～2个月甚至一年后的使用和库存情况了如指掌。仓库管理要到位不得直接用饲料做垫料，地面散料要及时清理使用；饲草料要有专门仓库，并有相应的防鼠、防雨、防晒、防潮、防尘措施，可避免内部损耗和浪费，相应降低了饲草料变质和生鲜乳质量安全问题发生的潜在风险（图8－1）。

图8－1　储草库

（3）加工使用环节控制　多数牛场青贮料的制作技术水平有待提高，应达到快速、压实、有效控制水分的水平。开窖后应预防青贮料二次发酵，开窖的表面积要适当、不应过大，做到用多少切多少，避免一次切得很多，牛只吃不了也可造成二次发酵，影响青贮料的适口性和生鲜乳的质量安全。TMR料的制作要注意一次加工的数量和时间的把握，避免加工的过细。饲料的种类和使用量要符合国家的有关规定，同时注意日粮中的微量元素和V_A、V_E的补充。

（4）饲草料检测环节控制　要注重把好饲草料检测关，定期将大宗原材料送到具有检测资质的机构进行检测，妥善保管检验报告备查。

2. 调控日粮配给提高乳脂率

乳脂率是衡量牛乳质量的重要指标，乳脂率主要与遗传因素密切相关，但通过合理的日粮配给也能提高和改善乳脂率。

（1）应用TMR饲喂技术　饲喂全价配合饲料，同时充分考虑各种营养成分的平衡，

如氮碳、钙磷的平衡。

（2）供给的日粮精粗比例要适宜　在配合饲料过程中粗饲料任意采食，精饲料按需补充。精饲料过量不但会降低乳脂率而且容易造成酸中毒。良种场采用运动场设干草栏，乳牛可随意采食；还设有利拉阀精料补饲系统，根据乳牛泌乳量和供给的基础日粮量为每头乳牛设定合理的精料补饲量，从而使乳牛采食到理想的精粗比例日粮。

（3）在饲料中添加植物脂肪　在乳牛饲料中添加保护脂肪可提高乳脂率，泌乳量也相应提高。如采用饲喂脂肪颗粒的方法来提高乳脂率。

（4）利用缓冲剂　使用碳酸氢钠可提高瘤胃内 pH 值，使瘤胃微生物区系正常，增加挥发性脂肪酸总量及其吸收率，提高乳脂率，用量为全部饲料干重的 0.8% ~1.0%；使用砺粉，提高小肠的 pH 值，增加小肠中淀粉酶的活性，促进乙酸的转化和合成乳脂；沸石粉含有多种微量元素和矿物质。饲料中添加微量元素会使乳中含量得到相应提高。使用沸石粉提高泌乳量并使乳中矿物质含量增加，提高乳的品质；使用氧化镁可改善乳腺对脂肪酸的吸收，提高乳脂率，用量为全部饲料干重的 0.3% ~0.5%。

3. 以营养调控提高乳蛋白率

牛乳中蛋白质含量是决定牛乳质量的主要因素。乳蛋白率的高低又是乳品加工厂衡量牛场生鲜乳价格的重要指标。

（1）改善日粮中的蛋白质水平　不同泌乳量的乳牛对日粮中降解蛋白和非降解蛋白的比例有不同的要求，泌乳量越高，日粮中非降解蛋白占粗蛋白的比例也应随之增加。如在日粮中添加干啤酒糟、棉粕、优质苜蓿等蛋白质饲料，来提高乳牛的乳蛋白率。

（2）提高日粮的能量水平　日粮中能量水平是影响乳蛋白含量的重要因素之一。能量不足时，合成乳蛋白的氨基酸会作为能源而被利用，并且会降低瘤胃内微生物蛋白质的合成量，其结果导致乳蛋白率的下降。增加日粮中精料水平提高精粗比，可使得乳牛能量摄入量增加，进而提高乳蛋白率。提供全株玉米青贮，增加乳牛的能量摄入，从而提高乳蛋白率和产量。

（3）使用饲料添加剂　赖氨酸和蛋氨酸是影响乳蛋白分泌的主要限制性氨基酸。乳蛋白对过瘤胃蛋氨酸和赖氨酸的补充很敏感，尤其是产乳高峰以后的乳牛。采用添加过瘤胃蛋氨酸，调节蛋氨酸赖氨酸比例，提高乳蛋白率。

（4）微生物饲料　在饲料中添加乳酸菌、芽孢杆菌、酵母等微生物，可使乳蛋白浓度提高 0.1% ~0.2%。对高产乳牛、饲喂精料过多的乳牛，添加微生物更为适合。如增加饲喂酵母饲料来提高乳蛋白率，每头饲喂 20 ~40g/d，对乳蛋白率的提高效果明显。

（二）用水环节的质量安全控制

水也是重要的投入品之一，水的质量安全控制主要在于乳牛饮用水和清洗挤乳设备管道用水。如果没有符合要求的饮用水和清洗用水，就难以保证乳牛的健康，以及挤乳设备管道的安全卫生，进而影响到生鲜乳的质量安全。

1. 水源环节的控制

无论采用自来水还是深井水，对水源源头质量情况要了解，以确保水源清洁卫生，最好是在建场之前聘请专业机构对选址处的水源质量进行一次详细的检验。牛场在水的使用过程中应定期、不定期的对水质进行检测监控，还应每年取水样送相关部门检测 1 ~2 次水质；使用自来水的牛场应向自来水公司索要相关的自来水检测合格材料。

2. 水的使用环节的控制

在水的使用过程中，常规的砖、水泥建的蓄水池易有缝隙，卫生很差，内有明显的杂物和微生物生长，有的甚至有死老鼠。水池和饮水管道、设备没有定期清洗和消毒，内部污垢较多，使清洁的水容易被蓄水池污染。最好使用不锈钢水罐，并加强日常的检查监测和定期清洗、消毒，做好有关记录。对于含泥沙比较多的井水，需要每年对沉淀池、水塔进行淤泥清理、清洗、消毒，并应做好相关活动的适当记录。此外，加强对井口的管理，防止因管理不到位造成地表水等的进入而污染水源，如受污染的地表水和雨水的进入可能导致井水水质亚硝酸盐、细菌超标。

3. 配备自动热水器或太阳能、锅炉，提供充足的热水且水温要满足清洗需要

（三）药品环节的质量安全控制

药品也是重要的投入品之一，药品的质量安全控制主要是指农药、兽药和清洗剂、消毒剂的管控，管理和使用不当会导致饲草料农药残留、乳牛体内兽药残留和设备管道清洗剂、消毒剂的残留，最终影响生鲜乳的质量安全。农药残留主要来源于采购的饲草料以及其中夹带的泥土；兽药残留主要来源于治疗乳牛疾病用药及饲料中添加的药物；清洗剂、消毒剂残留主要来源于操作人员的不规范操作。饲料中添加以及治疗所用药物的种类和使用量要符合国家有关规定。

1. 重视饲草料中农药的控制

由于饲草料外购为主，种植过程中对农民使用农药不能进行有效监管且牛场对农药残留认识不到位，重视程度也不够，缺少对农药残留的检测控制技术，农药残留往往被忽视。应引导有条件的牛场自己配套种植饲草料特别是使用量大的青贮料，并合理使用农药，最大限度的降低农药使用量，确保饲草料中农药残留得到有效控制。

2. 兽药贮存环节的控制

兽药仓库管理要有章可循，建有较好地账、物、卡统一管理制度，药品的存放及标识、标志合理、规范，使用时容易找到。应按照“先生产先使用”的原则使用，要高度关注药品的有效期，应严禁和杜绝使用过期药品，尽量避免使用接近保质期的药品。对有储存温度要求的药品，需要提供相应的条件加以保证。特别需要注意存放疫苗的冰箱或冰柜及其温度，冰箱制冷是否正常、温度是否在可控范围、停电时应有有效的应对措施等，以免因贮存不当造成疫苗的失效和降效。

3. 休药期环节的控制

用药牛只的休药期和治疗后转群、转棚记录要规范、完善。要高度重视药品的休药期，治疗后转群、转棚应有正式交接手续，能追溯的原始记录完善保管，挤乳牛只药物残留应达到相关的规定标准。

4. 清洗剂、消毒剂残留环节的控制

生鲜乳收购站操作人员在设备设施清洗、消毒后应及时排放残留液，严格按排放时间彻底排放，要特别注意因设备管道异常出现的残留死角。此外，应积极推广使用食品级的清洗剂、消毒剂以确保生鲜乳的质量安全。同时，要通过清洗、消毒使与生鲜乳直接接触的挤乳设备管道达到化学和细菌清洁度，要除去全部可见和肉眼看不见的污物。

三、挤乳环节的质量安全控制

挤乳过程的安全卫生是生鲜乳质量安全控制的重点工作，规范的挤乳操作程序是提高生鲜乳质量的关键技术环节。在生鲜乳收购站从健康乳牛乳房内挤出的生鲜乳，极易受到牛体卫生、站内环境卫生、机械挤乳设备设施的操作是否规范到位以及挤乳后设备、环境等是否冲洗、清洗、消毒到位、员工卫生等因素的影响和污染，使生鲜乳的质量受到影响。应不断完善以下各方面，尽量减少生鲜乳受到的污染以降低生鲜乳菌落总数。

(一) 牛体的污染控制

乳牛的皮毛特别是腹部、乳房、尾部是微生物附着的严重部位，挤乳前如不清洁牛体或清洁不到位，挤乳时这些脏物极易进入生鲜乳中。乳牛场需要时刻保持牛床和垫料的干净和干燥，才能使牛身尽可能的清洁。在炎热夏季应避免对乳牛进行喷淋，可采用既能够降低牛舍温度，又能够保持牛床、垫料和环境的干净和干燥，运行成本又相对较低的冷风机来防暑降温。乳牛进入生鲜乳收购站待挤区前要通过清洗、消毒、刷拭等尽可能的去除牛体的污染。

(二) 挤乳员的手和擦乳牛乳房的毛巾的污染控制

由于牛乳房的不清洁加之挤乳时间紧，挤乳员的手容易被污染而又未做到及时洗手，同时擦乳牛乳房的毛巾在本批乳牛挤乳结束后立即清洗、浸泡消毒，下批乳牛挤乳前甩干就使用了，二者都增加了生鲜乳受污染的潜在风险。因此，生鲜乳收购站需要配备相关的烘干设备，确保所用毛巾的干燥卫生，降低微生物感染乳房的机会。有条件的生鲜乳收购站应由专人负责毛巾的清洁检查和烘干工作，并尽量做到一牛一毛巾，最好是使用一次性的纸巾，防止交叉感染。此外，挤乳员的工作服要每班清洗消毒到位。

(三) 挤乳设备的污染控制

挤乳设备的污染主要是挤乳设备的日常维护和保养不到位，造成设备的异常出现清洗死角，加之清洗人员意识不到而未能定期手工拆洗，长期下去出现了设备污染或机械油渗漏污染。因此生鲜乳收购站在保证挤乳设备正常运转的情况下，按照清洗流程进行清洗和消毒挤乳设备和管道，每班对与乳汁接触过的物品必须彻底清洗消毒。生鲜乳过滤器滤芯必须每班单独清洗和消毒，滤纸每班更换，并加强对此类特殊设备的维护保养、定期拆洗和清洗效果的检查。

(四) 挤乳操作环节污染控制

(1) 挤乳前　用1∶4的碘伏药液药浴乳头，作用30s后，用一次性纸巾擦净、擦干乳头。用手触摸乳房外表是否有红、肿、热、痛症状或创伤，并把每个乳头前3把乳挤入带有网面的集乳杯子中，检查生鲜乳中是否有凝块和水样乳，及时发现临床乳腺炎或异常乳，并对头3把乳进行无害化处理。对于上机前临时发现的乳房炎病牛不套杯挤乳，转入病牛群手工挤乳并治疗。

(2) 挤乳准备结束后　在45s以内套好乳杯。套杯程序：挤过头把乳后要尽快套杯。一只手平托挤乳杯，另一只手打开真空机，从最远的乳头开始以“S”形套杯，尽量减少空气进入，从开始刺激乳头到套杯结束的时间最多不超过60s。上杯要严实，防止中途脱杯，严禁空气窜入乳杯。不能为了挤净最后一滴乳而使乳房受到过多挤压，避免用手将乳杯组向下按。套乳杯时，要防止有漏气现象，防止空气中灰尘、病原菌等吸入生鲜乳中，并及时调整乳杯的位置。

(3) 挤乳结束自动收杯后　必须马上用0.5%～1%碘伏药液药浴浸泡乳头的2/3以上部分，应尽快的完成，阻止细菌侵入乳头管，防止乳腺炎发生。前后药浴杯分开使用，用不同颜色药浴杯区别标记。药浴后1h内尽量不让乳牛趴卧。每运行2 500头次后，乳杯内衬须更换。挤乳设备设施的日常清洗、消毒、维护记录要有专人填写、保管。

（4）要确保挤乳员和挤乳时间的稳定　否则会对乳牛产生不良应激和不利影响，从而导致生鲜乳产量下降，质量降低。

（五）特殊阶段生鲜乳的质量控制

要高度重视初乳期和干乳后期以及患有乳房炎的乳牛所产的生鲜乳质量。

（1）要严格按照国家有关标准和规定专门处理此类生鲜乳　对初乳以及由于配种繁殖的原因不能如期正常干乳的牛所产生鲜乳经过检测正常后可混入正常生鲜乳。同时应加强对此类牛只的监管，经过必要的检测合格后进行合理的转群，并保存相关活动的原始记录备查。

（2）乳牛场应严格管理患乳房炎的牛只　禁止此类牛只进入生鲜乳收购站上站挤乳，挤出的生鲜乳也不能与正常生鲜乳混合。并由专人负责挤乳和乳的处理，确保生鲜乳收购站出售的生鲜乳质量安全。此外，疾病治疗期间及停药7d内也应注意将生鲜乳单独处理，并注意病牛的隔离和消毒，以保证生鲜乳的安全。

（3）每月以乳牛隐性乳房炎快速诊断技术（BMT）检测乳房炎一次　乳房炎的高发季节（7、8、9月）每半月测一次。对乳房炎和BMT检测++以上的牛，如乳房炎症表现不明显，乳汁无明显感观改变，可用无抗生素药物治疗，舍内护理。对乳房炎症状明显，乳汁发生改变的乳房炎患牛，尽早转入病牛舍，应用敏感抗生素治疗，必要时采用全身疗法。对每月DHI报告中列出的体细胞70万以上的牛只，做临床检查和BMT检测，以保持牛群处于良好健康状态。

（4）干乳期治疗乳房炎　干乳期治疗乳房炎具有很多优点，如不会产生抗生素残留乳，受损害的乳腺组织容易恢复等。对患有临床型乳房炎的个别乳区，进行二次干乳，其乳房炎发病率明显降低。

四、生鲜乳贮存运输环节的质量安全控制

生鲜乳的贮存运输是生鲜乳收购站到乳制品加工企业的重要一环，管理不好就会给生鲜乳收购站和乳制品加工企业造成巨大的经济损失。

①保持挤乳厅、贮乳间的内外清洁卫生，定期清洗、消毒。挤乳厅、贮乳间设有数字视频监控系统。

②生鲜乳贮存阶段要检查生鲜乳制冷降温速度和贮存温度，生鲜乳制冷系统是否正常，要备有发电机，并保证生鲜乳温度在挤后2d内达到规定的0～4℃，且新挤的生鲜乳不能与已冷却好的生鲜乳进行混合，生鲜乳贮存时间也不能超24d。

③运乳罐必须具备良好的隔热或制冷装备，装车前检查运输车辆及运乳罐的卫生情况不合格的重新清洗待合格后才能将生鲜乳装车，同时应检查运乳罐冷却系统是否运转正常。贮存过生鲜乳的贮乳罐、运乳罐必须及时清洗消毒后才可再次贮乳，对罐内各个死角要进行人工刷洗。

④生鲜乳装车过程中要杜绝任何人为添加行为，且要检查记录生鲜乳出站温度。起运前对运乳罐进行铅封，松紧要适当，防途中断裂或被人换掉，并规范填写生鲜乳交接单，特别是铅封上有号码的应填写清楚。司机和押运员须持有有效的健康证明，并经培训具有

乳品质量安全知识。

⑤生鲜乳运输车辆应装有 GPS 定位监控系统，运输途中乳制品加工厂可通过远程监控随时查看其所在位置。

⑥生鲜乳收购站要严格按抽样留样规定留取样品备查，以利于出现问题追根溯源。

五、监督检查环节的质量安全控制

当地畜牧兽医行政主管部门应明确机构，定岗定责，依法监管，严惩违规。要定期、不定期的对生鲜乳收购站和运输车辆进行监督检查和检测，并及时向社会公布检查、检测结果，发现问题要严格依法依规办理，不应徇私枉法，知法犯法，更不能自己更换样品，人为改变检验结果。监管机构应与各生鲜乳收购站的监控系统进行联网，执法人员可远程监控生鲜乳生产、运输的各个环节。此外，逐步建立工作机制完善的行业协会，加强行业自律。

六、生鲜乳入厂和化验检测环节质量安全控制

①乳制品加工厂在生鲜乳入厂前要查看核实生鲜乳运输车辆所携带的《生鲜乳准运证明》《生鲜乳收购许可证》、生鲜乳交接单、司机及押运员是否持有有效健康证明，不符合要求的应禁止入厂。

②依据相关规定抽样检验黄曲霉毒素、抗生素、三聚氰胺、拮抗剂等，对检验不合格的生鲜乳要出具相关证明。

③对经抽样检验不合格的生鲜乳，生鲜乳收购站对检测结果有异议的，还要经第三方检测后再做处理。

④应做无害化处理的生鲜乳，需要报当地畜牧兽医行政主管部门的，应及时上报畜牧兽医行政主管部门在其监督下按规定进行无害化处理。

只有不断规范和完善以上各项工作，并在工作中严格执行，各尽其责，不走过场，才能确保生鲜乳质量安全控制，哪个环节出现纰漏都可能对生鲜乳质量安全造成潜在的危害。

第九章 乳牛的疾病及其防治

第一节 乳牛的主要传染病

一、传染病概述

（一）传染病的危害

人兽共患病分布广泛，既危害人类健康和生命，又可在家畜、家禽的范围内流行，造成巨大的经济损失。导致人类生病的病原体有 1 709种，其中，人兽共患的病原体 832 种。越来越多的证据表明，食用患病动物会严重危害人类健康。据世界卫生组织和联合国粮农组织统计，目前，通过食用染病动物使人生病的人兽共患病有 200 种，其中，严重的有 89 种。科学家的研究表明，在 200 多种动物传染病和 100 多种寄生虫病中，至少有 160 多种可以传染给人，我国已发现的有 100 多种。18 世纪由鸡传染的霍乱，19 世纪因食用患炭疽的牛、羊等造成炭疽疫情，人类感染后的死亡率约 20%。1986 年英国的疯牛病让世界“谈牛色变”，死亡率几乎为 100%。近几年，高致病性禽流感在很多国家出现，它给国家和个人，特别是禽类饲养者带来了巨大影响。在外交活动日趋频繁、旅游业日益发达、生态环境明显改变、人和各种动物接触机会越来越多的情况下，应该高度警惕新的人兽共患病的发生和已被控制的人兽共患病的复燃。

（二）传染性疾病的共性

传染性疾病是指由病毒、细菌、寄生虫等病原引起，并能通过一定途径，在乳牛或乳牛与其他动物之间广泛传播，而且一旦发生难以控制，可造成严重的损失，甚至可以毁灭整个牛群。

（三）乳牛场传染性疾病防控的目标和作用

1. 防控的目标

一是控制新病原传入牛场；二是减少病原体在牛群中的传播，消除病原。

2. 防控的作用

一是提高泌乳量和繁殖率；二是降低乳牛淘汰率和治疗费用，提高经济效益。

（四）乳牛场传染性疾病防控的基本要点

1. 采取综合措施，阻止新病原传入牛场

一是限制外来的人员进入牛场特别是严格禁止无关人员进入生产区。二是对外来的运输工具进行清洗和消毒。三是对引进每一头牛都要进行严格的隔离饲养和检疫。四是采取有效措施限制家养动物、野生动物的进入，特别是限制偶蹄类动物的进入。

2. 控制病原体在牛群中的传播，减少疾病发生

一是牛场布局要合理且便于管理，同时搞好环境卫生。二是定期进行全场清理和消毒，重点区域经常消毒且消毒药的种类要定期更换。三是场内要有隔离区，发现病牛及时隔离治疗。四是定期进行重要疫病监测，做好疫苗免疫接种。五是杜绝在牛场饲养宠物，采取有效措施尽量减少场内鼠、鸟和蚊虫等的数量。

3. 加强饲养管理，增强乳牛群体的疾病抵抗力

一是日粮配方搭配合理，营养全面，保持环境清洁卫生；二是坚持自繁自养；三是用初乳喂养犊牛。

二、口蹄疫病

口蹄疫（FMDV）是由口蹄疫病毒引起的，牛、羊、猪等偶蹄动物的一种急性、热性和高度接触性传染病。其临床特征是在口腔（舌、唇、颊、龈、腭）黏膜、蹄部和乳房皮肤发生水疱和烂斑。

【病原特点】

多型性，易变性。有 7 个毒型：A 型、O 型、C 型、南非Ⅰ型、南非Ⅱ型、南非Ⅲ型、亚洲Ⅰ型。前 3 个型和最后一个型在我国比较常见。又分为 75 个亚型，各型之间、彼此之间，抗原不同，也不能互相免疫。一个地区的牛群经过有效的口蹄疫疫苗注射之后，1～2 月内又会流行，这往往是另一型或亚型病毒所致。该病毒对外界环境的抵抗力很强，在冰冻情况下，血液及粪便中的病毒可存活 120～170d。阳光直射下 60min 即可杀死；加温 85℃15min、煮沸 3min 即可死亡。对于酸碱的作用敏感，故 0.2%～0.5% 过氧乙酸，1%～2% 氢氧化钠、30% 热草木灰、1%～2% 甲醛等都是良好的消毒液，紫外线也可杀灭病毒。牛奶经巴氏杀菌（72℃ 15min）能使病毒感染力丧失。不起作用的药物为食盐、酚、乙醚、丙酮、氯仿、蛋白酶、酒精等。

【流行特点】

牛尤其是犊牛对口蹄疫病毒最易感。本病具有流行快、传播广、发病急、危害大等流行病学特点，疫区发病率可达 50%～100%，犊牛死亡率较高，其他则较低。病牛、康复期和潜伏期的病牛是最危险的传染源。病牛的水疱液、乳汁、尿液、口涎、泪液和粪便中均含有病毒。该病主要是经消化道感染，也可经呼吸道传染。被污染的圈舍、场地、草地、水源是重要的疫源地，病毒可通过接触、饮水和空气传播。本病传播虽无明显的季节性，但春秋两季较多，尤其是春季，风和鸟类也是远距离传播的因素之一。暴发呈周期性特点，每隔 1～2 年或 3～5 年流行一次。

【临床症状】

该病潜伏期 1～7d，平均 2～4d。病牛精神沉郁，食欲下降，闭口，流涎，开口有特殊的咂嘴音，体温可升高到 40～41.5℃，反刍减弱，泌乳量减少。发病 1～2d 后，病牛齿龈、舌面、唇内面可见到蚕豆到核桃大的水疱，涎液增多并呈白色泡沫状挂于嘴边；采食及反刍停止；水疱约经一昼夜破裂后形成溃疡，这时体温会逐渐降至正常；在口腔发生水疱的同时或稍后，趾间及蹄冠的柔软皮肤上也发生水疱并很快破溃，然后逐渐愈合；有的糜烂因继发感染化脓坏死，甚至蹄匣脱落，即所说的脱靴症，而后被新生长的蹄角质代替；有时在乳头皮肤上也可见到水疱。本病一般呈良性经过，经一周左右即可自愈；若蹄部有病变则可延至2～3周或更久；死亡率一般为1%～2%，此类型为良性口蹄疫。有些病牛在水疱愈合过程中，激发细菌性感染可导致病情突然恶化，全身衰弱、肌肉发抖，心跳加快、心律不齐，食欲废绝、反刍停止、行走摇摆、站立不稳，往往因心脏麻痹而突然死亡，这种类型为恶性口蹄疫，死亡率高达20%～50%。犊牛发病时往往看不到特征性水疱，主要表现为出血性胃肠炎和心肌炎，死亡率很高。

【病理变化】

除常见的口腔和蹄部病变外还可见到食道和瘤胃黏膜有水疱和烂斑；真胃和大小肠黏膜可见出血性炎症；肺呈浆液性浸润；心包内有大量混浊而黏稠的液体。恶性口蹄疫可在心肌切面上见到灰白色或淡黄色斑点或条纹与正常心肌相伴而行，如同虎皮状斑纹，俗称"虎斑心"。乳牛感染口蹄疫后大多因心肌炎而造成死亡。

【诊断方法】

临床诊断与牛水疱性口炎难以区别，必须结合流行病学特性，如疫病来源、特点、症状、传播速度等进行综合分析。必要时可进行实验室诊断，取病牛新鲜水疱皮5～10g装于含有50%甘油生理盐水灭菌瓶内，或取水泡液作病毒的分离鉴定和血清型鉴定。

【防制措施】

1. 口蹄疫的防控要点

（1）未发病牛场的预防措施　为杜绝病原传入牛场及在牛群中的传播应严格执行各项防疫消毒制度，场门口设消毒通道、消毒池，进出牛场必须消毒；严格限制外来人员进入牛场特别是生产区，严禁非本场车辆入内；严禁将牛肉及其他偶蹄动物产品带入牛场内食用；每月定期用2%氢氧化钠或其他消毒药对牛栏、运动场进行消毒；引进的牛要采取严格的隔离措施和并经检疫合格；控制家养、野生动物、蚊虫等进入。当周边出现疫情，更要做好以下各项工作：一是定期进行全场清理和消毒，重点区域经常消毒。二是场内要有隔离区，发现疑似患畜及时隔离并按程序上报有关部门进行确诊。三是做好疫苗免疫接种，确保免疫抗体保持在有效的水平。

（2）切实做好疫苗免疫接种

①掌握疫情：口蹄疫有7个血清型，即A、O、C、SAT－1、SAT－2、SAT－3和亚洲Ⅰ型，目前国内流行的血清型有：O型、亚洲Ⅰ型、A型。

②选择相应血清型疫苗：口蹄疫病毒7个血清型间存在较弱或无交叉免疫现象，目前国内流行的血清型有O型、亚洲Ⅰ型、A型。疫苗种类有口蹄疫O型—亚洲Ⅰ型二价灭活疫苗，口蹄疫A型灭活疫苗，口蹄疫O型－亚洲Ⅰ型－A型三价灭活疫苗。

③坚持实施免疫接种：常规免疫每年可接种2～4次。建议每间隔4个月免疫一次，一年3次。犊牛90日龄初免，剂量为成年牛的一半，间隔1个月进行一次强化免疫，以后每隔4个月免疫一次。对调出乳牛场的种用或非屠宰乳牛，在调运前2周进行一次强化免疫。发生疫情时，要对疫区、受威胁区域的全部易感动物进行一次强化免疫即紧急免疫，最近1个月内已免疫的牛可以不强化免疫。此外第一次免疫接种一个月后要进行一次加强免疫；两种疫苗同时接种如有副作用可间隔两周。疫苗接种率应达到100%，免疫抗体保护率不低于70%。不用的疫苗一定要冷藏保存（4～15℃）冷链运输。

（3）已发生口蹄疫的防制措施　在疫点的出入口和出入疫区的主要交通路口设置消毒点。对相关过往车辆、人员进行检查、消毒；封锁期内禁止偶蹄动物及其产品的出入；

疫点每月进行一次全面消毒；对口蹄疫病牛及其同群牛全部进行扑杀并按规定作无害化处理，场地进行彻底、全面的消毒；暂时停止偶蹄动物及其产品的交易活动。

（4）禁止任何人对口蹄疫病牛进行治疗　应按规定上报当地畜牧兽医行政主管部门并进行无害化处理。任何人发现疫情都要及时上报。

2. 了解疫情，实时监测牛群

（1）免疫保护抗体检测　免疫接种后21d进行免疫效果监测，存栏牛免疫抗体合格率≥80%判定为合格。亚洲Ⅰ型、O型、A型口蹄疫的液相阻断ELISA的抗体效价应≥2^6。

（2）口蹄疫病毒感染抗体检测　①口蹄疫感染监测。

A. 感染抗体检测。采用口蹄疫病毒非结构蛋白3ABC抗体检测ELISA试剂盒（中国农业科学院兰州兽医研究所）或口蹄疫病毒非结构蛋白抗体单抗阻断ELISA试剂盒（北京世纪元亨动物防疫技术有限公司）进行检测。

B. 病毒核酸检测。采用病毒核酸检测法（RT-PCR）进行检测。

②口蹄疫感染和带毒监测流程。口蹄疫病毒非结构蛋白→抗体阳性牛→采集O/P液（食道—咽部分泌物）→RT-PCR检测→阴性牛→间隔15d后采样复检。RT-PCR检测为阳性的即可确定为口蹄疫阳性牛。

③疑似口蹄疫的防控要点。封锁、隔离，彻底消毒；隔离患病动物，避免与健康动物接触；认真处理患病动物破损部位，做好抗菌消炎。

三、结核病

结核病是由结核分枝杆菌引起的一种人畜共患传染病，也是目前牛群中最常见的一种慢性传染病。本病以干咳、病牛逐渐消瘦、泌乳量下降为主要特征，且多呈慢性经过；在体内某些组织器官形成结核性肉芽肿（即结核结节），继而结节中心干酪样坏死或钙化。

【病原特点】

牛结核病的病原为结核分枝杆菌，本菌分为牛型、人型及禽型。牛型主要侵害乳牛，其次是黄牛、水牛、牦牛。该菌不耐热，65℃下30min、70℃下10min、100℃立即死亡，阳光直射2h死亡，来苏尔、福尔马林都能杀死结核杆菌。

【流行特点】

本病一年四季均可发生，可侵害多种动物。结核病病牛和开放性结核病人是本病的主要传染来源。牛结核主要由牛型结核分枝杆菌引起，也可由人型结核杆菌引起。牛性结核分枝杆菌是通过开放性病畜的鼻汁、痰液、粪便、乳汁、生殖器官的分泌物等排出体外；有时可通过胎盘或生殖道传染；健康牛是通过被污染的空气、饲料、饮水经呼吸道、消化道等途径感染。成年牛多数因与病牛、病人直接接触而感染，犊牛多因喂了病牛所产的带菌生鲜乳而感染。厩舍拥挤、卫生不良、营养不足可造成牛的抵抗力降低而诱发本病。

【临床症状】

潜伏期一般为16~45d，有的更长，甚至长达数年。通常为慢性经过，病初症状不明显，当病程逐渐延长、饲养管理粗放、营养不良时则症状逐渐显露。根据患病部位的不同，本病分为以下几型：一是肺结核为最常见，以长期顽固的干咳为特点，且以清晨最明显。病初食欲、反刍正常，容易疲劳，有短促干咳，渐变为脓性湿咳，呼吸困难，在早晨、运动及饮水后特别明显；有时从口腔或鼻孔流出淡黄色黏稠液；听诊肺区常有啰音或摩擦音，叩诊呈浊音；病牛日渐消瘦且泌乳量大减。体温一般正常或略升高，病情严重者，可见呼吸困难，最后可因心力衰竭而死亡。二是乳房结核。一般先是乳房上淋巴结肿大，继而后两乳区患病，以发生局限性的或弥漫性的硬结为特点，硬结无热无痛，表面高低不平。泌乳量降低，乳汁变稀，甚至含有凝乳絮片或脓汁，严重时因乳腺萎缩而导致泌乳停止。三是肠结核，多见于犊牛，以消瘦和持续性下痢或便秘下痢交替出现为特点。病牛迅速消瘦，常有腹痛和顽固性腹泻，粪便混有黏液、带血或带脓汁，味腥臭，在胃肠道黏膜可见大小不等的结核结节或溃疡。四是生殖器官结核，性欲亢进，不断发情但屡配不孕，孕后也常流产。公牛睾丸及附睾肿大，硬而痛。此外，结核分枝杆菌还可以侵害其他器官，如淋巴结结核、浆膜结核和脑结核等。

【病理变化】

常在侵害的组织器官内形成粟粒大乃至豌豆大呈灰白色、半透明的坚实结节，即特异性结核结节；病程较久时可见结节中心发生干酪样坏死，大小不等，其外形成包囊，有的坏死灶液化形成空洞，特别是在肺内有的钙化变硬，在周围有白色瘢痕组织包裹。出现病灶多的部位是肺、胸膜、腹膜、肝、脾、肾、肠、骨、关节、子宫和乳房。在胸膜和腹膜形成的结节成串如珍珠样，称为“珍珠病”。

【鉴别诊断】

本病依据流行病学特点、临床特征、病理变化可做出初步诊断。确诊需进一步做病原学诊断或免疫学诊断。

①该病的病理变化比较有特征，但临床症状很不明显，故仅凭症状难以诊断。病理诊断要点为：器官（尤其肺、小肠）与所属淋巴结（如肺门、肠系膜淋巴结）有结核结节，结核结节也可发生干酪样坏死和钙化；结核结节有特异性组织结构，其中心为干酪样坏死或钙化，外周是上皮样细胞、巨细胞及结缔组织。

②采取抗酸染色法、细菌分离培养法进行病原学诊断，可见结核杆菌。

③采用牛型结核分枝杆菌 PPD 皮内变态反应试验进行诊断不仅有利于确诊更可查出隐性病牛。如果注射牛型结核菌素局部肿胀面积达 35mm × 45mm 以上或注射前后的皮厚差在 8mm 以上，或者点眼后出现脓性眼眵，均可判为结核菌素阳性反应。牛肺结核与慢性牛肺疫都有短咳和消瘦等症状，两病容易混淆，但慢性牛肺疫对结核菌素试验呈阴性反应，肺脏断面无结核结节而呈大理石病变。牛肠结核与牛副结核、慢性牛粘膜病，牛淋巴结结核与地方流行型牛白血病症状相似，也应注意鉴别。

【防制措施】

牛结核病流行面广，无疫苗可供接种，防制本病主要依靠检疫、隔离、卫生消毒，应采取“监测、检疫、扑杀和消毒”相结合的综合性防疫措施，预防、控制和净化结核病。

1. 监测

乳牛要进行 100% 进行结核病监测，成年牛净化群每年春、秋两季各监测一次。初生犊牛应于 20d 时进行第一次监测，100 ~ 120d 时进行第二次监测。

2. 检疫

调运的乳牛必须来自于非疫区并经检疫合格，调入后应向调入地动物卫生监督机构报告并接受监督检查，调入的乳牛必须在隔离栏隔离观察饲养 45d，经检疫合格后方可解除隔离并混群饲养。

3. 净化

一是应用PPD皮内试验对牛场进行反复监测，每次间隔3个月，及时扑杀阳性牛并按规定进行无害化处理，直至全群都呈阴性。二是对于PPD皮内试验为疑似反应者，42d后复检仍为阳性的牛则按阳性牛处理；若仍呈疑似则应间隔42d后再复检，复检仍为可疑者应按阳性牛处理。凡连续两次以上监测结果均为阴性者则此牛群可认为是牛结核病净化群。

4. 消毒

结核杆菌对干燥抵抗力强，将带菌的痰置于干燥处310d后接种于豚鼠仍能发生结核。5%碳酸或来苏尔24h、4%福尔马林12h方能杀死结核杆菌。从乳牛群中检出并剔出结核病牛后应立即对牛舍内外环境进行全面消毒，然后进行清理，清理出的粪便等烧掉或堆积发酵，清理干净后再一次对牛舍、用具及运动场所等进行消毒。

四、布鲁氏菌病

【病原特点】

牛布鲁氏菌病是由布鲁氏菌属细菌引起的一种慢性的人畜共患性全身传染病，是一种细胞内寄生小球杆状菌，革兰氏染色阴性，主要感染牛、羊、猪等动物，也可感染人。布鲁氏杆菌对热敏感，70℃10min即可死亡；阳光直射1h死亡；在腐败病料中迅速失去活力；一般常用消毒药都能很快将其杀死。

【流行特点】

布鲁氏菌病呈世界性流行，世界大多数国家都有过布病流行。牛对本病的易感性为随着性器官的成熟而增强，母牛较公牛易感，成年牛较犊牛易感，牛犊有一定的抵抗力。病牛是本病的主要传染来源，病菌随病母牛的阴道分泌物、乳汁和病公牛的精液排出，特别是流产的胎儿、胎盘和羊水内含有大量的病菌，易感牛采食了污染的饲料、饮水、牛奶，接触了污染的用具或者与病牛交配均可感染此病。本病常呈地方性流行。新疫区常使大批妊娠母牛流产；老疫区流产减少，但关节炎、子宫内膜炎、胎衣不下、屡配不孕、睾丸炎等逐渐增多。

【临床症状】

潜伏期短者两周，长者可达半年。主要侵害生殖系统，妊娠母牛发生流产是本病的主要症状，流产一般发生于妊娠后期，产出死胎或软弱胎儿。流产前数日，一般有分娩预兆。流产后多数伴发胎衣不下或子宫内膜炎，阴道内继续排出红褐色恶臭液体，在2～3周后恢复。或者子宫蓄脓长期不愈，甚至因慢性子宫内膜炎而造成不孕。有的病愈后长期排菌，可成为再次流产的原因。有的经久不育，屡配不孕，终被淘汰。公牛则常发生睾丸炎、附睾炎、不育以及关节炎。

【病理变化】

母牛的病变主要在子宫内部。在子宫绒毛膜间隙有污灰色或黄色无气味的胶样渗出物；或有坏死病灶，其表面覆以黄色坏死物或灰色脓液；胎膜因水肿而肥厚，呈胶样浸润，表面覆以纤维素和脓汁。流产的胎儿主要为败血症变化，脾与淋巴结肿大，肝脏中有坏死灶，肺常见支气管肺炎。流产之后母牛常继发慢性子宫炎，子宫内膜充血、水肿，呈污红色，有时还可见弥漫性红色斑纹，局灶性坏死和溃疡；输卵管肿大，有时可见卵巢囊肿；严重时乳腺可因间质性炎症而发生萎缩和硬化。公牛主要表现为化脓坏死性睾丸炎或附睾炎。睾丸显著肿大，其被膜与外浆膜层黏连，切面可见到坏死灶或化脓灶。阴茎可出现红肿，其黏膜上有时可见到小而硬的结节。

【诊断方法】

本病的流行特点、临床症状和病理变化均无明显特征。流产是最重要的症状之一，流产后的子宫、胎儿和胎膜均有明显病变，因此确诊本病只有通过细菌学、血清学、变态反应等实验室手段，可根据具体情况选用。对流产病例可进行细菌学检查，对泌乳牛可做全乳环状反应，对其他牛和牛群检疫则常用凝集反应。暴力因素、营养不良和中毒也可造成流产，根据病史和病变可以区别开。毛滴虫和弯杆菌病引起的流产，需经实验室检查鉴别。

【防制措施】

1. 病牛应依据国家有关规定做无害化处理

2. 预防

因乳牛买卖过程中有时未进行有效的检疫、也未采取有效的隔离饲养措施；对布病的监测、检疫不彻底，阳性牛只处理不当以及被布病污染牛场检疫淘汰阳性牛后，未进行连续监测，从而造成布病的扩散和难以净化。因此，需采取以下措施进行防制。

①定期进行乳牛场布病监测，购入的牛要经严格检疫合格。目前我国多采用琥红平板凝集试验（RBPT），全乳环状试验（MRT）方法进行筛选检测，利用试管凝集试验（SAT），补体结合试验（CFT）方法进行阳性复核。也可采用奶液间接 ELISA 试剂盒（M－iELISA）、奶液竞争 ELISA（M－cELISA）、奶液 PCR（M－PCR）等新型乳牛布病监测技术方法。从未发生过布氏杆菌病的地区不得从疫区购入牛只，不得到疫区放牧；必须购买和引进牛时，要经输出地动物卫生监督部门的严格检疫合格后方可引进，并且引进后一定要隔离观察 45d，并用凝集反应等方法做两次检疫监测，确认健康后方可与其他牛只合群。

②切实做好阳性牛与健康牛的隔离、犊牛与成牛的隔离、产房与其他牛舍的隔离。

③被确诊为乳牛布病的牛群为乳牛布病污染牛群，应全部实施乳牛布病净化，实施监测、隔离、淘汰扑杀布鲁氏菌病病牛，做好消毒、无害化处理及生物安全防护。污染牛群应按照布鲁氏菌病防治技术规范进行监测净化。稳定控制区每年进行春秋两次布病监测，控制区和疫区每季度进行一次监测。监测牛群达到稳定控制区为目的。对于监测净化检出的可疑布病牛，要及时隔离饲养，设专人管理，并进行严格的消毒，包括牛舍、环境、饲槽、用具、污物，严格看管可疑布病牛，禁止移动造成污染。

④认真做好牛场的消毒工作。对于污染牛群要进行严格的消毒，饲养场地的设施、设备在进行彻底清理后进行一次大消毒。圈舍、场地车辆等用 2% 火碱、3% ~5% 来苏尔、10% 石灰乳、1% 消特灵等消毒药进行交替消毒。废弃饲料、垫料、流产胎儿、胎盘及排出物等可采取深埋堆积发酵或焚烧处理，粪便采取堆积密封发酵处理并消毒。注意人员的生物安全防护如戴好手套、口罩，工作服经常消毒等。消毒池、消毒间或消毒通道内置有效消毒剂，如氯制剂等消毒药物。消毒药要定期更换，保证一定的药效；牛舍内的一切用具应定期消毒，产房每周进行一次大消毒，分娩室在临产牛生产前及分娩后各进行一次消

毒。流产牛除正常消毒以外，对分泌物、排泄物等用火焰进行消毒。

⑤对于病牛以及血检阳性牛要全部扑杀。

⑥定期对饲养人员进行健康检查，防止此病的互相传播，保证人畜健康。

五、牛病毒性腹泻－黏膜病

牛病毒性腹泻－黏膜病（BVD－MD）是由牛病毒性腹泻病毒（BVDV）引起牛的以黏膜发炎、糜烂、坏死和腹泻为特征的一种低发病率高死亡率的传染性疾病。各种年龄的牛都易感染、以犊牛易感性最高。传染来源主要是病牛及其分泌物、排泄物、血液和脾脏等，以直接接触或间接接触方式传播。

【病原特点】

牛病毒性腹泻病毒又名黏膜病病毒，是黄病毒科瘟病毒属，单股 RNA，有囊膜呈圆形的病毒。此病毒能在胎牛肾、睾丸、肺、皮肤、肌肉、鼻甲、气管等细胞培养基中增殖。

【流行病学】

本病可感染牛、羊、鹿，近年研究发现也可自然感染猪，引起类似猪瘟的症状和病理变化。多种品种的牛如黄牛、水牛、牦牛均可感染，各个年龄都有易感性，但 6～18 月龄的幼牛易感性较高，感染后更易发病。绵羊、山羊也可发生亚临诊感染，感染后产生抗体。病毒可随分泌物和排泄物排出体外，持续感染牛可终生带毒、排毒，因而是本病传播的重要传染源。本病主要是经口感染，易感动物食入被污染的饲料，饮水而经消化道感染，也可由于吸入由病畜咳嗽、呼吸而排出的带毒的飞沫而感染。病毒可通过胎盘发生垂直感染。病毒血症期的公牛精液中也有大量病毒，可通过自然交配或人工授精而感染母牛。该病常发生于冬季和早春，舍饲和放牧牛都可发病。

【临床症状】

本病自然感染的潜伏期为 7～14d，人工感染潜伏期短一些，2～3d。根据其临床表现和流行特点可分为急性型和慢性型。

①急性病牛突然发病，体温升至 40～42℃，持续 4～7d，有的还有第二次升高。随体温的升高白细胞减少，持续 1～6d。继而又有白细胞微量增多，有的可发生第二次白细胞减少。病牛精神沉郁，厌食，鼻眼有浆液性分泌物，2～3d 内可能有鼻镜及口腔黏膜表面糜烂，舌面上皮坏死，流涎增多，呼气恶臭。通常在口内损害之后常发生严重腹泻，水样、喷射状，以后带有黏液，气泡和血。有些病牛常有蹄叶炎及趾间皮肤糜烂坏死，有的可引起关节肿胀，从而导致跛行。急性病例很难恢复，多死于发病后 1～2 周，少数病程可拖延 4 周。

②慢性病牛很少有明显的发热症状，但体温可能有高于正常的波动。最引人注意的症状是鼻镜上的糜烂，此种糜烂可在全鼻镜上连成一片。眼常有浆液分泌物。在口腔内很少有糜烂，但门齿齿龈通常发红。由于蹄叶炎及趾间皮肤糜烂坏死而致的跛行是最明显的症状。通常皮肤成为皮屑状，在鬐甲、颈部及耳后最明显。有无腹泻不定。淋巴结不肿大。大多数患牛均死于 2～6 个月内，也有些可拖延到小时以上。

母牛在妊娠期感染本病时常发生流产，或产下有先天性缺陷的犊牛。最常见的缺陷是小脑发育不全。患犊可能只呈现轻度共济失调或完全缺乏协调和站立的能力，有的可能盲目。另外，值得注意的是本病通过抑制干扰素产生而影响机体对疾病的体液免疫和细胞免疫，从而增加其他病毒和细菌感染的可能，是一种免疫抑制型疾病。

此病可以垂直传播，母牛怀孕头 4 个月，病毒经胎盘垂直感染胎儿造成的。大多数持续感染牛临诊上是正常的，但可以见到一些持续感染牛是早产的，生长缓慢、发育不良及饲养困难；有些持续感染牛对疾病的抵抗力下降，并在出生后 6 个月内死亡。通过母乳获得的母源抗体不能改变犊牛的病毒血症状态，但可能干扰从血清中分离病毒。持续感染发生率较低，一般每出生 100 ~ 1 000个犊牛中可能有一个持续感染牛。

【病理变化】

主要病变在消化道和淋巴组织。特征性损害是食道黏膜糜烂，呈大小不等形状与直线排列。瘤胃黏膜偶见出血和糜烂，第四胃炎性水肿和糜烂。肠壁因水肿增厚，肠淋巴结肿大，小肠急性卡他性炎症，空肠、回肠较为严重，盲肠、结肠、直肠有卡他性、出血性、溃疡性以及坏死性等不同程度的炎症。在流产胎儿的口腔、食道、真胃及气管内可能有出血斑及溃疡。

【诊断方法】

根据其流行特点、临床症状及病理变化可对此病做出初步诊断，确诊需依赖病毒的分离鉴定及血清学检查。血清学试验目前应用最广的是血清中和试验；琼脂扩散试验作为日常生产实践中进行流行病学调查的手段之一；临床的诊断和检疫多采用酶联免疫吸附试验（ELISA）；核酸杂交技术也逐渐成为临床疫病的诊断和流行病调查的一种安全方便、快速经济的诊断方法。

【防治措施】

①预防接种。我国已生产一种弱毒冻干疫苗，接种不同年龄和品种的牛，接种后表现安全，14d 后可产生抗体并保持 22 个月的免疫力。除妊娠母牛和发病牛以外，可对牛场全部牛接种该疫苗，初次注射 30d 后再注射一次以提高抗体水平；犊牛出生后要及时饲喂母乳，以使其获得母源抗体。

②该病迄今尚无有效的治疗方法，主要对病牛采取抗菌、补液、收敛消化道等对症治疗和加强护理可以减轻症状，增强机体抵抗力，减少继发感染，促使病牛康复。用抗生素和磺胺类药物，可减少继发性细菌感染；补液：静注葡萄糖、5% 碳酸氢钠、生理盐水混合液 2 000 ~3 000ml，2 次/d；灌服：收敛剂、黄连素、痢特灵、生理盐水混合液 1 000 ml。在西药治疗的同时可灌服补中益气汤，配合治疗，效果更佳。方剂：党参 25g，黄芪 25g，甘草 20g，白术、当归、白芍、柴胡、陈皮各 15g，诃子 10g，水煎灌服，1 次/d，连用 6d。

③平时预防要加强口岸检疫，从国外引进种牛、种羊、种猪时必须进行血清学检查，防止引入带毒牛、羊和猪。国内在进行牛只调拨或交易时，要加强检疫，防止本病的扩大或蔓延。一旦发生本病，对病牛要隔离治疗或急宰。

六、牛附红细胞体病

附红细胞体病是由于附红细胞体寄生在人或牛、羊、猪、犬、猫等其他哺乳动物的血液或骨髓中，而引起的一种以贫血、黄疸、发热为特征的人畜共患传染病。动物感染后能引起大量死亡，给养殖户带来很大的经济损失，该病是最早发现于 1928 年，直到 1950 年以后才逐步被重视，先在全世界很多国家分布，我国许多省份也相继有报道。

【病原特点】

附红细胞体属立克次体目，无浆体科，附红细胞体属。直径为0.3～2.5um，在血液中呈圆形、逗点、哑铃状等形态，单一生长或成团寄生，也可游离于血浆中快速游动、伸展、扭动等运动。附红细胞体对干燥和化学药物比较敏感，一般常用消毒药在几分钟内即可使其死亡，但对低温冷冻的抵抗力较强。

【流行特点】

该病是一种寄生虫病，附红细胞体的寄生宿主很多，据目前认为，该寄生虫有相对宿主特异性，例如感染牛的附红体不能感染山羊。该病的传播途径尚不完全清楚，据报道常见有接触性传播、血源性传播、垂直传播及媒介昆虫传播，如感染牛的温氏附红体，就是以蜱为媒介进行传播的。除此之外，还可能通过未消毒的针头，手术器械和交配而感染。本病一年四季均可发生，但是春、夏温暖季节多发。附红细胞体是条件性致病微生物，应激因素如饲养管理不良，气候恶劣或有其他病症等可使其突然发病，甚至大批死亡，而病愈牛可能长期带虫而成为传染源。目前尚无一种药物可以将奶牛体内的附红细胞体完全清除，所以此病较易反复，存在较大的治疗难度。

【临床症状】

主要以贫血，黄疸和高热为基本临床特征。潜伏期一般为6～10d，急性型病牛精神沉郁，食欲不振或废绝，体温升高达40～42℃，高热稽留，呼吸增快30～60次/min，脉博100～120次/min，反刍减少或停止，泌乳量下降，四肢无力，走路摇摆，多汗，重者卧地不起，被毛粗乱，明显消瘦，皮肤缺乏弹性，结膜苍白或黄染，有的可见散在小出血点，绝大多数有腹泻、便秘、粪便带血，尿少色深黄，呈现不同程度脱水等一系列急性胃肠炎症状；个别慢性病可达一个月之久，或见乳房发炎、流产、胎衣不下等症。后期病牛渐进性消瘦，皮肤及黏膜苍白，严重贫血，胸前发生水肿，不愿活动，卧于地上，或见关节肿胀，跛行、瘫痪、皮肤增厚、皲裂。粪便时干时稀，病情时好时坏，最终衰竭而亡。

【病理变化】

患病牛红细胞数减少，血红素下降，血红蛋白尿等。病程长短不一，短者几天，长者数年，严重者可出现死亡，死亡原因可能与低血糖有关。尸体极度消瘦，可视黏膜苍白，血液稀薄且凝固不良。剖检可见结膜和皮下水肿、黄染；弥漫性血管炎症，有浆细胞、淋巴细胞和单核细胞等聚集于血管周围，蓄积多量胸水和腹水；心内外膜有出血点；心内血液稀薄暗红、不凝固；肺水肿，间质宽厚；肝脾肿大，肝有脂肪变性，实质性炎性变化和坏死，胆汁浓稠，脾表面有出血点，被膜有结节、结构模糊；胃肠黏膜出血。死亡动物的病变广泛，往往具有全身性。

【诊断方法】

根据该病的临床症状与病理变化可作出初步诊断，确诊常用的实验诊断方法有以下3种。

1. 镜检

高温期采取病牛末稍血液，滴于载玻片上，加等量的生理盐水稀释（也可加3.8%的柠檬酸钠溶液少许）后压盖玻片，置于400倍镜下检查，可见在血浆中有圆形、短杆形及月芽形虫体，大小在（0.12～0.35）μm×（1.3～1.8）μm，虫体不停地翻转，摇摆和不规则运动，虫体一旦附着在红细胞上即停止运动，虫体具有很强的折光性。

2. 血涂片检查

取高温期病牛末稍血液涂片，以瑞氏或姬姆萨氏染色，置于1 000倍镜下检查，可见在红细胞边缘有圆形、月芽形、短杆形虫体，姬姆萨染色虫体呈淡紫色。瑞氏染色时虫体淡天蓝色，轮廓清晰，附在红细胞上的虫体，像一颗淡紫色的宝石，镶着一颗颗闪闪发亮的珍珠一样。

3. 动物接种试验

颈静脉采血抗凝，于3h内给小鼠腹腔注射，每只0.5ml，每2d剪尾采血，涂片检查1次。接种小鼠多表现正常，前2d血液中可见有附红细胞体存在，接下来减少，1周后又增多。血涂片中未发现其他原虫。

【防治措施】

该病目前尚无有效疫苗，主要采用一般性预防措施，如搞好饲养管理和环境卫生，切断传播途径，消灭传播媒介，消除一切应激因素，驱除体内外寄生虫并注意医疗器械的清洁消毒。夏季在牛舍内定期喷洒药物，消灭蚊蝇等吸血昆虫。定期采血化验，做到早发现、早治疗。对于有发病史的乳牛可在配种前或产犊前饲喂抗附红细胞体药物，也可以每年春季静脉注射抗附红细胞体药物。

新砷凡钠明、土霉素、四环素、苯胺亚砷酸，贝尼尔、黄色素是治疗本病的首选药。最常用的贝尼尔，也有报道称用咪唑苯脲或土霉素治疗效果更好，因牛体对其反应要轻。同时对症状重的进行强心、补液、调节酸碱平衡，补充维生素，止血，消炎等对症疗法。如酌情给予氨基酸，VB_{12}，肌注安钠咖等。如有并发症，可同时服用抗生素。同时，可配合中药治疗以促进机体恢复与提高治愈率。中药治疗以杀虫、清热养阴、补气补血为治则，可用鲜青蒿2kg，知母、生地黄、柴胡、熟地黄、大枣各25g，党参、酒当归、常山各20g，牡丹皮、炙黄芪各15g，炙甘草、阿胶（烊化）各8g。将鲜青膏捣碎，用其余药物的煎液浸泡，用胃导管一次灌服，2次/d，连用2～3d。此外，乳牛发病在临产前240～280d，应谨慎用药，最好坚持在产犊后治疗，此段时间易引起犊牛的死亡。如果乳牛产犊后发病，在治疗附红细胞体病的同时，一定要注意乳牛乳房及子宫是否有炎症，在炎热的夏季应特别注意。

七、牛白血病

牛白血病是由牛白血病病毒引起的牛的一种慢性恶性肿瘤疾病，其特征为淋巴样细胞恶性增生，进行性恶病质和高度病死率。本病早在19世纪末即被发现，目前本病分布广泛，几乎遍及全世界养牛的国家。我国1974年首次发现此病，以后在多个省区都有出现，对养牛业发展构成威胁。

【病原特点】

牛白血病病毒属于反转录病毒科丁型反转录病毒属，有囊膜，衣壳呈20面体对称。该病毒的抵抗力较弱，在实验中超速离心或一次冻融等常规处理都能使病毒的毒力大大减弱。病毒可在56℃30min完全灭活，生鲜乳中的病毒也可被巴氏消毒温度灭活，所以在实验室里无法进行病毒的冻干保存。病毒对各种有机溶剂敏感。

【流行特点】

本病主要发生于牛、绵羊、瘤牛，水牛和水豚也能感染。在牛，本病主要发生于成年牛，尤以4～8岁的牛最常见。病牛和带毒牛是本病的传染源，潜伏期平均为4年。血清流行病学调查结果表明，本病可水平传播、垂直传播及经初乳传染给犊牛。近年来证明吸血昆虫在本病传播上具有重要作用。被污染的医疗器械（如注射器、针头），可以起到机械传播本病的作用。

【临床症状】

潜伏期一般为4～5年，故多发生于3岁以上成年牛，4～8岁间牛感染率最高。5%～10%表现为最急性病程，无前驱症状即死亡。大多为亚急性病例，亚临床型的特点是无瘤的形成，淋巴细胞增生，潜伏期长，对健康状况没有任何扰乱。病程多为7d至数月。表现为食欲减退、贫血和肌无力。当肿瘤广泛生长时，体温可升高至39.5～40℃。病牛表现为生长缓慢，全身体表淋巴结显著肿大而且坚硬，依部位不同可导致病牛头偏向一侧，眼球突出，严重时被挤出眼眶，有的出现贫血，心脏受损，消化功能紊乱，流产、难产或不孕，共济失调、麻痹。个别导致脾破裂而突然死亡。这样的牲畜有些可进一步发展为临床型。病初，体温正常，消瘦、贫血，泌乳量明显下降。病牛生长缓慢，体温一般正常，有时略为升高。从体表或经直肠可摸到某些淋巴结呈一侧或对称性增大。触诊无痛、无热，能滑动。当肿瘤性淋巴细胞大量增殖，向多组织器官弥漫性浸润时，常形成肿瘤硬块。根据侵害部位不同又表现不同的临床症状。常见有以下类型。

犊牛型　此型发生于生后到6个月龄的犊牛。其特征是体表淋巴结呈左右对称的显著肿大，肿大的淋巴结为肉质，质地坚硬。临床表现可视黏膜贫血、下痢或臌胀等消化功能的变化，发热、心音亢进、食欲不振以及起立困难等症状。由于咽喉头部的淋巴结肿大压迫气管，病牛表现呼吸困难。病程比较快，大部分病牛在30d内死亡。

胸腺型　此病发生于4个月到2岁的牛。临床症状：从胸前部直到颈中部，因胸腺肿大而膨隆、心悸亢进、呼吸促迫、颌凹和胸垂部呈冷性浮肿及明显的颈静脉搏动等症状。病牛往往食欲逐渐下降，还出现发烧、下痢、可视黏膜贫血、眼球突出等症状，这类病牛大多经过2～3个月就死亡。

皮肤型　此型发生于1～5岁的牛，主要临床症状为大豆至姆指头大小的荨麻疹样或呈结节性皮肤病变，体表淋巴节或股内侧淋巴节肿大。皮肤病变呈一时性消退，但数月后又复发，出现大小不等的荨麻疹或结节性病变，皮肤增厚或者呈疣状变化，多发生于颈部、躯干部及会阴部位。继而出现体表淋巴肿大、发烧、心悸亢进、可视黏膜苍白、呼吸促迫、食欲减退、泌乳量下降、病牛逐渐消瘦。病程比较缓慢，大多经过数月之久。

胸腺型的病例向胸腔内转移的病灶特别明显。另外，皮肤型的病例往往在腹腔内能见到拳头大的肿瘤块。

【病理变化】

主要为全身的广泛性淋巴肿瘤。各脏器、组织形成大小不等的结节性或弥散性肉芽肿病灶，腮淋巴结、肩前淋巴结、股前淋巴结、乳房上淋巴结和腰下淋巴结常肿大，被膜紧张，呈均匀灰色，柔软，切面突出。心脏、皱胃和脊髓常发生浸润。心肌浸润常发生于右心房、右心室和心隔，色灰而增厚。循环扰乱导致全身性被动充血和水肿。脊髓被膜外壳里的肿瘤结节，使脊髓受压、变形和萎缩。皱胃壁由于肿瘤浸润而增厚变硬。肾、肝、肌肉、神经干和其他器官亦可受损，但脑的病变少见。尸体常消瘦、贫血，血液学检查可见白细胞总数增加，淋巴细胞尤其是未成熟的淋巴细胞的比率增高，淋巴细胞可增加 75% 以上，未成熟的淋巴细胞可增加到 25% 以上。血液学变化在病程早期最明显，随着病程的进展血像转归正常。

【诊断方法】

根据本病的临床症状和病理变化可做出初步诊断。尤其在病的初期，直肠检查意义重大。触诊骨盆腔和腹腔的器官可以发现组织增生的变化，常表现在淋巴结增大之前，具有特别诊断意义的是腹股沟和髂淋巴结的增大。除此之外，血常规检查可为本病的诊断提供重要依据，即白细胞总数明显增加，淋巴细胞增加，出现成淋巴细胞。对感染牛淋巴结作活组织检查，发现有成淋巴细胞（瘤细胞），可以证明有肿瘤的存在。尸体剖检可以见到特征的肿瘤病变。最好采取组织样品（包括右心房、肝、脾、肾和淋巴结）作显微镜检查以确定诊断。其他一些试验室检测方法琼脂扩散、补体结合、中和试验、间接免疫荧光技术、酶联免疫吸附试验等对该病的诊断都是比较特异的，可用于本病的诊断。应用聚合酶链式反应也不失为一种快速准确的防范。

【防制措施】

本病尚无特效疗法。根据本病的发生呈慢性持续性感染的特点，防制本病应采取以严格检疫、淘汰阳性牛为中心，包括定期消毒、驱除吸血昆虫、杜绝因手术、注射可能引起的交互传染等在内的综合性措施。无病地区应严格防止引入病牛和带毒牛；引进新牛必须进行认真的检疫，发现阳性牛立即淘汰，但不得出售，阴性牛也必须隔离 3 ~6 个月以上方能混群。疫场每年应进行 3 ~4 次临床、血液和血清学检查，不断剔除阳性牛；对感染不严重的牛群可借此净化牛群，如感染牛只较多或牛群长期处于感染状态，应采取全群扑杀的坚决措施。对检出的阳性牛，如因其他原因暂时不能扑杀时，应隔离饲养，控制利用；阳性母牛可用来培养健康后代，犊牛出生后即行检疫，阴性者单独饲养，喂以健康牛乳或消毒乳，阳性牛的后代均不可作为种用。

八、牛传染性鼻气管炎

牛传染性鼻气管炎（IBR）又称“坏死性鼻炎”、“红鼻病”，是 I 型牛疱疹病毒（BHV -1）引起的一种牛呼吸道接触性传染病。临床表现形式多样，以呼吸道为主，还可引起生殖道感染、结膜炎、流产、乳腺炎，有时诱发小牛脑炎等。

【病原特点】

牛传染性鼻气管炎是由牛传染性鼻气管炎病毒或牛疱疹病毒 I 型引起。牛传染性鼻气管炎病毒在分类地位上属疱疹病毒科 a 疱疹病毒亚科。该病毒呈球形，带囊膜。

【流行特点】

本病主要感染牛，多发生于育肥牛，其次是乳牛。病牛和带毒牛是传染源，有的病牛康复后带毒时间长达 17 个月以上。病毒随鼻、眼和阴道的分泌物、精液排出，易感牛接触被污染的空气飞沫或与带毒牛交配，即可通过呼吸道或生殖道传染。还可经眼结膜上皮和软壳蜱侵入，是否经口腔感染仍未证实。饲养密集、通风不良均可增加接触机会，本病多发于冬春舍饲期间。当存在应激因素（如长途运输，饲养环境发生剧烈变化）时，潜伏于三叉神经节和腰、荐神经节中的病毒可以活化，并出现于鼻汁与阴道分泌物中，隐性带毒牛往往是最危险的传染源。牛群发病率 10% ~90%，病死率 1% ~5%，犊牛病死率较高。

【临诊症状】

自然感染潜伏期一般为 4 ~6d，人工感染（气管内、鼻内、阴道滴注接种）时，潜伏期可缩短至 18 ~72h，可表现以下临诊类型：

1. 鼻气管炎

最常见的症状有轻有重。病初高热（40 ~42℃），精神萎顿，厌食，流泪，流涎，流黏脓性鼻液。母牛泌乳量突然下降。鼻黏膜高度充血，呈火红色，并出现浅的黏膜坏死。呼吸高度困难，呼出气体恶臭，咳嗽不常见。一般经 10 ~14d 症状消失。

2. 传染性脓疱性阴道炎

病初轻度发热，食欲无影响，泌乳量无明显改变。表现不安，频尿，排尿时因疼痛而尾部高举。外阴和阴道黏膜充血潮红，有时黏膜上面散在有灰黄色、粟粒大的脓疱，阴道内见有多量的黏脓性分泌物。重症病例，阴道黏膜被覆伪膜，并见有溃疡。孕牛一般不发生流产。病程约 2 周左右。

3. 传染性龟头包皮炎

龟头、包皮、阴茎等充血，有时可见阴茎弯曲或形成溃疡等。多数病例见有精囊腺变性、坏死。通常在出现病变后一周开始痊愈，彻底痊愈需两周左右。若为种公牛，患病后 3 ~4 月，失去配种能力，但可成为传染源，应及时淘汰。

4. 角膜结膜炎

多与上呼吸道炎症合并发生，病初由于眼睑水肿和眼结膜高度充血，流泪，角膜轻度混浊，一般无溃疡，无明显的全身反应；重症病例可见眼结膜形成灰黄色针头大颗粒，致使眼睑黏着和眼结膜外翻；眼、鼻流浆性或脓性分泌物。

5. 流产

一般见于初胎青年母牛怀孕期的任何阶段，有时亦见于经产牛。常于怀孕的第 5 ~8 个月发生流产，多无前驱症状，约有 50% 流产牛见有胎衣滞留，流产胎儿不见有特征性肉眼病变。

6. 肠炎

多见于 2 ~3 周龄的犊牛，在发生呼吸道症状的同时，出现腹泻，甚至排血便，病死率 20% ~80% 。

上述症状往往不同程度的同时存在，很少单独发生。

【病理变化】

①呼吸道病变表现在上呼吸道黏膜的炎症，窦内充满渗出物，黏膜上覆有黏脓性、恶臭的渗出物组成的伪膜。在极少数病例，肺小叶间水肿，一般不发生肺炎。组织学检查，黏膜面可见嗜中性粒细胞浸润，黏膜下层有淋巴细胞、巨噬细胞及浆细胞的浸润。在疾病早期，气管上皮细胞内见有 Cowdry A 型包涵体。受侵害的消化道表现颊黏膜、唇、齿龈和硬腭溃疡（与黏膜病不同），在食道、前胃、真胃也可见同样的病变，肠表现卡他性炎症。组织学检查，上皮细胞空泡变性，派伊尔结坏死，肝可见坏死灶、核内包涵体。

②生殖道型的病例可见外阴、阴道、宫颈黏膜、包皮、阴茎黏膜的炎症，有的可发生子宫内膜炎。组织学检查可见坏死灶区积聚大量嗜中性白细胞，坏死灶周围组织有淋巴细

胞浸润并能检出包涵体。流产胎儿体内所见的肉眼变化几乎是由于死后所致。组织学检查，在肝、肺、脾、胸腺、淋巴结和肾等脏器常发生弥漫性的灶状坏死。由于胎儿物均系死后排出，因机体自溶，包涵体多已消失，很难检出。

③患有脑膜脑炎的病例除脑膜轻度充血外，眼观上无明显变化。组织学检查可见淋巴细胞性脑膜炎及由单核细胞形成血管套为主的病变。

【诊断方法】

本病的典型病例（上呼吸道炎）具有鼻黏膜充血、脓疱、呼吸困难、鼻腔流脓等特征性症状，结合流行病学可做出初步诊断，但确诊必须依靠实验室诊断，包括病毒分离鉴定和血清学试验。通常检测血清样品中 BHV1 抗体的方法有病毒中和试验（VN）和各种酶联免疫吸附试验（ELISA）。另外，还有琼脂扩散试验、间接血凝试验、免疫荧光试验、聚合酶链式反应（PCR）法。因为 IBRV 感染后一般发生病毒潜伏，所以，鉴定血清学中阳性动物是检查动物感染状态非常有用而且理想的指标。抗体阳性动物可认为是病毒携带者和潜在的间歇性排毒者，从初乳获得母源抗体的犊牛和经灭活疫苗免疫的非感染牛除外。

【防治措施】

①根据临床表现，通常采用补充体液、防止脱水、消炎等措施防止感染。糖盐水 1 000ml，25% 葡萄糖液 250ml，一次静脉注射；抗生素如四环素、金霉素 75 万 ~ 100 万单位，一次静注；青霉素 80 万单位，链霉素 100 万单位一次肌内注射，2 ~ 3 次/d；V_A、V_E、V_C 肌内注射。马勃 18g、牛蒡子 30g、玄参 30g、柴胡 30g、板蓝根 120g、升麻 18g、黄芩 30g、黄连 20g、桔梗 20g、连翘 30g、薄荷 20g、甘草 30g，煎汁灌服，2 次/d。用病毒唑滴鼻，每侧 6 滴，2 次/d。

②当确诊为传染性鼻气管炎时，病牛一律扑杀做无害化处理。阳性反应牛如果头数少，为预防传染也可以扑杀；当头数多时应集中在一起饲喂。

③被传染性鼻气管炎病毒感染的牛场，全群牛应进行血清病毒中和试验，阳性牛按疫苗使用剂量肌内注射中国兽医监察所研制的匈牙利 Bartna – Nu/67 弱毒苗。不能进行传染性鼻气管炎血清中和试验的牛场，除妊娠后期牛、临产牛和病牛外，可以注射传染性鼻气管炎疫苗，未注射疫苗的牛应于产后一个月补注疫苗。育成牛应在配种前或配种后接种疫苗，每半年一次；犊牛应在第 4 ~5 月龄接种疫苗，每半年接种一次；所有接种疫苗的牛应在第一次接种疫苗后 28d 再注射一次疫苗。同时严格落实防疫检疫制度，严防病毒进场。引进牛时应做牛传染性鼻气管炎血清学检查，阴性的牛隔离饲养 45d，在隔离期间进行两次血清检查，阴性的牛再进场混群。牛场应定期进行牛传染性鼻气管炎普查，及时处理阳性牛；加强饲养管理，增进牛的抵抗力。

九、牛副结核病

本病又称副结核性肠炎，是由副结核分支杆菌引起的牛、羊慢性接触性传染病。特征是长期顽固性腹泻和进行性消瘦，死后剖检见肠黏膜增厚并形成皱褶。本病广泛分布，一般养牛地区都可能存在。

【病原特点】

本病是由副结核分枝杆菌引起的，该菌形态为短杆菌，存在于病畜（包括没有明显症状的患畜）肠道黏膜和肠系膜淋巴结，通过粪便排出。

【流行特点】

本病广泛流行于世界各国，以乳牛业和肉牛业发达的国家受害最为严重。本病无明显季节性，但常发生于春秋两季。主要呈散发，有时可呈地方性流行。本菌主感染牛（尤其是乳牛），幼龄牛最易感，其次是羊、猪。病畜是主要传染源，从粪便中持续或间歇向外排出菌体，病菌在外界能存活较长时间，通过污染的体表、场地、草料和水源经消化道感染。病原菌可侵入血液，随乳汁和尿排出体外，在性腺也发现过副结核杆菌。当母牛有副结核症状时，子宫感染率在50%以上。幼龄牛感染后，由于潜伏期长（可达6～12个月或更长）往往要到2～5岁时才表现出临床症状。

【临床症状】

本病的潜伏期长短不等，一般数月至一两年，甚至数年。早期症状为间歇性腹泻，体温正常，与其他腹泻疾病在临床症状上不易区分。经对症治疗可以短期控制症状，但当遇到产犊、气候剧变、饲草饲料改变等应激反应情况时又会马上出现临床症状，经几次反复发作后变成顽固性腹泻。2～3周的间歇性下痢很快恶化成持续性下痢，在下痢粪中含有明显的血液、气泡、黏液并伴有恶臭味，粪便稀薄，严重的常呈喷射状排出，对药物治疗不再敏感。尾根及会阴部常混有粪污。腹泻有时可停止，也能复发。随病程进展，病牛高度贫血和消瘦，精神委顿且常伏卧。泌乳量和乳汁质量下降或泌乳停止，被毛粗乱无光，颌下和腹部出现水肿。严重的常见下颌及胸垂处水肿，被毛脱落并出现明显消瘦，空怀期延长。眼球下陷，食欲减退甚至废绝，重度消瘦至“皮包骨”，出现间歇热，肌肉萎缩、流泪和血液中血钾、血钙、白细胞减少、贫血等症状，最后因衰竭死亡。病程几个月或1～2年。

【病理变化】

病牛极度消瘦，黏膜苍白，主要病理变化在消化道和肠系膜淋巴结，尤其见于回肠、空肠和结肠前段，为慢性卡他性肠炎，回肠黏膜厚增3～20倍，形成明显皱折呈脑回状外观。黏膜黄白或灰黄色，附浑浊黏液，但无结节、坏死和溃疡。突起皱襞充血。浆膜下和肠系膜淋巴管扩张，浆膜和肠系膜显著水肿，肠系膜淋巴结肿大如索状，切面湿润有黄白色病灶，但无干酪样变化。

【诊断方法】

据流行病学和临床症状尤其病牛长期顽固性反复下痢、渐进性消瘦、贫血和水肿，剖检见回肠黏膜增厚形成如脑回样皱襞可初步诊断。确诊应进行细菌学、血清学和变态反应检查。

【防制措施】

本病缺乏有效的免疫和治疗方法，重点在于预防。

1. 预防

（1）预防本病重在加强饲养管理，尤其给以幼牛足够营养，增强抗病能力　不从疫区引进牛只，引进牛只时必须做好检疫和隔离观察，确认健康后方可混群。对疑似动物进行粪便检菌。

（2）对牛场的全部牛只进行检疫，及时淘汰感染病牛　要结合临床症状及时进行实验室诊断以便于发现病畜，尽早对其淘汰处理，不使其排出的细菌感染其他健康牛。对曾检出过病牛的假定健康牛群除随时检查外，每年进行 4 次（间隔 3 日）变态反应诊断，连续 3 次阴性的则视为健康牛群。

（3）犊牛注射免疫疫苗　牛副结核防治的核心主要是防止新生犊牛感染，因此，对牛场新生犊牛要进行免疫接种。免疫方法为在犊牛出生后一周内于胸垂部剪毛消毒后，皮下注射一头份疫苗，可有效预防本病的发生。

2. 扑灭措施

发现有明显症状和细菌学检查为阳性的牛应及时扑杀。变态反应阳性牛应进行集中隔离，分批淘汰。对变态反应疑似病牛隔离饲养，分期定时检查。病牛所产的犊牛立即与母牛隔开饲养，人工哺乳且喂健康牛产的初乳或经灭菌的生鲜乳，培育健康犊牛群。病牛污染的牛舍、运动场、饲槽、用具等，用生石灰、漂白粉或烧碱等药液进行彻底的卫生消毒，及时清除粪便，经堆积发酵后作肥料。

十、犊牛产气荚膜梭菌—肠毒血症

犊牛产气荚膜梭菌—肠毒血症是由产气荚膜梭菌引起的牛的一种急性传染病。本病的特征为发病急，病程短，腹泻、脱水、组织出血水肿、休克。

【流行特点】

产气荚膜梭菌是革兰氏阳性菌，不能运动呈厌氧性，因幼龄犊牛胰蛋白酶的含量比日龄长的犊牛低，对易受产气荚膜梭菌所产生的 β－毒素的侵害，致使本病主要发生在出生不久的犊牛。出生 2～14d 的新生犊牛自身抵抗力弱，当气温急剧下降或突然高温高湿、饮用了被病原菌污染的的乳、脐带感染以及牛舍环境卫生不符合要求、新生犊牛管理不当等都可致使本病发生。

【临床症状】

肠毒血征多呈急性或最急性。犊牛出生后精神、食欲尚好，多在生后不久突然发病。最急性病牛体况良好，无任何症状就突然死亡。急性者，精神沉郁，不吃奶，皮温不稳，耳、鼻、四肢末端发凉。口腔黏膜渐由红变暗红至紫色。腹痛症状，扬头蹬腿，后肢踢腹。腹部膨胀，腹泻，排出暗红色、恶臭粪便。病的后期，高度衰弱，卧地不起，虚脱死亡。有的牛体温无变化，但定向力障碍，间歇性跳跃、转圈、吼叫、口流泡沫，多为 D 型菌引起；病牛体温正常，食欲减退、精神进行性沉郁、离群，可视黏膜发绀、腹痛、排灰绿色稀便（B 型菌也如此），后排水样便并带血，卧底死亡，这些症状多为 C 型菌所致。A 型菌所引起的病例为黄疸和血红蛋白尿。

【剖检症状】

尸体腐败迅速，血凝不良。可视黏膜苍白。心包出血，心包液混浊，心外膜出血。腹腔积液呈红色、透明，肝肿大、暗红或土红色；胆囊肿大、壁厚，胆汁呈胶冻样；脾肿大、充血，切面紫红色，易刮脱；肾棕红色，肾乳头出血，肠浆膜充血，表面附黄白色纤维素；胃黏膜出血；肠呈重出血性坏死，以空肠最明显，内容物呈血水，肠壁薄，黏膜紫红，条状坏死，表面附糠麸样物，肠系膜淋巴结出血、水肿。

【诊断方法】

此病突然发生，多发生在生后 2～10d 犊牛，其特征是膨胀、脱水和排出红色黏性粪便；病程短，死亡快。病理特征是出血性坏死性胃肠炎以真胃、十二指肠、空肠和回肠最为明显。根据本病的流行情况、临床症状、剖检可作初步诊断，要进一步确诊需做细菌学检查和毒素检查。应在病牛死后立即采取肠内容物放于容器内，加入0.5%氯仿，pH值调至6.0，在4℃条件下保存并送检。

类症鉴别　大肠杆菌病为犊牛常发病。特别是败血型，最早在出生数小时或2~3d的新生犊牛发病，有的无任何症状即死，有的病后1~2d以败血症而死，故应鉴别。临床上应注意以下几方面：感染大肠杆菌的病牛其初期体温升高至40.5~41.5℃，后期体温下降至37.5℃；排出黄绿色、水样粪汤；血液临床病理检验，败血型大肠杆菌病呈现红细胞压积（PCV）升高，白细胞数增加，核左移，血糖降低并有代谢性酸中毒；死于败血型大肠杆菌病的犊牛除肠系膜淋巴结充血，脾脏点状出血外，无特殊变化，组织学看不到实质器官的细胞反应；经细菌培养后镜检，可检查到革兰氏阴性、有运动性短杆菌；尽早采取抗菌消炎，补充电解质以增加血容量，补糖、补碱等措施，多数大肠杆菌病犊能收到较好疗效，犊牛痊愈。

【防治措施】

1. 预防肠毒血征

因其病情急、病程短、组织损伤严重、死亡快，因此，一旦发病，药物效果难以肯定，因此预防是关键的一环。加强卫生消毒措施以防止感染；对产房、犊牛舍及时清扫消毒，保持环境卫生，定期用2%碱水刷洗；加强助产，脐带严格消毒；加强挤乳、喂乳消毒卫生，保持挤乳、喂乳用具清洁；按防疫程序进行免疫接种以增强犊牛抵抗力，在已散发或有过肠毒血症的牛场可用产气荚膜杆菌菌苗接种，通常采用含C型和D型的混合菌苗对干乳牛和怀孕青年母牛免疫接种，产犊前一个月再加强免疫一次，使新生犊牛获得免疫。

2. 治疗

给病牛注射同型血清或多价血清，并进行对症治疗。采取补充体液、抗休克、消除炎症防止继发感染等措施。

（1）缓解脱水，静脉补充等渗电解质溶液　常用的有5%葡萄糖生理盐水、6%右旋糖酐生理盐水等。补充量应以脱水程度而决定，但一定要量足。

（2）增强机体对抗休克的能力　可使用肾上腺糖皮质激素，地塞米松磷酸钠注射液（5mg/mL）静脉或肌内注射4~5ml，或氟胺烟酸葡胺0.25~0.5mg/kg体重，静脉注射。

（3）消除炎症，防止续发性感染　用青霉素钠按10 000IU/kg体重肌内注射，4次/d，普鲁卡因青霉素按同样剂量，2次/d。

十一、牛流行热

牛流行热又称暂时热或三日热，是由牛流行热病毒引起的一种急性、热性传染病。

【病原特点】

本病的病原体为弹状病毒属水泡病毒，为单股不分段的RNA病毒，螺旋对称，有囊膜，呈子弹形或圆锥形。已确定的基因有11组，其中N、M1、M2、L和G为结构蛋白基因。只有一种血清型，各地病毒毒株的同源性很高。病毒存在于病牛血液中，病牛退热后2周内血液中仍有病毒。能在多种细胞上培养，产生细胞病变，病毒与白细胞和血小板结合，高热期病毒血症明显。用高热期病牛血液1~5ml静脉接种易感牛后，经3~7d即可发病。病毒在抗凝血中于2～4℃贮存8d后仍有感染性。本病毒对热敏感，56℃10min、37℃ 18h灭活。pH 2.5以下或pH 9以上于数十分钟内可使之灭活。对乙醚、氯仿和去氧胆酸盐等溶液及胰蛋白酶均较敏感。

【流行特点】

本病主要侵害乳牛和黄牛，水牛较少感染。以3～5岁牛多发，1～2岁牛及6～8岁牛次之，犊牛及9岁以上牛少发。6月龄以下的犊牛不显临床症状，肥胖的牛病情严重，母牛尤以怀孕牛发病率高与公牛，泌乳量高的母牛发病率高。本病呈周期性流行，流行周期为6～8年或3～5年，有的地区2年一次小流行，4年一次大流行。本病具有季节性，夏末秋初、多雨潮湿、高温季节多发，其他季节发病率较低。本病传染力强，传播迅速，短期内可使很多牛发病，呈流行或大流行，发病率高而死亡率低。病牛是本病的主要传染源，通过吸血昆虫（蚊、蠓、蝇）叮咬易感健康牛而传播，故疫情的存在与吸血昆虫的出没一致，多在蚊蝇孳生的8～10月发生，且病毒能在蚊子和库蠓体内繁殖。此病是病毒性急性、热性、高传染性传染病，以高热，呼吸道症状，肌肉关节僵硬，病程短和良性经过为特点，发病率高，病程短，良性经过，病死率1%；我国南方流行，因泌乳量明显下降和瘫痪而淘汰，对乳牛业造成较大损失。

【临床症状】

潜伏期为3～7d，迅速传播且群发，发病前有恶寒战栗但不宜发觉。突发高热，体温为40～42℃，维持2～3d，皮温不整，鼻镜干而热，废食，反刍停止，精神沉郁；高热时呼吸急促，病牛发出哼哼声，流泪、畏光、眼结膜充血、眼睑水肿；多数病牛鼻炎性分泌物呈线状，悬挂成丝，随后变为黏性鼻涕；口腔发炎、流涎，口角有泡沫；呼吸迫速，张口伸舌，喘鸣，发绀；全身的肌肉和四肢关节疼痛，关节浮肿，有波动感，步态僵硬不愿活动，重者卧地，甚至瘫痪；有的便秘或腹泻；发热期尿量减少，尿液呈暗褐色，浑浊，孕牛可发生流、死胎、泌乳量大幅下降或停止。多数病牛为良性经过，病程3～4d即可自愈，少数严重者可于1～3d内死亡，但病死率一般不超过1%，可因继发感染而复杂化。

【剖检症状】

急性死亡的病牛有明显的肺间质气肿，还有一些牛可有肺充血与肺水肿；肺气肿的肺明显膨胀，苍白，间质增宽，内有气泡，压迫肺呈捻发音；重者肺水肿，胸腔积有多量暗紫红色液，两侧肺肿胀，间质增宽，内有胶冻样浸润，肺切面流出大量暗紫红色液体，气管内有多量泡沫样分泌物；肺门淋巴结充血水肿、出血；真胃、小肠和盲肠呈卡他性炎症和渗出性出血。

【诊断方法】

根据流行特点（传播快，平息快，夏季群发，良性经过），结合临床症状（高热、呼吸道症状），剖检病变（肺充血、水肿、气肿）可作出初步诊断；确诊本病需在实验室作病原分离鉴定或用中和试验、补体结合试验、酶联免疫吸附试验等进行检验。必要时采取病牛全血用易感牛做交叉保护试验。在诊断本病时应注意与牛病毒性腹泻－黏膜病、牛传染性鼻气管炎等相区别。

【防制措施】

本病目前无特效药，需对症治疗。早发现、早隔离、早治疗，合理用药，护理得当是治疗本病的重要原则。牛舍周围要清除杂草，保持环境清洁卫生，定期消毒，扑灭蚊、蠓等吸血昆虫以便切断传播途径。在流行季节到来之前使用能产生一定免疫力的疫苗进行免疫接种可达到预防的目的。此外，发生本病时要立即对病牛进行隔离，及时对症治疗，对假定健康牛群及受威胁牛群可采用高免血清进行预防接种。加强护理，防止跌倒，对倒地的牛及时使其站起。

对症治疗 病初根据具体情况酌用退热药及强心药，停食时间长的可适当补充生理盐水及葡萄糖溶液；为防继发感染用抗生素或磺胺类药物；四肢疼痛的病牛可静脉注射水杨酸钠溶液。

十二、牛传染性胸膜肺炎

牛传染性胸膜肺炎（又称牛肺疫）是由丝状支原体丝状亚种引起的一种高度接触性传染病，以渗出性纤维素性肺炎和浆液纤维素性胸膜肺炎为特征。

【病原特点】

本病曾在许多国家的牛群中发生并造成巨大损失。目前，在非洲、拉丁美洲、大洋洲和亚洲还有一些国家存在本病。我国由于成功地研制出了有效的牛肺疫弱毒疫苗，结合严格的综合性防制措施，已于1996年宣布在全国范围内消灭了此病。病原体为丝状支原体，可呈球菌样、丝状、螺旋体与颗粒状。细胞的基本形状以球菌样为主，革兰氏染色阴性。多存在于病牛的肺组织、胸腔渗出液和气管分泌物中。本菌在加有血清的肉汤琼脂中可生长成典型菌落。支原体对外界环境因素抵抗力不强。暴露在空气中，特别是在直射日光下几小时即失去毒力。干燥、高温都可使其迅速死亡，但在病肺组织冻结状态下能保持毒力1年以上，培养物冻干可保存毒力数年，对化学消毒药抵抗力不强，1%来苏尔、5%漂白粉、1%～2%氢氧化钠或0.2%升汞均能迅速将其杀死。对青霉素和磺胺类药物、龙胆紫则有抵抗力。

【流行特点】

本病易感动物主要是牦牛、乳牛、黄牛、水牛、犏牛、驯鹿及羚羊。各种牛对本病的易感性，依其品种、生活方式及个体抵抗力不同而有区别，其中3～7岁多发，犊牛少见，发病率为60%～70%，病死率30%～50%，山羊、绵羊及骆驼在自然情况下不易感染，其他动物及人无易感性。主要传染源是病牛及带菌牛。病牛康复15个月甚至2～3年后还能感染健康牛。病原体主要由呼吸道随飞沫排出，也可由尿及乳汁排出，在产犊时还可由子宫渗出物中排出。自然感染主要传播途径是呼吸道。当传染源进入健康牛群时，咳出的飞沫首先被邻近牛只吸入而感染，再由新传染源逐渐扩散。通过被病牛尿污染的饲料、干草，牛可经口感染。年龄、性别、季节和气候等因素对易感性无影响。饲养管理条件差、畜舍拥挤，可以促进本病的流行。牛群中流行本病时，流行过程常拖延甚久。舍饲牛一般在数周后病情逐渐明显，全群患病要经过数月。带菌牛进人易感牛群时常引起本病的急性暴发，以后转为地方性流行。

【临床症状】

潜伏期为2～4周，短则8天，长可达4个月。症状发展缓慢者，常是在清晨冷空气或冷饮刺激或运动时，发生短干咳嗽，初始咳嗽次数不多而逐渐增多，继之食欲减退，反刍迟缓，泌乳减少，此症状易被忽视。症状发展迅速者则以体温升高0.5～1℃开始。随病程发展，症状逐渐明显。按其经过可分为急性和慢性两型。

急性型症状明显而有特征性，病初体温升高到 40～42℃，呈稽留热，干咳，呼吸加快而有呻吟声，鼻孔扩张，鼻翼扇动，前肢外展，喜站。呼吸高度困难，由于胸部疼痛不愿行动或下卧，呈腹式呼吸，咳嗽逐渐频繁，有吭声或痛性短咳，咳声弱而无力，低沉而潮湿。有时流出浆液性或脓性鼻液，反刍迟缓或消失，可视黏膜发绀，臀部或肩胛部肌肉震颤。呼吸困难加重后，叩诊胸部，患侧肩胛骨后有浊音或实音区，上界为一水平线或微凸曲线。听诊患部可听到湿性啰音，肺泡音减弱乃至消失，代之以支气管呼吸音，无病变部分则呼吸音增强，有胸膜炎发生时，则可听到摩擦音，叩诊有实音，痛感。病后期则心脏常衰弱；脉搏细弱而快，可达 80～120 次/min，有时因胸腔积液，只能听到微弱心音或不能听到。此外还可见到前胸下部及颈垂水肿，食欲丧失，泌乳停止，尿量减少而比重增加，便秘与腹泻交替出现。病牛体况迅速衰弱，眼球下陷，眼无神，呼吸更加困难，病牛呻吟，口流白沫，体温下降，常因窒息而死。急性病程一般在症状明显后经过 5～8d，约半数取死亡，有些病牛的病势趋于静止，全身状态改善，体温下降、逐渐痊愈。有些病牛则转为慢性，整个急性病程为 15～60d。

慢性型多数由急性转来，也有开始即取慢性经过者。除体况消瘦，多数无明显症状。偶发干性短咳，叩诊胸部可能有实音区且敏感。病牛免疫力下降，消化机能扰乱，食欲反复无常，此类病牛在良好护理及妥善治疗下可以逐渐恢复，但常成为带菌者。若病变区域广泛则病牛日益衰弱，预后不良。

【病理变化】

主要特征性病变在呼吸系统，尤其是肺脏和胸腔。典型病例是大理石样肺和浆液纤维素性胸膜肺炎。肺和胸膜的变化按发生发展过程，分为初期、中期和后期 3 个时期。初期病变以小叶性支气管肺炎为特征。肺炎灶充血、水肿，呈鲜红色或紫红色。中期呈浆液性纤维素性胸膜肺炎，病肺肿大、增重，灰白色，多为一侧性，以右侧较多，多发生在膈叶，也有在心叶或尖叶者。切面有奇特的图案色彩，犹如多色的大理石，这种变化是由于肺实质呈不同时期的改变所致。肺间质水肿变宽，呈灰白色，淋巴管扩张，也可见到坏死灶。胸膜增厚，表面有纤维素性附着物，多数病例的胸腔内积有淡黄透明或混浊液体，多的可达 10 000～20 000ml，内混有纤维素凝块或凝片。胸膜常见有出血，肥厚，并与肺病部粘连，肺膜表面有纤维素附着物，心包膜也有同样变化，心包内有积液，心肌脂肪变性。肝、脾、肾无特殊变化，胆囊肿大。后期，肺部病灶坏死，被结缔组织包围，有的坏死组织崩解（液化），形成脓腔或空洞，有的病灶完全瘢痕化。本病病变还可见腹膜炎、浆液性纤维性关节炎等。

【诊断方法】

根据流行特点、临床症状及病理变化等各方面综合诊断。如有典型胸腔病变则结合流行病学及临床症状常可做出初步诊断。确诊需做血清学检查和细菌学检验。本病常用的血清学检查方法为补体结合试验，也可应用凝集反应试验，此法操作较简便，但因凝集素在病牛体内持续时间短，故其准确性不如补体结合试验。在本病疫区，也有应用间接血凝试验、玻片凝集试验作为辅助诊断。细菌学检查时，取肺组织、胸腔渗出液及淋巴结等接种于 10% 马血清马丁肉汤及马丁琼脂，37℃ 培养 2～7d，如有生长，即可进行支原体的鉴定。

【防治措施】

加强饲养管理，改善牛的生活条件，保证乳牛吃好休息好。应注意自繁自养，禁止非疫区乳牛养殖场从疫区引牛，必须引进时需对引进牛要进行严格的检疫。做补体结合试验两次，证明为阴性者需接种疫苗，经4周后启运，到达后隔离观察3个月，确诊无病时才可与原有牛群接触。原牛群也应事先接种疫苗，老疫区宜定期用牛肺疫兔化弱毒菌苗预防注射；污染的牛舍、屠宰场应及时清理并用3%来苏尔或20%石灰乳定期消毒。

本病尚无有效的治疗方法，可对症用新砷凡纳明（914）、抗生素（土霉素、链霉素、泰乐菌素）、高免血清进行治疗。为防制此病，对病牛场可采取封锁、消毒、宰杀病牛等措施；同时，每间隔1~2周进行一次全群的血清学检查，及时挑出阳性感染牛予以宰杀并按规定进行无害化处理，给阴性牛注射牛肺疫疫苗，连注2~3年。未发病牛场在受到病牛区威胁时可进行疫苗接种并严禁从疫区购牛。对外购牛只要进行严格的牛肺疫检疫，确认系阴性者才可放入牛群。

我国消灭牛肺疫的经验证明，根除传染源、坚持开展疫苗接种是控制和消灭本病的主要措施，即根据疫区的实际情况，扑杀病牛和与病牛有过接触的牛只，同时在疫区及受威胁区每年定期接种牛肺疫兔化弱毒苗或兔化绵羊化弱毒苗，连续3~5年。我国研制的牛肺疫兔化弱毒疫苗和牛肺疫兔化绵羊化弱毒疫苗免疫效果良好，曾在全国各地广泛使用，对消灭曾在我国存在达80年之久的牛肺疫起到了重要作用。

第二节　生殖系统疾病

一、阴道脱出

阴道脱出是阴道壁的一部分形成皱壁，突出于阴门外或者整个阴道翻转脱垂于阴门之外。多见于怀孕末期和产后的母牛。常在产后数小时内发病，超过一天发病者极为罕见。

【发病原因】

主要由于固定阴道的组织弛缓，腹内压增高及努责而引起。孕畜老龄经产、营养不良、缺乏运动等易使固定阴道的组织松弛而发病。孕畜在前高后低的地面上或双胎妊娠，使腹内压升高，子宫及内脏压迫阴道而脱出。严重便秘或腹泻，引起母畜强烈努责时，也可发病。或由于胎儿过大，胎水过多，使子宫扩张腹压增高，致使气血双亏，中气下陷，不能固定，从而诱发此病。也可能是由于母牛妊娠期间，饲养管理不当，营养不良，以致气血双亏。饲料中雌激素等含量高，怀孕后期乳牛自身不断分泌雌激素或人为大量使用雌激素致使阴道和阴门周围的组织弛缓，导致阴道括约肌失调时均可引发本病。对分娩困难的乳牛多次注射催产素而努责过度，也可引发本病。

【临床症状】

病牛精神不振，食欲减少，反刍停止，弓腰缩背，不是努责，大便稀薄，小便频数，疼痛不安，口舌淡白，脉象迟细。脱出的阴道根据脱出程度不同可分为部分脱出和全部脱出。部分脱出常发生在卧下时，从阴门脱出鹅蛋大至拳头大，表面光滑的粉红色球状物，站立后又自动缩回。如果不及时治疗，去除病因，反复脱出后，黏膜充血，水肿，干燥，流出带血液体，阴道壁极度松弛，时间长了就不能缩回。阴道部分脱出如不及时治疗就会进一步发展成为完全脱出，可见从阴门突出排球大的球状物，脱出部分的末端可见到子宫颈外口，脱出时间久者，脱出部淤血而呈紫红色，并发生水肿、干裂、污染、糜烂。常引起直肠脱、流产。

【诊断】

此病有明显的临床症状，不难做出诊断。注意与子宫脱和直肠脱的鉴别诊断。前者可见子宫黏膜子叶，后者是由肛门脱出。

【预防】

对母畜要改善饲养管理，在妊娠后期要保证足够的各种营养物质的供给。妊娠后期要注意加强运动，给予适当的光照。另外，母畜生产时要注意协助其顺产，不可过于粗暴。

【治疗】

该病发生后要注意及时治疗，保持脱出部分的清洁干净、使其不受损伤。对于阴道部分脱出的乳牛在其站立时能自行缩回的，可通过改善饲养管理，变更饲料，多给些体积小、富含营养、容易消化的饲料，及时补喂矿物质和维生素，适当增加运动时间，减少卧地时间，保持身体前低后高的位置以减轻腹内压，并可同时内服中药（补中益气汤）。对于阴道完全脱出的乳牛应行整复固定。整复时，对脱出部位用温的0.1%高锰酸钾液或0.1%新洁尔灭溶液彻底清洗消毒，除去坏死组织并涂以碘甘油或抗生素软膏。病畜取前低后高的姿势，用纱布托起脱出部从阴门部向阴道内推进，待全部送入阴门后再用拳头将阴道顶回原位。整复后为防止再脱应在阴门上1/3做扣状缝合固定或在两侧阴唇黏膜下注射70%酒精30～40ml。待不再脱时，拆除缝线。

二、子宫脱出

子宫脱出是子宫向外翻出，子宫、子宫颈和阴道全部或部分垂露于阴门外。子宫脱出是乳牛常见的产后疾病。常发生于产后数小时至产后24h。虽然发病率不高，但引起的后果很严重，不仅会激发急性子宫内膜炎，如果治疗不当还会造成母牛淘汰或死亡。

【发病原因】

怀孕期饲养管理不当、饲料单一、质量差会造成母牛营养不良以至气血双亏；或者孕牛衰老、多产、缺乏运动，再加上胎儿过大、胎水过多等致使子宫过度扩张、迟缓、收缩力减退，从而致使会阴部组织松弛，无力固定子宫；分娩时难产、强烈努责、产道干燥，强力而快速拉出胎儿，造成子宫内压突然降低，腹压相对增高而发病；当胎衣不下，在露出的胎衣断端系以重物而给母牛外生殖道造成刺激，引起强烈努责引发本病；胎畜脐带粗短而坚韧，产出胎儿由于脐带未断而将子宫一起牵出阴道外。此外，瘤胃臌气、瘤胃积食、便秘、腹泻等也能诱发本病。

【临床症状】

子宫部分脱出的牛多发生在孕角，为子宫角翻至子宫颈或阴道内而发生套叠，病牛表现为轻度不安，用力努责、举尾、拱背站立和类似疝痛症状，有的无全身症状，有的食欲减少，此时通过阴道检查可见翻入阴道的子宫角尖端。直肠检查可发现套叠的子宫角增大变粗，子宫阔韧带紧张。子宫全部脱出时可见有不规则的长圆形物体，子宫角、子宫体及子宫颈部外翻于阴门外且可下垂到跗关节。脱出的子宫黏膜上往往附有部分胎衣和子叶。子宫黏膜初为红色，以后变为暗红色、紫色，逐渐由于血液循环障碍引起脱出子宫发生淤血、水肿增厚，呈肉冻状，表面发裂而流出渗出液。子宫脱出初期，病牛除有拱腰、不安以及由于尿道受到压迫出现排尿困难等症状外一般无全身症状，暴露较久者会出现全身症状。如果引起肠系膜、卵巢系膜被扯破，发生大出血，则病牛还会表现出结膜苍白、战栗、脉搏快弱等急性贫血症状。

【诊断】

本病根据病因和临床症状可作出判断。

【预防】

怀孕母牛要加强饲养管理并适当运动；助产时操作要规范，牵拉胎儿不要过猛过快，剥离胎衣时不要强行牵拉；胎衣不要系过重物体；母牛分娩后，要有专门人员看护，发现强烈努责，要及时处理。

【治疗】

子宫部分脱出时应加强护理，防止脱出部位再扩大及受损，如将其尾固定以防摩擦脱出部位，也可减少感染机会；多放牧，舍饲时要给予易消化饲料等，可不必采取特殊疗法就可康复。子宫全部脱出时必须及早整复，因为脱出时间越长整复就越困难，康复后的不孕率就越高。

1. 整复法

将病牛站立作前低后高的保定，使腹腔器官前移而降低腹腔后部压力，在有肠管进入子宫腔时整复更加困难。因而，整复前要先检查子宫腔中有无肠管，如有应先将其压回腹腔。用温的0.1%高锰酸钾冲洗脱出部的表面及其周围的污物，剥离残留的胎衣以及坏死组织后再用3%～5%温明矾水冲洗，并注意止血。如果脱出部分水肿明显可用三棱针刺破肿胀黏膜，挤出血水。如有裂口应涂擦碘酊，裂口深而大的要缝合。用2%普鲁卡因8～10ml在尾荐间隙注射，施行硬膜外腔麻醉。在脱出部包盖浸有消毒、抗菌药物的油纱布，用手掌趁患病牛不努责时由子宫基部开始，从两侧挤压并将靠近阴门的脱出子宫一部分一部分地推送，直至脱出的子宫全部被送回盆腔内，然后将手伸入子宫展开复位。并将手在阴道里面停留片刻以防努责时再脱出。整复后，为防止再度脱出可根据病牛外阴大小，在阴唇外两侧垫上2根长度适当的橡皮管，缝合线通过橡皮管壁及阴唇基部穿过对侧。同时，为防止感染和促进子宫收缩可给子宫内放置抗生素或磺胺类胶囊，随后注射垂体后叶素或缩宫素60～100国际单位，或麦角新碱2～3mg。可同时服用党参、白术、茯苓各60g，甘草30g，熟地、白芍、当归各45g，川芎30g，共为细末，开水冲服，1剂/d，连服5剂。如因营养不良、年老体衰、气血亏虚的可选用补中益气汤加熟地、阿胶以补气补血；若脾胃失调，加青皮、生地、麻仁等以滋阴养液，润燥滑肠，减少患畜因排粪而引起不必要的努责。最后，为防止子宫再脱出应加栅状阴门托或绳网结以保定阴门，或加阴门锁，也可行阴门假缝合或阴道侧壁与臀部皮肤缝合固定，经3～5d后待子宫不再脱出时解除缝合。

2. 子宫切除

如若脱出时间已久，大部分发生坏死或肿胀严重而难以整复，不处理就会造成死亡的可进行子宫切除术。体温高而有感染者服黄连30g，黄芩、黄柏、金银花、连翘各45g，栀子60g，水煎服，每日1剂，连服3剂。

三、胎衣不下

胎衣不下也称胎衣滞留，是乳牛产后的一种常见病，指胎儿产出后在正常的时限内（6～12h）胎衣不能自行脱落和完全排出。本病多发生于牛，特别是乳牛。在临床上20%～40%的分娩乳牛易发。此病发生后不仅可引起乳牛产奶量下降，80%以上可继发子宫内膜炎而导致产后发情延迟、配种次数增加，甚至长期不孕，致使许多乳牛被迫提前淘汰。

【发病原因】

乳牛胎衣不下的病因极其复杂，与多种生理因素和营养因素有关。胎衣不下不仅仅是一种病理性疾病，更主要的是一种营养代谢性疾病。日粮中钙、磷、镁比例不当以及硒、V_A、V_E 含量不足；或乳牛饲养管理不科学，日粮中能量和蛋白质过度缺乏或过多造成乳牛过于肥胖或过于消瘦，年老体弱，从而导致产后子宫收缩无力以致产后无力排出胎衣。有资料显示，干乳期乳牛日粮中蛋白质的水平为8%时产后胎衣不下的发病率为50%，蛋白质的水平在15%时产后胎衣不下的发病率为20%。但干乳期如果能量过高则牛会过肥，同样也会导致胎衣不下。或者是临产时受风寒侵袭，寒凝血滞，使子宫颈过早关闭；或产双胎、胎儿过大以及胎水过多，发生难产。子宫持久扩张、产后收缩无力也可导致胎衣不下；也可由于遗传因素如围产期牛血液激素比例不正常，前列腺素F2a的浓度过低，产后催产素释放不足，影响子宫收缩而导致胎衣不能正常排出。子宫壁和胎盘发生病理性粘连、早产、流产和子宫炎等疾病，引起气血匮乏，宫缩无力引发此病。

【临床症状】

胎衣不下分为部分胎衣不下及全部不下。部分胎衣不下，即一部分从子叶上脱下并断离，剩余部分仍停滞在子宫腔和阴道内。一般不易察觉，有时发现病牛有弓背、举尾和努责现象。垂附于胎门外的胎衣初为粉红色，附于后躯悬垂，时间过长，其上所粘物品发生腐败而发出剧烈难闻臭味。有的大部分都已脱落，仅有个别残存于子宫角，只有通过阴道、直肠检查才可确诊。或经数天后残存胎衣腐败变质，由阴道排出时才被发现。全部胎衣不下即整个胎衣停滞在子宫和阴道内，仅少量胎膜垂挂于阴门外，其上有脐带血管断端和大小不同的子叶。暴露于阴门外的胎衣很容易被污染并可向阴门内那一部分胎衣迅速蔓延，引起其腐败、溶解，并由阴道向外流出。此外，患牛通常食欲、体温、精神正常，只有当不下胎衣发生腐败、溶解，毒素被吸收，细菌大量繁殖时可引起病牛体温升高、精神沉郁、食欲下降或废绝，泌乳量也受影响。

【诊断】

根据病畜发病时间、阴道内是否有异常分泌物流出并结合阴道检查可做出诊断。

【预防】

首先要加强饲养管理，妊娠期母牛要喂给富含钙质和维生素的饲料。临产前20～30d补充硒和V_E，或在产前7d肌内注射V_A和V_D并应适当提高蛋白质水平，降低钙的水平；在产后采取措施促进胎衣排出，可在产后12h内注射催产素10国际单位或者让母牛舔干牛犊身上的羊水或当分娩破水时接取羊水300～500ml于分娩后立即灌服，可促使子宫收缩，加快胎衣排出。此外，饮服益母草、当归水都有预防胎衣不下的作用。

【治疗】

此病是乳牛业极为关注的疾病之一，治疗后一般预后良好，但常引起慢性子宫内膜炎而致不孕。治疗原则是促进子宫收缩，促进胎儿胎盘和母体胎盘的分离，抑制消除子宫炎症。

1. 促进子宫收缩

皮下或肌内注射垂体后叶素 50～100 国际单位，2h 后再注射 1 次，最好是在产后 8～10h 使用，超过 12h 效果不佳。也可皮下或肌内注射催产素 100 国际单位，麦角新碱 6～10mg。

2. 促进胎盘和母体分离

子宫灌注 5～10% 氯化钠溶液 2 500～3 000ml 或土霉素发泡剂使胎盘缩小而与母体分离。中药治疗用“参灵汤”对牛的胎衣不下有一定效果。即使不脱离，以后人工剥衣也有手到即脱的效果。中药主要成分为黄芪、党参、生薄荷、五灵脂、川芎、益母草各 30g，当归 60g，研为末后开水冲服。

3. 防止继发炎症

可试用 0.5% 黄色素 50～100ml、含糖盐水 1 000～2 000ml 静脉注射；土霉素 2g 或金霉素 1g 用 10% 生理盐水 500ml 溶解，温热后注入子宫。

4. 手术剥离

遵守的原则：易剥则剥，不可强剥。手术剥离不宜早期进行，因为过早剥衣容易损伤或感染子宫，最好是在用中药治疗后再剥离。剥衣前，先用温水灌肠，排出直肠中积粪或用手掏尽；用绷带缠尾后交给助手拉向一侧，再用 0.3% 高锰酸钾洗涤和消毒外阴部，向子宫内注入 10% 氯化钠 500ml。剥离时以左手拉紧外露的胎衣，右手沿胎膜表面顺阴道伸入子宫，由近及远剥离，剥至子叶时用中指和食指夹住子叶基部，用拇指推压子叶顶部，分离母、子胎盘。注意左手始终拉紧胎膜，以利右手剥离。至胎儿胎盘被分离一半时用拇、食、中指握住胎衣，轻轻一拉即可完整地剥离下来。操作时必须慢慢剥离，由近向远，循序渐进，越靠近子宫角尖端越不易剥离，尤须细心，力求完整取出胎衣。剥离完毕后用 0.1% 高锰酸钾液冲洗子宫或用 0.1% 雷佛奴尔冲洗子宫，待完全排出后再向子宫内注入土霉素 3～4g（先溶于 100～200ml 蒸馏水）以防子宫内感染，隔日 1 次。

四、子宫内膜炎

子宫内膜炎是子宫黏膜的黏液性、浆液性或化脓性炎症，是乳牛饲养较为常见的一种生殖器官疾病，发病率高达 20%～40%。据报道美国因乳牛不孕症每年损失 2.5 亿元，我国的不孕牛中 90% 以上有子宫内膜炎。临床上分为急性和慢性，轻者延长休情期，影响配种繁殖、降低泌乳量、诱发乳房炎，重者造成长期不孕。

【发病原因】

饲养管理因素。饲养管理不科学，机体营养不良或过肥、母牛缺乏运动、过度催乳，使母牛抵抗力降低；牛舍及产房卫生条件差，通风不良，牛床不洁，或在粪、尿污染的牛床上分娩，环境潮湿，导致病原菌尤其是环境性病原菌的侵入感染。未严格执行兽医消毒规程。人工授精、临产母牛外阴、尾根部被粪便污染而未彻底清洗消毒、分娩、难产助产或剥离胎衣时，术者的手臂、器械消毒不严，操作不当致使损伤阴道或子宫颈黏膜等感染致病微生物。常可继发于胎衣不下、阴道及子宫脱出等各种产后代谢性疾病。

【临床症状】

急性子宫内膜炎伴有全身症状，病牛食欲减退，反刍减少，体温升高，拱背，脉搏、呼吸加快，精神沉郁，举尾、努责、频尿。不时从阴门流出白色浑浊的絮状物和脓性分泌物，有腥臭味且内含絮状物或胎衣碎片，常附着在尾根形成干痂，卧下时排出量多。直肠检查子宫角变粗增大，宫壁增厚、敏感，收缩反应弱。子宫呈面团样感觉，如蓄积渗出物多时触之则有波动感。

慢性子宫内膜炎根据炎症性质不同可分为隐性、卡他性、脓性3种。当子宫不发生形态学上的变化时称为隐性子宫内膜炎；卡他性子宫内膜炎有子宫积液，慢性脓性子宫内膜炎有子宫积脓。隐性子宫内膜炎多在分娩后30d发生，生殖器官、发情及排卵等无异常，发情周期也无异常变化，发情时排出分泌物较多，基本清亮或略带混浊，发情时阴道流出的黏液中含有小气泡或发情后流出紫色血液，pH值<6.5（正常为弱碱性）。但卵巢上有持久黄体，多数乳牛屡配不孕。阴道和直肠检查无可见性变化。冲洗子宫的回流液清亮，静置后有沉淀或絮状物浮游。卡他性子宫内膜炎的特征为子宫黏膜增厚松软，甚至发生溃疡和结缔组织增生，个别子宫腺可发展成小囊肿，临床上无明显全身变化，发情周期不正常，屡配不孕或早期胚胎死亡。阴道检查可见阴道黏膜正常，阴道内积有絮状黏液，子宫颈稍开张，膣部肿胀，卧地或发情时流出混浊的黏液较多。直肠检查为子宫角稍变粗，壁增厚收缩反应弱或者无明显变化。冲洗子宫的回流液略浑浊，像淘米水。脓性子宫内膜炎常在产后10d后发生，性周期不规律或不发情，阴门中经常排出脓性分泌物，有腐臭味。卧地时排出较多，阴门周围、尾根及跗节上常有脓痂黏附。直肠检查时一侧或两侧子宫角增大，子宫壁厚而软，厚薄不一致，收缩反应弱，有时在子宫壁上或子宫颈壁上可发现脓肿。冲洗子宫回流液浑浊，象稀面糊，甚至可直接导出灰黄色脓液。慢性卡他性子宫内膜炎可发展成为子宫积水，慢性脓性子宫内膜炎可发展成为子宫积脓。

【诊断】

依据临床症状进行诊断，注意与阴道炎和慢性子宫颈炎的鉴别诊断。

【预防】

加强饲养管理，注意各种维生素及微量元素的合理供给。在配种、接产及难产救助时，必须要按照程序严格消毒，并积极治疗有关产科病及传染病。

【治疗】

主要是控制感染、消除炎症以便恢复子宫的张力，改善子宫的血液循环，促进子宫收缩使聚积子宫腔内的病理分泌物排出，对有全身症状的进行对症治疗。隐性、卡他性子宫内膜炎经治疗预后良好，脓性和患病久的卡他性子宫内膜炎经治疗可治愈，但对怀孕来说要谨慎，患病久的母牛虽然可临床治愈但可能屡配不孕。

1. 激素疗法或宫内灌注疗法

如果子宫颈尚未开张，可肌注雌激素制剂促进颈口开张。开张后肌注催产素或静注10%氯化钙液100~200ml以促进子宫收缩，提高子宫张力，诱导子宫内分泌物排出。或采用子宫内灌注疗法，可用温热的0.1%高锰酸钾溶液、0.1%新洁尔灭溶液或1%氯化钠溶液5 000~10 000ml彻底冲洗子宫，每日1次，然后经直肠按摩子宫以排除冲洗液。对2天后胎衣仍不下的应灌注10%高渗生理盐水，胎衣自动脱落。冲洗完后向子宫内投入青霉素、链霉素、土霉素、环丙杀星、先锋、恩诺沙星等抗生素。对于纤维蛋白性子宫内膜炎应禁止冲洗，以防炎症扩散，应向子宫腔内投入抗生素且采取全身疗法。

采用激素疗法，对分娩初期的轻度的子宫内膜炎用前列腺素、聚苯对甲酸、雌二醇、催产素注射或向子宫内投入可获得一定疗效。

2. 生物学疗法

（1）乳酸杆菌培养物　有人研究用增菌的乳酸杆菌培养物 4 ~ 5ml 注入子宫取得了良好的效果，并且治愈牛均恢复了性周期。

（2）采用溶菌酶　10 万单位/头，治疗后受胎率可达 75. 38%。

（3）微生态制剂　从健康母猪生殖道分离出的一株粪链球菌，经培养制成一种微生态制剂，治疗患有子宫内膜炎的乳牛一个疗程，治愈率 80% 而且无毒副作用。

3. 中药治疗

归芪益母汤加减：当归 50g，黄芪 60g，益母草 90g，川穹 40g，赤芍 40g，桃仁 35g，连翘 50g，淫羊藿 50g，香附 45g，陈皮 35g，蒲黄 35g，甘草 30g。水煎或粉碎后加水冲服，可用于急慢性子宫内膜炎治疗。

4. 全身治疗及对症治疗

采用抗生素、磺胺药疗法配合强心、利尿、解毒等进行治疗。

五、乳房炎

乳房炎是指乳腺受到物理、化学、微生物等因素作用而引起的乳房实质、间质或间质实质组织的炎症过程，是乳牛最为常见的多发疾病之一，也是乳牛生产中发病率最高、危害最大的疾病。患病乳牛的乳汁发生理化及细菌学变化，特点是体细胞数增多，据此将其分为临床型和隐性型。

【发病原因】

引起乳房炎的原因主要有以下几方面。

1. 微生物感染

据报道 100 种以上的微生物与本病有关，包括细菌、病毒甚至真菌和藻类也可引发此病。

2. 环境卫生因素

乳牛乳房炎的传播途径主要是通过接触感染。养殖场及日常操作消毒不严为病原微生物的侵入提供了条件，如牛舍地面不清洁、不消毒或消毒不严，挤奶前不擦洗乳房不用消毒剂，一块抹布擦洗多个乳房导致交叉污染以及乳房和挤奶设备消毒不严等也可引起此病。养殖厂内阴冷、通风不良，排尿沟内粪便及污物堆积，牛床潮湿，湿热浊气蕴结，乳洛不畅，气血凝滞。

3. 挤乳技术

挤乳员技术不熟练或操作方法不当使乳头黏膜上皮受损伤；机器挤乳时间过长，负压过高或抽动过速也会损伤乳头皮肤和黏膜；挤奶前手不干净，未挤净乳汁等都给细菌入侵乳房创造条件，易引起细菌感染促使此病发生。

4. 饲养管理

①在产前 2 ~ 3 周，乳房腺体、血管和神经的生长进入了最旺盛的阶段。腺泡间组织

有各种细胞浸润，血流旺盛，且发生水肿。此时似乎达到了生理与病理的界限，使乳房组织对外界各种不良因素的抵抗力明显下降。另一方面，母牛分娩也会使机体消耗很大，机体抵抗力明显下降。

②对于高产乳牛，高能量、高蛋白质的日粮有利于提高泌乳量同时也增加了乳房的负荷，使机体抵抗力降低而易引发此病。饲料中缺乏微量元素硒和维生素 E 也会增加乳房炎的发生率。

③由于管理不当，乳牛互相顶撞造成外伤或其他机械碰撞，引起乳房外部或内部炎症。

【临床症状】

1. 亚临床型乳房炎又叫隐性乳房炎

此种乳房炎一般不表现任何临床症状，乳汁中无肉眼可见的异常变化。但乳腺组织已经被病原微生物感染，乳汁中体细胞数量在 50 万/ml 以上。乳汁由正常的弱酸性变为弱碱性（pH 值 7.0 以上），乳汁化验呈阳性反应，内含病原微生物。发生隐性乳房炎后不仅导致乳牛泌乳量和生鲜乳质量降低，而且也可使乳牛产后发情和妊娠时间延长。

2. 临床型乳房炎和隐性乳房炎的发病率之比为 1：（15～40）

临床型乳房炎其症状为乳房红肿，热痛明显，患侧乳房上淋巴结有时肿大，泌乳量减少或停止、乳汁变性，呈棕红色或黄褐色。有的乳汁稀薄，内混有粒状或絮状凝块；有的乳汁混有血液或脓液。严重时出现食欲减退、瘤胃蠕动和反刍停滞，体温可升高至 40～42℃。起卧艰难，长久站立不愿卧下，常因败血症死亡。

（1）慢性型乳房炎多由急性未完全治愈而得，一般无全身症状　感染乳区大小和形状发生变化，乳房组织弹性降低、僵硬，触摸有硬块，乳房萎缩，乳中常有粒状或絮状凝块，乳汁稀薄，泌乳量明显下降。

（2）急性临床乳房炎的特征　突然爆发，乳房发红、水肿，感染乳区突然变硬，对接触敏感，乳汁不正常（脓性、血清样、水样或血样），泌乳量突然急剧下降。系统症状包括体温升高、反刍减少、躺卧、脱水、精神沉郁、颤抖、腹泻等。

（3）特急性临床乳房炎　很少发生，其症状包括急性乳房炎的症状，但更为严重，另外还出现以下休克、败血症、乳房纤维化变性等症状。

【诊断】

临床型可结合乳牛泌乳量减少或停止，乳房红肿热痛，乳房上淋巴结肿大，乳汁形状异常等临床症状作出初步诊断。对于隐性型可对其乳汁进行实验室检查以作出诊断，可检测乳汁的 pH 值和测量乳汁中的体细胞数，可用试管法和玻片法测量乳汁的 pH 值，可用加州乳腺炎试验又称 CMT 法等来测乳汁中的体细胞数。

【预防】

1. 加强饲养管理

乳房炎是由环境、微生物、牛体三者共同作用引起的，环境因素不仅能影响病原菌的生存和侵入，而且也能影响到乳牛机体的抵抗力和对乳房炎的易感性，因此，合理饲养，提高抗病能力，保持环境卫生和牛体清洁是防治措施的关键。在生产实践中应及时清除牛舍和运动场的粪便，牛床以及垫草应保持清洁、干燥，定期对牛舍、牛床和运动场消毒。另外，加强管理，杜绝乳牛乳房外伤，同时减少引起乳牛应激的因素。产前一个月限定精饲料喂量，产后一周以后根据泌乳量逐步加精饲料以减轻乳房水肿。配制全价合理的日粮防止因营养缺乏、代谢不平衡而增加乳房炎的发生率。一定量的维生素和矿物质在抗感染中能起重要作用，如补充亚硒酸盐、V_E、V_A 会降低乳房炎的发病率。

2. 加强挤乳卫生管理

保持牛身和乳房清洁，挤乳前用温水清洗按摩乳房以避免乳头损伤。在每头牛挤乳前后均应用杀菌药液（如0.5% ~1%碘伏或3%次氯酸钠溶液）浸渍乳头，并用清洁的纸巾擦干乳头，这是国际上公认的和被广泛应用的防止泌乳期乳房炎的有效方法。药浴要在挤完乳后1min内进行，且越快越好。挤乳机和管道等在使用后要洗涤干净，并严格消毒。乳牛场对乳牛应该定期进行细菌和生鲜乳成分检查。乳头药浴可分为药浴和喷药两种，如能规范的进行喷洒，喷洒用药可减少对药浴杯的污染从而降低交叉感染。

3. 严格执行挤乳操作规程

挤乳机在使用前应调试，压力：50千帕，节拍频率60~70次/min，严禁病牛在挤奶厅挤乳以免造成人为感染，应单设隔离区单独挤乳，带菌乳应远离贮奶罐单独贮放并集中进行无害化处理。

4. 加强干乳期隐性乳房炎的防治

干乳期是预防乳房炎最有效的时期，干乳前应作隐性乳房炎检查，先治疗再干乳。干乳时，在最后一次挤乳后，向每个乳区内注入适量的干乳药物。干乳期内应注意观察乳房的变化，如发现乳房炎应及时治疗。有报道称在干乳前最后一次挤乳后，向乳区注入适量抗生素可治疗泌乳期间遗留下来的感染和控制干乳期间的感染。干乳期用青霉素160万单位、链霉素1g，乳房内注入可降低发病率。

5. 免疫预防

免疫接种是控制乳房炎的有效手段，能控制亚临床乳房炎且没有药物残留。目前已研制出以下几种疫苗：J5大肠杆菌苗、E. coli（O_{111}：B_4）苗能够保护机体免受多种肠杆菌的感染。金黄色葡萄球菌荚膜多糖苗、金黄色葡萄球菌基因疫苗这2种疫苗是乳牛中心正在研究的疫苗。

【治疗】

1. 隐性乳房炎

隐性乳房炎不及时治疗可转变为临床型乳房炎，因此，乳房炎的治疗越早效果越好。在饲养上应适当限制精料和饮水的喂量，并尽可能地把病牛关放在清洁、干燥、温暖的牛舍内，保持安静。

①盐酸左旋咪唑具有免疫调节能力，按7.5mg/kg体重拌精料中任牛自行采食，1次/d，连用2~3d，有预防隐性乳房炎的效果。

②为了及时地从患病乳叶中排除炎性渗出物，降低乳腺内的紧张性，可采用挤乳及按摩疗法即每经2~3h挤奶1次，夜间5~6h挤1次。每次挤乳前按摩乳房15~20min。

③用抗生素治疗，可采用青霉素160万单位、1%普鲁卡因、鱼腥草注射液40ml从乳头管注入，注射后轻轻按摩乳房1~2min，1~2次/d，用药前要先挤净乳池内乳汁。

④0.25~0.5%的普鲁卡因200~300ml，乳房基部封闭，1次/d，2~3次为1疗程。

2. 临床型乳房炎

（1）特急性乳房炎　首先对乳房实行冷敷，其次对乳房进行抗生素治疗，一般用青霉素 160 万 IU，生理盐水 40ml，稀释后一次肌内注射，2 次/d，同时用复方氯化钠、葡萄糖生理盐水液、维生素大量输液，防止脱水和患败血症。

（2）急性炎症期　可采取乳房基底封闭，每个乳叶的注射量为 0.25% ~0.5% 盐酸普鲁卡因 40 ~50ml。为了制止炎性渗出，在炎症初期可用 25% 硫酸镁液冷敷，在炎症缓和后改用热敷或红外线照射等以促进吸收。同时可按摩乳房或敷后用常醋调制的复方醋酸铅散涂布乳房或用鱼石脂软膏涂布乳房以促进吸收，消散炎症。

（3）当发生浆液性、纤维素性、出血性乳房炎或乳房蜂窝织炎　患牛全身症状明显时用抗生素作全身治疗，肌注普鲁卡因青霉素 300 万 IU、双氢链霉素 6g，2 次/d，连续 3 ~5d，或静脉注射氨苄西林钠（0.5g）50 支/d，连用 3 ~5d。在治疗期间用葡萄糖酸钙或氯化钙加入输液中静注有良好的辅助作用，同时配用 25% 葡萄糖注射液 500ml 及其他滋补强壮药物。

（4）乳区治疗　注入抗生素对各种类型的急性乳房炎都有较好的疗效。通常用青霉素 80 万单位和链霉素 50 万单位或土霉素 100 万单位，溶解后用注射器借乳导管通过乳头管注入，然后抖动乳头基部和乳房，2 次/d，连续 2 ~4d。对于严重的乳房炎可向乳房内注入防腐消毒药，如 0.02% 雷佛奴尔、0.02% 呋喃西林、0.1% 高锰酸钾等药液，1 ~2 次/d，注入 2 ~3h 后轻轻挤出。中药速效消炎膏外敷也可快速消肿。

（5）外科疗法　乳房脓肿位于皮下浅层时应做纵切口，切开排脓，然后按化脓创进行外科处置。对处在深层的脓肿可先用注射器抽出脓汁，然后注入青霉素或防腐药液，但注入防腐药液后需过段时间务必抽出。

（6）中药治疗　初期可用瓜蒌散加味治疗，全瓜蒌 1 ~2 个，紫花地丁、蒲公英、金银花各 60g，贝母 30g，当归 15g，木香、没药、乳香、生甘草、天花粉各 9g。诸药共研为细末，以黄酒 120ml 为引，开水冲调待温后灌服。

成脓期应在波动最明显的中央切开排脓并内服透脓散加味，当归、党参、瓜蒌、黄芪各 30g，白术、炒山甲各 18g，川芎、皂角刺各 15g，生麻 9g。共研为细末，开水冲调待温后灌服。

破溃期补正排脓，口服托里消毒散，党参、黄芪、金银花各 30g，白术、当归、茯苓、熟地黄各 24g，白芍 18g，川芎、甘草各 15g。共研为细末，开水冲调待温后灌服。

六、卵巢囊肿

卵巢囊肿是指卵巢上有卵泡状结构，同时卵巢上无正常黄体结构的一种病理状态。分为卵泡囊肿和黄体囊肿；卵泡囊肿是因为卵泡上皮变性，卵泡壁结缔组织增生变厚，卵细胞死亡，卵泡液未吸收或增加形成。黄体囊肿是因为未排卵的卵泡壁上皮黄体化或是正常排卵后由于某种原因黄体不足，在黄体内形成空腔，腔内积聚液体而形成的。

【发病原因】

引起卵巢囊肿的病因很多，但其发生机理尚不完全清楚。饲养管理不当，如乳牛日粮中精料、糟渣料水平过高，而 V_A、矿物质、微量元素不平衡；舍饲乳牛光照少，运动不足，长时期发情而不配种；患牛垂体或其他腺体失调，激素分泌紊乱，促卵泡激素过多而促黄体激素不足造成其不能正常排卵引发此病；由于囊肿卵泡分泌孕酮或肾上腺机能紊乱，雌激素使用不当或剂量过大也可引发此病；其他原因，如气候异常引起卵泡发育异常，诱发此病。此外，有研究表明，此病还与遗传有关，如荷斯坦乳牛发病率高。

【临床症状】

牛卵巢囊肿一般发生于产后60d以内，常见的为15～40d，少数例外的可在产后120d发生。患牛长期发情、发情不规律和乏情。其中，表现慕雄狂占20%，产后60d前发病的母牛85%表现乏情，产后60d后发情的表现慕雄狂的比例增加。慕雄狂的临床特征为病牛极度不安，经常发出如公牛的吼叫声，拒食，频尿，并经常追逐爬跨其他母牛，性欲特别旺盛，泌乳量降低。久之其被毛失去光泽、食欲减退，逐渐消瘦性情变得凶恶，甚至攻击人畜，颈部肌肉发达增厚。病牛的荐坐韧带松弛，尾根与坐骨结节间形成凹陷。尾根高举，阴唇肿胀，阴门常常排出黏液。如果是黄体囊肿的卵巢囊肿，患牛则表现长时间不发情，阴道干涩，黏膜苍白，外阴部收缩较紧。直肠检查时，在较硬的卵巢上有一个或多个壁厚而软的囊泡，多次反复检查，可见囊肿存在一个发情周期，但母畜仍不发情。

【诊断】

发生卵泡囊肿时做直肠检查，在肿大的卵巢上有一个或数个壁紧张而有波动的囊泡，其直径一般为2.5cm，有的可达5～7cm，间隔2～3d以上不消失。发生黄体囊肿时，骨盆及外阴部无变化，母牛长期不发情；采用直肠检查法进行检查可发现卵巢增大，变为球形，有数个小的或一个大的直径为3～7cm的卵泡，其壁较厚，有紧张的液体波动感，并触之敏感，2～3d后再检查多次仍然存在且母牛不发情时即可确诊。另外，应注意此病与持久黄体、卵巢功能不全的鉴别诊断，它们在临床症状表现上与卵巢囊肿都有相似之处，确诊需进行卵巢与子宫检查。

【预防】

卵巢囊肿病的遗传性低，通过淘汰有卵巢囊肿病的母牛及其后代预防卵巢囊肿进展缓慢；产后头2周内用GnRH处理；合理配制日粮，控制好豆科牧草、大豆饼粕的添加量，适量添加矿物质和维生素；乳牛分娩、难产助产应尽量避免污染，减少子宫炎的发生。

【治疗】

治疗越早治愈率越高，囊肿数目多、发病久时治疗效果不高，极少数病例也可自行恢复。

①肌内注射促黄体素100～200单位/次，1次/d，一般用药3～6d后囊肿形成黄体化症状消失，15～30d恢复正常发情周期；静脉注射绒毛膜促性腺激素0.5万～1万单位/次；先肌注促排3号200～400ug，促使卵泡黄体化，15d后再肌注前列腺素F2α2～4mg，2次/d。

②卵泡囊肿穿刺，在抽出卵泡液后用HCG500单位、地塞米松10～20ug，青霉素80万单位混合溶液注入到卵巢泡腔内。对阴性型可用肌内注射黄体酮100～150mg和V_A10mg，1次/d，5d一个疗程，连续2个疗程，治愈率可达90%以上。对显性型采用黄体酮、维生素AD和HCG2000单位交替肌内注射，6d为1各疗程，1～3个疗程，治愈率可达80%。同时可配合子宫净化处理，必要时还须调整日粮结构。此外，还可采用手术疗法、电灸疗法、激光疗法等进行治疗。

③中药疗法以活血化瘀、理气消肿为治疗原则。消囊散：炙乳香、炙没药各40g，香附、益母草各80g，三棱、莪术、鸡血藤各45g，黄柏、知母、当归各60g，川芎30g，研末冲服或水煎灌服，隔天1剂，连用3～6剂。

七、持久黄体

持久黄体是指在发情周期或分娩后卵巢上的黄体超过20～30d不消退。持久黄体与妊娠黄体及发情周期黄体在组织结构和生理作用方面基本相同，同样可分泌孕酮，抑制卵泡发育，使发情停止而引起不孕。

【发病原因】

由于饲养管理不当造成母牛饲料单一、矿物质及维生素缺乏，再加上产后泌乳量高，日照及运动不足，致使脑垂体千叶分泌的促卵泡素不足，而黄体生成素和催乳素过多进而引起卵巢机能减退，以致黄体持续存在，产生孕酮而维持休情状态。另外也可由其他子宫疾病诱发。

【临床症状】

母牛长期不发情，个别乳牛虽有发情表现但不排卵，母牛在发情周期内不发情，间隔5～7天再进行直肠检查，连续3次，黄体依旧存在。患牛外观如毛色、泌乳、饮食等都无明显变化。阴门收缩呈三角形，有皱纹，阴蒂、阴道壁、阴唇内膜苍白，干涩，阴道内一般无分泌物流出。母牛神态安静。

直肠检查可发现一侧或两侧卵巢增大，质地变硬，有突出表面的圆锥状或蘑菇状或姜状黄体。有持久黄体存在时在同侧或对侧卵巢可出现一个或数个如绿豆或豌豆大小的发育停止的卵泡。子宫角不对称，松软下垂，收缩无力，触摸无收缩反应。

【诊断】

主要根据临床检查和直肠检查进行诊断。并注意与卵巢机能不全进行鉴别诊断。卵巢机能不全直检卵巢小而稍硬，但摸不到卵泡或黄体，有时也可摸到小的卵泡或黄体，子宫体积也会变小。

【预防】

改善饲养管理，确保各种营养成分供给平衡，减少挤乳次数，加强运动，以促进黄体退化。产后子宫处理应及时与彻底，在治疗持久黄体时还应结合子宫的净化处理否则将会影响治疗效果。

【治疗】

首先要消除病因以促使黄体自行消退。对症治疗可注射前列腺素$F_{2\alpha}$5～10mg，1次肌注或1次注入子宫内。氯前列醇0.5～1.0mg，1次肌内注射，必要时可间隔7～10d重复用药1次。促黄体释放激素类似物400mg肌内注射，隔天1次，连续2～3次为一个疗程，经7～10d做直肠检查，如仍有持久黄体可再注射1次。

中药方剂：仙灵脾、阳起石、益母草各100g，当归、菟丝子各40g、赤芍、补骨脂、枸杞、熟地各60～80g，水煎灌服，每日1剂，连用3～5剂，治疗乳牛卵巢持久黄体性不孕症疗效明显。

八、乳牛不孕症

乳牛不孕症又称繁殖障碍、繁殖困难、不育症，是乳牛养殖业的重要疾病之一，其轻则导致泌乳量减少，分娩间隔时间延长，产犊数减少，重则导致牛只直接被淘汰，严重影响了乳牛养殖业的发展。乳牛不孕症的种类很多，有暂时性的和永久性的。暂时性不孕症经过治疗后乳牛的繁殖性能可以得到恢复，能产下健康的犊牛，患永久性不孕症的乳牛往往失去治疗价值应及时淘汰。

【分类】

先天性不孕 先天性不孕分为异性双胎母犊导致的不孕和生殖器官畸形导致的不孕，生殖器官畸形包括卵巢性畸形、子宫性畸形、阴道性畸形、雌雄间性。

后天性不孕 后天性不孕分为营养性不孕，即营养不良、营养过剩、营养不平衡导致乳牛内分泌失调而引起的不孕；卵巢静止性不孕，即卵巢性静止、输卵管性静止导致的不孕；子宫性不孕，即子宫内膜炎（急性子宫内膜炎、卡他性子宫内膜炎）、脓性子宫内膜炎、积脓性子宫内膜炎、子宫颈口狭窄、子宫肌瘤等导致的不孕；输卵管性不孕，即输卵管炎、输卵管阻塞导致的不孕；阴道性不孕，即急、慢性阴道炎、酸碱性阴道炎（阴道积尿）导致的不孕；乳牛亚临床酸中毒引起的不孕；管理性不孕即由于母牛突然更换地方，对气候、水土尚不能适应而暂时发生不育。

【主要症状】

母牛发情不明显甚至不发情或虽发情但屡配不孕，直肠检查有的卵巢体积缩小、无卵泡或无黄体；卵泡长期停留 1 ~2 期不能发育成熟而排卵；形成囊肿或出现持久黄体；有的子宫缩小发育不全，子宫颈外口闭锁、畸形、肿瘤、充血或水肿；有的阴道、子宫有炎症等。

【发病原因及防治】

异性孪生不孕 由于两个胎儿的线毛膜血管间有吻合支，较早发育的雄性胎儿生殖腺产生的雄性激素对雌性生殖器官发生作用，抑制了卵巢皮质及生殖道的发育，致使母犊的生殖器官发育不全进而使母犊失去繁殖能力。此病是青年乳牛不孕的原因，因无治疗价值应尽早淘汰，孪生母犊不作乳牛留养以减少牧场损失。

生殖道畸形大多表现为子宫未发育、缺少一个子宫角、整个卵巢缺失、单卵巢或无阴道等。临床上触诊时表现为子宫未发育，如两根细管，单卵巢或卵巢未发育如米粒大小。应建立健全育种体系，规范操作，避免近亲交配。

生殖道炎症性不孕 在久配不孕牛中发现较多为子宫、生殖道炎症引起的不孕，且多数为隐性子宫内膜炎、子宫颈炎及子宫颈增生，很少有输卵炎，除非该牛只有子宫撕裂史。生殖道炎症之所以引起不孕是由于生殖道发炎危害了精子、卵子及合子，同时使卵巢的机能发生紊乱从而造成不孕。对于隐性子宫内膜炎、子宫颈炎及增生的治疗，首次用消毒溶液冲洗子宫并配合中药治疗，间隔 10 ~15d，根据观察到的分泌物情况选用青链霉素、庆大霉素、新霉素等抗生素来清洗子宫，对于慢性、隐性子宫内膜炎有很好的效果。一般经过 1 ~2 个疗程，严重的 3 ~4 个疗程即可。

体成熟过迟引起的不孕 在青年母牛配种时会遇到满 15 月龄，甚至 18 月龄未见母牛发情，检查子宫、卵巢无器质性病变，卵巢质地柔软良好。此类牛多数体况不是很好，体格发育不良，且多数是由于营养不良、饲养管理不当而引起的体成熟过迟而造成的，此类牛只往往体内因缺乏黄体素而表现为发情症状不明显或无发情表现。对于此类牛只可通过补充黄体酮，促进子宫内膜增生及腺体生长，增强牛只对雌激素的敏感度加以治疗，可注射黄体胴 100mg/次，连用 1 周为 1 个疗程，一般经过 1 到 2 个疗程即可在卵巢上摸索到黄体，再停药 1 ~2 周时间，可见到母牛开始发情。

母体抗精子特异性免疫反应引起的不孕　母牛引起特异性免疫反应的因素在于母牛经过多次受精后引起抗精子的特异性免疫反应，精子一旦与母体个体中的特异性抗体相互作用，其生物学活性将明显下降，失去受精能力，引起该类牛只长期不孕。对于此类牛只，经过临床检查确诊后，对母牛用抗生素清洗子宫体、子宫颈，同时采取停配 1 ~ 2 次的措施。

激素紊乱性不孕　由于饲养不当、生殖道炎症、应激等使生殖系统功能性异常，体内激素紊乱而使母牛的生殖机能受到破坏，常发生卵巢囊肿，卵巢静止，持久黄体等。常见的繁殖功能性障碍引起的不孕在青年母牛中除卵巢静止外，其他疾病发生不多，而在青牛母牛群中引起长期不孕的是母牛机体激素紊乱引发的不孕。此类牛只应每天把乳房中的牛乳挤净，发情后注射促黄体素（LHA）350ug，以后每天注射黄体胴 100mg，一周为一个疗程；下一情期继续治疗，经过 2 ~ 3 个疗程，同时配合宫内抗生素清洗及中药治疗就能收到良好的效果。此类牛最后一次配种后马上注射一针常规量的促黄体素释放激素则效果会更好。

【预防】

由于导致乳牛不孕症发病原因复杂，原因很多，在世界各地发病率都很高，这主要是因为乳牛品种及其遗传性能决定的且和饲养管理及营养有关，饲料中维生素和微量元素的缺乏是导致本病的主要原因。所以在乳牛养殖过程中就要注意加强饲养管理，均衡营养，尤其是日粮中的 V_A、V_E、V_D 和钙、磷、铜、锰等的补充，如发现有屡配不孕现象要及时采取相应的治疗措施，以减少在乳牛养殖中的损失。如卵巢疾病可通过激素类药物治疗，常用促性腺激素、促卵泡素、孕酮、前列烯醇等，但每年仍有 10% 左右的牛因不孕而遭淘汰。

【治疗措施】

卵巢囊肿　肌注促黄体释放类激素 A400 ~ 600ug/次/头，连用 2 ~ 4 次；肌注人类绒毛膜促性腺激素 1 万单位 + 地塞米松 10ml/次/，1 周 2 ~ 3 次（隔开）；静注人类绒毛膜促性腺激素 5 千单位 + 地塞米松 10ml/次/头，1 周 2 ~ 3 次（隔开）。

卵巢静止：肌注孕马血清（PMCG）20 ~ 40ml，隔日 1 次；肌注促黄体释放激素类似物（LRH）200 ~ 400 单位，隔日 1 次；灌（喂）服催情散，1 剂/头/日，连用 3 ~ 5d。

持久黄体：卵泡刺激素（FSH）100 ~ 200 单位，溶于 5 ~ 10ml 生理盐水肌注；肌注前列腺素 0. 2 ~ 0. 6mg，4d 后检查再用；肌注促黄体释放类激素 A400 ~ 600ug/次/头，连用 2 ~ 4 次；灌（喂）服催情散每日 1 剂/头，连用 3 ~ 5d。

习惯性流产：灌（喂）服奶牛安胎散每日 1 剂/头，连用 3d；灌（喂）服补中益气散 1 剂/头/d，连用 3d；全面改善饲养管理条件，饲喂全价，营养均衡的日粮（包括精 + 粗料）。

子宫内膜炎：急性型子宫内膜炎的采用子宫内灌注 160 万单位 × 10 支青霉素 + 80 万单位 × 6 支链霉素溶液 2 000ml，每日 1 次，连用 5 ~ 6d；静注磺胺嘧啶 + 生理盐水 1 000ml，每日 2 次，连用 5 ~ 6d；灌（喂）服益母清宫散每日 1 剂/头，连用 5 ~ 6d。慢性型和隐性型的子宫内膜炎采用灌（喂）服益母清宫散每日 1 剂/头，连用 5 ~ 6d；肌注恩诺杀星或复方长效治菌磺。

胎衣不下（滞留）　子宫内放入雷佛奴尔 + 长效土霉素胶囊；肌注乙烯雌酚或催产

素；灌（喂）服乳牛催衣排露散每日 1 袋/头，连用 3 ~ 5d；灌（喂）服益母清宫散每日 1 袋/头，连用 3 ~ 5d。

九、卵巢机能减退

卵巢机能减退是卵巢受各种因素影响而机能发生紊乱，临床呈现出排卵障碍，表现为不排卵或排卵延迟；不发情或发情不完全。当卵巢机能长期减退时则将导致卵巢组织萎缩和硬化。本病为乳牛常发病，在母牛不孕症中发病率最高，在乳牛卵巢疾病中约占 26.3%，是导致母牛不育最常见的原因之一，特别是产后高产母牛易见。主要症状是在临床上表现为卵巢机能不全、卵巢静止和卵巢萎缩、卵泡闭锁、卵泡交替发育或排卵延迟等症状

【发病原因】

卵巢机能不全是指乳牛有发情的外在特征，但是在卵巢上面不排卵或排卵延迟；或者乳牛有排卵但却是安静发情时的症状。主要是乳牛营养不良、光照不足、运动量不够、过度肥胖以及长期大量的泌乳等引起。

卵巢萎缩是指卵巢机能暂时性紊乱，机能减退，性欲缺乏，久不发情，卵泡发育中途停滞，其机能长期衰退而引起卵巢组织萎缩。常由子宫、卵巢的疾病，全身的严重疾病以及饲养管理不当而引起母牛身体的衰弱和消瘦导致；气候巨变，突然改变环境也可引起卵巢机能暂时性减退；早春配种季节天气冷热变化无常时多发此病，饲料中营养成分不全特别是 V_A 不足可能与此病有关。

卵巢静止是卵巢的机能受到扰乱，体质衰弱、年龄大，加之饲养管理不当常导致卵巢静止；卵巢疾病的后遗症，如继发于卵巢炎、卵巢囊肿等也能导致卵巢静止。

卵泡萎缩及交替发育主要是由气候和温度等因素的影响引起。季节性发情动物由非繁殖季节到繁殖季节性腺一时未能适应变化的环境；长期在寒冷地区饲养的乳牛，牛舍温度低，保温条件差，气温变化大，饲料单纯，营养成分不足，运动不够等都会引起卵泡发育障碍。

排卵延迟主要是由于垂体前叶分泌促黄体素不足而致，此外气温过低、营养不良、乳牛挤奶过度等均可引起排卵延迟。

【症状与诊断】

发生卵巢机能不全时，病牛发情周期正常，发情明显或微弱，卵巢中有成熟卵泡，但不排卵或排卵延迟。不排卵者，成熟卵泡发生退化或闭锁，发情症状随即消失，排卵延迟者，但因多数卵子老化或变性，故不能受孕。直肠检查，卵巢有活性，形状和质地没有明显的无特殊变化，卵巢上的卵泡和黄体有时存在，有时不存在。仅见前者在发情当天卵泡变软、壁薄，继而变厚，圆形而光滑，且有波动，卵泡存在时间较长。

卵巢萎缩直肠检查可见卵巢体积缩小，仅如豌豆一样大小，组织萎缩，质地硬，无卵泡和黄体，无活性，性机能减退，子宫也往往缩小。有时是一侧，也有时是两侧卵巢都发生萎缩及硬化。发情周期停止，长期不孕。如间隔一周左右连续检查几次，卵巢仍无变化并结合外部的发情表现即可作出诊断。

卵巢静止母牛长时间不发情，阴道壁、阴唇黏膜苍白干涩。发情周期延长或长期不发情，发情表现不明显或有外表征象但不排卵；直肠检查时，卵巢性状和质地没有明显变

化，处于静止状态，摸不到卵泡和黄体，有时一侧卵巢上有很小的黄体迹象；如果长期得不到治疗则可发展成卵巢萎缩，卵巢萎缩时，质地硬实、体积缩小、表面光滑；子宫收缩反应差。

卵泡萎缩及交替发育　卵泡不能正常发育成熟到排卵，多发生在泌乳量高、体质衰弱及长期饲养在寒冷地区的乳牛，随着气温的变化、改善饲养管理、增加运动，补饲鲜青草、麦芽可以促进发情周期的恢复。

排卵延迟是排卵的时间向后拖延，乳牛在寒冬季节发生此病较多。

【预防】

卵巢疾病受多种因素影响，不仅与饲养管理水平有关，而且与机体状况及兽医、配种员的技术水平有关。从某种意义来说，可以认为奶牛卵巢疾病是机体全身紊乱的局部表现。因此须采取综合措施予以预防。

1. 加强饲养管理，增强和恢复卵巢机能

一是根据母牛泌乳性能及营养状况合理供应营养均衡的全价日粮，对体弱牛应供应足够的蛋白质、维生素及微量元素，保证优质干草的进食量，并能加喂胡萝卜、大麦芽等饲料；对过肥牛供应优质干草，控制精料喂量；保证饲料及饲养制度稳定；严禁加料催泌乳量。二是提供优良的环境条件，减少各种应激因素，加强运动与光照，适当控制个体牛的泌乳量以促进母牛体况的恢复，并着眼于长期预防；及时清除粪便等污物，保持牛舍、运动场清洁卫生；作好防暑降温，防寒保暖，创造适合乳牛需要的人工小气候以此减少气象因素的作用。通过直肠对卵巢和子宫进行按摩，加速血液循环，促进其功能的恢复。

2. 加强消毒，正确诊治

助产时严格消毒，胎衣不下及时处理，输精器械、手臂严格消毒以尽可能减少子宫感染和子宫炎；加强产后母牛子宫、卵巢的检查，发情牛及时配种，提高受胎率；为提高子宫和卵巢机能，母牛产犊后13～15d肌内注射GnRH－Al　1 000IU，使LH浓度升高，孕酮分泌减少，促其提早排卵；正确诊断卵巢疾病并及时治疗；治疗所用药物的选择要正确，所用剂量要准确。

【治疗】

卵巢机能不全可用温肾健脾、益气补血的参芪地散加减，党参、黄芪、当归、山药、熟地各40g，益母草200g，淫羊藿80g，猪卵巢为引，研末灌服，每日1剂，2～4剂为一疗程，个别严重病例需2个疗程；肌内注射促卵泡素200单位，隔日1次，2次为一个疗程。

治疗卵巢静止和卵巢萎缩首先改善饲养管理条件，供给全价日粮，以促进其体况的恢复；为了加速恢复卵巢性机能，对卵巢和子宫通过直肠进行按摩，每隔3～5d按摩1次，10～15min/次，以促进局部血液循环、使局部条件得到改善；应用氦氖激光治疗仪照射阴蒂或地户穴，功率7～8毫瓦，照射距40～50cm，照射10～15min/次，每日1次，连续照射12d为一个疗程；用激素进行治疗，促排卵2号100～400ug，连续3次；促卵泡素100～200lU，稀释溶解后进行肌内注射。

卵泡萎缩及交替发育可用促卵泡素、绒毛膜促性腺激素和孕马血清促性腺激素进行治疗；也可用激光进行治疗，利用激光照射阴蒂及地户穴来调节生殖激素的平衡，促进卵泡发育及排卵；也可用电针疗法；此外还可用中草药治疗，利用活血或破血去淤的方剂为佳。

排卵延迟　对排卵延迟的动物应立即注射促黄体素；一次性注射绒毛膜促性腺激素并同时人工授精；也可使用电针疗法，选择命门穴、百会穴、双雁翅等。

第三节　消化系统疾病

一、瘤胃积食

瘤胃积食是因瘤胃内食物停留或积滞过多而引起瘤胃壁扩张，致使其体积过大，瘤胃蠕动和消化机能紊乱，并引起病牛脱水和毒血症的一种急性疾病，多发生于冬季。

【发病原因】

过多采食容易膨胀的饲料，如豆类、谷物等；采食大量未经铡断的半干不湿的甘薯秧、花生秧、豆秸等；突然更换饲料，特别是由粗饲料换为精饲料又不限量时；因体弱、消化力不强，运动不足，采食大量饲料而又饮水不足所致；继发于瘤胃弛缓、瓣胃阻塞、创伤性网胃炎、皱胃变位或阻塞等。

【临床症状】

病牛食欲减退或废绝，反刍停止或嗳气停止。腹围增大，左侧瘤胃上部饱满，中下部向外突出，触诊时瘤胃胀满而坚实呈现砂袋样并有痛感；叩诊呈浊音；听诊瘤胃蠕动音初减弱，以后消失。严重时呼吸困难、呻吟、吐粪水，有时从鼻腔流出。如不及时治疗，多因脱水、中毒、衰竭或窒息而死亡。初排粪正常，以后排粪迟滞或停止。过量饲喂精料的病牛其粪便粥样，具恶臭，脱水、酸中毒（眼窝下陷、黏膜发绀）。

【诊断】

根据病牛发病前的采食情况及腹围增大，按压瘤胃病牛躲闪，内容物充实，指压留痕，瘤胃蠕动力减弱，蠕动次数减少等典型的临床症状可做出初步诊断。

【预防】

本病的预防在于加强经常性饲养管理，防止突然变换饲料或过食。按饲养标准合理配制营养丰富的日粮。饲喂干粗饲草时，要铡短后再喂并要控制采食量。

【治疗】

治疗原则是恢复前胃运动机能，促进瘤胃内容物运转，消食化积，防止脱水与自体中毒。

1. 药物疗法

灌服泻剂以促进瘤胃内容物排空，防止异常发酵。常用方法是硫酸镁500～1 000g、苏打粉100～120g、水6 000～10 000ml一次灌服；硫酸镁500g、液体石蜡油500～1 000ml、鱼石脂20g、75%酒精50～100ml加水一次灌服。采用兴奋瘤胃蠕动药物，10%氯化钠液500ml、20%安钠咖10ml、V_C 0.5～1g静脉注射，每日2次；葡萄糖生理盐水1 000ml、25%葡萄糖液500ml静脉注射，每日1～2次；5%碳酸氢钠注射液500ml、5%糖盐水2 000～3 000ml、25%葡萄糖注射液500～1 000ml一次静脉注射用以防止酸中毒。

2. 洗胃疗法

对于因大量采食精料而发生的积食，可用大号胃管向胃内大量投服淡盐水或生石灰水

(500g生石灰溶于3 000～4 000ml水中混合均匀后取上清液2 000～4 000ml）并将其导出。反复洗胃，可收到较好的治疗效果。

3. 手术疗法

采取药物治疗和保守疗法无效时，尽快进行瘤胃切开术，取出大部分胃内容物并放入适量的健康瘤胃液。

4. 中医疗法

在牛的左肷部用手掌按摩瘤胃，按摩力度要适当大一些否则达不到按摩的最佳效果。一般在饮水后进行瘤胃按摩，每次10～15min，每隔30min按摩一次，结合灌服大量的温水，效果更好；在脾俞、三关、承浆、苏气、六脉、百会等穴位的针灸治疗；牛勇加味大承气汤：大黄60～90g、枳实30～60g，厚朴30～60g，槟郎30～60g，芒硝150～300g，麦芽60g，藜芦10g，共研为末，灌服，服用1～3剂，过食者加青皮、莱菔子各60g；胃热者加知母、生地各45g、麦冬30g；脾胃虚弱者加党参、黄芪各60g，神曲、山楂各30g，去芒硝，大黄，枳实，厚朴均减至30g。

二、瘤胃臌胀

瘤胃臌胀又称瘤胃臌气，是因采食了大量容易发酵的饲料而产生大量气体，或因其他原因造成瘤胃内的气体排出困难，气体在瘤胃和网胃迅速蓄积而引起呼吸和血液循环障碍、消化紊乱的一种疾病。其特征是瘤胃过度膨胀嗳气受阻，呼吸困难，瘤胃部叩诊呈鼓音。

【发病原因】

采食易发酵的青绿饲料如青苜蓿、豆苗引起。采食后立即使役，缺乏适当的休息和反刍。饲喂配合或调理不当、谷物饲料过多而粗饲料不足或者矿物质不足，钙、磷比例失调。继发于其他疾病如前胃弛缓、瓣胃阻塞引起排气障碍所致。泡沫性瘤胃臌胀是由于反刍动物采食了大量含蛋白质、皂苷、果胶等物质的豆科牧草，或饲喂较多的谷物性饲料如玉米粉、小麦粉等。非泡沫性瘤胃臌胀又称游离气体性瘤胃臌胀，主要是采食了产生一般性气体的牧草，如幼嫩多汁的青草或沼泽地的水草、湖滩的芦苗等，或采食堆积发热的青草、霉败饲料、品质不良的青贮饲料，或经雨淋、水浸渍、霜冻的饲料。

【临床症状】

最明显的症状是左腹部膨胀，尤以左肷部明显，严重者隆起可高出脊背。臌胀发生于采食后不久。触压腹壁紧张而有弹性，叩诊呈鼓音。患牛垂头弓背，四肢缩于腹下，呆立，紧张不安，食欲与反刍停止；呼吸困难，60～80次/min。听诊瘤胃蠕动音初期增强，后转弱至完全消失。病后期心力衰竭，血液循环障碍，颈静脉努张，黏膜暗紫色，眼球突出，全身出汗，有的肩背部皮下发生气肿，站立不稳，步态蹒跚，甚至突然倒地痉挛、抽搐而亡。张口呼吸，口中流出带泡沫唾液，常由窒息和心脏麻痹引起死亡。如若是由于继发其他疾病而引起瘤胃臌胀，其臌胀程度往往不严重且常为间歇性发作。此时，应注意确诊原发病。

【诊断】

此病通过了解病史、临床症状以及触诊、听诊、叩诊以及胃管检查基本可以确诊。注意与食管阻塞、前胃弛缓、创伤性网胃腹膜炎等有类似症状病的鉴别诊断。可通过胃管检查与食管阻塞相区别，本病胃管检查无阻塞感，食管阻塞有阻塞感，触诊可摸到硬块；前胃迟缓时触诊胃内容物或稀软或有硬感，瘤胃蠕动无力；与创伤性网胃腹膜炎的类似之处是瘤胃臌胀，瘤胃蠕动音减弱，不同之处是后者肘部外展、不愿走动，愿走软路不愿走硬路，愿上坡不愿下坡。

【预防】

加强饲养管理是预防本病的关键，一是豆科植物如苜蓿应晒干后再喂，如喂新鲜苜蓿应控制喂量；二是改喂青绿饲料前一周先喂青干草或干、鲜草掺杂饲喂；三是谷实类饲料不应粉碎过细，精料量应按需供给，不可过食。

【治疗】

排气减压，制酵消沫，健胃消食，强心补液。

可采用套管针瘤胃穿刺放气，也可采用胃管导入瘤胃放气。放气时应注意使气体缓慢放出，不可过急。放气后可经套管针注入来苏尔 15～20ml 或福尔马林 10～15ml，加水适量，以制止其继续发酵产气，并对针刺部位进行消毒。对于泡沫性臌胀的应用松节油20～30ml、鱼石脂 10～15g、酒精 30～50ml，加适量温水或 8% 氧化镁溶液 600～1 000ml，一次内服。或者二甲基硅油乙 5g 或消胀片 30～60 片内服。植物油 300ml、温水 500ml 或松节油 30～40ml；液体石蜡 500～1 000ml，常水适量，一次内服。对于非泡沫性臌胀的，可用生石灰粉 200～250g、豆油 250g 加水 3 000ml；氧化镁 50～100g 加水灌服；氢氧化镁 8g 加水灌服。为了促使气体排出，可配合瘤胃按摩，10～20min/次。

中药疗法，采用槟榔片 50～200g，枳实 50～100g，莱菔子 50～100g，木香 25～50g，香附 50g，川厚朴 50g，青皮 50g，陈皮 50g，神曲 50g，肉豆蔻 50g，青果 50g，大黄 50g，牵牛 50g，人工盐 300g，共为末，开水冲药待温后内服，服药后停止饲喂草料；2h 后可饮水，要多次少量。服药前要将胃内气体导出。

三、前胃弛缓

前胃迟缓是由于各种原因导致的前胃（包括瘤胃、网胃、瓣胃）的神经和肌肉功能紊乱，兴奋性降低、收缩力减弱，瘤胃内容物不能进行正常的消化、运转和排除，食物异常分解、发酵与腐败而产生有毒物质，是瘤胃内正常微生物菌群受到破坏从而引起消化功能障碍，且伴有一定程度的酸中毒的一种疾病。本病对于乳牛及肉牛、耕牛的一种多发病，尤其是在集约化饲养的乳牛群更为常见，对乳牛的生产及健康影响很大。

【发病原因】

原发性前胃迟缓主要是由于前胃收缩力和兴奋性降低，致使前胃内容物排出延迟所引起的疾病。如缺乏运动或使役过重，饲养管理不当如饲料突然改变、饲料配合调制不当、饲料品质不良和饮水不洁或气候突变，导致神经机能障碍；长期饲喂粉状饲料、单一饲料或缺乏纤维素的饲料所引起；饲料对前胃的刺激性过弱或者单调刺激使前胃的兴奋性降低；严寒、中暑、恐惧、剧痛等应激因素使前胃的神经机能障碍，常发生顽固性前胃迟缓，最常见于创伤性网胃－腹膜炎和妊娠牛，特别是重胎牛。此外，受寒感冒，卫生不良，厩舍阴暗，密集饲喂、断乳、离群、受惊、感染与中毒、创伤等应激因素也可促使发病。也可因百叶干、腹胀、宿草不转，急性传染病、血液寄生虫病、创伤性网胃炎、酮病、乳房炎和中毒性疾病继发本病。

【临床症状】

多呈急性消化不良，表现精神不振，食欲减少或废绝；反刍次数减少或咀嚼运动减弱，呼出嗳气具有不良气味；瘤胃收缩力减弱，蠕动次数减少，每次蠕动时间缩短，瓣胃蠕动音减弱。瘤胃内容物纤毛虫数量减少，pH 值呈酸性；乳牛泌乳量下降，便秘，粪便干硬、呈深褐色。由品质不好的饲料所引起的迟缓常伴有腹泻现象，粪呈泥状或半液体状或水样，恶臭。体温、呼吸、脉搏一般无明显异常。病情较轻的在停食 2 ~4d 后可不治自愈容易康复。如果伴发前胃炎和酸毒症时，病情急剧恶化，病牛呻吟，食欲、反刍废绝，产乳停止；排出大量棕褐色糊状粪便、具有恶臭；精神高度沉郁，体温下降；鼻镜干燥，眼球下陷，黏膜发绀，严重脱水，并有全身症状且预后不良。

慢性前胃迟缓通常由继发引起或急性转变而来，多数病例精神不振，头低耳耷，卧多立少，食欲不定，有时正常，有时减退或消失，反刍次数减少，无力。常常虚嚼、磨牙、异嗜，舔砖、吃土或采食被粪尿污染的褥草、污物。病情弛张，时好时坏。病牛日渐消瘦，体质虚弱，泌乳量下降，瘤胃蠕动音减弱或消失，内容物黏硬或稀软，瘤胃轻度膨胀；多数病例网胃与瓣胃蠕动音微弱，腹部听诊，肠蠕动音微弱。病畜便秘，粪便干硬，成暗褐色，附有黏液。有时腹泻，粪便成糊状，腥臭；或腹泻、便秘交替进行。老牛病重时，呈现贫血或衰竭，常有死亡。病程长者，皮肤干燥，弹性下降，被毛粗乱，眼球下陷，末梢发冷，消瘦，严重者脱水或酸中毒，卧地不起，泌乳停止。

【诊断】

根据发病原因、临床病症及食欲、反刍异常、消化机能障碍等病情分析可作出初步诊断。通过检测瘤胃内容物性质的变化可进一步诊断和治疗。在临床实践中还应与下列疾病相鉴别。

1. 酮血症

类似之处是食欲减少或废绝。不同之处是酮病主要发生于产犊后 1 ~2 个月内的乳牛，尿中酮体明显增多，血糖降低，呼出气带酮味（大蒜味）。

2. 创伤性网胃腹膜炎

类似之处是采食量下降，泌乳量下降，瘤胃蠕动音都减弱，瘤胃臌胀。不同之处是患创伤性网胃炎病牛姿势异常，站立时，肘头外展，左肘后部肌肉颤抖，多取前高后低姿势；起立时，多先起前肢，卧地时困难；体温中等升高，腹壁触诊有疼痛反应，药物治疗无效。

3. 瘤胃积食

类似之处是食欲减少或废绝，瘤胃蠕动音减少，叩诊都呈浊音或半浊音，体温一般正常。不同之处是瘤胃积食触诊瘤胃病畜有疼痛反应，瘤胃内容物坚硬，尿量少，流涎，后肢踢腹。

4. 迷走神经消化不良

该病无热症，瘤胃蠕动减弱或增强，肚腹臌胀。

5. 皱胃变位

乳牛通常于分娩后突然发病，左腹肋下可听到特殊的金属音。

此外，感染与中毒、生产瘫痪、变态反应等也常常伴发前胃迟缓、瘤胃内容物停滞，但无消化不良综合症，除去病因即可康复。

【预防】

加强饲养管理。日粮应根据生理状况和生产性能的不同而合理配制，要注意精粗比、钙磷比，以保证机体获得必要的营养物质，防止单纯追求泌乳量而片面追加精料的现象；要坚持合理的饲养管理制度，不突然变更饲料，不随意改换饲养班次，加强饲料的保管，严禁饲喂发霉变质饲料；注意适当运动。牛舍须保持安静，避免奇异声音、光线和颜色等不利因素刺激和干扰。注意牛舍通风、保暖、卫生，做好预防接种工作。正确诊断疾病，对继发性前胃迟缓的病牛一定要及时正确地治疗原发性疾病。

【治疗】

1. 治疗原则

加强瘤胃的运动功能，制止瘤胃内异常发酵过程，恢复机体正常的食欲和反刍，防治酸中毒。通常用人工盐250g，硫酸镁500g，苏打粉80～100g，加水灌服。对泌乳量20kg/d以上乳牛可用葡萄糖盐水1 000ml，25%葡萄糖液500ml，10%葡萄糖酸钙500～1 000ml，5%碳酸氢钠500ml，一次静脉注射。

2. 除去病因

立即停止采食1～2d，以后饲喂优质干草和易消化的饲料。

3. 清理胃肠

为了促进胃肠内容物的运转和排出，可用硫酸钠1 000ml，一次性内服。或用液体石蜡1 000～3 000ml，苦味酊20～30ml，一次内服。对于采饲多量精饲料而症状又比较严重的病牛，可采用洗胃的方法，排除瘤胃内容物；洗胃后应向瘤胃内接种纤毛虫。重症病例应先强心、补液，再洗胃。

4. 增强前胃机能

应用葡萄糖生理盐水注射液500～1 000ml，10%氯化钠注射液100～200ml，5%氯化钙注射液200～300ml，20%苯甲酸钠咖啡因注射液10ml，一次静脉注射，并肌内注射V_{B1}。

5. 应用缓冲剂

应用缓冲剂的目的是调节瘤胃内的pH，改善瘤胃内环境以恢复正常微生物区系，增进前胃功能。在应用前必须先测定瘤胃内容物的pH，然后再选用缓冲剂。

6. 防脱水和自体中毒

当牛体出现轻度脱水和自体中毒时应用25%葡萄糖注射液300～1 000ml，40%乌洛托品注射液20～50ml，20%安钠咖注射液10～20ml，静脉注射；并用胰岛素100～200国际单位，皮下注射。

继发性瘤胃迟缓着重治疗原发病，并配合前胃迟缓的相关性治疗以促进病情好转。

7. 中药方剂

健脾丸加减，党参、白术、茯苓、陈皮各40～60g，槟郎25～30g，六曲120～150g，甘草20g。共为末，开水冲调待温后灌服。属于虚寒者加豆蔻、干姜、小茴香，用以温中散寒；兼夹湿热者加龙胆草、黄连、茵陈以清湿热；兼夹寒湿者加藿香、厚朴、苍术以芳香化湿。

四、创伤性网胃炎

本病是由于尖锐异物（如针、钉、铁丝）随食物进入网胃并刺伤网胃壁所致。临床以顽固性前胃弛缓，瘤胃反复臌胀，消化障碍，腹壁疼痛为特征。由于牛对异物的分辨能力较低，所以此病的发生率较高。

【发病原因】

饲料加工不细致，饲养者粗心大意，致使饲料粉碎机与铡草机上的铁钉、螺丝钉、铁丝、图钉、注射针头等金属异物混入饲料中。乳牛尤其是高产乳牛，食欲旺盛，采食迅速，对异物的分辨力低，造成了误食，使其进入网胃底。随着腹内压的急剧增加，在瘤胃积食或臌胀、妊娠、分娩努责，奔跑、跳跃，过食等情况下，腹压增高，致使尖锐异物刺伤网胃壁并造成穿孔，同时损害周围其他组织器官而引发本病。

【临床症状】

通常存在于网胃中的异物，在腹内压增高的情况下刺入网胃壁而突然呈现临床症状。发病初期一般呈现前胃弛缓，食欲减退，反刍减少，不断嗳气；瘤胃蠕动音减弱，有时发生顽固性便秘。后期下痢。单纯性网胃炎时全身反应不明显，起初体温、呼吸、脉搏、粪便都正常。随病情发展，有的可出现前胃迟缓，瘤胃臌胀，泌乳量减少等。如网胃和腹膜或胸膜受到金属异物损伤时，呈现各种异常临床症状。有的表现为姿态异常，常采取前高后低站立姿势，运动异常，忌下坡、跨沟或急转弯；头颈伸展、肘关节向外展，卧地时小心，肘部肌群颤抖。胸部叩诊有疼痛反应，卧倒起立时极为谨慎。如果脾脏或肝脏受到损伤，形成脓肿，扩散蔓延，往往引起脓毒败血症。慢性病牛被毛粗乱无光泽，消瘦，泌乳量减少，间歇性厌食，瘤胃蠕动减弱，间歇性轻度鼓气，便秘腹泻交替出现，病程长，不好治愈。严重病例可继发败血症，预后不良。

【诊断】

临床诊断要点：突然发病，采食废绝，泌乳量下降，无明显体温升高，用泻剂或补钙制剂治疗无效。通过临床症状和病史可做出初步诊断。可采取 X 射线检查结合血液检查进行确诊。X 射线检查可确定金属异物的部位和性质；做血液检查，白细胞、嗜中性粒细胞增高，淋巴细胞与嗜中性粒细胞比例倒置为 1：1.7，核左移。

【预防】

加强对饲料饲草的管理，减少误食的机会。首先牛场建设应选择偏僻的地方，场内的维修车间应远离饲草饲料存放地，并提高饲养人员对该病的防范意识。在饲料自动出口或青贮卸料机上安装大块电磁板以吸附金属异物并及时清除。也可在瘤胃内放置永久性磁铁或铁质异物吸取器。

【治疗】

本病的有效治疗方法是手术疗法，即切开瘤胃，从网胃壁上取下异物。术后根据病情采取抗菌消炎、强心补液等措施。

五、瓣胃阻塞

本病俗称“百叶干”，是指瓣胃内容物积滞、干涸，瓣胃内小叶压迫性坏死，由于积聚大量干固的物质而引起的瓣胃收缩力减弱，蠕动功能障碍而导致的一种疾病。临床以鼻镜干燥、龟裂、粪便呈算盘珠样，瓣胃蠕动音消失为特征。

【发病原因】

原发性瓣胃阻塞多由长期饲喂粗硬不易消化的饲料，如苜蓿秆、豆秸、麦秸或饲料中带有泥沙，缺乏饮水或长期饲喂发霉、冰冻变质的饲料。或者突然由放牧转为舍饲，活动量减少，或突然转换饲料，饲料中缺乏蛋白质、维生素或微量元素引起。也可继发于其他疾病，如前胃弛缓、瘤胃积食、皱胃阻塞、皱胃变位及某些传染性疾病如牛恶性卡他热，急性肝炎、血液原虫病或中毒性疾病如黑斑病甘薯中毒等。

【临床症状】

本病初期，呈现前胃弛缓症状，食欲减退，反刍缓慢，鼻镜干燥，瘤胃蠕动音减弱，内容物柔软。以后反刍、嗳气停止，鼻镜千裂，瘤胃蠕动停止，有时继发瘤胃膨胀。瓣胃蠕动音减弱或消失，瓣胃触诊，病牛疼痛不安．抗拒触压。初期粪便干燥呈算盘珠状，后期不见排粪、腹痛。剖检可见瓣胃内容物充满，容积为正常的 3 ~4 倍，坚硬如木，指压无痕，干燥，可捻成粉沫。瓣叶与内容物粘连，瓣胃壁变薄，有的出现大面积坏死。此外，其他脏器如肝、脾、心、肾、胃肠都有不同程度的炎症。

【诊断】

该病早期确诊困难，可根据鼻镜干裂，粪便干硬、色黑、呈算盘珠样或栗子状，右侧第 7 ~9 肋间肩关节水平线上触诊硬且敏感等做出诊断。如结合瓣胃穿刺试验即可确诊。瓣胃穿刺部位在右侧九、十肋间与肩端水平线的交点，将消毒的 16 ~18 号、长 10cm 以上的有芯针头，与皮肤成直角刺入 6 ~8cm 即刺入瓣胃。如为本病，进针时可感到阻力很大，内容坚硬，且可感到进针时的沙沙音。诊断时应注意与前胃其他疾病鉴别，因焦虫引起的瓣胃阻塞应注意全身变化，如体温升高、贫血和血尿等。

【预防】

加强管理，科学饲养，减少粗硬饲料供给，增加青饲料和多汁饲料，防止长期单纯饲喂不易消化饲料，清除饲料中的泥沙，同时保证充足饮水，注意在冬季要加强运动。对前胃驰缓等病及早治疗，以防止内容物停滞于瓣胃内。

【治疗】

治疗原则为增强前胃运动机能，软化瓣胃内容物，促进其排除。

对于尚有食欲的患病牛可使其充分饮水，给予青绿易消化的饲料。可用硫酸钠（或硫酸镁）30 ~500 克、常水 8 000ml 或液体石蜡 1 000 ~2 000ml 或植物油 500 ~1 000ml 一次内服。同时应用 10% 氯化钠 100 ~200ml、20% 安钠咖 10 ~20ml 静脉注射来增强前胃兴奋性，促进胃内容物运转与排除。对于严重病例，采用药物治疗无效的，可采取瓣胃冲洗法。即切开瘤胃后，将直径 2cm 的胶管插入网瓣孔灌注温水冲洗，直至瓣胃柔软、变小。

中药方剂　轻症者采用加味大黄承气散：大黄 120g、芒硝 500g、枳实 50g、厚朴 100g、槟郎 60g、共为细末，香油 500ml，开水冲调待温后灌服。重症者采用芒硝 120g、滑石 24g、大黄 30g、当归 30g、白术 30g、大盖 60g、二丑 30g、甘草 10g，共研细末，加猪油 250g，温水灌服。对久治难愈者可选生姜 30g、大黄 120g、芒硝 120g、牵牛子 10g、枳实 15g、槟榔 15g、川厚朴 15g、滑石 40g、黄芩 15g、榆白皮 35g、麻仁 30g、千金子 60g、甘草 10g、共为细末，加蜂蜜 120g、猪油 250g、温水冲调灌服。

六、皱胃积食

皱胃积食也叫皱胃阻塞，是由于迷走神经调节机能紊乱，皱胃内容物积滞，胃壁扩张，体积增大、形成阻塞。本病以消化机能极度障碍、瘤胃积液、自体中毒和脱水、右腹部局限性膨隆，直肠检查真胃膨大为临床特征。病理学特征为低氯血症、低钾血症和代谢性碱中毒。

【发病原因】

饲料品种单一，日粮配合不均衡，长期缺乏优质干草，如紫花苜蓿、黑麦草、青贮饲料等，大量饲喂蛋白质和能量水平极低的粗饲料如谷草、麦秸、玉米秸引起。或者饲料加工不当，粗饲料铡得过短，甚至将其粉成草末，精料磨得过细。饮水不足、精神紧张；乳牛常年圈内饲养，缺乏运动，长时间前高后低异常姿势等也会引发此病。日粮中缺乏矿物质，牛异嗜，舔食砂石、水泥、吞食胎衣、破布、塑料布、毛球等不消化物品而阻塞瓣胃。也可继发于一些胃肠疾病如前胃迟缓、真胃炎、小肠阻塞、肝脾脓肿等疾病。

【临床症状】

病初呈现前胃弛缓症状，食欲、反刍减弱或消失，瘤胃蠕动音短促、稀少、低弱，瓣胃蠕动音弱、低沉。尿量少、粪干燥、伴发便秘现象，腹部外观无异常；后期病牛精神沉郁、食欲废绝，反刍停止，右侧中腹部向后下方局限性膨隆；鼻镜干燥、眼球凹陷、结膜发绀、舌面皱缩、血液黏稠，脉搏细弱；瘤胃、瓣胃蠕动音消失，肠音微弱。有时排少量糊状、棕褐色恶臭粪便，混有黏液。瘤胃冲击触诊呈波动。真胃深部触诊和用力叩诊时由于真胃过度膨满及浆膜过度被牵引，故可诱发牛产生疼痛、呻吟。

【诊断】

通过了解病史、饲养情况及临床症状表现可作出初步诊断。但由于该病与前胃迟缓、皱胃变位、瓣胃阻塞等疾病有类似之处应注意鉴别诊断。在该病的中后期可通过视诊：右腹部皱胃区局限性膨隆，左肷部叩诊有较低的钢管音，皱胃穿刺液 pH 值 1 ~4，直肠检查等可进一步确诊。

【预防】

加强饲养管理，日粮要营养均衡，合理配制粗精饲料的比例。带有泥沙的块茎饲料饲喂时要清洗干净。正确加工处理饲料，饲草不能铡得过短，精料不能磨得过细同时要注意供给充分饮水。保证适当的运动量。

【治疗】

当本病处于较轻阶段可采取药物治疗。治疗原则：恢复皱胃功能，消除积滞的内容物、对症治疗。恢复皱胃功能及增强皱胃壁平滑肌的自足运动，解除幽门痉挛。可以用药物阻断胸腰段交感神经干和小量多次注射拟副交感神经药物，如毛果芸香碱、新斯的明等。同时用乳酸 5 ~ 8ml、稀盐酸 30 ~ 40ml、25% 硫酸镁 500 ~ 1 000 ml 或生理盐水 1 000 ~2 000ml 胃内灌服来促进皱胃内容物排出，防止脱水和自体中毒。5% 葡萄糖生理盐水 5 000 ~10 000ml、20% 安钠咖溶液 10ml、10% 氯化钾溶液 20 ~50ml，静脉注射，2 次/d，连用 2 ~3d。切勿给予碳酸氢钠注射液，否则会加重病情。

对于病情较重、药物治疗效果不明显的病例可采用手术疗法。手术疗法分为瘤胃切开胃冲洗法和皱胃切开胃冲洗法，对于体重在 300kg 以上的病牛采用皱胃切开胃冲洗法，低于 300kg 的病牛采取瘤胃切开胃冲洗法。

中医疗法：以宽中理气、消坚破满，通便下泄为主。早期病例可用加味大承气汤，或大黄、郁李仁各 120g，牡丹皮、川楝子、桃仁、白芍、蒲公英、二花各 100g、当归 160g

一次煎服，连服 3 ~ 4 剂。如积食过多，可加厚朴 80g、枳实 140g、莱菔子 140g、生姜 150g。

七、皱胃变位（皱胃移位）

皱胃的正常解剖学位置改变称为皱胃变位。按其位置改变的方向可分为左方变位和右方变位。左方变位是指皱胃从正常位置通过瘤胃下方移到左侧腹腔，置于瘤胃和左腹壁之间，又因皱胃内常集聚大量的气体而使其飘升至瘤胃背囊的左上方。右方变位是指真胃顺时针扭转到瓣胃的后上方位置，置于肝脏和腹壁之间，又称为真胃扭转。临床上 85% ~ 88% 的病例为左侧移位，发病高峰在分娩后 6 周内，也可散发于泌乳期或怀孕期，成年高产乳牛的发病率高于低产乳牛。

【发病原因】

病因较复杂，主要是由于皱胃弛缓和皱胃机械性转移造成。一是皱胃弛缓。如消化不良、粗纤维饲草切得过短，精饲料喂得过多，饲料中夹杂泥沙过多，缺乏运动，过食高蛋白日粮，生产瘫痪，酮病等均可造成皱胃弛缓、皱胃扩张和充气，容易受压迫而游走，首先游走到瘤胃左下方，再移到瘤胃左上方。二是机械性转移。多因分娩时的努责、爬跨、起卧等情况，将瘤胃向上抬高及向前推移，特别是妊娠后期，随胎儿长大，子宫逐渐把瘤胃向上托、前推，使瘤胃下部与腹腔底壁留有潜在空间，皱胃趁虚抵入瘤胃下方。皱胃内气体增加，皱胃窜入左上方引起左方变位。更多的是分娩后腹内压下降，皱胃更容易窜入瘤胃左下方后因瘤胃恢复原位下沉，将皱胃压于左腹壁与瘤胃之间。

【临床症状】

左方变位一般多发生在分娩前后且高产牛多发。发病初期，患牛精神沉郁，食欲、反刍及胃蠕动显著减少并呈波动性，拒吃精料和多汁饲料，上能吃些干草等粗料，泌乳量下降 30% ~50% 。出现消化系统障碍症状，粪便减少，呈糊状，深绿色。其他指标如体温、呼吸、脉搏基本无异常，有的会有腹痛表现。腹围明显缩小，左侧肋弓部后下方出现局限性凸起，触诊此处有气囊样感觉，叩诊为鼓音。听诊左侧腹壁，在左侧倒数第 2 ~ 3 肋间处叩诊有钢管音，钢管音的区域大小和形状随真胃所含气液的多少及漂移的位置而发生改变。在钢管音的稍下部穿刺，常可获得褐色带酸臭气味的浑浊液体，pH 值 2.0 ~ 4.0，无纤毛虫。

皱胃扭转　突然发病，腹痛，呻吟不定，后肢踢腹，拒食贪饮，瘤胃蠕动减少或停止，粪软呈黑色或带有血液，心跳加快到 100 ~ 120 次/min，右腹肋弓部膨大，叩诊可明显听到钢管音，常伴发脱水、休克、碱中毒而引起死亡。有时皱胃扭转后其内容物排出受阻，造成皱胃高度扩张以致发生皱胃破裂和突然死亡，病程一般短暂，仅 2 ~ 4d 即可死亡。

【诊断】

1. 听诊

在左侧肩胛骨下 1/3 水平延长线的第十至第十二肋间听诊，可听到真胃内气体通过液面时的钢管音。穿刺检查，在左侧腹壁听到钢管音的稍下部位，用 18 号粗、15cm 长针头向腹部水平穿刺腹腔，如有真胃内容物流出可确诊。通过对右侧腹部的听诊、叩诊、冲击性触诊和震摇可以证实皱胃扭转，直肠检查可摸到扩张而后移的皱胃。

2. 尿液检查

尿酮阳性率 >95%，但要注意区别尿酮血症。

3. 腹腔镜检查

剖腹探查，临诊上怀疑为本病但无法用其他方法确诊时，可在手术前，先在左肋手术部位切 5cm 窗口，如看到真胃，随即扩大切口进行手术纠位。

4. 直肠检查

瘤胃背囊明显右移，有时可摸到臌气的皱胃。

【预防】

平衡日粮，特别注意有效纤维的摄入量。围产期要供给乳牛充足优质干草，限制精料饲喂量，防止乳牛过肥。产后数日要提高粗饲料的采食量，但要控制精料、湿糟类和青绿饲料的喂量。干乳期适量运动。

【治疗】

治疗方法分为非手术疗法和手术疗法。非手术疗法即滚转复位法，让病牛禁食 1 ~ 2d，适当限制饮水并穿刺排除瘤胃内的气体。将牛四蹄捆住，以背部为轴心先向左滚转 45°再回到正中，再向右滚转 45°再回到正中，如此反复摇晃 3min，突然停止，最后使病牛站立并检查复位情况。此法成功率不高。手术整复法即切开腹壁，整复移位的皱胃，并将皱胃或网胃固定在右腹壁上。皱胃移位一般采取手术疗法，左侧腹壁切开比较有利，手术疗法的成功率在 90% 以上。对于各种治疗方法无效者应及早淘汰。

八、胃肠炎

胃肠炎是胃肠黏膜表层和深层组织发生的炎症。在临床上由于胃炎和肠炎常常互相影响，故合称为胃肠炎。本病多呈急性经过，不仅胃肠壁发生淤血、出血、化脓、坏死现象，而且还伴有中毒、腹痛、腹泻、体温升高等，病程短，死亡率高，是乳牛的常见病和多发病之一。临床上以严重的胃肠机能紊乱、脱水、自体中毒或毒血症为特征。

【发病原因】

主要病因是饲养管理不合理如突然换料造成乳牛的消化功能紊乱；采食发霉、变质、有毒饲料（包括粗饲料、精饲料），草中掺杂有泥土或其他杂质；误食有强烈刺激或腐蚀的化学物质，如酸、碱、砷、汞、铅、磷及氯化钡等；饮用水过脏、过凉；环境阴暗潮湿，卫生条件差、长途运输，风寒露宿，风吹雨淋，气候骤变等；动物机体处于应激状态，牛受寒感冒，机体防卫能力降低，胃肠道内条件性致病菌大量繁殖引起感染所致；另外，当乳牛患病给予抗生素治疗时，如使用不当会破坏肠道正常菌群诱发胃肠炎发生。该病也可继发于某些传染病（巴氏杆菌病、沙门氏菌病、牛副结核），某些内科病（瘤胃积食、前胃弛缓、创伤性网胃炎等）继发症，某些寄生虫病（犊牛球虫病、肝片吸虫病）和某些产科病等。

【临床症状】

轻度胃肠炎无典型临床症状，只表现消化不良、粪便带黏液。而重度胃肠炎由于黏膜下组织损害，粪便稀软，甚至呈粥样、水样，腥臭，混有黏液、血液、假膜、组织碎片等，有的有脓液。病程初期肠音增强随后逐渐减弱或消失，当炎症波及至直肠时排粪呈现里急后重，后期时肛门松弛，排粪呈现失禁自痢。病牛出现精神沉郁，食欲、反刍减少或废绝，泌乳量也随之下降或消失，全身明显消瘦，结膜充血，多伴有黄疸，此时体温往往升高，心跳和呼吸次数增多但强度减弱。如若炎症仅局限于胃和十二指肠则出现排粪迟缓、粪量减少，粪球干、小，颜色深，表面覆盖大量黏液。病牛有不同程度的腹痛表现。随着病情的延长及加重，体温降至正常以下，四肢末端发凉，脉搏细弱，精神高度沉郁甚至昏睡。

如若病牛体质好，能耐过则转为慢性胃肠炎，病牛精神不振，食欲呈波状变化且时好时坏。异嗜，喜爱舔食砂土、墙壁和粪尿。表现消化不良症状，便秘或腹泻，腹痛不明显，肠音不整。其他几项生理指标如脉搏、呼吸、体温无明显变化。病理变化为肠道黏膜有出血点，严重的会出现坏死，在表面形成霜状或麸皮状覆盖物，将其剥脱后可见溃烂斑和溃疡。病程长者，肠壁可增厚，硬化。集合淋巴滤泡、孤立淋巴滤泡以及肠系膜淋巴结肿胀。

【诊断】

根据临床症状、流行病学调查及血、尿、粪化验结果不难做出诊断。在临床实践中应注意本病与中毒性胃肠炎和传染病继发胃肠炎相鉴别。前者有中毒症状，发病急，体温不高，有神经症状。后者有地方流行性。

【预防】

加强饲养管理，做好环境卫生和科学饲养，注意预防引起胃肠炎的传染病。应注意草料的质量及其变换，饮水要清洁，定期驱虫搞好传染病的预防；牛舍干燥，冬暖夏凉，通风适度；经常观察牛的食欲情况，如有异常情况应及时治疗，以免演变成胃肠炎。特别是体质瘦弱的牛应及时找准原因进行防治。

【治疗】

首先是消除病因，其次是对症治疗，再次是防止继发感染。

1. 抑菌消炎

磺胺 15 ~ 25g，痢特灵 2 ~ 3g，每日 3 次。或肌内注射庆大霉素（1 500 ~ 3 000IU/kg 体重），环丙沙星（2 ~ 5mg/kg 体重）等抗菌药。

2. 止泻

碳酸氢钠 40g，淀粉 1 000g 一次内服。0. 1% 高锰酸钾溶液 3 ~ 5L，一次内服。

3. 清理胃肠

硫酸钠、硫酸镁 300 ~ 400g 加水内服。液状石蜡 500 ~ 1 000ml、松节油 20 ~ 30ml，一次内服。

4. 补液

5% 葡萄糖生理盐水 3 000 ~ 5 000ml 或复方氯化钠 2 000ml，V_C 2g，混合静脉注射。为了维护心脏功能可使用西地兰、安纳伽等药物。

5. 中药治疗

郁金香散加减，郁金、白芍、黄莲、大黄、黄芩、黄柏各 30g，栀子、茯苓、木香各 25g，水煎服，每天一剂，服 5d。有脓血者，去白芍加青芍、槐花米、侧柏叶；腹泻不止者，去大黄加诃子、石榴皮；若开始出现便秘然后拉稀者，则加重大黄用量，再加芒硝、槟榔；腹痛严重者，加元胡、姜黄。此外，可用红糖 200g、大蒜 60g（去皮捣烂）、食醋 300ml，混合后灌服。

当病牛 4～5d 未采食时，可灌小米汤、麸皮大米粥。病情好转并开始觅食时应给予易消化的饲草或放牧，暂不喂料。

九、犊牛腹泻

犊牛腹泻又称犊牛拉稀，一年四季均可发生，是出生后 10d 左右犊牛所发生的一种急性腹泻，是由于肠道内细菌、病毒、寄生虫等病原微生物或者是营养性因素（如吃乳过多或吃进酸败、变质的牛乳）、环境性因素致使犊牛免疫力低下，临床以消化不良或腹泻为症状的一种常见病。在大群饲养时，犊牛腹泻发生率高，死亡率最高可达 50% 以上，对乳业的发展威胁很大。

【发病原因】

造成该病的原因很多，包括饲养管理不当。从大的方面来讲可分为母牛方面和犊牛方面。首先母牛方面有：一是由于母牛妊娠期间的日粮搭配，饲养管理不合理导致犊牛先天发育不良，体质衰弱，抵抗力低，诱发此病。二是母牛的乳房和乳头不干净，或饲喂母牛本身患有乳房炎。三是由于母牛自身营养条件差，母乳产量少，犊牛初乳摄入不足。四是由于母牛是初胎，照料犊牛能力有限，而诱发此病。其次是犊牛方面的原因：一是犊牛舍卫生环境条件差，阴暗潮湿，犊牛饲槽、饲具卫生状况差，为本病的发生提供了环境。二是人工哺乳方面，如喂乳量、间隔时间、饲喂方式及是否采用带乳头的哺乳器等都会影响该病的发生。三是哺乳期犊牛补料不当。由母乳改向饲料饲喂过渡时，断乳过急，或补给饲料在质量上或调制上不适当，则易使犊牛的胃肠道受刺激而发生消化不良性腹泻。此外，饲养规模和饲养方式也会对本病的发生产生影响，规模越大越易发，群饲比单独饲喂发病高；一些应激因素也对本病有影响；一些传染性疾病如细菌病（产肠毒素性埃希氏大肠杆菌、弯曲杆菌、沙门氏杆菌、产气荚膜梭状芽孢杆菌）、病毒病（轮状病毒、冠状病毒、星形病毒、盏形病毒、微病毒）、寄生虫病（犊牛新蛔虫和莫尼茨绦虫）等可也引起犊牛腹泻。

【临床症状】

病犊牛精神呆滞，食欲减退或废绝，主要症状即为腹泻。开始多为粥样腹泻，以后呈水样泻，粪便呈黄色或深黄色，有时呈白色或灰白色。病犊精神不振，喜躺卧，食欲减退或完全拒乳，瘤胃多有臌气，体温一般正常或低于正常（中毒性消化不良除外），心音增强，呼吸、心跳加快，有时出现腹痛表现。后期皮肤弹性降低，被毛蓬乱无光泽，眼球凹陷，站立不稳，全身战栗。如若是由寄生虫引发的腹泻可在粪便中发现混有蛔虫体或绦虫卵节片。实验室检查，粪便中可查出虫卵。犊牛新蛔虫病多为急性经过，并具有消化不良的一般症状。莫尼茨绦虫病临床症状多为慢性，拉稀前粪便中带卵节片已很长时间，有时出现便秘。初期精神和食欲变化不大，病犊逐渐消瘦。当有细菌感染或消化不良时症状加重。当致病菌大量繁殖引起胃肠炎时，腹泻更为严重，出现脱水、酸中毒和肺炎症状。如由缺硒引起的腹泻，除上述症状外还会表现硒缺乏症的典型症状即白肌病、四肢僵硬、震颤、无力。

【诊断】

根据流行病学、病史、临床症状可作出诊断，但要确诊需根据病理变化、肠道微生物的检查、患病牛血液化验、粪便检查等予以确定，必要时对哺乳母牛的乳汁特别是初乳进行可消化蛋白质、脂肪、酸度等的检验分析，依据结果进行综合诊断。注意不同病因引起的犊牛腹泻的鉴别诊断，以便于对症治疗。

【预防】

改善妊娠母牛、犊牛的饲养管理，加强对犊牛的护理，改善环境卫生，保证妊娠母牛采食到营养丰富、均衡的日粮，特别是妊娠后期为其提供适口性好、富含蛋白质、脂肪、矿物质、维生素且粗饲料充足的优质饲料；妊娠母牛在运动场的运动时间不应少于3～5h/d；除去细菌、病毒、中毒性因素的诱因，减少应激，饲喂有预防作用的抗生素如土霉素250/d，混入乳中分两次供给，饲喂1个月；加强干乳期乳房炎的管理，给干乳牛提供良好的环境，及时治疗患有乳房炎的病牛，乳房炎治好后在进行干乳；保证初乳的质量，乳房炎牛所产的初乳、血乳以及免疫球蛋白含量不足的初乳都不能用于饲喂犊牛，保证犊牛在出生后1h内给犊牛强制灌服4L初乳。

【治疗】

1. 引起犊牛腹泻的原因是多方面的，对此病的治疗应采取改善卫生条件、药物治疗、补液等多种措施同时进行的综合疗法，以除去病因为主，辅以促进消化，维护心脏血管机能，改善物质代谢，抗菌消炎，防止酸中毒，制止胃肠发酵和腐败过程，增强机体抵抗力为治疗原则。首先将病犊单独置于干燥、温暖、清洁的牛舍，加强护理，然后进行药物治疗。为缓解胃肠道的刺激作用应根据病情减少哺乳次数或令患犊禁乳8～10h，在此期间可喂给葡萄糖生理盐水，300ml/次。犊牛腹泻单纯依靠药物治疗还不够，必须及时补充体液防止犊牛脱水。可对病牛静注葡萄糖氯化钠或复方氯化钠注射液500～2 000ml，也可对病犊牛灌服盐液（葡萄糖50g，氯化钠11. 17g，氯化钾1. 5g，碳酸氢钠1. 68g，磷酸氢二钾1. 35g，溶于1L水中）。为制止肠内腐败、发酵过程，除用抗生素和磺胺类药外，可适当选用乳酸、克辽林等防腐止酵药物。

2. 单纯性消化不良性腹泻，减食可饮水，用焦白术10g、焦山楂30g、麦芽20g、健曲10g、卜子10g、白芍10g、党参10g、茯苓20g、升麻15g、干姜24g、枳壳10g、苍术15g，水煎灌服。或用痢特灵10片、次苍片30片、胃蛋白酶6片、稀盐酸5ml、大蒜酊20ml、多维素10片加常水适量，1次灌服。肌注0. 2%亚硒酸钠5ml。肚胀者加鱼石脂20ml；腹泻较轻者可去掉次苍片给以盐类或油类泻剂；若腹泻剧烈时可增用药用炭片50片。寄生虫性腹泻时，犊牛新蛔虫引起的腹泻可用左旋咪唑片5～8ml/kg体重内服；莫尼茨绦虫引起的腹泻可内服1%硫酸铜（化学纯）100～150ml或用大白10g、南瓜子50g内服。驱虫后可内服矽炭银30片、痢特灵10片、颠茄片5片、V_{B1}10片、胃蛋白酶6片。

3. 中毒性消化不良性腹泻按肠炎治疗，治疗原则是肠道消炎和防治机体脱水及酸中毒。注射或内服氯霉素、庆大霉素、卡那霉素、磺胺脒等药物，静脉注射生理盐水、复方氯化钠液，5%碳酸氢钠溶液和葡萄糖。或黄连10g、黄芩15g、木香10g、白芍10g、当归10g、枳壳15g、栀子15g、葛根10g、柴胡15g，一付二煎，1次灌服。

第四节　营养代谢病

一、产后瘫痪

产乳热又称生产瘫痪、产后瘫痪、乳热症和临床分娩低血钙症，是母牛分娩前后突然发生的一种严重代谢疾病。其特征是精神沉郁，全身肌无力，低血钙，瘫痪卧地不起。

此病主要发生于饲养良好的高产乳牛，而且多出现于一生中泌乳量最高时期，多发生在3～7胎，初产母牛则几乎不发生此病。乳牛中以娟珊牛多发。此病主要发生于产后3～5d内，少数发生在分娩前和分娩中，少数在分娩后数周或妊娠末期发病。

【发病原因】

分娩前后血钙浓度剧烈降低是本病发生的主要原因，也可能是由于大脑皮质缺氧所致。血钙浓度降低的一种情况就是钙摄入量或吸收量低，或者体内钙的代谢异常，饲料中钙、磷供应及肠道吸收和内分泌功能失调，骨骼钙动员障碍，加上胎儿生长及乳汁分泌消耗大量的钙，当消耗的钙超过了由肠吸收和从骨中动原的补充钙量，从而使血钙浓度急剧下降是本病发生的重要原因。另外一种情况可能饲料中钙含量不低，但是钙磷比例失调，高钙低磷，使血钙长时间趋于高水平，则可抑制甲状旁腺的分泌；当乳牛分娩时，由于血钙突然下降而甲状旁腺却处于抑制状态，不能及时分泌降钙素来紧急动原骨钙，缓解血钙的失衡，因而发病。此外，乳牛在产犊过程中消毒不严格、污染严重或者因胎位不正进行助产时，向外拖拉胎儿引起子宫内膜或阴道的损伤；有时产后胎衣不下而未能正确地人工剥离胎衣均能导致严重的细菌感染，从而引起局部炎症，最终导致全身感染诱发瘫痪。

【临床症状】

其特征是知觉丧失及四肢瘫痪。病初食欲减退或废绝，反刍、瘤胃蠕动及排粪排尿停止。泌乳量下降。精神沉郁，表现轻度不安；也有在出现不安后即呈现惊慌、哞叫、狂暴，目光凝视等。四肢乏力，站立不稳，初期症状出现数小时后患牛即瘫痪在地。不久出现意识抑制和知觉丧失，病牛躺卧姿势特殊，即四肢屈于体下，头向后弯于胸部一侧或头颈部呈“S”状弯曲。感觉迟钝，瞳孔放大，呼吸深而慢；皮肤、耳、角、四肢发凉，体温低于36℃；体温降低是该病的一个特征症状之一。病初的体温尚在正常范围内，随着病情严重，逐渐下降，有时可降至35～36℃；咽麻痹时舌垂于口腔之外；有时出现轻度瘤胃胀气；直肠积粪，膀胱积尿不能自排。对此病若不及时治疗很少能够恢复，大多在12～24h内病情恶化，最终因呼吸衰竭而死。本病如果不及时治疗，死亡率可高达60%～70%。治疗过后体温如果可恢复至38℃左右，则预后良好；低于36℃，则预后不良。

【诊断】

通过临床典型症状，如高产乳牛产犊后不久发病，体温低于正常（在36℃以下，卧地后知觉消失）、测量血钙浓度（一般在0.08mg/ml以下），加之乳房送风疗法有良好效果的话则可做出确诊。

注意此病与乳牛酮血病的鉴别诊断。一个是两病的发病时间不同；再一个患酮血病的牛的乳汁、尿中的丙酮含量高，呼出气体也有烂苹果味；另外，送风疗法对酮血病无效。此外由于产后母牛卧地不起的原因较多，故在诊断时应仔细检查，要与以下疾病相鉴别。

1. 躺倒母牛综合征

表现中度机敏，活跃，食欲正常，体温升高；虽不能站立，但欲试图爬行，典型卧姿呈“蛙式”；血检时无机磷、血钾、血糖降低，尿蛋白增加；对钙剂反应差。

2. 低镁血症（牧草搐搦、泌乳搐搦）

发病不受品种、年龄限制，病牛兴奋，敏感性增高，抽搐伴强直性惊厥，心音高亢，血镁比产乳热牛降低，对钙剂的反应极慢。

3. 产后毒血症

多因产后大肠杆菌所致的乳房炎、创伤性网胃炎、子宫破裂、阴道破裂等所引起的急性弥漫性腹膜炎和急性败血性子宫炎所致。病牛心率极度增快，呻吟，乳汁、乳房及产道可检查出病变。钙剂治疗常引起死亡。

【预防】

在妊娠后期增加 V_A、V_{D3}，预产前两周开始饲喂高磷低钙饲料，产后及时增加日粮中钙、磷含量；多饲喂酸性饲料；产后 3d 内应控制挤乳量；使待产母牛保持适当的运动和光照，尽可能减少各类应激因素的刺激。

【治疗】

治疗宜早，静脉注射钙制剂是有效方法。10% ~15% 葡萄糖酸钙 500 ~1 000ml、25% ~50% 葡萄糖溶液 500ml、10% 安钠咖液 20 ~40ml 混合静脉注射。4 ~6h 未见效时应重复用药。

①快速使血钙恢复到正常水平。常用 20% ~25% 硼酸葡萄糖酸钙注射液（含 4% 硼酸）500ml 静脉注射，速度宜缓不宜急，时间不应少于 10min。或用 10% 葡萄糖酸钙 1 000ml，或 5% 氯化钙 500ml。如若给药结束，病牛精神好转，体温恢复，只是还是站不起来，则要考虑补磷、补镁。

②使用乳房送风器向乳房内打气。使乳房内压力增高，减少泌乳以减少体内钙的消耗。

③对卧地不起的病牛使用活血化瘀、理气止痛、强壮筋骨的中药制剂牛膝散，延胡索 45g、赤芍 45g、没药 45g、桃红 45g、红花 21g、牛膝 21g、白术 21g、丹皮 21g、当归 21g、川芎 21g，粉碎水煎后灌服，每日 1 次，连用 5 ~7d。

治疗的同时，要注意饲养管理，避免发生褥疮，铺以柔软厚褥草，注意环境卫生，防治激发感染。

二、酮病

本病又称酮血病，酮尿病，也称为乳牛醋酮血病，是碳水化合物和挥发性脂肪酸代谢紊乱而引起的一种全身功能失调的的代谢性疾病。临床以血液、尿液、乳中酮体含量升高，低血糖，消化机能紊乱，体重下降，产奶量下降，间歇性神经症状为特征。本病尤其多发生在高产乳牛以及饲养管理水平低劣的牛群；产后两个月内，尤其是产后 3 周内和 3 ~6 胎次的年龄发病比例高，牛场的年发病率大约为 0.5%，是危害乳牛业的重要疾病之一。

【发病原因】

酮病发生的实质在于血液和体内的葡萄糖缺乏，而引起这种缺乏的原因很多。一种可能是乳牛达到泌乳高峰时其食欲和干物质采食量尚未达到高峰，摄入的能量不能满足泌乳需要而产生能量负平衡，牛需动用自身的体脂进而导致酮病的发生。也可能是饲养中饲喂大量青贮饲料，饲料质量低下，突然换料等可降低乳牛干物质采食量而导致酮病的发生。此外，青贮中富含的丁酸是一种生酮先质，大量采食可直接导致酮病的发生。饲料中钴、碘、磷等矿物质的缺乏也可使酮病的发生率升高。体况超标影响产后食欲的恢复。产前营养过剩可引起脂肪肝进而导致肝脏代谢紊乱、糖元合成障碍，血中酮体含量升高从而引发酮病。另外，在泌乳早期发生真胃变位和创伤性网胃炎而影响食欲可引起继发性酮病。

【临床症状】

根据有无明显的临床症状可将该病分为临诊型和亚临诊型。其中病牛血清中酮体含量也可作为一个判定标准，健康牛酮体含量一般低于 1.72mmol/L；酮体含量介于 1.72～3.44mmol/L 为亚临诊型；酮体含量高于 3.44mmol/L 的为临诊型。

亚临诊型无明显的临床症状，仅见血酮升高和低血糖现象（部分血糖仍在正常范围内）或仅泌乳量有所下降而达不到泌乳曲线预期的高度，食欲轻度下降，进行性消瘦是其很重要的特征，一直到体质很弱、相当的消瘦时，泌乳量才开始明显下降，是慢性经过，尿检酮体定性反应为阳性或弱阳性。

临诊型酮病一般分为消化型、神经型及瘫痪型（或麻痹型）3 种类型。

消瘦型：临床上常见，多发于泌乳高峰期的高产牛，于产后数日或数周发病。初期表现不安，过敏，病牛食欲下降继而精神沉郁，拒食精料和青贮，但尚能采食牧草。后期完全停食甚至停止饮水，瘤胃蠕动及反刍减少。体温正常或略低于正常，呼吸浅表（酸中毒），心音亢盛，呼出的气体、排出的乳和尿以及体表散发的气味均有烂苹果的气味（丙酮味），但这种气味只有在病情严重时才能闻到，大多数病例不易闻到。精神沉郁，不愿运动。明显迅速地消瘦，脱水，被毛粗硬无光泽，步态蹒跚无力，泌乳量急剧减少且乳汁容易形成泡沫。初期轻度便秘，后期多数排恶臭的稀便。肝脏叩诊浊音界扩大，有诊断意义的肝脏叩诊浊音界扩大是位于体右侧背最长肌外侧缘和 10～12 肋骨之间，牛酮病肝脏变肿大，其浊音界扩大可达到甚至超过第 13 肋骨，并且敏感、疼痛。

神经型：发病率较少，多发于产后 3～10d 内。除了患有程度不等的消瘦型主要症状外，还有神经症状，口角流出混杂泡沫状口水。初期表现兴奋不安，狂暴、呻吟、磨牙、吼叫，空嚼和频繁地转动舌头。无目的的转圈运动和异常步样，走路不稳，前冲后退，冲撞障碍物等共济失调现象。部分牛视力丧失，感觉过敏，躯体肌肉和眼球震颤，兴奋和沉郁可交替地发作。少数轻型病牛仅表现精神沉郁，头低耳耷，对外界刺激的反应下降。

瘫痪型（麻痹型）：许多症候和产后瘫痪相似外，还显出上述酮病的一些主要症状，如食欲缺乏或拒食，前胃弛缓等消化型症候，以及对刺激过敏、肌肉震颤、痉挛，泌乳量急剧下降等，本类型多数情况是生产瘫痪和酮病同时并发，这种情况下仅用钙制剂和乳房送风治疗收效甚微。

【诊断】

亚临诊性酮病由于没有明显的临床症状，仅根据外部症状很难做出诊断。测定牛血清中酮体含量是一种有效方法。

临诊型可根据临床症状可做出初步诊断。临床实践中可采用快速简易定性法检测血液（血清、血浆）、尿液和乳汁中酮体的含量。取研制好的粉末（亚硝基铁氰化钠 1 份，硫酸铵20份，无水碳酸钠20份，混合研细）放在载玻片上，加待检样品2~3滴，若立即出现紫红色，即可确诊。

此外注意本病与前胃弛缓和产后瘫痪的鉴别诊断。产后瘫痪与本病的区别在前面已描述。前胃弛缓多数没有神经症状，病牛尿液、乳汁中无大量酮体。

【预防】

加强饲养管理，注意饲料搭配，不可偏喂单一饲料。根据乳牛的生理阶段和膘情制定饲养方案，严防乳牛产前过瘦或过肥。妊娠后期母牛不宜过肥，尤其是干乳期应酌情减少精料，增喂优质青干草、甜菜、胡萝卜等含糖和维生素多的饲料。为了使其产后适应因大量泌乳需充分地摄取糖和蛋白质等营养物质，临产前应及时调整好前胃的消化机能，包括瘤胃微生物适应产后增加的高能量饲料，在临产前3~4周逐渐添加精饲料以便产后能适应精饲料随泌乳量增加而增加。日粮蛋白质含量不宜过高，一般不超过16%，颗粒性饲料玉米、燕麦等应粉碎以利于消化吸收，不饲喂潮湿、发酵的品质低劣的干草，品质不良的青贮料丁酸盐含量常过高，易诱发酮病，突然改变饲料成分和饥饿可促进酮病的发生。饲料应含有充足的各种维生素和微量元素。舍饲母牛要增加运动和日照，每天必须有一定的运动并及时治疗前胃疾病。

【治疗】

1. 补糖疗法

采用25%或50%葡萄糖500~1 000ml静注直接补糖，2次/d，连用3~4d；或补充产糖物质，如丙酸钠110~225g等分两次加水投服；丙二醇或甘油225g加水投服，2次/d，连服2d后剂量酌减；乳酸铵或乳酸钠等乳酸盐每天服200g，连服数日。

2. 激素疗法

糖皮质素类药物，醋酸考的松、氢化考的松、强的松龙、氟美松等。促肾上腺皮质激素对本病有良好的效果。此外，静注葡萄糖液时，适当地应用小剂量的胰岛素，促进葡萄糖的利用。

3. 缓解酸中毒

由于酮病使体内蓄积羟丁酸、乙酰乙酸等有机酸以及患病过程产生的其他酸性代谢废物的存积，引起机体酸中毒，加重病情。5%碳酸氢钠溶液静脉注射，其用量可通过血浆二氧化碳结合力测定或血浆碳酸氢根滴定等，经过计算决定补充碳酸氢钠的用量。乳酸钠也是一种常用的纠正酸中毒的药物。

4. 其他疗法

肌注V_A、V_{B1}和V_{B12}，有神经症状出现时，肌注盐酸氯丙嗪500mg或静松灵3~4ml。

5. 中药疗法

消瘦型酮病以补气健脾、活血补血为治则，可用加味香砂八珍汤，即苍术80g，赤芍、党参、当归、熟地黄、砂仁各60g，白术、茯苓、木香、炙甘草各50g，川穹40g，神曲100g。共研为末，开水冲调待温后灌服，每日1剂，连用3~5d；神经型酮病以健脾益气、补血安神为治则，可用安神补心丸加减；瘫痪性酮病以补血安神、益气健脾为治则，方用参苓白术散加减。

三、瘤胃酸中毒

由于乳牛采食过量含有易发酵碳水化合物如淀粉和葡萄糖的饲料后，引起瘤胃中酸

（挥发酸、乳酸等有机酸）的生成速度大于瘤胃壁的吸收速度，造成瘤胃和血液 pH 下降所致的一种急性代谢性疾病。

【发病原因】

突然采食大量富含非结构性碳水化合物的饲料（如玉米、小麦等）或长期过食甜菜等块根类饲料及酸度过高的青贮饲料；牧草质差、量少或长度太短；瘤胃内产生过量乳酸，pH 迅速下降，纤维分解微生物的种类和数量减少或消失，瘤胃绒毛膜脱落；严重时可进一步导致体液酸中毒；气候变化，分娩应激、机体抵抗力降低等因素可促发或加剧病情的发展；一些常见的胃肠道疾病如前胃弛缓、创伤性网胃炎、瓣胃阻塞、瘤胃积食等不及时治疗会亦可继发本病。

【临床症状】

根据发病时间和发病程度可分为最急性型、急性型和亚急性型。

最急性型常发生于采食后几小时内，发病急骤，突然死亡，病前无任何明显症状而不易发现。病牛不愿走动或步态不稳，呼吸急促，心搏增速，有的呼吸困难、气喘。瘤胃蠕动停止，腹围膨胀，内容物稀软或水样，pH 值低于 5.0，无纤毛虫存活。甩头，踢腹，高声哞叫。严重脱水，死前张口吐舌，口流淡红色含血黏液，常在发病 2h 左右死亡。

急性型常发生于采食后 6 ~ 24h，表现为食欲废绝，精神沉郁，眼窝下陷，两眼凝视，可视黏膜潮红或发绀，反应迟钝。流涎，口鼻有酸臭味儿，瘤胃胀满，蠕动音消失。肌肉震颤，皮温不均，步态不稳，粪便酸臭稀软或水样，粪便中带有黄褐色黏液或血，少尿或甚至无尿。脉搏增加到 100 ~ 140 次/min，呼吸加快。后续发展为瘫痪（头、颈、躯干平卧于地，四肢僵直，角弓反张）、呻吟，磨牙、咀嚼不反刍，兴奋时甩头，眼球震颤，眼睑闭合，最后昏迷死亡。

亚急性型全身症状轻微，病初仅表现为食欲减退，饮欲增加反刍减少，瘤胃胀满、蠕动减弱，几乎都会伴有腹泻，粪便稀薄且带有未消化的牧草和胃肠黏膜，粪便有酸臭味，临床经验表明，不出现腹泻的治疗效果大都不好。脱水，蹄踵周发红，趾蹄发炎，疼痛，不愿站立，泌乳量下降。如若病程继续发展，有的会出现神经症状，或继发其他疾病，增加死亡率。

【诊断】

根据乳牛临床表现和有无采食过量精饲料或谷类或富含碳水化合物的饲料的病史，可做出初步诊断。实验室检查可以作为本病诊断的辅助方法即采集病牛的瘤胃内容物或血液、尿液测定其 pH 值，一般急性病例的值在 4.5 ~ 5，如若病程超过 24h，值还可回升至 7，不过本应大量存在的纤毛虫会减少或消失；亚急性中毒时 pH≤6。

【预防】

严格控制精饲料的饲喂量，一方面可以定制合理的饲料配方，严格控制精粗饲料比，不突然变更饲料配方，即使给予精饲料也要注意循序渐进，给瘤胃一个适应的过程。另一方面可在日粮中增加碳酸氢钠、氧化镁的瘤胃缓冲剂。有条件的养殖场可以引进全混日粮饲喂技术，这有利于该病的控制。

【治疗】

治疗的原则是除去病因，纠正酸中毒，补液，促进瘤胃蠕动，促进血液循环，恢复体内酸碱平衡。一是用 1% 的氯化钠溶液或碳酸氢钠溶液反复洗胃，直到瘤胃内容物 pH 值呈弱碱性且无酸臭味；二是可采用静脉注射5%的碳酸氢钠溶液1 000～1 500ml以缓冲血液中的pH值，恢复体内酸碱平衡；三是静脉注射5%葡萄糖盐水或复方氯化钠5 000～10 000ml以增加血容量和补充水及电解质，分2～3次静脉注射；四是20%的安钠咖10～20ml静脉注射或用黄芪多糖注射液肌注；五是用新斯的明4～20mg，毛果芸香碱40mg皮下注射以促进瘤胃蠕动；六是用庆大霉素或盐酸四环素等抗生素防继发性感染，静脉注射山梨醇或甘露醇500～1 000ml以起安定作用。

中药治疗采用中药加味平胃散对于亚急性发病牛效果不错，苍术80g，白术50g，陈皮60g，厚朴40g，焦山楂50g，炒神曲60g，炒麦芽40g，炮干姜30g，薏苡仁40g，甘草30g，大黄苏打片200片。将上药共研细末，牛0.5g/kg，羊1.0g/kg，用温水调成稀粥状灌服，1次/d，连用2～3d。

四、维生素A缺乏症

维生素A缺乏症是由V_A或其前体胡萝卜素长期摄入不足或胃肠道吸收障碍所引起的一种营养代谢疾病，临诊上以生长缓慢、上皮角化、夜盲症、繁殖机能障碍以及机体免疫力低下等为特征。本病常见于犊牛，严重的可造成发育迟缓，甚至死亡。据报道，乳牛V_A缺乏时成年母牛夜盲症发病率可达14.73%，产瞎眼犊牛的发病率可达22.67%，流产及死产发病率为13.95%本病多发生在冬末春初，常见于犊牛。

【发病原因】

乳牛饲料中V_A或V_A原不足是该病的原发性病因。由于饲养管理不当，饲料单一或长期饲喂胡萝卜素缺乏的饲料，或者青绿饲料加工和贮藏不当的关系，使饲料中的胡萝卜素被破坏。如饲料贮存时间过长，发霉变质，被雨淋或长期日光暴晒，或由于季节关系饲料中胡萝卜素供给不足，也引发此病。或者犊牛不能及时吃到初乳或母乳中V_A含量较低，以及使用代乳料或断乳过早都易引起V_A缺乏。乳牛发生胃肠道疾病或饲料适口性差异导致采食量下降，直接影响V_A的摄入量造成摄入不足等原发性病因。继发性病因可能是饲料中存在干扰V_A代谢的多种因素，如磷酸盐、硝酸盐含量过多，缺乏脂肪以及微量元素及矿物质的不足或过剩。由于胆汁中的胆酸盐不仅有利于脂溶性维生素的溶解和吸收，还可增强胡萝卜素转化为V_A。所以慢性消化不良和肝、胆疾病时，胆汁生成减少或排泄障碍都可影响V_A的吸收。

【临床症状】

V_A缺乏症多发于犊牛，表现为病初夜盲，犊牛在暗光下盲目前进，不避障碍，食欲不振，生长缓慢发育不良。当犊牛角膜增厚及云雾状形成后出现干眼病，严重者双目失明。皮肤干燥并有麦麸样结痂、脱屑、皮炎，被毛粗乱无光、脱毛，体表干燥。当脑脊液压升高时，犊牛出现惊厥、转圈运动、感觉过敏、共济失调、面神经麻痹等神经症状。有些犊牛出现腹泻或肺炎。成年乳牛失明，胃肠功能紊乱，运动失调，繁殖力下降。繁殖障碍主要表现为受胎率下降、流产、早产、新生犊牛有肾脏异位、心脏缺损等先天性缺陷或畸形、目盲、流泪、腹泻、共济失调、站立不稳等症状，有些牛全身痉挛，不及时治疗常死于抽搐。由于颅内压升高而致脑病症状，主要表现阵发性惊厥或感觉过敏，由外周神经根损伤引起骨骼肌麻痹，而表现运动失调，多数先发生于前肢，以后四肢均可发现。有时还可见外周神经损伤，如面神经麻痹。

【诊断】

根据乳牛脱毛、脱屑、夜盲症、生长缓慢、繁殖功能障碍等特征性临床症状可怀疑为本病，结合饲料长期缺乏 V_A 或胡萝卜素以及妊娠期和泌乳期未添加 V_A 等因素，可作出初步诊断。结膜图片检查或脑脊液压测定可作为辅助诊断方法，结合血浆 V_A 和胡萝卜素含量分析及补充 V_A 有效即可确诊。一般乳牛血浆中 V_A 的水平低于 0. 18μmol/L 即可认为是 V_A 缺乏。在临床上应注意与低镁血症性搐搦、散发性牛脑脊髓炎和一些中毒性疾病相鉴别。散发性牛脑脊髓炎常伴有高热和浆膜炎，中毒病有其各自的特征性特征。

【预防】

改善日粮营养含量，对妊娠母牛应注意多喂青绿饲料、优质干草及胡萝卜等并适当运动，多晒太阳。

【治疗】

改善饲养管理条件，加强护理，立即更换饲料，多喂青草、优质干草、胡萝卜及黄玉米等富含 V_A 的饲料，必要时可在饲料内滴加适量的鱼肝油。也可用鱼肝油 20 ~ 60ml 内服或用 V_A 注射液 5 万 ~ 7 万国际单位肌内注射。对病牛要坚持早发现、早治疗的原则，及时治疗以解除病因。当乳牛出现夜盲症、水肿和神经症状时，治疗效果不明显的应尽早淘汰。

治疗时可用维生素 AD 油，母牛 20 ~ 60ml，犊牛 10 ~ 15ml，每日 1 次口服；维生素 AD 注射液，母牛 5 ~ 10ml，犊牛 2 ~ 4ml，肌内注射；维生素 A 胶丸，500 单位/kg 体重口服；鱼肝油，母牛 20 ~ 60ml，犊牛 1 ~ 2ml，口服；V_A 注射液，4 000单位/kg 体重，肌内注射，之后 7 ~ 10d 继续口服同量的 V_A。

五、骨软病

骨软病是成年牛比较多发的由钙、磷代谢紊乱引起的一种慢性代谢病。特点是骨骼软化变形、疏松易碎，肢势异常，尾椎骨变形、移位、椎体萎缩或消失，出现原因不明的跛行。妊娠母牛和高产牛易发生。

【发病原因】

日粮中钙磷不足或比例失调；饲料中的钙磷不能满足特殊时期（如妊娠期）机体对钙磷的需要；饲料中含有影响钙磷吸收的拮抗因子；协助钙磷吸收的维生素缺乏等都可引发此病。

【临床症状】

病牛出现慢性消化障碍症状和异嗜，舔墙吃土，啃嚼石块，或舔食铁器、垫草等异物。四肢强拘，运步不灵活，出现不明原因的一肢或多肢跛行，或交替出现跛行。拱背站立，经常卧地，不愿起立。骨骼肿胀、变形、疼痛。尾椎骨移位、变软，肋骨与肋软骨结合部肿胀，易折断。泌乳量下降，发情延迟。犊牛各关节肿大，长骨弯曲变形，弓背，两前肢呈“O”形肢势；两后肢呈“X”形肢势；生长发育缓慢，重病牛抽搐、痉挛，易发生骨折。尾椎骨 X 射线检查，骨密度降低，皮质变薄，髓腔增宽，骨关节变形，椎体移位，萎缩，尾端锥形消失。

【诊断】

本病根据临床症状可做出初步诊断，结合 X 射线检查及血清学检查结果（低钙性骨软症血清钙含量为 0.06～0.08mg/mL，低磷性骨软症血清无机磷含量为 0.02～0.04mg/mL）可作出诊断。另外，要注意本病与其他疾病的鉴别诊断。与风湿症在运步强拘，跛行，好卧上有相同之处。但是风湿症运动后疼痛减轻，而本病不会；与慢性氟中毒在关节肿大、跛行明显、站立困难、行动迟缓上相似，但是氟中毒在牙齿上还会有氟斑牙等氟中毒的特征性病变；与蹄部疾病在临床症状上也有类似之处，这时可通过对病牛活动场地的观察及血清学检测做出鉴别。

【预防】

尽量饲喂全价饲料，确保饲料中钙的供应及钙磷比例（1.5～2：1），过高过低都不行。在日常饲养中夏季放牧时注意增加光照时间，冬季放牧适当增加舍外活动时间。

【治疗】

静脉注射 10% 氯化钙 100～200ml，或者 20% 葡萄糖酸钙 500～1 000ml，连用 3～5d 用于补钙。补磷：在日粮中添加骨粉 250g 内服，1 次/d，5～7d 为一疗程；磷酸二氢钠 80～120g、V_E，每日 1 次，连用 3～5d 或者静脉注射 20% 磷酸二氢钠液 300～500ml，或 3% 次磷酸钙液 1L 静脉注射，每日 1 次，连用 3～5d。促进钙磷吸收：增加维生素 A、V_{D3} 的供给。可应用维生素 AD 注射液 5～10ml 肌内注射，隔日 1 次，连用 3～5d 为 1 个疗程。

中药疗法　主要以强筋壮骨、补血益气、收敛肾精气为治疗原则，采用当归 30g、熟地 30g、川续断 30g、益智仁 30g、苍术 45g、甘草 20g。不愿走动、动则气喘者应加入党参 50g、白术 50g、炙黄芹 30g；腰和后肢不灵活者加入杜仲 45g、补骨脂 45g、怀牛膝 45g；四肢不灵活者加入伸筋草 30g、秦九 30g。

六、硒和 V_E 缺乏症

由于硒和 V_E 缺乏所引起的一种以骨骼肌、心肌纤维以及肝组织等发生变性、坏死为主要特征的疾病。犊牛多发，常呈地区性发生。

【发病原因】

可分为原发性和继发性硒和 V_E 缺乏症两种类型。原发性 V_E 缺乏症多发生于成年牛，特别是妊娠、分娩和哺乳母牛，是由于饲喂劣质干草、稻草、块根类、豆壳类以及长期储存的干草和陈旧的青贮等饲草（料）所致。继发性硒和 V_E 缺乏症于犊牛多发，是由于饲喂富含不饱和脂肪酸的动物性和植物性饲料如鳕鱼肝、肝油、猪油、大豆油、椰子油、玉米油和亚麻籽油等混合饲料，使硒和 V_E 过多消耗而引起相对性硒和 V_E 缺乏所致。此外，各种应激因素如天气恶劣、长途运输或运动过强、腹泻、体温升高、营养不良以及含硫氨基酸、胱氨酸和亮氨酸不足等可诱发本病，或由于土壤、草料中缺乏硒和 V_E 所致。

【临床症状】

发生于犊牛（出生后到 4 月龄）的较多。病型分为心脏型（急性）和肌肉型（慢性）两类。急性型犊牛在无明显病症的情况下突然发病，体温多无变化，食欲废绝，卧地不起，全身痉挛，呼吸紧迫，心跳加快。以心肌尤以心室肌肉凝固性坏死为主要病变的，在中等程度运动中便可因突发心搏动亢进、心律不齐和心音微弱等心力衰竭而急性死亡。后者是由于骨骼肌深部肌束发生硬化、变性和严重性坏死。在临床上呈现运动障碍，不爱运动，步样僵拘，四肢站立困难，尿呈淡红色、深红色或红褐色的及色素尿，严重病牛多陷入全身性麻痹，不能站立，只能取被迫横卧姿势。后期由于抵抗力降低，病犊无力吃奶，下痢，失水，四肢麻痹，有时并发肺炎，心跳加快，脉搏 110～130 次/min，呼吸急促，60 次/min，不及时救治可在短时间内死亡。咽喉肌肉变性、坏死的病牛，多数由于采食、呼吸困难于 6～12h 死亡。

【诊断】

根据发病史、临床症状和病理剖检变化—心肌、骨骼肌凝固性坏死等，可初步诊断为本病。结合血液、尿液生化学检验，如血清谷草转氨酶活性升高 500～2 500KU（千个活力单位）/ml，血清谷丙转氨酶活性达 70～700KU（千个活力单位）/ml；血钾、血镁含量减少，而血钠、血钙和血磷含量增多；尿液肌酸酐含量增多（病牛达 1～1.3g/24h，健康牛为 200～300mg/24h）等可最终确诊。

【预防】

预防本病的关键在于加强对妊娠母牛、哺乳期母牛和犊牛的饲养管理，尤其是在冬春季节，可在饲料中添加含硒维生素 E 粉或肌内注射 0.1% 亚硒酸钠和 V_E。此外，对新生犊牛可皮下注射 V_E 50～150mg 和亚硒酸钠注射液 3mg，隔 2～4 周再注射 1 次 V_E 制剂 500mg。对妊娠母牛宜在分娩前 1～2 个月时混饲 V_E 制剂 1 000～1 500mg 和亚硒酸钠20～25mg，隔几周后按上述剂量再混饲 1 次。

【治疗】

在加强饲养管理的同时最好使用硒制剂或 V_E，严格控制牛舍温度、禁止运动、避免应激因素等，并实施对因和对症疗法。对急性病例通常使用注射剂，对慢性病例可采用饲料中添加的办法。0.1% 亚硒酸钠肌内注射，犊牛 6ml/次，成年牛 15～20ml/次，间隔 1～2d 重复注射一次。或 V_E 肌内注射，犊牛 50～70mg，每日 1 次，5～7d 为一个疗程。此外，对病犊牛要精心护理，切忌各种运动和刺激；且病初时不宜使用强心剂以免心脏神经兴奋而加速心衰造成死亡，只有当出现慢性心衰时方可适当选用樟脑磺酸钠或安钠咖，但忌用洋地黄制剂。

七、妊娠毒血症

妊娠毒血症又称肥胖母牛综合征或牛的脂肪肝，主要是由于母牛妊娠期间日粮能量水平过高，致使奶牛过度肥胖而在分娩前后发生的一种营养代谢病。临床上以食欲废绝、精神沉郁、胃肠蠕动停止、消瘦、间有黄疸、繁殖功能障碍为特征。病牛呈现酮病、进行性衰弱、神经症状、乳房炎以及卧倒不起等征。本病多发生在高产乳牛，以分娩后 1～2 周内多发；冬、春季节发病较多，病死率高。

【发病原因】

饲养过程中粗饲料缺乏，品种单一、不足，而且精饲料和糟粕类饲料比例过大，加上乳牛饲养者缺乏饲养知识，不懂得饲养管理技术，错以乳牛的肥胖程度来判断乳牛的健康状况，而过分加大饲料的饲喂量，进而导致母牛肥胖。或泌乳牛与干乳牛混群饲养，导致干乳牛摄入精饲料过多，或干乳期拖得时间过长而促使本病发生。或怀双胎母牛的同时伴有缺钙，或受大量内寄生虫感染都可使其发病增多。此外，一些疾病如难产、产道损伤、子宫炎、生产瘫痪、创伤性网胃炎、皱胃变位、消化不良等均可影响母牛食欲而诱发本病。

【临床症状】

本病多于母牛分娩后 1 ~2 周发生，按病程可分为急性型和慢性型 2 种。

1. 急性型

多随母牛分娩而发病。主要表现精神沉郁，食欲废绝，瘤胃蠕动减弱，泌乳量减少或消失，可视黏膜黄染，体温略有升高，步态不稳，目光呆滞，对外界反应减弱。如伴发腹泻，则粪便色黄且有恶臭。于产后 2 ~3d 死亡或卧地不起，最终昏迷死亡。

2. 慢性型

分娩 3d 后发病，表现为酮病症状。初期精神沉郁，不采食精料，仅采食少量粗饲料、多汁饲料，泌乳量量下降，尿少而黄，尿液 pH 值为 6，具有酮味、磨牙、后躯不全麻痹，或有神经症状。有的病牛伴发其他疾病，给治疗带来困难。病情持续发展，最后衰竭死亡。伴发乳房炎时可见乳房肿胀，乳汁呈脓性或极度稀薄的黄水样，乳汁酮体检验阳性。有的伴发产后瘫痪，不能起立。

【诊断】

根据发病时间，临床症状、饲养史等可做出初步诊断，结合剖检变化和实验室检查可进一步确诊。如剖检肝脏脂肪变性；血液检查可发现游离脂肪酸、血酮、胆红素、谷草转氨酶、胆固醇、白蛋白、胰岛素均降低，淋巴细胞、嗜酸性白细胞减少，嗜中性分叶核增加。应注意与酮病、生产瘫痪，母牛卧倒不起综合症相鉴别。与酮病的不同之处是多在分娩后发生，尤其是泌乳盛期的高产牛群。生产瘫痪常在分娩后立即发生，血钙含量明显下降，用钙制剂和乳房送风疗法等治疗效果明显；卧倒不起综合征大多无过度肥胖现象。

【预防】

本病的预防原则是保持母牛妊娠期生长状况良好，饲喂营养均衡，粗、精料比例恰当，各种微量元素和维生素合理供给。最好将妊娠后期母牛与干奶牛分群饲养。另外要注意对干奶牛加强运动，每天保证运动 1 ~1.5h，妊娠后期更要加强。有条件的养殖场，可以经常监测血糖、血酮和血液中挥发性脂肪酸或 β - 羟丁酸的水平，尤其是对产前一周至产后 1d 的奶牛更应加强监测，对所发现的酮病奶牛应及时治疗，一面因大量动员脂肪而造成恶性循环，诱发此病。另外，可在饲养过程中，可及时补充高浓度葡萄糖，丙二醇或丙酸钠，防治过多动用体内脂肪。定期补糖、钙和钴等也有利于预防本病。对已发病的奶牛的产后适当控制泌乳量，减少能量消耗，可缓解症状且有利于治疗。

【治疗】

目前尚无特效疗法，多采取加强饲养管理、调整日粮组成、减少精饲料饲喂量等措施进行防治。药物治疗以保肝解毒、抑制脂肪分解为原则。

①提高血糖浓度，保肝解毒 50% 葡萄糖注射液 500ml；丙二醇 170 ~342g，口服，2 次/d，喂前静脉注射 50% 左旋糖酐注射液 500ml，效果更好。

②促进脂肪氧化 氯化胆碱粉 50 ~60g/次，口服，2 次/d；氯化钴 500mg/次，口服，2 次/d。

③对症治疗 应使用广谱抗生素等防止病牛的继发感染。防止酸中毒可用 5% 碳酸氢钠注射液 500 ~1 000ml，静脉注射。对黄疸病牛可用硫酸镁 300 ~500g，加水灌服，连用 3d。

④中药治疗 以燥湿健脾、清热理气为治则，药用油当归、山楂各 120g，党参、白术、

丹参、神曲各60g，陈皮、茯苓、紫苏各45g，厚朴、甘草各30g，水煎2次，加陈皮酊250ml，一次灌服，2次/d。或用黄芪、山楂、当归、白芍各60g，延胡索、泽泻各45g，桃仁34g，枳壳、柴胡、茯苓、甘草、川芎各30g，川楝子25g，共研为细末，开水冲调灌服。妊娠毒血症治疗困难的根本原因往往是把该病当成酮病治疗，忽略了脂肪肝。所以，治疗过程中除了上述方案之外，清肝利胆用“龙胆泻肝汤”方剂为龙胆草30g，黄芩45g，栀子45g，泽泻60g，木通45g，车前子45g，当归5g，生地45g，柴胡30g，干草30g。

八、母牛卧倒不起综合征

母牛卧倒不起综合征又称母牛爬卧综合征，是指母牛临近分娩或分娩前后因不明原因而突发的以“卧地不起”为特征的一种临床综合征。它不是一种独立的疾病，而是某些疾病的一种临床综合征。广义上讲，凡是经1~2次钙剂治疗24h内无效或效果不明显的倒地不起母牛，都属于这一综合征范畴。本病常发生于产犊后2~4d的高产母牛、头胎牛和老龄牛，一年四季均可发生，尤以夏季与初春较为多见。

【发病原因】

母牛分娩前后对营养需求较大，若饲养管理不当，常造成体内矿物质代谢紊乱，尤其是低磷酸盐血症、低钙血症、低钾血症和低镁血症等代谢紊乱易引起母牛卧倒不起综合征。或由于分娩前后补钙，母牛血钙迅速升高，血磷相对偏低，钙、磷之间的平衡被破坏，磷的吸收和利用障碍，导致乳牛卧倒不起。由于乳牛妊娠后期胎儿迅速发育或分娩后大量泌乳，使钙迅速丢失，母牛缺钙，不及时治疗可发生卧倒不起综合征。乳牛食欲减退或饲料含钾少，可造成低血钾症，由于肌肉无力依然爬不起来。低镁血症是由于母牛机体贮存镁不足，分娩时摄入少，泌乳消耗，血镁的下降导致代谢紊乱，引起乳牛搐搦、感觉过敏、心动过速，促使母牛卧地不起的发生。在妊娠母牛分娩、难产和产后瘫痪以及某些神经、肌肉、韧带、骨骼和关节等继发性疾病时，易患本病。饲料中V_E及硒缺乏，饲喂高蛋白质、低能量日粮的牛群，使瘤胃内发酵过程异常，其所产生的有毒物质，在分娩时因中毒而出现卧倒不起综合征。此外，酮病、脓毒性子宫炎、乳房炎、胎盘滞留、消化道阻塞、脑炎、脑水肿或内出血、风湿、肾性疾病、脂肪肝、肾上腺或脑垂体发育不全、闭孔神经麻痹都可能与本病的发生有关。

【临床症状】

持续躺卧是本病的主要表现。病牛神志清醒，反应敏感，食欲，体温，心跳正常或稍有变化，呼吸、排粪、排尿无变化。有的几乎无站立的欲望，多数牛企图挣扎站立，但其后肢不能完全伸直，只能以部分弯曲的后肢沿地面爬行，或仅能使后肢略有提高，呈“青蛙腿”姿势。表现严重的病例常呈侧卧姿势，头后仰，四肢抽搐，对刺激敏感，食欲废绝，停止饮水，又被称为“爬卧母牛”，其大脑可能已受损，多预后不良。有的可引起继发症，如乳房炎、子宫内膜炎，或在肘、附关节及坐骨、髋骨等突出部位发生褥疮，如精心护理，部分牛可在4d内站立，护理不当，造成死亡。有的牛有轻度酮病，血压下降和心电异常。

【诊断】

根据临床症状及发病时间可作出初步诊断。病理学检查发现嗜酸性粒细胞减少、淋巴细胞减少、和嗜中性粒细胞增多等血液指标可作为参考。此外，本病还应与产后瘫痪、妊娠毒血症相鉴别。奶牛产后瘫痪多见于产后48h内，补钙治疗效果好，该牛体温降低，知觉减退，有的病牛卧地后头有典型的“S”状卧姿；而母牛卧倒不起综合征可发生在分娩前后，钙制剂治疗2次仍然卧地不起，也可继发于产后瘫痪。与妊娠毒血症症状类似，不同之处是发生妊娠毒血症的患牛异常肥胖，产犊后突然停食，体内酮体增多，有尿酮；间有黄疸，有的牛还伴有神经症状。

【预防】

1. 合理配制日粮

保证日粮中钙、磷水平能满足奶牛需要，分娩前后补充适量钙或 V_D。对高产和前胎发生过生产瘫痪的母牛，在产前两周饲喂低钙高磷日粮与低钾的饲草、饲料，围产期少用或不用含钾高的苜蓿，多喂含钾低的玉米和玉米青贮饲料，可预防生产瘫痪。一般从分娩前2～8d开始，按500～1 000单位/kg体重肌内注射 V_{D3} 注射液，1次/d，连用2～3d。或从分娩前3～5d开始，用10%葡萄糖酸钙注射液500ml和20%葡萄糖注射液1 000ml，混合后一次静脉注射，每日1次，用到分娩为止。产后72h内，用5%氯化钙注射液或10%葡萄糖酸钙注射液250～300ml，静脉注射，预防性补钙1～2次，效果更好。春秋季节大量饲喂青绿牧草时，应注意补镁。产前4周到产后1周，每天增喂30g镁盐，能预防瘫痪的发生。

2. 加强分娩前后的饲养管理

从分娩前1～2周起，将母牛饲养在宽敞的产房待产；减少蛋白质饲料喂量，增加谷物类饲料喂量；产房厚垫软草，牛舍水泥通道上垫一层炉灰，以防地面光滑跌倒。冬天北方地区要防止地面结冰。分娩后3～5d不宜把奶挤净，有条件的奶牛场，定期检查血液中各种矿物质、血糖、血酮、血钾、血镁等含量，定期进行饲料成分分析，发现问题及时调整。

【治疗】

①10%葡萄糖酸钙注射液500～800ml，一次静脉注射。若病牛症状无明显改善时，可隔8～12h再注射1次。

②用钙制剂治疗无效的病牛，可改用磷制剂、镁制剂治疗。20%磷酸二氢钠注射液300ml、复方生理盐水1 000ml，混合1次静脉注射；或用10%～15%硫酸镁注射液100～200ml，1次静脉注射；10%氯化钾注射液100ml、5%葡萄糖注射液1 000～1 500ml，混合1次静脉注射。

③对于外伤性原因引起的肌肉和神经损伤。应根据具体情况采取适宜的治疗方案。如果损伤严重，应尽早予以淘汰。对于病情较轻，预后良好的要积极治疗。临床上可用 V_{B1}、V_{B12}、康姆朗或士的宁腰荐神经丛穴位注射。也可采用中药治疗，选用舒筋活血通络的药物。为了防止肌肉萎缩，可局部按摩，2次/d，每次20min，按摩后涂复方樟脑搽剂等。

此外，对继发性卧倒不起综合征应以治疗原发病为主。在治疗的同时，还要加强护理，饲喂优质饲料，提供清洁饮水。为防止肌肉损伤和褥疮形成，可垫以柔软的干草及定期翻身。调整饲料，尤其是注意钙、磷含量及比例，防止矿物质元素的流失。

中兽医疗法：基础方剂为补阳还五汤：黄芪、当归、赤芍、地龙、川芎、红花、桃仁；风寒型病例：可在补阳还五汤基础上加防风祛湿药：黄芪400g、当归60g、赤芍30g、地龙30g、川芎45g、桃仁30g、红花30g、羌活30g、防风30g、薄荷30g、大黄20g、栀子20g、甘草15g，粉碎，开水烫调至粥状，候温灌服。一天一付，每付分成2份，早、晚口服。肝风内动型病例：可在补阳还五汤基础上加镇肝息风散加减：黄芪300g、当归80g、赤芍30g、地龙30g、川芎45g、桃仁40g、红花40g、怀牛膝90g、生赭石90g、生龙骨45g、生龟板45g、生杭芍45g、玄参45g、天冬45g、川楝子15g、生麦芽15g、茵陈15g、甘草15g，粉碎，开水烫调至粥状，候温灌服。一天一付，每付分成2份，早、晚口服。心型病例：可在补阳还五汤基础上加镇心散：黄芪300g、当归40g、赤芍、地龙、川芎、桃仁、红花、茯神、党参、防风、远志、栀子、郁金、黄芩各30g、朱砂10g，黄连、麻黄、甘草各20g，粉碎，开水烫调至粥状，候温灌服。每日1付，每付分成2份，早、晚口服。上述各病例与药物治疗同时结合电针疗法。

第五节　蹄　病

一、蹄糜烂

蹄糜烂是蹄底和球负面角质的糜烂，临床以角质深层组织感染化脓，出现跛行为特征。本病是牛特别是舍饲乳牛常见的蹄病。

【发病原因】

本病的发生一方面可由病牛自身蹄形异常如过长蹄等引起，也可由于饲养管理不当，没有定期修蹄；或者由于圈舍环境不好，阴暗潮湿，卫生条件差，粪便未及时清扫，牛蹄长期处于污泥或潮湿的垫草上等而引发此病。本病也可以继发于蹄叶炎或其他热性疾病。

【临床症状】

常呈慢性经过，其他生理指标无明显异常。当局部感染化脓并向深部组织蔓延，出现跛行后才被注意。患蹄在球部或蹄底出现小的黑色小洞，有时许多小洞可融合为一个大洞或沟，蹄底常形成潜道，其内充满黑色浓稠脓汁，污灰色或污黑色，具腐臭、难闻气味。腐烂后关节肿胀，皮肤增厚，失去弹性，疼痛明显，出现严重跛行；当化脓后关节处破溃，流出乳酪样脓汁，病牛全身症状加重，体温升高，食欲减退，泌乳量下降，卧地，消瘦。

【诊断】

根据临床症状及蹄部检查可确诊。

【预防】

牛群精料、粗料必须合理以减少代谢性疾病。日粮营养要平衡，充分注意锌、镁、钼的含量和比例。饲料中添加微量元素，如硫酸锌：成母牛预防量为2g/d，治疗量8g/d，加精料中混合均匀饲喂，对于已发生的疾病要及时治疗。运动场的地面铺沙土最好，挤乳、饲喂场地用木地板对牛有好处。牛舍设橡胶睡垫，牛舍、运动场经常整理清扫，保持平整、清洁卫生。坚持用4%～10%的硫酸铜溶液、10%的福尔马林溶液进行蹄浴。每年的5—10月用硫酸铜、福尔马林喷洒牛的体表，能杀死体表全部细菌，蹄壳变结实。站在牛头前用塑料喷雾器去掉喷头喷淋（牛头部不能喷）。冬季在路上洒生石灰蹄浴，可以杀菌、使蹄壳变硬。要做到定时修蹄，母牛每年应修蹄2次/头。修蹄时间最好是乳牛出产房时，修蹄工具最好用修蹄机可防止或减少蹄变形。对繁殖、消化疾病进行预防和及时治疗以消除对该病的影响。

【治疗】

注意犊牛舍的环境卫生条件，定期修蹄、护蹄以预防本病发生。患部清洁处理后应彻底除去腐烂变质的角质及脓汁，扩开潜道，用10%硫酸铜彻底清洗创口，创口内用5%碘酊消毒，用血竭粉封口或填塞松馏油棉球或创口内撒布硫酸铜粉、高锰酸钾粉装蹄硼带，穿特制牛蹄鞋。蹄内化脓时必须从蹄底、指尖部做反对孔，然后从蹄冠部注入消炎药物，每天一次，只到创伤愈合为止。如患牛体温升高，食欲减退时可用抗生素、磺胺药加适量5%碳酸氢钠及 V_C 静脉注射治疗。

二、蹄叶炎

蹄叶炎是蹄真皮的弥漫性、非化脓性、渗出性炎症，可发生于两前肢、两后肢或四肢同时发病，很少单肢发病。通常侵害几个指（趾），呈现局部和全身性症候。临床上以跛行、蹄过长、出现蹄轮及蹄底出血为特征。蹄叶炎可能是原发，也可能继发于其他疾病，有慢性蹄叶炎的动物可能被激发为急性炎症，而急性炎症可能因为只有短暂的临床经过，常被疏忽而没有被发现，尤其与产犊时一些症候相混。本病多发生于青年牛及胎次较低的牛，常散发，偶尔也会有群发现象。

【发病原因】

饲养管理不当是本病的主要原因，主要是过食精高饲料，不适当的运动、遗传和季节因素都可参与本病的发生。由于吃了过多精料引起消化道紊乱，或由于突然改变饲料，当牛吃了大量碳水化合物精料后可在瘤胃内产生大量乳酸，发生瘤胃酸中毒，引起蹄叶炎，喂精料过多，可引起瘤胃微生物区系发生变化，在循环系统中出现毒素和内毒素，毛细血管壁在毒物影响下生角质细胞发生营养供应不足使角质合成发生障碍。由于反刍动物瘤胃的特殊环境，组织胺在牛蹄叶炎的发生中作用似乎是次要的。夏季气候炎热，乳牛产生热应激引起瘤胃内微生物死亡，产生内毒素而诱发蹄叶炎。牛蹄叶炎还与胃、肠道炎症有关，在胃、肠炎症中粘膜受到破坏，屏障作用减弱，胃肠内容物的代谢和毒素被吸收到血管内引起血管的变化。蹄叶炎也可继发于严重的子宫炎、乳房炎、酮病、瘤胃酸中毒，当长期饲喂过多的精饲料或饲料突变而又缺乏运动时，可引起消化障碍产生有毒物质吸收后造成血液循环紊乱，蹄真皮淤血发炎。另外，蹄形不正，如过长蹄、狭窄蹄等使蹄机能严重障碍，影响蹄部血液循环而发病。

【临床症状】

蹄叶炎可同时侵害几个指（趾），前肢内侧指和后肢外侧趾多发。蹄叶炎时可出现全身症候和局部症状。急性蹄叶炎时不愿活动，牛步状僵硬，运步疼痛，背部弓起。若后肢患病，有时前肢伸于腹下；若前肢患病，后肢聚于腹下。前肢的内侧蹄趾，后肢外侧蹄趾比其他蹄趾多发本病，两前肢发病时，前肢交叉负重。愿在软地面走路，在硬地上行走常小心翼翼，早期病例可见病肢肌肉颤抖，出汗，蹄抖动等现象。严重时从卧倒状态站立困难，为了减轻疼痛，病牛两前肢交叉，两后肢叉开且不愿站立，趴卧不起。食欲和泌乳量下降。重度蹄叶炎时脉搏可达120～130次/min，呼吸可达90～100次/min，体温也有轻度升高。蹄壁温度升高，敏感痛疼。急性蹄叶炎时在蹄冠上可看到肿胀，用检蹄器压诊时蹄不一定敏感，但蹄壁压诊时敏感，如为前蹄，在两悬蹄之间可摸到掌侧指动脉搏动增强。原发性蹄叶炎蹄不会变形，发病2～3d后蹄底角质变软，外观发黄呈蜡样，易使沙石嵌入，特别是后肢的外侧趾，最常出现血染的部位是在远轴侧白线，但有时也会发生在蹄尖和底球结合处。

慢性蹄叶炎呈典型“拖鞋蹄”，蹄背侧缘与地面形成很小的角度，蹄扁阔而变长。蹄背侧壁有嵴和沟形成，弯曲，出现凹陷。蹄底切削出现角质出血，变黄，穿孔和溃疡。

亚临床型蹄叶炎不表现跛行，但削蹄时可见蹄底出血，角质变黄，而蹄背侧不出现嵴和沟

【诊断】

急性病例可根据最近饲料搭配情况及临床症状如突发跛行，姿势异常、步态强拘、身体僵硬、蹄壁叩诊时疼痛可作出初步诊断。慢性病例由于全身症状不明显而蹄形改变明显即可确诊，也可借助于X线检验给予确诊。

【预防】

配制符合乳牛营养需要的均衡日粮，保证精粗比、钙磷比适当，注意日粮中阴阳离子差的平衡，为了保证牛瘤胃pH值在6.2～6.5可以添加缓冲剂，并合理分群饲养；加强牛舍卫生管理，实行清粪工作岗位责任制，保持牛舍、牛床、牛体清洁干燥；要保证牛床上有足够多的干燥清洁垫料，乳牛的休息时间应保持4h以上；定期喷蹄浴蹄，夏季每周用4%硫酸铜溶液或消毒液进行一次喷蹄浴蹄，冬季容易结冰，每15～20d进行一次。喷蹄时应扫去牛粪、泥土垫料，使药液全部喷到蹄壳上。浴蹄可在挤奶台的过道上和牛舍放牧场的过道上，建造长5m、宽2～3m、深10cm的药浴池，池内放有4%硫酸铜溶液，让乳牛上台挤乳和放牧时走过以达到浸泡目的并注意经常更换药液；定期由专业人员对牛群进行预防性修蹄护蹄，每年至少进行2次维护性修蹄，修蹄时间可定在分娩前的3～6周和泌乳期120d左右。修蹄时注意角度和蹄的弧度，适当保留部分角质层，蹄底要平整，前端呈钝圆。

【治疗】

应先确定是原发还是继发，原发的话找对病因，去除病因，继发的话要积极治疗原发病。其次，要对症治疗。临床实践表明，治疗愈早，效果愈好，发病4h内治疗效果明显高于发病24h后的，超过36h后治疗只能治标不能治本了。急性蹄叶炎可采用给止痛剂、消炎剂、抗内毒素疗法、扩血管药、抗血栓疗法、合理削蹄和装蹄，限制病牛活动。对于慢性蹄叶炎首先要彻底清理蹄部腐烂的角质，预防感染。也可放蹄头血或静脉放血500～1 000ml，然后静脉注射5%碳酸氢钠500ml、5%～10%葡萄糖溶液500～1 000ml、10% V_C 10～20ml。为缓解疼痛，防止悬蹄发生，可用1%普鲁卡因20～30ml行蹄趾神经封闭，也可用乙酰普吗嗪肌内注射。静脉注射5%碳酸氢钠液500～1 000ml、5%～10%葡萄糖溶液500～1 000ml。严重蹄病应配合全身抗菌素药物疗法，同时可以应用抗组织胺制剂、可的松类药物。

三、蹄变形

蹄变形是由于各种原因致使蹄角质异常生长，蹄形状发生改变。此病在乳牛肢蹄病中很常见，但常被忽视。该病的发生率随胎次的增加明显增高，后蹄多于前蹄。

【发病原因】

日粮配合不平衡，矿物质饲料钙、磷供应不足或比例不当，导致乳牛机体磷钙代谢紊乱，钙磷比例失调，引起蹄变形；饲料中过量增加精饲料的喂量，粗饲料采食过少、品质太差，精粗比例不当，机体长期处于酸中毒状态引起蹄叶发炎导致蹄变形；饲养管理不当，牛舍阴暗、潮湿，运动场泥泞，粪尿清扫不及时，牛蹄长期在粪尿和泥水中浸渍，致使蹄角质变软、变形；不重视牛蹄保护，不定期修剪；蹄变形与公牛的遗传性有关，如果公牛有先天蹄变形，则后代也极易罹患该病。

【临床症状】

蹄变形患牛的全身症状不明显，精神、食欲正常。根据蹄部形状改变分为长蹄，即蹄的两侧支超过了正常蹄支的长度，蹄角质向前过度伸延，外观呈长形；宽蹄即蹄的两侧支长度和宽度都超过正常蹄支，外观大而宽，此类蹄角质部较薄，蹄踵部较低，在站立时和运步时蹄的前缘负重不实，向上稍翻不宜返回；翻卷蹄即蹄的内侧支或外侧支蹄底翻卷，从蹄底面看，外侧缘过度磨损，蹄背部翻卷已变为蹄底，靠蹄叉部角质增厚，磨灭不正，蹄底负重不均，往往见后肢跗关节以下向外侧倾斜呈“X”状，严重的病牛两后肢向后方伸延，病牛弓背、运步困难呈拖曳式。

【诊断】

根据临床症状即蹄的变形情况就可确诊。

【预防】

防治该病的关键在于搞好预防，生产中应注意加强乳牛的饲养管理，充分重视蛋白质、矿物质的供应。根据乳牛的泌乳状况合理配制日粮，特别是高产乳牛应根据其泌乳情况随时进行调整和补充。一旦蹄形开始变化可注射 V_{D3}、日粮中补加钙粉以阻止其恶化。钙磷比例在以 1.4 : 1 左右。

一般产头胎的母牛过度泌乳（超过 6 000kg）时发病较多，故不宜偏食偏喂，单纯追求高产。如乳牛因高产而出现弓背、拉跨等现象，并且是初发病牛应提前停乳，以促使机体恢复。同时，还应注意定期给乳牛修蹄。为防止蹄被粪、尿、污物浸渍，应使牛蹄经常保持干净（冬天干刷，夏天湿刷），运动场要及时清扫和保持干燥，每年应对全群牛普查蹄形，建立定期修蹄制度。凡变形蹄，一律进行修整，1 ~ 2 次/年。为防止牛蹄感染，修蹄不宜在雨季进行。切实加强种公牛的选育工作，凡乳牛蹄变形与公牛有关者可考虑不再使用该公牛配种。

【治疗】

药物治疗不可能使变形蹄恢复正常，临床上常采用修蹄疗法，根据蹄变的程度不同采用相应办法给予修整。

四、腐蹄病

腐蹄病是指乳牛的蹄部真皮和角质层组织发生化脓、坏死，甚至腐败恶臭与剧烈疼痛的一种疾病，其特征是真皮坏死与化脓，角质溶解，病牛疼痛，跛行。以后蹄多发，成年乳牛多发，雨季多发。

【发病原因】

该病为磷钙代谢紊乱引起的钙磷代谢病。日粮中钙磷供应不足，钙磷比例不当

(1.25～1.35)∶1，血钙浓度明显降低，可能是造成腐蹄病发生的主要原因之一；管理不当，运动场泥泞潮湿，牛蹄长期浸泡，角质变软，抵抗力下降，致使蹄部组织疏松糜烂；不定期修蹄；尖硬异物引起牛蹄外伤，造成坏死杆菌、化脓性棒状杆菌、链球菌、结节状梭菌等细菌的感染；当饲料中缺乏锌、铜等矿物质缺乏时，乳牛体质明显下降，抵抗力明显下降，可诱发此病。

【临床症状】

蹄趾间腐烂为乳牛蹄趾间表皮或真皮的化脓性或增生性炎症。通过蹄部检查可以发现蹄趾皮肤充分血、发红肿胀、糜烂。有的蹄趾间腐肉增生，呈暗红色，突于蹄趾间沟内，质度坚硬，极易出血，蹄冠部肿胀，呈红色。病牛跛行，以蹄尖着地。站立时，患肢负重不实，有的以患部频频打地或蹭腹。犊牛、育成牛和成年乳牛都有发生但以成年牛多见。

腐蹄为乳牛蹄的真皮、角质部发生腐败性化脓，表现在两蹄支中的一侧或两侧。四蹄皆可发病且以后蹄多见。成年乳牛发病最多，全年皆可发生但以7—9月发病最多。病牛站立时，患蹄的球关节以下屈曲，频频换蹄、打地或踢腹。前肢患病时，患肢向前伸出。进行蹄部检查时可见蹄变形、蹄底磨灭不正、角质部呈黑色。如外部角质尚未变化，修蹄后见有污灰色或污黑色腐臭脓汁流出。也有的患牛由于角质溶解而蹄真皮过度增生致肉芽突出于蹄底之外，大小由黄豆大到蚕豆大，呈暗褐色。

炎症蔓延到蹄冠、球关节时，关节肿胀，皮肤增厚，失去弹性，疼痛明显，步行呈“三脚跳”。化脓后关节处破溃，流出乳酪样脓汁，病牛全身症状加剧体温升高，食欲减退，泌乳量下降，常卧地不起，消瘦，治疗困难。

【诊断】

根据临床症状及蹄部检查即可确诊。

【预防】

生产中应坚持定期修蹄，保持牛蹄干净；及时清扫牛舍、运动场，尽量保持环境干燥卫生。注意饲养密度，给予乳牛合理的运动场地，以12～13头/100m^{2}为宜；加强对牛蹄的监测，及时治疗蹄病以防止病情恶化；同时要保持日粮平衡，钙磷的喂量和比例应适当，以减少腐蹄病的发生；保证微量元素铁、铜、锰、锌、钴、硒、碘的量；注意日粮中阴阳离子的平衡；必须保证乳牛V_A、V_D、V_E和烟酸的供应，为了保证瘤胃pH值在6.2～6.5可以添加缓冲剂以防止酸中毒和刺激采食量的提高；在牛舍入口处修建浴蹄池，定期对乳牛蹄部进行消毒。

【治疗】

蹄趾间腐烂 以10%～30%硫酸铜溶液或10%来苏尔水洗净患蹄，涂以10%碘酊，用松馏油涂布（鱼石脂也可）于蹄趾间部，装蹄绷带。如蹄趾间有增生物，可用外科法除去或以硫酸铜粉、高锰酸钾粉撒于增生物上，装蹄绷带，隔2～3d换药1次，常于2～3次治疗后痊愈，也可用烧烙法将增生肉烙去。

腐蹄病分急、慢性两种。当乳牛患急性腐蹄病时应先消除炎症，临床上可用抗生素和磺胺进行全身治疗。金霉素、四环素按0.01g/kg体重或磺胺二甲基嘧啶0.12g/kg体重一次静脉注射，1～2次/d，连用3～5d。青霉素250万国际单位，1次肌内注射，2次/d，连用3～5d。当乳牛患慢性腐蹄病时应将病牛从牛群挑出单独隔离饲养，并将患牛蹄部修理平整，找出角质部腐烂的黑斑，用小刀由腐烂的角质部向内深挖，一直挖到黑色腐臭脓汁流出为止，然后用10%硫酸铜冲洗患蹄，内涂10%碘酊，填入松馏油棉球或放入高锰酸钾粉、硫酸铜粉，最后装蹄绷带。

如伴有关节炎、球关节炎时局部可用10%酒精鱼石脂绷带包裹，全身可用抗生素、磺胺等药物，如青霉素200万～250万国际单位肌内注射，2次/d；或10%磺胺噻唑钠150～200ml静脉注射，1次/d，连续7d。如患牛食欲减退，为消除炎症可静脉注射葡萄糖，5%碳酸氢钠500ml或40%乌洛托品50ml。

中药治疗可用青黛60g，冰片、碘仿各30g，轻粉15g，龙骨6g，诸药混合研末，在去除坏死组织后塞于创内，包扎蹄部；枯矾30g，雄黄、去壳鸦胆子各10g，诸药混合研末，过筛备用；枯矾500g，陈石灰500g、熟石膏400g，没药400g、血竭250g、乳香250g、黄丹50g、冰片50g、轻粉50g，研为细末，填塞于病牛蹄部脓腔并用绷带包扎蹄部，连用3剂。用3%来苏尔溶液清洗创面后，将上述粉末涂布于创面上，外包5层鱼石脂纱布条，用绷带固定。

第六节　中毒病

一、棉籽饼中毒

【发病原因】

未经脱酚或调制不当的棉籽饼中含有棉籽毒和棉籽酚，大量或长期饲喂可因毒素蓄积引起中毒。日粮中维生素和矿物质（尤其是 V_A 及铁和钙）不足或缺乏、蛋白水平低以及其他过度刺激均可促使中毒发生或使病情加重。此外，妊娠母畜和幼畜对棉酚比较敏感，幼畜也可能因哺乳而摄入棉酚而发生中毒。

【临床症状】

长期以棉籽饼喂牛时可使牛出现 V_A 和钙缺乏症，表现为食欲减退，消化系统紊乱，尿频、尿淋漓或形成尿道结石，使牛不能排尿。用棉籽饼喂牛5～6个月可引起牛的夜盲症。若一次喂给大量的棉籽饼可引起牛的急性中毒。病牛食欲废绝，反刍停止，瘤胃内容充盈，蠕动弛缓，排粪量少而干，患病后期牛可能拉稀粪，排尿时可能带血。眼窝下陷，皮肤弹性下降，严重脱水和明显消瘦。肌肉无力，站立不稳。心跳加快，脉搏细弱，呼吸极度困难，两侧鼻孔流出黄白色或淡红色细小泡沫样鼻液。孕牛发生流产。肺部听诊有明显的湿啰音。犊牛中毒时表现食欲反常，腹泻和呼吸困难以及视力障碍，公牛易患磷酸盐尿结石。

胸腹腔和心包腔有积液，心内、外膜出血，心扩张，心肌变性，肾脏出血和变性，肝实质变性，脾萎缩，胃肠黏膜充血、出血和水肿。肺充血，水肿，间质增宽，切面可见有大小不等的空腔，有多量泡沫样液体溢出。

【诊断】

根据临床症状、棉酚含量测定及敏感性可以作出判断，但应与其他可引起咳嗽的病相区别。

【预防】

首先限量限期饲喂棉籽饼，防止一次过食或长期饲喂。饲料必须多样化。用棉籽饼作饲料时要加温到80～85℃并保持3～4h以上，弃去上面的漂浮物，冷却后再饲喂。也可将棉籽饼用1%氢氧化钙液或2%熟石灰水或0.1%硫酸亚铁液浸泡1昼夜，然后用清水洗后再喂。牛每天饲喂量不超过1.5kg，犊牛最好不喂。霉败变质的棉籽饼不能用作饲料。其次要在日粮中补充足够的维生素和矿物质。

【治疗】

消除致病因素，立即停止饲喂棉籽饼，禁喂2～3d，可采取饥饿疗法。中毒初期可用0.05%～0.1%高锰酸钾溶液或2%碳酸氢钠溶液洗胃。将硫酸镁或硫酸钠300～500g溶于2 000～3 000ml水中，给牛灌服，以促使牛加快排泄。清理胃肠后可用磺胺脒60g，鞣酸蛋白25g，活性炭100g，加水500～1 000ml，1次口服，以利于消炎。外加50%葡萄糖溶液300～500ml、20%安钠咖10～20ml、10%氯化钙溶液100～200ml静脉注射1～2次，以达到保肝解毒，强心利尿和制止渗出的作用。此外，也可用硫酸亚铁7～15g给牛灌服以解毒。当病牛有脱水症状且心功能不好时，可用25%葡萄糖500～1 000ml、10%安钠咖20ml、10%氯化钙100ml混合后静脉注射。

中药治疗以解毒、排毒为主。用百合、桑白皮、甘草、枇杷叶、海浮石、黄芩、大黄、桔梗、花粉各30g，共为末，蜂蜜120g为引，开水冲服。

二、尿素中毒

尿素中毒是动物摄入尿素或双缩脲及其他铵盐引起的一种急性中毒性疾病。临床上以流涎、呼吸迫促和痉挛为特征。本病在乳牛多发。

【发病原因】

突然采食、误食大量尿素或补饲尿素方法不当；在饲料中添加尿素时没有一个逐渐增量的过程；补充时与富含脲酶的大豆饼、蚕豆饼同时饲喂增加了中毒的危险；给予饮水不足；病牛本身还有其他疾病，如肝病等；处于应激状态等使尿素在瘤胃中产生超过瘤胃微生物利用的氨（NH_4^+）进入血液，从而导致神经系统中毒。

【临床症状】

牛过量采食尿素后30～60min即可发病。病初表现不安，呻吟，磨牙，流涎，瘤胃胀气，踢腹，不安，痛苦地呻吟，体躯摇晃，步样不稳。继而反复痉挛，心悸，脉搏加快（>100次/min），呼吸急促、困难，从鼻腔和口腔流出泡沫样液体。后期出汗，肌肉震颤，运动失调，痉挛，瞳孔散大、眼球震颤、肛门松弛，窒息死亡。急性病例可在1～2h内窒息死亡，如病程延长至1d左右则可发生后躯不全麻痹，卧地不起，四肢发僵，排尿减少。死亡牛瘤胃内容物有较强的氨味。本病无特征性病理变化。

【诊断】

主要根据饲料中是否含有尿素以及病史和临床症状来作初步诊断，也可由实验室化验饲料、全血或血清、瘤胃液和尿液中氨的含量。血液红细胞压积总量和血清钾、磷、铵、乳酸盐、葡萄糖、尿素氮等含量显著增加。牛瘤胃液氨浓度超过800mg/L有诊断意义。

【预防】

严格化肥保管使用制度，防止牛误食尿素。用尿素作饲料添加剂时要严格控制用量，开始时喂量小并逐步增加喂量，体重500kg的成年牛用量不超过150g/d。尿素应拌在饲料中喂给，禁止与水饮服或单喂，且喂后2h内不能饮水。日粮蛋白质足够时不宜加喂尿素，不宜与大豆、大豆饼等同时饲喂。犊牛不宜使用尿素。尿素用量一般控制在饲料干物质的1%以下或精料的3%以下。

【治疗】

发现牛中毒后立即大量灌服冷水以及食醋或稀醋酸等弱酸溶液，如1%醋酸500ml或食醋1 000～2 000ml加水1次口服，可降低瘤胃内的pH值，减少尿素的分解吸收；使用解毒剂可用3%硫代硫酸钠溶液50ml静脉注射，1次/d，连用3d；葡萄糖酸钙溶液200～300ml、25%葡萄糖溶液1 000～1 500ml、复方氯化钠注射液1 000～2 500ml静脉注射用以调整电解质、体液平衡及保肝，每日1～2次，连用3d；水合氯醛硫酸镁注射液200～300ml或氯丙嗪300～500mg肌内注射，每日1次，连用3d以解除痉挛症状；当病牛发生急性瘤胃臌胀时可对症治疗，灌服3%福尔马林溶液15～20ml、3%来苏尔溶液15～25ml、或灌服鱼石脂15～30g，加上75%酒精100ml，常水1 000ml等，每日1次，连用2d。

三、亚硝酸盐中毒

亚硝酸盐中毒是动物摄入过量含有亚硝酸盐的饲料或饮水，进入血液后，可使血红蛋白变成高铁血红蛋白而丧失携氧能力，导致组织缺氧而引起的一种中毒病。临床上以起病突然、黏膜发绀、血液褐变、呼吸困难、神经紊乱和经过短急为特征。

【发病原因】

饲料、草料本身等富含硝酸盐而不含亚硝酸盐，其在瘤胃微生物作用下或腐烂发热过程中产生亚硝酸盐；饮用了硝酸盐含量高的水，研究表明，每1kg水中含有200～500mg硝酸钾即可发病；当瘤胃内的pH值异常，pH值>7；瘤胃机能障碍，缺乏V_A、V_E，加之饲料中碳水化合物不足引起亚硝酸盐聚集，同时动物的耐受性降低而发病；由于管理不当，动物发生误食，误饮等。

【临床症状】

牛通常在大量采食后1～5h内突然发病。尿频是本病的早期症状。初期呼吸加快，后为呼吸困难，眼结膜发绀。脉弱而快速，精神不振，肌肉震颤，反刍停止，食欲废绝，站立不稳，步态蹒跚，严重时角弓发张，卧地不起。耳、鼻、四肢以及全身发凉，体温正常或降低。继而言、唇、舌、外阴部等黏膜发绀，心音亢进、呼吸急促、呕吐、腹痛、腹泻、抽搐等。血液呈咖啡色或酱油色，凝固不良。牛慢性中毒时常表现“低地流产”综合征。机体虚弱，发育不良，增重缓慢，泌乳量减少，慢性腹泻，步态强拘等症。尸体腹部多较膨满，皮肤苍白，新鲜尸体打开胃腔时可能会闻到硝酸盐气味，肺出血或充血，有的也会出现肺气肿。

【诊断】

通过检查饲喂史、临床症状的黏膜发绀，呼吸高度困难，血液呈巧克力色且凝固不良等主要症状，病牛发病突然，发生的群体性，饲料调制失衡等，可作出初步诊断。可结合检测血中高铁血红蛋白含量和饲料中的亚硝酸盐确诊。

【预防】

应当加强饲养管理，合理管理青绿饲料，应摊开敞放，严禁堆放。受雨淋变质的应禁喂，接近收割的青绿饲料不应施用大量的氮肥。预防此病发生要注意饲料来源和科学堆放，同时饲喂含有硝酸盐较高的料时加入四环素50mg/kg饲料，连续1周，可防止中毒。

【治疗】

1%的美蓝溶液按0.8ml/kg体重静脉注射，能产生保护作用；甲苯胺蓝的疗效优于美蓝，按5mg/kg体重配成5%溶液静脉注射，还可作肌内或腹腔注射；注射保护肝脏和增强心脏功能的药物；出现休克状态应给予兴奋剂；给予吸氧或3%双氧水静脉注射以缓和其症状；灌服盐类油类泻剂以排除毒素；添加大剂量V_C。对慢性病例应给予V_A、V_D、V_E制剂。

四、酒糟中毒

酒糟中毒是指由于采食过量或变质的酒糟引起的一种中毒病。临床上以共济失调、胃肠炎、呼吸困难和皮肤湿疹为特征。

【发病原因】

长期以酒糟为饲料；酒糟饲喂量过大；酒糟贮存过久或贮存方法不当，被雨水浸泡过或被日光暴晒发生霉变而致病。酒糟本身成分很复杂，有毒成分包括残存的乙醇、龙葵素、麦角毒素等，谷类酒糟中还会有麦角胺、甘薯酒糟的翁家酮等，酒糟变质后还会有正丙醇、异丙醇、异戊醇等杂醇油；发霉酒糟还会有各种真菌毒素。

【临床症状】

急性病例　初期病牛精神兴奋，呼吸急促，心动亢进，食欲减退、步态不稳，黏膜潮红，腹下及乳房四周皮肤有皮疹，便秘、下痢交替出现，并伴有腹痛、麻痹、虚脱等症状。继而转为抑制状态，卧地不起，体温降低，眼睑闭合，全身不动，可由于呼吸中枢麻痹致呼吸困难而死亡。

慢性病例　表现顽固性的前胃迟缓、长期消化紊乱，周身皮肤出现皮炎或皮疹，骨质变脆，牙齿松动或脱落，常排红色尿，便秘或腹泻，脱水。伴发或继发母牛流产、产后瘫痪，蹄叶炎，甚至屡配不孕。生鲜乳质量大幅下降。

剖检可见胃黏膜充血、出血，小结肠纤维素性炎症，直肠出血、水肿，肠系膜淋巴结充血，肺充血、水肿，肝肾肿胀、变性，心、脑出血。

【诊断】

根据病史、临床症状、剖检变化可做出初步诊断。测定酒糟pH对诊断有重要意义。如果测得pH<5.0，可推断酒糟发生酸败。

【预防】

保持日粮平衡，严格控制酒糟用量，干糟不超过日粮的10%，鲜糟不超过30%，一般每头乳牛喂5~10kg/d为宜，饲喂时应由少到多。防止酒糟腐败、霉变，应给乳牛饲喂新鲜酒糟，酒糟不要贮存过久，如要贮存应摊开、遮盖，防止雨雪浇淋和日光暴晒。饲喂时要对酒糟的品质进行检验，禁止饲喂霉变、腐败变质的酒糟。为了防止酸性物质对钙吸收的影响，可适当加入生石灰、碳酸氢钠中和后再喂。

【治疗】

立即停止饲喂酒糟，并将病牛放到干燥、通风良好的牛舍，而后可补充体液，缓解脱水，补碱缓解酸中毒，对皮疹对症治疗。灌服1%小苏打溶液或豆浆水1 500ml；静脉注射5%葡萄糖注射液1 500ml、10%安钠咖5~10ml；出现皮疹的可用1%高锰酸钾液冲洗患部或用山梨醇或甘露醇注射液300~500ml一次静脉注射；用V_{B1}、V_{B6}、V_C和V_K注射液 40～60ml，10%安钠加注射液 40ml，青霉素 800～1 200国际单位，一次肌内注射；可用葛根 100g、生甘草 100g、山药 100g、大枣 100g、黄芩 50g、黄檗 50g 水煎，一次灌服。

五、黄曲霉毒素中毒

黄曲霉毒素中毒是一种真菌毒素中毒性疾病，属人畜共患，其造成的危害和影响非常严重，在我国长江沿岸及以南地区较为严重，而华北、东北和西北地区则相对较少。

【发病原因】

黄曲霉毒素主要是黄曲霉和寄生曲霉等的有毒代谢产物，黄曲霉和寄生曲霉广泛存在于自然界中，主要污染玉米、花生、豆类、棉籽、麦类、大米、秸秆和酒糟、花生饼、豆饼、豆粕、酱油渣等。尤其在这些饲料保管、贮存不当时，极易遭到黄曲霉和寄生曲霉的污染。乳牛长期大量采食被黄曲霉毒素污染的饲料就会发生中毒。目前，已发现黄曲霉毒素及其衍生物有 20 余种，其中，以黄曲霉毒素 B1、B2 和 G1、G2 毒力较强，且以黄曲霉毒素 B1 的毒型及致癌性最强。

【临床症状】

黄曲霉毒素主要损害乳牛肝脏，破坏血管通透性并损伤中枢神经，以全身出血，消化功能紊乱，腹水，神经症状、黄疸等为特征。严重中毒的病牛在一周内突然倒地死亡，高产乳牛和犊牛对黄曲霉毒素敏感，死亡率高。

急性中毒时食欲废绝，精神沉郁，拱背，惊厥，磨牙，转圈运动、站立不稳，易摔倒。黏膜黄染，结膜炎甚至失明，对光过敏反应，颌下水肿，腹泻呈先急后重，脱肛，虚脱，约于 48h 内死亡。

慢性中毒时犊牛生长发育缓慢，多数营养不良，被毛粗糙逆立、无光泽，鼻镜干燥、皲裂。病初食欲不振、惊恐、后期废绝，反刍停止，伴发腹痛和神经症状，如磨牙、呻吟、站立不安、后肢踢腹、惊恐、转圈、盲目徘徊等。可视黏膜黄染，一侧或双侧角膜浑浊。伴有中度间歇性腹泻，排泄混杂血液凝块的黏液样软粪。有的可导致里急后重和脱肛，最终昏迷而死亡。成年牛多呈慢性经过，死亡率较低。病牛精神沉郁，磨牙，反刍减弱，前胃弛缓，采食量减少，瘤胃臌胀，间歇性腹泻，泌乳量下降甚至无乳，黄疸，心跳呼吸加快。繁殖性能降低，发情延迟或不发情。妊娠牛流产，排足月的死胎或早产，所产胎儿活力下降。因乳中含有黄曲霉毒素故可引起哺乳犊牛中毒。由于毒素损害免疫系统致机体抵抗力降低而易引起继发症。

急性中毒可见黄疸，皮下、骨骼肌、淋巴结、心内外膜、食道、胃肠浆膜出血；肝棕黄色，质地坚实，如橡胶样。慢性中毒时除肝黄染、变硬外，无其他明显异常变化。可见肝细胞变性、坏死、出血、胆管和肝细胞增生。犊牛比成年牛敏感。

【诊断】

根据黄疸、出血、水肿、消化障碍及神经症状等临床症状结合病史调查可做出初步诊断。对饲料进行品质检查有助于诊断，对死亡病牛进行病理学检查，发现肝细胞变性、坏死和增生也有利于诊断。饲料中含黄曲霉毒素达 0. 1mg/kg 时即对牛有毒害。确诊需对可疑饲料进行产毒霉菌的分离培养和黄曲霉毒素含量测定，必要时还可进行雏鸭毒性试验。实验室检验黄曲霉毒素的方法有生物学方法、免疫学方法和化学方法。化学检验法操作繁琐、费时，在对一般样品进行毒素检测前，可先将饲料样品尤其是玉米放于盘内，摊成一薄层，在360纳米波长的紫外灯光下观察荧光，样品中存在黄曲霉毒素B1时，可看到蓝紫色荧光，若未见到荧光可再用化学检测法。

【预防】

乳牛黄曲霉毒素中毒主要是由于饲料被黄曲霉毒素污染所致，故应对饲料进行严格的管理以防本病发生。

1. 防止饲料霉变

防霉是预防饲草、饲料被黄曲霉菌及其毒素污染的根本措施。引起饲料霉变的因素主要是温度与相对湿度。因此，在饲草收割时注意天气变化，收割后的饲草应充分晒干，饲料水分不应超过12%。在谷物收割和脱粒过程中，不可堆积以免发热发霉，要充分通风、晾晒、最好迅速干燥。饲料应贮存在通风良好、阴凉干燥处，切勿受潮、雨淋，仓库温度应低于25℃，湿度不应超过80%。定期查库，将霉变饲料及时挑除，还可使用化学熏蒸法和氨气熏蒸法等。甲醛熏蒸（每立方米用40%甲醛溶液25ml、高锰酸钾25g、常水12.5ml混合熏蒸）或5%过氧乙酸喷雾（每立方米用2.5ml），均有抑制霉菌的作用。加防霉剂也可防止饲料霉变，常用丙酸钠和丙酸钙，每吨饲料中添加1～2kg，可安全存放2个月以上。

2. 定期监测饲料中黄曲霉毒素的含量

乳牛养殖场要根据所处地区和乳牛养殖场所的潮湿程度，定期检测饲料中黄曲霉毒素的含量，严禁超标。许多国家都已制定了饲料中黄曲霉毒素允许量标准。我国饲料卫生标准规定黄曲霉毒素B1的允许量为：玉米和花生饼、粕≤0.05mg/kg，成年牛日粮≤0.01mg/kg。

3. 霉变饲料去毒处理

霉变饲料不能直接饲喂乳牛，为减少经济损失，对轻度污染的饲料可进行去毒处理后饲喂乳牛。常用的去毒方法有以下几种。

（1）流水冲洗法　将饲料粉碎后，用清水反复浸泡漂洗多次，至浸泡的水呈无色时再用高温处理，可供饲用。此法简单易行，成本低，费时少。

（2）化学去毒法　常用碱处理法。在碱性条件下，可使黄曲霉毒素结构中的内酯环破坏，形成香豆素钠盐且溶于水，再用水冲洗可将毒素除去。可用5%～8%石灰水浸泡霉变饲料3～5h后，再用清水漂洗、晒干便可饲喂；也可将氨水按12.5g/kg拌入饲料中，混匀后密封3～5d，去毒效果达90%以上，饲喂前应挥发掉残余氨气，通常自然条件下散气7～10d即可；还可用0.1%漂白粉溶液浸泡处理，使其毒素结构被破坏，并用水反复冲洗后饲喂。

（3）物理吸附法　常用的吸附剂有活性炭、白陶土、黏土、高岭土、沸石等，特别是沸石可牢固地吸附黄曲霉毒素，从而阻止黄曲霉毒素经胃肠道吸收。

（4）微生物去毒法　据报道，无根霉、米根霉、橙色黄杆菌对除去粮食中德黄曲霉毒素有较好效果。

【治疗】

目前对本病尚无特效疗法。发现乳牛中毒时应立即停喂霉败或可疑饲料，给予含碳水化合物多且易于消化的青绿饲料，减少或不饲喂含有脂肪过多的饲料。轻度中毒乳牛可不治自愈，重度病例可采用清除毒物、保肝解毒、防止继发感染的综合治疗措施。

1. 清除毒物

投服硫酸钠、硫酸镁、人工盐等盐类泻剂，加速胃肠道毒物的排出。

2. 保肝解毒

25%葡萄糖注射液 500～1 000ml 或 50%葡萄糖注射液 500ml、10% V_C 注射液 20～40ml、10%葡萄糖酸钙注射液 500～1 000ml 静脉注射。当伴发心脏衰弱时，可皮下或肌内注射樟脑油 10～20ml，或 10%安钠咖注射液 10～20ml。

3. 防止继发感染

青霉素 300～500 万单位、链霉素 3～6g 肌内注射，每日 2 次，连用 5～7d。也可用土霉素，按 10mg/kg 体重肌内注射，每日 1 次，连用 5d。忌用磺胺类药物。

4. 中药治疗

防风 45g、甘草 60g、绿豆 500g，加2 000ml 水煎，加白糖 250g，每日 1 剂，灌服。

第七节　呼吸系统疾病

一、犊牛肺炎

对个体本身而言，一旦患上肺炎的犊牛，不仅因呼吸道疾病或继发的消化道疾病导致个体消瘦，而且还容易继发其他疾病，例如关节炎，进而共同影响其正常的生长速度，同时还可能导致其受胎、产犊的延迟，最终影响其一生生产性能。对于犊牛而言，由于该病因的复杂和多样性，肺炎是仅次于腹泻的一种高发疾病，在犊牛发病率和死亡率中一直居高不下。

从牛场整体的长远发展角度来看，肺炎爆发迅速，多数具有极强的交叉感染性，非常容易波及周围的其他牛群。一旦预防工作做得不到位，加上通风不良，饲养密度过大等潜在因素的存在，很容易导致疾病的群发。另外，由于其生长速度的降低，受胎延迟，不仅增加了个体乳牛的饲养成本，而且还会因后期泌乳性能的减少，使得乳牛的整体利用价值大打折扣，这对于乳牛养殖场而言更是一项不可估量的损失。

【发病原因】

犊牛肺炎病因复杂多样。从病原微生物方面分析，常见的既有肺炎链球菌、溶血性巴氏杆菌、多杀性巴氏杆菌、嗜血杆菌、结核杆菌等引起的细菌性肺炎；又有像副流感、牛传染性鼻气管炎病毒、牛呼吸道合胞体病毒、牛合胞体病毒、牛腺病毒等引起的病毒性肺炎；另外，还可见由支原体感染、衣原体感染等引起的肺炎。

从环境致病性因素来考虑的话，如春秋季节性的昼夜温差明显，冷热交替刺激性大；圈舍饲养密度过大，棚舍内通风不良，刺鼻性的氨气过浓等导致的空气质量差；垫草潮湿，污粪清理不及时，圈舍长期不消毒或者消毒不严格等导致病原微生物的大量繁殖。以上这些外界因素均容易引发肺炎等呼吸道疾病。值得注意的是，如果饲养犊牛的圈舍运动场为松软的沙土地，在干燥多风的季节，极容易因犊牛的群体奔跑，而吸入漫天飞扬的尘土，从而可能患上异物吸入性肺炎。人为的外界环境刺激，如长途运输、移群混群、去角、去副乳头等应激也是肺炎致病因素一大组成部分。

如果犊牛初生后初乳灌服不及时，或者灌服的初乳质量不达标，导致其被动免疫失败，对外界环境的抵抗力降低，也极易导致病原微生物的入侵，并迅速诱发肺炎等各类疾病。

【临床症状】

犊牛肺炎按发病病程快慢可分为急性型和慢性型两种。

急性型肺炎的病牛通常耷拉着脑袋，头颈向前下方伸张，精神极度沉郁，喜欢单独呆滞站立不动，食欲明显降低甚至废绝。咳嗽时多呈疼痛性咳嗽，近距离观察时，可见被毛粗糙蓬乱，两鼻孔通常出现浆性或脓性鼻液，喘气明显，个别犊牛甚至张口呼吸，多呈腹式呼吸。严重时可见其嘴角带白沫。一旦犊牛发病，体重在短时间内下降明显。体温明显偏高，通常在40℃以上。听诊时，心率不齐，心跳异常加快，肺部有干啰音或湿啰音。叩诊时，病灶部呈现浊音。

慢性型肺炎主要表现为间断性咳嗽，呼吸困难，多数患犊食欲、精神尚好，但发育迟滞，不愿运动，可见其日渐消瘦，偶有可见部分患犊目光无神，眼窝下陷，被毛粗乱。一般病程较长，体温正常或略微偏高。肺部听诊有支气管呼吸音、干啰音或湿啰音。胸壁叩诊亦能诱发犊牛咳嗽。

按其发病部位，还可大致分为大叶性肺炎、小叶性肺炎、间质性肺炎、吸入性肺炎，其中以支气管肺炎（即小叶性肺炎）、间质性肺炎以及吸入性肺炎较为多见。多数患犊常因心力衰竭和败血症而死。对于死亡的犊牛剖检时，通常可见肺部有炎症渗出物，肺脏外观呈暗紫色，切面黄褐色，病灶多为干酪样实质性坏死分布。

【诊断】

犊牛肺炎的临床症状一般都很相似，特别是对于急性病例，通常发病突然，一般可见精神异常，呼吸急促，多呈腹式呼吸，伴有间断或不间断咳嗽，被毛粗乱，鼻腔流鼻液，食欲偏低，并逐渐消瘦。听诊心率异常，肺部有啰音，叩诊可见病变部位有浊音。部分患犊按压肺部，可见有疼痛敏感部位。对死亡后的病例进行剖检，通常可见明显的肺部实质性病变。以此可作为临床诊断的另一种重要手段。

【预防】

通常肺炎的主要治疗原则是清除病原、消炎退热、止咳祛痰、制止渗出以及对症治疗。要做到早发现、早治疗、疗程结束后再停药，对于本病的治疗很关键。因为犊牛肺炎会导致肺部组织受损，当肺部肺泡被纤维组织取代，丧失气体交换功能时，即使治愈，也会影响以后该牛的正常呼吸和生长发育。用药治疗时应按疗程坚持用药，不可中途好转便马上停止用药，否则极可能因为病原菌清除不彻底，导致肺炎再次复发甚至加重。必要时可于临床治愈后，再坚持治疗一个疗程，以提高细菌学治愈率，减少复发。

被动免疫对于预防初生犊牛的肺炎起着十分关键的作用，所以要严格把握好初乳灌服的质量，做好犊牛初乳饲喂的细节工作。针对病毒性肺炎，可建立一个疫苗接种计划以预防牛呼吸道合胞体病毒、副流感等病毒的感染。对于长途运输、季节性天气变化、移群混群等特殊情况，可尝试建立一种抗生素控制程序以应对突然发病。在环境因素方面，应该保持犊牛舍的清洁干净，空气流通性要好，平时还要做好犊牛环境卫生工作，勤于消毒。对于2～6月龄的犊牛圈舍，如果已发现个别牛出现咳嗽症状时，可于饮水槽中撒入适当的药物进行控制，并对圈舍进行彻底的消毒。

【治疗】

①细菌感染导致的肺炎，有条件的牛场，可取样进行细菌的分离培养实验，并进行病原菌的耐药性分析，选择敏感性好的药物进行治疗。如果没有实验室化验条件，则可根据本场以往的治疗经验，参考使用治疗效果预期较好的抗菌药进行临床治疗。

②由于在不同时期，不同病例导致的病原菌也不同，故不可绝对盲目依靠往常经验来用药。一般用药2～3d后，如无明显好转或病情加重者，则应及时更换药物，以免延误治疗时间，导致动物病情的进一步加重。

③对于病情复杂者，可根据抗生素药物配伍禁忌联合用药，并配合使用非甾体类抗炎药进行治疗，往往会获得更好的治疗效果。

④针对于细菌感染的肺炎，病程轻者，可首先考虑使用青霉素、链霉素等抗生素，采用肌内注射，避免对犊牛的应激，并尽量避免繁重的治疗过程；青霉素对于早期发现的急性肺炎具有很好的针对性。对于病情严重的犊牛则宜采用静脉输液，在采用抗生素或磺胺类药物的同时，还需要注意强心补液，保肝解毒，并加强对犊牛的后期护理。轻度的可按每公斤体重注射1.3万～1.4万单位的青霉素，3.0万～3.5万单位的链霉素肌内注射，2～3次/d；病重者可静脉注射磺胺二甲基嘧啶70mg/kg体重；V_C 10mg/kg体重；V_{B1}30～50mg/kg体重，5%葡萄糖500～1 500ml，2～3次/d。

⑤如果为病毒或者支原体、衣原体等病原体感染，抗生素也是可以考虑选用的药物。虽然抗生素一般对于病毒感染无治疗作用，但可控制细菌的感染，必要的时候，还需要考虑选择运用对支原体、衣原体等有针对的抗生素，所以在不确定是否为细菌性感染的情况下，最好选择广谱杀菌并且可杀灭支原体、衣原体的抗生素。

⑥严重感染的犊牛应该及时采取先隔离再治疗的措施，以保证其他牛群的健康安全。

二、支气管炎

支气管炎是支气管黏膜表层或深层的炎症。各阶段牛均可感染，尤以年幼和年老牛为甚。按病程可分为急性和慢性支气管炎。本病在春、秋季节，气温骤变时多见。

【发病原因】

由于受寒感冒，早春晚秋气温多变，汗后受寒冷、风雨侵袭，寒夜露宿被贼风吹袭等皆可降低机体的抵抗能力；吸入烟尘、氨等刺激气体、霉菌孢子等异物；圈舍通风不良、闷热以及投药方法不当和吞咽障碍等等都可引起支气管炎；此外，流感、肺丝虫病等传染病、寄生虫病的发病过程中可继发此病。

【临床症状】

急性支气管炎主要表现是咳嗽。初期咳嗽短、干、痛咳，3～4d后咳嗽变为长咳、湿咳，常从鼻腔流出浆液性或黏液性鼻液。听诊肺部时，病初为干罗音，后期为湿啰音。胸部叩诊一般无变化。全身症状轻，体温正常或体温稍高0.5℃，一般持续2～3d后下降，脉搏、呼吸增速，并发传染病时发热高且有加剧的全身症状。

慢性支气管炎是由急性支气管炎没有得到及时治疗发展而成，表现为长期顽固性咳嗽，尤其是运动、采食、饮冷水、早晚或夜间气温较低时更为严重，往往发生剧烈咳嗽。鼻液少而黏稠，病情时轻时重，劳累、气温突变时症状加重。胸部听诊长期有干性啰音，叩诊一般无变化，全身症状不明显。晚期，支气管炎可并发肺气肿从而呈现长期呼吸困难。

【剖检】

急性支气管炎的支气管黏膜血管舒张并充满血液。黏膜发红呈斑点状、条纹状、局部性或弥漫性的布满支气管的部分或大部分，多个部位见淤血。病初黏膜肿胀并稍微干燥，后来有浆液性、黏性或黏脓性渗出物的渗出。黏膜下层水肿，有淋巴细胞和分叶核细胞浸润。慢性支气管炎的黏膜或多或少变为斑纹状，而有时呈现弥漫性充血、肿胀，并被少量的黏性渗出物或黏脓性渗出物所覆盖。当病程延续时发生支气管周围炎。

【诊断】

根据发病情况、临床症状等作初步诊断。应注意与支气管肺炎、肺水肿、肺充血的鉴别。肺水肿、肺充血都是突然发生，病程急速，有泡沫样、血样或淡黄色鼻液。过敏性的咳嗽是由某种致敏源引起的并突然发生剧烈咳嗽，流鼻涕、眼泪，但体温、脉搏、呼吸无显著改变，使用抗过敏药治疗有效。

【预防】

加强饲养管理和适当运动以提高机体抗病能力，禁喂发霉变质的饲草料和干燥的粉状料；防止感冒、过劳，避免机械、化学等因素刺激，保护好呼吸道的防御能力，建立预防性检查制度，及时治疗原发病。保持牛舍的清洁卫生、干燥、温暖，防治贼风侵袭。

【治疗】

以消除致病因素，祛痰、镇咳、消炎为主。将病牛置于温暖、无贼风，温差变化不大，通风良好的牛舍内，饲喂无灰尘而易消化的有营养饲料。祛痰可用氯化铵 10 ~ 20g；吐酒石 0. 5 ~ 3g。镇咳可用复方樟脑酊 20 ~ 25ml；复方甘草合计 100 ~ 150ml。消炎可用 80 万国际单位的青霉素 8 支，100 万国际单位的链霉素 3 支，注射用水 2050ml，混合肌内注射，2 次/d，连用 2 ~ 3d。

中药可用参胶益肺散：党参、阿胶各 60g，黄芪 45g，五味子 50g，乌梅 20g，桑皮、款冬花、川贝、桔梗、米壳各 30g，共为细末，开水冲服。

三、牛肺充血及肺水肿

肺充血是指肺毛细血管过度充满血液使肺中血量增加。分主动性与被动性充血两种，前者是由于流入肺脏和流出肺脏的血量同时增多，使毛细血管过度充盈；而后者则由于流出肺脏的血量减少，流入肺脏的血量正常或增多所致。肺水肿是由于毛细血管内液体渗出而漏入肺间质与肺泡所引起，为肺充血的必然结果。由于肺泡空间数量的丧失程度不同，故其临床以呼吸困难程度各异为特征。

【发病原因】

肺充血及肺水肿是许多疾病常见的一种最终结果，但常被其他障碍所掩盖而忽视。引起肺充血的原因分原发性和继发性两种，原发性即主动性的，继发性即被动性的。原发性（主动性）充血指基本损害在肺脏。多见于肺炎初期；炎热天气而无遮荫、防暑设施所致的日射病和热射病；吸入烟雾和刺激性气体及毒气中毒；农药中毒如有机磷和有机氟中毒，以及由其他因素所致的急性过敏反应等。这些均能引起肺毛细血管扩张而造成主动性充血。继发性（被动性）充血指基本损害在其他器官。主要见于充血性心力衰竭的疾病，如心扩张、心肌炎、心肌变性及二尖瓣膜狭窄和闭锁不全，由于肺脏内血液流出受阻而造成肺瘀血；也见于病牛长期躺卧，造成局部血液停滞而引起所谓的沉积性充血。

【临床症状】

肺充血及肺水肿病状相似，常迅速发生呼吸困难，黏膜鲜红或发绀，颈静脉怒张。病牛由兴奋不安转为沉郁。咳嗽短浅、声弱而呈湿性，鼻液初呈浆液性，后期鼻液量增多，常见从两鼻孔内流出黄色或淡红色、带血色的泡沫样鼻液。严重呼吸困难者，头直伸，张口吐舌，鼻孔张大，喘息，腹部运动明显。也有表现为两前肢叉开，肘头外展，头下垂者。心跳加快至100次/min以上，心音初增强而后减弱。肺部叩诊音不同，充血初期无异常，有水肿时为鼓音，当肺泡被大量水肿液充满时则呈浊音或半浊音。肺部听诊，充血时有粗糙的水泡杂音、无啰音，肺水肿时，肺泡音减弱，能听到小水泡音和捻发音。

【病理变化】

急性肺充血时肺脏体积增大，色呈暗红色、质度稍硬，切面流出大量血液。组织学变化是肺毛细血管充盈，肺泡中集有漏出液和血液。肺水肿体积增大、较重，呈蓝紫色，失去弹性，按有压痕。气管、支气管和肺泡常积聚大量淡红色、泡沫状液体。切面流出大量淡红色浆液。

【诊断】

通过临床症状可以初步诊断，但区别肺水肿及肺充血较困难。

在临床诊断时，应与热射病、肺炎等鉴别。热射病及日射病时病牛体温升高41.5℃以上并伴有神经症状。肺炎时体温升高至40～41.5℃，呈弛张热，叩诊时肺部出现散在性小浊音区，听诊时浊音区肺泡音减弱或消失，其周围肺泡音增强，有时能听到啰音。细菌性肺炎常伴有毒血征，对抗菌药物治疗反应最好。由过敏反应引起的肺充血与水肿有自愈倾向。

【预防】

加强饲养管理，注意牛舍通风换气，避免刺激性气体的产生的应激。夏季应做好防暑降温工作，采取运动场加遮阳网等措施避免乳牛在日光下暴晒、牛舍闷热潮湿而产生热应激。加强对农药、消毒药、清洗剂等的保管工作，防止乳牛误食、误饮而引起中毒。对因产后瘫痪等疾病而引发的躺卧母牛或因蹄病而卧地不起的病牛，应加强护理，应人工翻动体躯每日1～2次，以防止沉积性肺瘀血的发生。

【治疗】

采取降低肺内压，缓解呼吸困难，减少渗出以防水肿加重的措施。

可用速尿按0.5～1.0mg/kg体重一次肌内注射，每日2次。阿托品0.048mg/kg体重一次肌内注射，每日2次。氢化可的松0.2～0.5g一次静脉注射。据报道乙酰水杨酸（阿司匹林）、甲氯灭酸钠对牛抗过敏作用效果较好，故可用阿司匹林15～30g，一次内服；或甲氯灭酸钠1 mg/kg体重一次内服，每日2次。为了防止渗出可用5%氯化钙200～250ml一次静脉注射。

四、犊牛坏死性喉炎

犊牛坏死性喉炎俗称犊牛白喉，是由坏死杆菌引起的一种以喉部感染坏死为特征的恶性坏死杆菌病。临床以口腔黏膜、齿龈硬肿、坏死和溃疡及肺炎为特征。

【发病原因】

坏死性喉炎是厌氧性坏死杆菌感染所致，该病多发生于1～4月龄牛。病牛是本病的主要传染源，通过粪便、病灶炎性分泌物、唾液向环境中排出大量病菌，通过污染饲料、畜舍、运动场、水源、场地等进行传播。卫生条件不良及损伤可诱发此病，如饲料或用具、尖齿损伤黏膜可诱发口腔软组织感染。

【临床症状】

病初体温升高至39.4～40.3℃，厌食，流涎，鼻涕呈脓样，齿龈、颊部、舌及咽部有明显的硬肿，上附粗糙、污秽褐色的坏死物质。坏死物脱落留下溃疡，边缘肥厚，底部不平整。鼻腔、气管黏膜也有病变，唾液分泌程度中等，有时可能混杂有硬食物。同槽饲喂或彼此接近的犊牛因互相舔舐而造成感染且在牛群中扩散。当喉部发展到本病的非典型感染时，患牛呈现进行性吸气性呼吸困难，吃食或饮水时可能有疼痛性短咳。持续几天，症状恶化，可能有吸气性和呼气性呼吸困难，但吸气状况更差，可听到病牛努力吸气声，呼出气体具腐臭味，通常经7～10d死亡。病程长者，食欲恢复，体重增加缓慢，因部分勺状软骨凸入喉腔，故持续呈现喘鸣声。

【诊断】

可用开口器观察到病变部位，也可用内窥镜以助确诊，并且后者对患牛产生的应激小。若病畜有严重呼吸困难、缺氧或发绀，那么内窥镜检查前先进行气管造口术为好。慢性病例中可观察到单侧的喉肿胀，也可能有软骨变形，但坏死和感染的软骨可能有正常黏膜覆盖。急性病例喉狭窄、黏膜肿胀。根据流行状况、发病部位、坏死灶以及腐臭气味可做初步诊断，作病原分离培养有利于进一步确诊。

【预防】

加强饲养管理，消除诱发因素。改善环境卫生条件，及时清除圈舍、运动场地积水，保持干燥、清洁、卫生；对于患腐蹄病牛只及犊牛白喉患牛，隔离治疗，已被污染的环境应进行彻底消毒；助产要细心，脐带要严格消毒；营养要合理，给予优质细嫩干草。

【治疗】

因软骨组织感染，故治疗需时间长。一是局部处理，小心用外科法除去口腔内的坏死组织及脓肿，用3%过氧化氢、3%高锰酸钾液彻底冲洗患部，每日1～2次，再用碘甘油涂布。二是采用全身治疗，消除炎症，防止病灶转移。青霉素2万单位/kg体重，一次肌内注射，每日2次。结合使用磺胺药物，效果更好。第1日剂量为143mg/kg体重，然后每日70mg/kg体重，连用7～14d。根据全身症状，必要时可静脉注射葡萄糖、安钠咖，肌内注射V_A、V_D等。三是慢性的病例愈后不良，疗程可达14～30d，气管造口与碘化钠协同可治疗深部软骨被感染的、呼吸困难的牛。

第八节　寄生虫病

一、乳牛寄生虫病的危害及防治措施

（一）寄生虫的危害归纳起来主要有以下几点

①和动物机体争营养，吸取血液和组织液等，使饲料报酬降低，影响产能，降低产品

品质，投入产出不成比例。

②体外寄生虫活动引起皮肤痛痒、烦躁不安，不断蹭痒和舔毛，影响采食和休息，造成皮肤皲裂（如疥癣等）或穿孔（牛皮蝇蛆），影响皮张质量。

③虫体移行造成机械损伤，引起器官组织发炎或损坏干扰生命活动，甚至造成死亡。

④释放代谢产物或毒素，引起机体不良反应，造成免疫抑制，使抗病能力降低，对免疫无应答。

⑤寄生虫引起的黏膜损伤为其他病原进入打开门户，引起并发症，并传播其他疾病。如病毒（猪瘟等）、细菌（痘疾）、原虫病（焦虫、附红体）等。

⑥影响繁殖性能、不孕或死胎等。

⑦人畜共患寄生虫病威胁人类健康（如隐孢子虫病等）。

在实际生产中，犊牛和泌乳期母牛是最易受侵害对象，造成的损失也最大，可引起犊牛营养不良、体质孱弱、生长停滞甚至死亡等；母牛的表现为泌乳量下降、乳脂率低、泌乳高峰期短，易流产，不孕，产弱胎、死胎等。

据俄罗斯全俄斯克里亚宾院士蠕虫学研究所的研究数据显示：肝片吸虫病造成乳牛泌乳量降低 10% ~20%，幼牛体重下降 5% ~15%；肺丝虫病造成幼牛体重增长下降 27%，造成死亡 8%；牛皮蝇蛆病造成幼牛体重增长下降 8%，母牛泌乳量下降 9%，皮革品质下降 50% ~55%；蛔虫使增重降低 30%；而痒螨病的经济损失更大，不好测算。

（二）防治措施

防治乳牛发生寄生虫病是一项关键技术，国内乳牛业亟待提高驱虫保健意识，加强基础饲养管理水平，加强重视预防用药，降低乳牛发病率。在春季随着天气的日趋变暖，大量虫卵开始复苏、繁殖，正是牛场全群驱虫的大好时机，定期驱虫能够改善牛群体质，提高饲料转化率，提高养殖经济效益。

乳牛寄生虫病的防治，必须坚持预防为主，防治结合的方针，注重消除各种致病因素，具体防治措施如下。

1. 坚持定期驱虫的基本原则

不必要的药费投入和管理成本支出，不仅会导致乳牛生产成本的增加，也会对乳牛的生产性能造成不同程度的影响，甚至会影响到生鲜乳的质量指标。乳牛由于是草食动物，饲草来源广泛，其中不可避免存在寄生虫虫卵，乳牛采食后就会感染寄生虫病，严重影响到乳牛的生产性能，甚至会导致乳牛死亡，因此，乳牛场必须坚持定期驱虫的基本原则。

2. 诊断和监测

目前，许多乳牛场要么不进行乳牛驱虫，要么采用“定期驱虫”。绝大多数“定期驱虫”不是根据当时乳牛体内的寄生虫情况来进行的，带有很大的盲目性。按我国行业标准，一般抗吸虫药物的废乳期为 10 ~60d。如果进行不必要的驱虫，不仅带来药物和人力及物力等浪费，更严重的是废弃生鲜乳带来的经济损失。甚至可能引发滥用药物带来食品安全等一系列问题；如果乳牛寄生虫病严重时，没有及时驱虫治疗，则不仅影响泌乳量、生鲜乳品质，甚至危害乳牛的生命。

3. 从粪便中检查虫卵

由于许多寄生虫（吸虫、线虫、原虫）主要寄生于胃肠道，一些寄生于肝胆、血液的寄生虫也通过粪便排卵或卵囊。检测乳牛粪便中的寄生虫虫卵或卵囊，是评估寄生虫感染种类和强度最经济、可靠、可操作的首选。采集新鲜粪样进行饱和糖/盐水漂浮法和沉淀法检查寄生虫幼虫、虫卵和卵囊，通过麦克马斯特方法对虫卵和卵囊计数，计算其EPG或OPG（每克粪便中的虫卵或卵囊数量），甚至能找到成虫。

4. 乳牛寄生虫虫体收集和鉴定

利用屠宰死亡和淘汰的乳牛，采用完全剖检法收集全部虫体，按常规方法处理，逐条进行鉴定，能比较系统、全面了解寄生虫种类和感染强度，准确鉴定寄生虫种类。采集血液检测寄生虫抗原或抗体，采集血液进行影响流产或危害人类健康的新孢子虫和弓形虫等血液内寄生虫的检测；涂片染色检查附红细胞体、巴贝斯虫等。根据诊断、调查和监测结果，确定是否有必要实施驱虫。如果应该进行驱虫，根据监测的寄生虫病种类和强度，选择相应药物实施有效的驱虫；驱虫后，及时检测乳牛粪便中的虫卵或卵囊变化，评估驱虫效果评价，并采取每年定期/不定期监测采集新鲜粪便和血液以检查虫卵和抗体等。

5. 综合预防措施

乳牛寄生虫病要进行科学、合理的防治，不是一个简单的喂药、驱虫工作，其防治效果主要是由乳牛寄生虫种类、药物种类和驱虫规程及乳牛特点等影响决定，但是寄生于乳牛的寄生虫种类较多，有吸虫、绦虫、线虫、原虫、体表寄生虫等。加强宣传和培训工作，实行科学饲养，改变不良的饲养习惯和方式，加强管理，保持饮水，饲料厩舍及周围环境卫生，控制感染途径搞好管理水平，搞好环境卫生，定期消毒厩舍，粪便、垫料等进行堆积发酵或无害化处理，科学合理驱虫等各种综合防治措施，消灭和控制外界环境中的病原体及其中间宿主和传播媒介，以净化环境，防止感染。

乳牛寄生虫病的防治应当重视以下4个基本原则：进行以当地乳牛寄生虫种类、发病季节特点为基础的、有针对性的药物防治，而不是盲目用药；药物的选择需要充分考虑抗药性、经济适用以及公共卫生安全；乳牛寄生虫病的防治需要树立以预防为主，辅以治疗；在流行区域，需要改变饲养方式，消灭中间宿主和传播媒介，根据当地情况用化学剂、生物剂并结合农田水利建设，开辟新渠道，施发农药等方法消灭中间宿主，切断寄生虫的生活史。

6. 驱虫药物的选择

结合诊断和监测结果，选择相应的药物，进行有效驱虫。驱虫药的选择应以高效、广谱、低毒、无残留、无毒副作用、使用方便为原则。传统的左旋咪唑、丙硫咪唑、阿维菌素、伊维菌素等药物因为有耐药性、驱虫谱窄、弃乳期长、毒性大等缺点，已不能满足乳牛场的实际需求。目前市场上使用最多的是乳牛专用驱虫药爱普利（乙酰胺基阿维菌素，用于驱杀乳牛体内寄生虫如胃肠道线虫、肺线虫和体外寄生虫如螨、蜱、虱、牛皮蝇蛆和疥螨、痒螨等，皮下注射，每10kg乳牛体重用爱普利0.2ml。），普遍反映效果较好，它是国家批准的唯一可安全用于乳牛泌乳期的驱虫药，具有安全、无残留、无弃乳期、抗虫谱广，一次使用可同时驱杀体内外寄生虫，一次注射药效持续42d等特点。

7. 制定科学合理的实用驱虫规程

①每年春秋两季的全群驱虫，对于饲养环境较差的养殖场（户），每年在5—6月份增加驱虫一次。各场（户）可根据当地寄生虫感染程度和流行特点来制定最佳驱虫程序，并按程序长期防治。

②犊牛在断奶前后必须进行保护性驱虫，防止断奶后产生的营养应激，诱导寄生虫的

侵害。母牛要在进入围产前进行驱虫，以保证母牛和犊牛免受寄生虫的侵害。育成乳牛在配种前应当驱虫，以提高受胎率。种公牛每年必须保持4次驱虫，以保证优良的健康状况。新引进乳牛进场后必须驱虫并隔离15d后合群。转场或转舍前必须进行驱虫，减少对新舍（场）的污染。

③选择合适的驱虫时间或季节，需根据寄生虫的生活史和流行病学特点及药物的性能而定。对大多数蠕虫来说，在秋冬季驱虫较好。秋冬季不适于虫卵和幼虫的发育，大多数寄生虫的卵和幼虫在冬天是不能发育的，所以，秋冬季驱虫可以大大减少寄生虫对环境的污染。另外，秋冬季也可减少寄生虫借助蚊蝇昆虫进行传播。以此来保证乳牛安全过冬，免受寄生虫侵害。

④制定合理的定期驱虫制度，有计划、有目的、有组织地进行驱虫，定时化验，定时检查，逐个治疗。可有效地防治乳牛感染寄生虫疾病，间接提高饲料转化率，促进后备乳牛生长，增强对疾病的抵抗能力，提高乳牛对疫苗的免疫应答水平，同时避免因寄生虫在乳牛体内移行造成的继发感染。

二、牛巴贝斯虫病

【发病原因】

牛巴贝斯虫病（旧称牛焦虫病）是由巴贝斯虫属的原虫寄生于牛的血细胞和网状内皮系统引起的寄生虫病。其形状有环形、椭圆形、梨形和变形虫形等。梨形虫体长度大于红细胞半径，两个虫体常将其尖端成锐角相连。本病是一种有明显地区性和季节性的流行性传染病，由蜱传播此病。

【流行特点】

牛巴贝斯虫的传播者有硬蜱、扇头蜱等。我国已证实微小牛蜱可传播牛巴贝斯虫，微小牛蜱是一宿主蜱，主要寄生于牛体，以经卵传递方式由次代幼虫传播，其他阶段无传播能力。牛巴贝斯虫也可经胎盘感染胎儿。巴贝斯虫病的发生和流行具有明显的地区性，主要发生于我国南方各省，我国西北、华北、东北的一些省、区也有发生。巴贝斯虫病因各地气候不同，一年之内可以暴发2～3次，由春季到秋季以散发形式出现，在南方发生于6～9月。一般情况下，2岁以内的犊牛发病率高，但症状轻微，病死率低；成年牛发病率低，但症状较重，病死率高，特别对老年瘦弱以及劳役过重牛，病情更为严重。当地牛易感性低，良种牛和外地牛易感性较高，症状也重。本病也可经胎盘感染。

【临床症状】

潜伏期为8～15d，有时更长些。病牛病初表现为高热稽留，体温升高到40～42℃，可持续一周或更长。脉搏和呼吸加快，精神沉郁，磨牙，流涎，体表淋巴结肿大，喜卧。其食欲减退或废绝，反刍迟缓或停止。便秘或腹泻，有的病牛排出黑褐色、恶臭、带粘液的粪便。乳牛泌乳量减少或停止泌乳，怀孕母牛常发生流产。病牛迅速消瘦、贫血明显，可有75%红细胞被破坏，乳房、下腹部、可视粘膜苍白和黄染，血红蛋白尿，尿的颜色由淡红变为棕红乃至黑色，有的颌下、胸前或腹下发生水肿。病牛最后因极度衰竭而死亡。在病初，红细胞染虫率一般为10%～15%，轻微病例则只有2%～3%，有的很难找到。急性病例可在4～8d内，不加治疗时死亡率可达50%～90%。慢性病例体温波动于40℃上下持续数周，渐进性贫血消瘦，需经数周或数月才能康复。幼年病牛的病程仅数日，表现为中度发热，心跳略快，食欲减少，略见虚弱，黏膜苍白或微黄，热退后迅速康复。

【病理变化】

病牛尸体消瘦，尸僵明显；可视黏膜贫血、黄疸，血液稀薄如水，红细胞数显著下降，红细胞大小不均，着色淡，有时可见幼稚型红细胞，血凝不全。皮下组织、肌间结缔组织和脂肪均呈黄色胶冻样。内脏器官被膜黄染，皱胃和肠黏膜潮红并有点状出血，脾脏肿大，脾髓软化，呈暗红色，在剖面上可见小梁突出呈颗粒状。肝脏肿大，呈黄褐色。胆囊扩张，其内充满浓稠的胆汁。肾脏肿大，呈淡黄色，有点状出血。膀胱膨大，存有多量红色尿液，黏膜有出血点。肺淤血、水肿。心肌柔软呈黄红色，心内外膜有出血斑。

【诊断】

选体温升高后1~2d的牛只，耳尖采血涂片检查，可发现少量圆形和变形虫样的巴贝斯虫虫体，已出现血红蛋白尿的牛只检出的虫体较多，且大部分是梨籽形虫体，虫体长度大于红细胞半径，双梨籽形虫体尖端以锐角相联，虫体多位于红细胞中央。同时还可发现有泰勒虫，虫体较巴贝斯虫体小，呈环形、椭圆形、逗号形、卵圆形、杆形、圆点形等各种形状。

根据流行病学资料、临床症状和病理变化可做出初步诊断，确诊需进一步做实验室诊断。实验室可采取血液涂片，姬姆萨氏染色，检查红细胞中的虫体。有时需反复多次或改用集虫法进行检查，才能发现虫体。此外，补体结合试验、荧光抗体试验等也可应用。

【防治措施】

①灭蜱，防止本病的传染。在春季和夏季蜱活动频繁季节，用杀虫剂（敌敌畏、敌百虫等）喷洒牛舍、运动场，3个月一次。

②体内外驱虫，用杀虫剂（敌敌畏、敌百虫等）每周对牛体喷洒或药浴灭蜱一次，用依维菌素、阿维菌素喂牛，体内驱虫。

③对此病已有特效治疗药，可深部肌内注射三氮脒，3.5mg/kg体重，用时配成6%溶液或使用黄色素，4mg/kg体重，配成1%溶液静脉注射，也可口服焦虫片（主要成分为青蒿琥酯），每30kg体重1片。只要及时、正确应用，均可取得满意效果。除应用杀病原体的药物外，还需针对病情的不同给以对症或辅助疗法，如健胃、强心、补液、补血、缓泻、舒肝、利胆等。对贫血、衰弱严重并瘫痪的牛只进行输血（采健康且与病牛血无交互凝集反应的牛血300~500mg，静脉输入2~3次）、补液（10%葡萄糖溶液1 500ml/d，连用3d），并用安钠咖、地塞米松、水杨酸钠等进行辅助治疗。

④放牧饲养的牛群应避免到蜱大量孳生和繁殖的牧场去放牧，以免受到蜱叮咬，必要时暂时停牧，改为舍饲，病情得到控制后再放牧。平时实施有计划、有组织的灭蜱措施。

⑤牛的巴贝斯虫病病原体种类繁多，异地调运常导致多种病原体同时寄生，引起混合感染使病情加剧。凡有从外地引进牛的牛场均应密切关注此病，一旦出现体温升高并能在血片中查出虫体即按此病治疗。即使查不出虫体也按此病治疗，有百利而无一害。

⑥药物预防：对疫区放牧的牛群，在发病季节到来前，每隔15d用三氮咪注射一次，剂量为2mg/kg体重。也可以用咪唑苯脲预防效果更佳。

⑦规模牛场灭蜱工作非常棘手，应根据蜱的生活习性进行针对性的预防，能有效的控制牛蜱的流行，平时采取下列灭蜱措施：12月至翌年1月用杀虫剂（敌百虫、肿胺磷等）

消灭在牛体上过冬的若蜱；4—5 月用泥土堵塞牛舍墙缝，闷死在其中的若蜱；6—7 月用杀虫剂消灭寄生在牛体的成蜱；8—10 月可再用堵塞墙洞的方法消灭在其中产卵的雌蜱和新孵出的幼蜱，最好向泥土中加入敌敌畏、敌百虫等以提高防治效果。调动牛只应选择蜱不在牛体上活动的时期进行，调入调出前均应作药物灭蜱处理，以免传播病原。

三、牛寄生虫性眼病

牛寄生虫性眼病又名牛眼虫病或牛吸吮线虫病，是由吸吮线虫病寄生于牛的结膜囊，第三眼睑下和泪管内所引起的一种寄生虫性眼病。

【发病原因】

最常见的是由感染罗氏吸吮线虫引起，在检查结膜时可见到 9 ~ 18mm 乳白色丝状活泼游动的虫体。本病多发于温暖、潮湿、蝇类活动的季节，各种年龄的牛均易得，一般 5—6 月开始发病，8—9 月达到高峰。蝇类是此病发生和流行的中间宿主。一些蝇类吸食牛眼分泌物时，将雌虫在牛结膜囊内产生的幼虫咽下，随后在蝇体内发育成具有感染性的幼虫，当蝇类再吸食牛眼分泌物时，又将感染性的幼虫传到该牛眼内，并在此寄居 15 ~ 20d，发育成成虫。

【临床症状】

由于虫体刺激，引起结膜角膜炎，病牛摇头不安，结膜潮红，角膜混浊，甚至溃疡，眼睑肿胀，眼分泌物增多，病牛常用两后蹄蹬眼睛，当继发细菌感染时，严重可导致失明。

【诊断】

通过临床症状并仔细检查患眼，在眼内发现虫体即可确诊。

【防治措施】

①在本病流行地区，于冬、春季对全群牛进行预防性驱虫，可选用磷酸左旋咪唑片，按 8mg/kg 内服，也可用阿维菌素或伊维菌素粉，按 0. 2mg/kg 内服。

②治疗时可采用伊维菌素 – 奥芬哒唑混悬液按每 10kg 体重 0. 7ml 一次量内服或伊维菌素 – 阿苯哒唑片按每 50kg 体重 2 片一次量内服。也可阿维菌素注射液或伊维菌素注射液按 0. 2mg/kg 体重皮下注射。用 1% ~2% 敌百虫溶液点眼杀虫，每日 2 次，连用 2d 或用2% ~3% 的硼酸溶液强力冲洗患眼结膜囊，以杀死和冲出虫体，每日 2 ~ 3 次，连用 2d。患眼有发炎症状时，应用抗生素药物进行治疗。

四、牛毛包虫病

【发病原因】

本病是由于牛毛囊脂螨寄生在毛囊内而引起的皮炎。在一个毛囊中可繁殖 100 ~ 200 只螨，由于这些螨蚕食毛囊的囊壁和组织，所以，毛的根鞘被破坏，导致脱毛，使毛囊内充满组织液、脂肪等，在皮肤上生成粟粒大至豌豆大的结节。

【临床症状】

本病多发部位是牛的头部、颈部、胸部、肩部等牛体的前半部，症状加重后在臀部、腿部、股部等都可出现，甚至遍及全身。主要表现密集的小结节和深入皮肤中的结节。病初在粟粒大的结节中由毛孔中渗出的液体将被毛牢牢地黏在皮肤上，而且呈干燥状态，用手指捻压这个皮部位，毛就会变为黄褐色粉末，但豌豆大的结节见不到渗出液。据国外有关资料报道，有的牛毛包虫病由于结节化脓或因螨虫过度的繁殖而自溃，严重的也可使相连的结节发生自溃，导致皮肤发生皴裂，引起像犬毛虫病那样严重的皮炎。不同地区发病率有很大差异，应该引起高度重视。感染途径主要是母牛传染给犊牛，如果母牛感染本病，其犊牛也100%的感染。感染螨虫的数量增加后，任何时候都可引起发病。一般认为，成母牛比犊牛发病率高。

【诊断】

诊断是很容易的。根据其在皮肤上出现从粟粒大到豌豆大的结节，而且没有发痒症状的特征，即可确诊。

【防治措施】

①发现患牛时，首先应对病牛进行隔离，并消毒被污染的场所和用具，同时加强对患牛的护理。

②治疗时可采用以下的药物：5%福尔马林浸润患部5min，隔3天1次，共5~6次；14%碘酊涂抹6~8次；皮下注射伊维菌素注射液，每50kg体重用药1ml，7~10d后再重复用药1次，以杀死新孵出的幼虫，达到尽可能彻底除虫的目的。但使用本药时需注意，供人食用的牛，在屠宰前21d内不能用药，供人饮奶用的牛，在产奶期不宜用药。此外应根据病情应用抗生素及抗过敏药物。

五、牛球虫病

【发病原因】

牛球虫病是由艾美尔属球虫寄生于牛肠道内引起的以急性肠炎、血痢等为特征的一种寄生虫病，多见于犊牛发病。各品种牛均易感，两岁以内犊牛发病率较高，且易死亡。一般发生在4—9月。本病的传染源主要是成年带虫牛和临床治愈牛，它们可不断地向外排出球虫卵囊，使病原广泛存在。饲料、饮水、垫草和奶牛乳房被污染时，常引起犊牛感染。另外，饲料突然更换、应激刺激、患其他传染病，奶牛抵抗力下降时，也易发生本病。

【临床症状】

潜伏期2~3周，犊牛一般为急性经过，病程10~15d，严重者2~3d死亡。表现为出血性腹泻，往往造成犊牛死亡。球虫主要寄生在牛的直肠，有时在盲肠和结肠下端也能发现。病初牛精神沉郁，消瘦，腹痛，喜卧，被毛粗乱，体温略高或正常，粪便稀薄、稍带血，稍后症状加剧。病中期当肠黏膜破坏而造成细菌继发感染时，体温升高至40~41.5℃，前胃弛缓，肠蠕动增强，排带血的稀粪，混有纤维性薄膜，气味恶臭，奶牛后肢及尾部被粪便污染。病后期，大便失禁、脱水，其粪便呈黑色。病牛极度贫血、衰弱，多因体液过度消耗而死亡。慢性病例，则表现为长期逐渐消瘦、下痢、贫血，最终形成僵牛或因极度消瘦而死亡。

病死牛尸体极度消瘦，可视黏膜苍白；肛门外翻，后肢和肛门周围被血粪污染。直肠黏膜肥厚，有出血性炎症；淋巴滤泡肿大、突出，有白色和灰色小病灶；直肠内容物呈褐色、恶臭，混有纤维性薄膜和黏膜碎片；肠系膜淋巴结肿大、发炎。

【诊断】

通过镜检粪便可确诊。临床上犊牛出现血痢和粪便恶臭时，可采用 饱和盐水漂浮法检查患犊粪便，查出球虫卵囊即可确诊。在临床上应注意牛球虫病与大肠杆菌病的鉴别。前者常发生于1个月以上犊牛，后者多发生于产后数日内的犊牛且脾脏肿大。

【防治措施】

牛舍要保持清洁干燥，定期消毒。防止饲料和饮水被牛粪污染，哺乳母牛乳房要经常洗干净，不要突然更换饲料，不要到低湿牧地放牧。犊牛与成年牛分群饲养，以免球虫卵囊污染犊牛的饲料；舍饲牛的粪便和垫草需集中消毒或生物热堆肥发酵，在发病时可用1%克辽林对牛舍、饲槽消毒，每周一次；被粪便污染的母牛乳房在哺乳前要清洗干净；要按规定剂量、规定时间添加药物预防，防止产生耐药性，并要有记录，如氨丙啉按0.004%～0.008%的浓度添加于饲料或饮水中；或莫能菌素按每千克饲料添加0.3g，既能预防球虫又能提高饲料报酬。可采取以下治疗药物：氨丙啉，每千克体重25mg内服，1次/d，连用5g；莫能菌素，每千克饲料添加20～30mg混饲；也可应用磺胺喹恶啉等药物，同时结合止痢、强心、补液等对症治疗。

六、牛绦虫病

【发病原因】

该病是乳牛吃草或舔土时将含有囊尾蚴的地螨吞食而感染。绦虫的虫体扁平呈带状，长度可由数毫米至10m以上，寄生于奶牛的小肠内，头体吸附在牛的肠黏膜中。

【临床症状】

主要危害1.5～8个月的犊牛，成年乳牛一般为带虫者，症状不明显。严重感染绦虫时伴发消化机能紊乱、牛只消瘦、贫血、水肿、发育不良、脱毛、腹部疼痛和胀气，个别牛还会发生下痢。在病的末期，病牛卧地不起，头向后仰，经常做咀嚼动作，口吐白沫，精神极度萎靡，反应迟钝至消失，最后死亡。成年乳牛间或有不明显的消化机能紊乱、慢性胀气、消瘦和贫血，偶尔有癫痫状发作现象。

【诊断】

用饱和盐水漂浮法做粪便中的虫卵检查可以确诊。

【防治措施】

由于绦虫病对犊牛的危害严重，流行广泛，其中间宿主地螨普遍分布且寿命较长，给该病的预防带来不少困难，但进行定期预防驱虫以及科学饲养及放牧，可大大降低该病带来的危害。感染季节来临时，避免在潮湿和大量地螨滋生的地方放牧，也不要在雨后放牧或用带有露水的草喂牛。对发病的乳牛可用硫双二氯酚，按50mg/kg体重灌服，对多种绦虫有效。丙硫苯咪唑按5mg/kg体重加水灌服，尤其对莫尼茨绦虫有特效。

七、乳牛肝片吸虫病

【发病原因】

肝片形吸虫病是一种严重危害牛、羊等反刍动物的蠕虫病，又称肝蛭病。肝片吸虫病的病原为肝片吸虫和大片吸虫。虫体寄生在牛的肝脏胆管中，能引起胆管炎、肝炎、肝硬变。虫体背腹扁平，如榆树叶状，成年虫体长20～30mm，宽10～13mm。该病虫卵在椎实螺体内经一定时间发育形成囊蚴，乳牛吃草或饮水时吞食了囊蚴而被感染。

【临床症状】

症状的轻重与虫体数量和牛的年龄、体质有关。常呈慢性经过，虫体达到肝脏时常常不表现出症状，随着肝片吸虫的生长，病牛表现为贫血，黏膜苍白，眼睑、颌下、胸下及腹下水肿，病牛消瘦，毛干易断，食欲消失等一系列症状。主要危害犊牛，严重感染时影响发育，甚至会出现死亡。成年乳牛常呈慢性经过，营养不良，食欲不振或异嗜，拉稀，周期性胀气及反复出现前胃迟缓。严重感染时，乳牛产奶量降低 10% ~20% 或更多，孕牛往往发生流产，有时甚至引起死亡。急性病例表现迟钝，腹泻，肝部压痛，有时突然死亡。

【诊断】

根据临床症状、流行病学、粪便检查发现虫卵和死后剖检发现虫体等进行综合判定即可确诊。粪便检查虫卵可用水洗沉淀法。

【防治措施】

①应采取综合性防治措施，坚持“预防为主，治疗为辅，防重于治”的防治原则，定期预防性驱虫，每年要进行 3 次，驱虫时间根据各地流行本病的特点确定，原则上第一次在大批虫体成熟之前 20 ~30d 进行，第二次在虫体大部成熟时进行，经过 2 ~2.5 个月再进行第三次驱虫。驱虫后一定时间内排出的粪便必须集中处理，堆积发酵，进行生物热处理除虫。并注意消灭导致乳牛感染的中间宿主椎实螺，一般采取 1 : 5 000硫酸铜溶液在低湿草地灭螺。

②加强饲养管理，注意饮水卫生，保持水源清洁，防止污染水源。易大量感染的夏秋季节，尽量避免到潮湿牧场或低洼地带放牧，也不要割这些地方的青草喂牛，不饮死水。

③不要从流行区购买牧草等，确需购入时，从流行区运来的牧草需经处理后再饲喂乳牛。

④治疗肝片吸虫病时，不仅要进行驱虫，而且应该注意对症治疗。目前治疗较为理想的药物可用硝氯酚，内服 3 ~4mg/kg 体重，对成牛成虫的灭虫率达 89% ~100%，对犊牛成虫的灭虫率为 76% ~80%。若肌内注射应减少用量，以防中毒。肌内注射量为 0.5 ~1mg/kg 体重。或硫双二氯酚 40 ~60mg/kg 体重内服。溴酚磷 12mg/kg 体重，1 次灌服。

八、牛虱病

【发病病因】

乳牛的虱子分为两大类，吸血类和不吸血类。吸血类危害较重，流行较广。多由寄生于牛体表的牛血虱、牛颚虱和牛毛虱引起。牛虱常寄生于牛体的背部、颈部、肩部和尾部。成虫在牛体上吸血交配后产卵，卵黏附在牛毛上，不久卵孵出幼虫，幼虫吸血后变成成虫。可直接或间接接触传染。密集饲养、畜舍及牛体卫生差、湿度大以及秋冬季节换毛等因素有利于牛虱的生长和繁殖，可促进其传播感染。

【临床症状】

病牛表现不安，采食和休息受到影响。牛体皮肤发痒，频频擦痒使牛毛脱落，消瘦、乳牛泌乳量下降。幼犊发育不良、消瘦、贫血，由于体痒，经常舔吮患部，可造成食毛癣，时间久之，在胃内形成毛球，影响食欲和消化机能及其他严重疾病。

【诊断】

根据临床表现，在牛体上发现牛虱和虱卵即可确诊。

【防治措施】

为预防虱病，应加强饲养管理及环境消毒、牛体清洁等工作。经常刷拭牛体。牛舍要定期打扫、消毒，保持通风干燥。日常对乳牛刷拭时要注意检查，发现有虱的牛要及时隔离治疗。对新引进的牛要严格检查，有虱的牛应该先隔离灭虱，然后再合群饲养。

发现患有虱病的牛可用溴氰菊酯、蝇毒磷等杀虫药喷洒牛体。此外，用伊维菌素200ug/kg体重，配成1%溶液皮下注射。药物灭虱要全面、彻底，牛体灭虱和外界环境灭虱相结合，只有这样，才能达到灭虱的目的。

九、牛蜱病

【发病病因】

蜱又称壁虱，蜱种类很多，常见的是微小的牛蜱，呈椭圆形，红褐色，背腹扁平，一般雄虫如虱子大小，而雌虫吸血后可膨胀到黄豆大或蓖麻籽大，蜱是一些传染病或寄生虫病的传播者，如焦虫病和泰勒原虫病。

【临床症状】

患病牛皮毛粗乱无光、发痒、贫血、精神倦怠，厌食，体重减轻和代谢障碍，但一般症状较轻。

【诊断】

在牛皮较薄、较隐蔽的地方（如耳根、尾根耳壳内侧）可见到很多蜱，即可确诊。

【防治措施】

由于蜱类寄生的宿主种类多，分布区域广，所以应采取综合防治措施。保持牛舍清洁、光滑、无裂缝，清除蜱类生存的外环境。并用杀蜱药液对牛舍进行全面消毒。对引入的乳牛要检查和进行灭蜱处理，防止引入乳牛带进蜱。及时消灭牛体上的蜱。可通过人工捕捉或药物灭蜱。灭蜱药物易产生抗药性，应轮流使用以增强杀蜱效果和推迟产生抗药性。

十、牛皮蝇幼虫病

【发病原因】

牛皮蝇幼虫病是皮蝇幼虫寄生于牛的背部皮下引起的一种慢性寄生虫病，牛皮蝇幼虫形状似蚕蛹，棕褐色，皮蝇产卵时引起牛恐惧，瞪目，影响牛的采食和休息，大量的牛皮蝇幼虫寄生时，可使奶牛贫血消瘦，发育不良，泌乳量下降。

【临床症状】

幼虫钻入皮肤时，引起皮肤痛痒，精神不安。幼虫在食道寄生时，可引起食道壁的炎症，甚至坏死。幼虫移行至背部皮下时，在寄生部位引起血肿或皮下蜂窝组织炎，皮肤稍隆起，变为粗糙而凹凸不平，继而皮肤穿孔，如有细菌感染可引起化脓，形成瘘管，经常有脓液和浆液流出，直到成熟幼虫脱落，瘘管才逐渐愈合，形成瘢痕。触摸病牛背部有如大豆样大小的结节，里面的幼虫成熟后蛆虫咬破皮肤穿孔，可从皮肤穿孔处挤出幼虫。幼虫如在皮下破裂，有时可引起过敏现象，病牛口吐白沫，呼吸短促、腹泻、皮肤皱缩，甚至引起死亡。

【诊断】

幼虫在背部皮下时易于诊断，最初可在背部摸到长圆形的硬结，过段时间后可以摸到瘤状肿，瘤状肿中间有一小孔，内有一幼虫，可确诊。

【防治措施】

①平时要注意保持牛舍清洁、干燥和牛体卫生，定期对环境进行消毒，用1%～1.5%的敌百虫溶液喷洒牛圈，牛床、墙缝。

②无牛皮蝇病的地区尽量不要从有牛皮蝇病的地区引进乳牛，以免此病的引进。

③制定合理的驱虫保健程序，每年春秋两季对全部牛群驱虫，对饲养环境不良好的养殖场（户），每年在5—6月增加驱虫一次。犊牛在断乳前后必须进行保护性驱虫，防止断乳后产生的营养应激，诱导寄生虫的侵害；母牛要在进入围产前进行驱虫，以保证母牛和犊牛免受寄生虫的侵害；育成牛在配种前应当驱虫，以提高受胎率；新进乳牛进场后必须驱虫并隔离15天后合群。

十一、牛疥螨、痒螨病

【发病原因】

疥癣病又叫牛螨病，病原体是螨寄生在牛的皮肤上。疥螨，呈灰白色或略带黄色，牛疥螨多发于头部、颈部和背部，病情严重时，可遍及全身，特别是幼牛感染疥螨后，往往引起死亡。主要发生在冬季、秋末、初春，此时日光照射不足，牛只被毛增厚，绒毛增生，皮肤温度增高，适合螨的发育繁殖，尤其在牛舍潮湿、阴暗、拥挤及卫生条件差的情况下，极易流行螨病。

【临床症状】

病牛在头颈部出现丘疹样不规则病变，皮肤增厚，病牛出现食欲减退、不安等现象。随着牛病情的延长，病牛病情加剧，剧痒，经常用力摩擦患病部位，致使患部脱毛、落屑、失去弹性，出血，结痂。皮肤粗糙而多褶皱，皮肤变厚，鳞屑、污物、被毛和渗出物黏结在一起，形成痂垢。严重时可波及全身，患病牛拒食，逐渐消瘦，生长停滞，体况较差，最后心力衰竭而死亡。

【诊断】

对有明显症状的螨病，根据发病季节、剧痒、患部皮肤的变化等可确诊。症状不明显时，检查方法也很简单，用小刀在患病部位和健康部位交界处刮取皮屑，直到微见血时停止，将皮屑放在载玻片上加少量甘油，在显微镜下检查可见虫体。

【防治措施】

①根据疥螨生长周期、生活史、生活特性等，加强饲养管理，特别是疥螨病多发的秋冬季节；坚持预防为主，有计划地对饲养牛群用注射或药浴、涂擦等方法定期驱虫；保持养殖场圈舍、场地、用具的卫生，实行定期消毒制度；保持饲养环境的干燥、通风；及时发现病畜，以做到早发现、早治疗，控制疫病的蔓延扩散。

②疥螨的移行会造成动物皮肤表层或深层的损伤，从而造成细菌的感染，应注重控制继发感染。

③对已经确诊的螨病病牛，应及时隔离治疗。先剪去牛患部和附近的被毛，然后反复涂药，直到痊愈，按说明书使用敌敌畏、螨净等专用药物，或用皮炎合剂（用甲硝唑100ml，林可霉素3g，庆大霉素40万单位，利多卡因5ml，地塞米松25mg配合）涂擦；伊维菌素按200ug/kg体重分点皮下注射，青霉素600万～800万单位肌内注射，每日1次，连用3d；还可以药浴病牛。

第九节 其他疾病

一、犊牛脐带疾病

犊牛脐带疾病是犊牛出生后脐带断端出现的疾病，包括脐血管炎、化脓性脐炎、脐出血、脐疝等。

【脐血管炎】

病牛表现为牛犊脐肿胀，弓腰举尾，后肢踢腹、喜卧，脐孔周围组织肿胀、充血，拒绝触摸，触之患部温热，一般体温正常。治疗用碘片5g、樟脑10g、龙脑6g、薄荷4g、乳香10g、没药10g、两面针粉15g、凡士林100g，加适量甘油调成药膏，最后加乙醚5～10ml，混均涂抹，5d换1次，一般1～2次可治愈。当体温高时可用抗菌素注射。

【化脓性脐炎】

触诊其脐部时犊牛表现疼痛，在脐带中央及其根部皮下可摸到如铅笔杆粗的索状物，流出带有臭味的浓稠浓汁。重症时肿胀常波及周围腹部，犊牛出现精神沉郁、食欲减退、体温升高、呼吸与脉搏加快，脐带局部增温等全身症状。治疗时将患部消毒并切开1～2指长的口将脓汁排出；松节油、鱼肝油各50ml，5%碘酊樟脑液10ml混合均匀后，用纱布蘸取药液填脓腔，2d换1次药，2～5d后脓汁减少或无脓汁；再用生肌散涂抹，使其生长肉芽组织或收口，一般很少复发。

【脐出血】

脐出血有静脉和动脉出血之分，脐静脉出血时血液一滴一滴流出，血液呈紫红色；脐动脉出血时血液不断线或者喷射而出，呈鲜红色，出血量多时，牛犊呼吸困难，可视黏膜苍白。治疗时应立即用浸过碘酊的缝合线扎脐带，如脐带断端过短已缩回脐孔内无法结扎时应用消毒纱布填塞止血，填塞后将脐孔缝合，待血止后再拆除纱布。

【脐疝】

指发生于犊牛脐部的疾病。一般认为本病是劣性遗传基因所致，其次是断脐不当所引起。如果断脐不正确，主要指扯断脐带时血管及尿囊管留得太短，腹壁脐孔则闭合不全，再加腹内压增高，腹腔内容物便可以通过脐孔而进入皮下形成脐疝。也少见于脐部被细菌感染而化脓致使腹部肌肉处于坏疽状态或由于臌胀而致使腹压增高或从前刺入异物等因素。

犊牛脐部周围的皮肤肿胀的如鹅卵大或垒球大，有时肿胀直径面积达20cm左右。一般生后的脐疝经一年左右往往能自愈，在这种情况下要经常检查，可每隔两周左右就将手指插入其孔内试一下，最初能插进3个手指大小的脐孔，不久就缩小到两指半到两指而后逐渐缩小，直至痊愈。脐孔的大小如果随着天数的推移仍不缩小，而且越来越大时是不能自愈的。当犊牛脐孔的直径大约能插进 4 个手指大的时候，小肠就能进入疝囊中，而有柔软的波动感，压迫也不疼痛，一般是容易推送回腹腔的。当疝囊内容物推送不回去，嵌在脐孔部位时可导致全身症状恶化，所以必须进行整复手术。

二、热射病

热射病是指乳牛在夏季炎热、潮湿、闷热的环境中，机体新陈代谢旺盛，产热多，散热少，体内积热而引起的中枢神经系统功能紊乱。

【发病原因】

乳牛发病的主要原因是饲养管理不当，周围环境高热、高湿，特别是在炎热夏季乳牛长途运输或出汗过多却饮水不足；牛舍狭小；躺卧或生活在通风不良、潮湿闷热的饲养环境中易引发此病。乳牛血钙过低、丧失体温调节能力以及发生其他疾病是本病的诱因。

【临床症状】

病牛体温 40℃以上，呼吸急促，流涎，口腔温度及皮温增高，直肠内温度灼热，全身出汗，鼻镜干燥，食欲废绝，尿少或无尿。精神沉郁，行动迟缓，卧地不愿起立。心律不齐，脉搏极速而微弱，心率可达 100 次以上/min，可视黏膜发绀。胃肠蠕动音消失，反刍及嗳气现象停止。严重的病牛口鼻流出泡沫样分泌物，张口呼吸，体温继续升高且虚脱。当体温高于 42.2℃ 以上时可造成神经损伤且愈后不良，如不及时治疗乳牛将很快死亡。

【诊断】

根据病牛高热、呼吸急促、困难、张口呼吸、心动过快等临床症状以及环境炎热高温、高湿等可作出诊断。

【预防】

改善牛舍及运动场环境，打开门窗、安装大型换气扇或大功率电扇、或者建恒温牛舍，从而使牛舍保持良好的通风换气；运动场应有遮阳棚或遮阳网；牛舍、运动场要及时打扫，定期消毒，保持干净、卫生、清洁；增喂胡萝卜等青绿多汁、适口性好的饲料以增加采食量，适当增加日粮蛋白质和脂肪含量；适当增加饲喂次数，如全混合日粮的投喂次数可由 2 次改为 3 次；供给清凉、洁净的饮水或供给适量的淡盐水；日粮中添加异位酸等添加剂缓解热应激；在全混合日粮中添加碳酸氢钠和氧化镁。

【治疗】

采取散热降温、强心利尿、调理胃肠、缓解酸中毒、防止病情恶化等措施进行治疗。立即将病牛转移至阴凉宽敞的地方，先用大功率风扇保持通风，而后在病牛头部和身上大量喷洒凉水或敷以冰袋，结合凉水灌肠，也可用酒精降温；肌内注射 2.5% 盐酸氯丙嗪溶液 10 ~ 20ml；20% 安钠咖 10 ~ 20ml、复方氯化钠 1 000 ~ 2 000ml 静脉注射；出现肺水肿时速尿按 0.5 ~ 1.0mg/kg 体重使用，心跳加快超过 100 次以上/min 时静脉缓慢输入钙剂；未怀孕牛只可使用地塞米松；呼吸困难时阿托品 0.048mg/kg 体重注射，每日 2 次。

兽医科学是一门不断发展的科学，用药安全注意事项必须得到认真遵守和执行，但是，随着新的研究成果的不断出现和临床用药经验的发展和积累，兽医用药知识也在不断更新和前行，随着国家对畜产品质量安全的关注度和监管力度的不断加强，乳牛疾病的治疗方法及用药程序等也必须适时作出相应的调整和完善。因此，在此建议读者在使用每一种药物时都要认真阅读药品生产厂家提供的产品说明书以确认推荐的药物用量、用药方法、用药时间以及各种用药禁忌等。执业兽医需根据实践经验和对患病乳牛发病经过、体况、病情等的综合了解与考量来决定用药品种、用药量及确定最佳治疗方案。

第十章 现代化乳牛场的软硬件建设

第一节 乳牛场的硬件建设

一、牛场选址、场区布局与牛舍建设

（一）牛场的选址与饲养规模

1. 牛场的选址是牛病防制的关键因素之一

新建乳牛养殖场场址选在交通便利、远离主要干道500m以上，地势平坦，干燥，背风向阳，通风、排水良好，环境安静，远离居民区及养牛密集的地区。周围应设绿化隔离带，具有清洁、无污染的充足水源，地下水位在2m以下。

2. 牛场规模不宜过大

一是不便于管理；二是一旦暴发传染病，那将造成毁灭性的损失。同时，在大的牛场对某些病的控制可能要花费较长的时间。而且，当乳牛达到一定数量后随着乳牛饲养头数的增加饲养成本不是降低，而是相应的增加。

（二）场区布局

1. 场区与外环境隔离

场区内生活区、挤乳厅、生产区、辅助生产区、病牛隔离区、粪污处理区划分清楚；犊牛舍、育成牛舍、泌乳牛舍、干乳牛舍、隔离舍分布清楚。生活区（包括与经营管理、兽医防疫及育种有关的建筑物）与生产区严格分开，最好距离50m以上。在生活区人员、车辆入口处设有消毒池和防疫设施。生产区设在下风向位置，大门口设门卫传达室、人员消毒室和更衣室以及车辆消毒池、喷雾消毒设施。净道与污道严格分开。粪污处理区设在生产区下风向，地势低处，与生产区保持300m的距离。病牛隔离区便于隔离，单独通道，便于消毒，便于粪污处理等。辅助生产区包括草料库、青贮窖、饲料加工车间，要有防鼠、防火、防雨设施。

各类牛舍、挤乳厅、饲料区（饲料的收购、加工、贮存、供应）、粪尿处理区和其他附属建筑物以及设施的位置与相互之间连接，要便于日后乳牛生产最有效、最经济的运转，并力求做到减少牛只行走距离，缩短工人操作和饲料等运输距离；避免粪道与净道的重叠和交叉，以利卫生防疫；减少饲料与牛乳的污染。

2. 挤乳厅

有与乳牛存栏量相配套的挤乳机械设备。在挤乳台旁设有机房、发电机、制冷贮乳间、化验室、热水供应系统、更衣室、卫生间及办公室等。挤乳厅布局要方便操作和卫生管理。有待挤区，宽度大于挤乳厅。贮乳间有贮乳罐和冷却设备，挤乳2h内冷却到4℃

以下。输乳管存放良好无存水、收乳区排水良好，地面硬化处理。生鲜乳收购站建设需采用无毒、无污染的建筑材料。

3. 基础设施

水质符合《生活饮用水卫生标准》，水源稳定。电力供应方便，交通便利，有硬化路面直通到场。

（三）牛舍建设

牛舍建筑要紧凑，布局合理，方便生产。牛只站立位置冬季温度保持在 -5℃以上，夏季高温季节保持在30℃以下。墙壁坚固结实、抗震、防水防火。屋顶坚固结实、防水防火、保温隔热，抵抗雨雪、强风，便于牛舍通风。牛舍建筑面积6m^2/头以上，运动场面积不低于25m^2/头；有遮阳棚、自动刷拭设备。在牛舍的设计上，散栏饲养牛舍是供乳牛采食、饮水、休息和活动的场所。牛舍设计既要为乳牛提供一个卫生舒适的环境，也要考虑工人操作的方便，并要求尽量降低造价。同时牛场周围应设立围墙或围栏，阻挡群众和动物随意进出牛场，从而避免因相互穿梭各牛场而使疫病传播。牛舍屋脊应设计成小逸风口能最大限度的利用自然力以保持牛舍有良好的气流效应。建筑牛舍时，地面、墙壁应选用便于清洗消毒的材料，以利于消毒，具备良好的粪尿排出系统。乳牛养殖场内净道与污道分开，避免交叉，排污遵循减量化、无害化和资源化原则。牛场与其他畜牧场、居民区及交通要道保持500～1 000m以上距离。

二、乳牛场的设施设备

乳牛场设施设备建设是乳牛场现代化的重要组成部分，一般设施设备的定位应在土建设计之前完成。

（一）生鲜乳收购站的挤乳设施设备

1. 挤乳设施

挤乳设施的选择要重视挤乳器的功能选择：小型牧场选择串联式管道化挤乳设施是经济的、合适的；400～1 000头泌乳牛选择坑道式挤乳设施［2×（12～24）头位］能较好地发挥其潜能。坑道式挤乳台的并列站位有坑道较短的优点，但鱼骨站位更符合乳牛泌乳生理，进位、退位、换位的拐弯角度小且顺畅，具有对乳牛伤害小和棚架造价较低的优点。千头及以上泌乳牛群更适宜选用转盘式挤乳台，因为其工作效率高且可以减少头位配置，因此，与坑道式的造价相当。转盘式挤乳台具有劳动生产率高及有利于与TMR配套补料的明显优势。转盘式挤乳台的尼龙滚轴和动力装置的改进，已经达到运转故障率可以忽略不计的水平。

（1）串联式挤乳台　串联式挤乳台在挤乳栏位中间设有挤乳员操作的地坑，坑道深85cm左右，宽2m。这种挤乳台的优点是挤乳员不必弯腰操作，流水作业方便。同时，识别牛容易，乳房无遮挡。缺点是挤乳员行走距离长，每个挤乳员最多只能操纵一排4个牛位，适于泌乳牛100头以下规模的牛场。

（2）转盘式挤乳台　转盘式挤乳台是一种利用可转动的环形挤乳台进行挤乳流水作业的设计模式。其优点是乳牛可连续进入挤乳厅，挤乳员在入口处冲洗乳房、套乳杯，不必来回走动，操作方便，每转一圈用时7～10min，转到出口处已挤完乳，劳动效率高，适于较大规模乳牛场。目前主要有鱼骨式转盘挤乳台和并列式转盘挤乳台。但因其设备造价高，现阶段在我国还难以大面积推广。

（3）鱼骨式挤乳台　鱼骨式挤乳台因挤乳台两排挤乳机的排列形状犹如鱼骨而得名。这种挤乳台栏位一般按倾斜30°角设计，这样就使得乳牛的乳房部位更接近挤乳员，有利于挤乳操作并减少走动距离，提高劳动效率。同时，基建投资低于串联式，在生产上用的比较普遍。一般适于中等规模的乳牛场，栏位根据需要可从1×3~2×16。鱼骨式挤乳厅棚高一般不低于2.45m，中间设有挤乳员操作的坑道。坑道深0.85~1.07m（1.07m适于可调式地板），宽2.00~2.30m，坑道长度与挤乳机栏位相适应。目前有一种鱼骨式全开放型挤乳厅，适于泌乳牛100头以上的中大规模的乳牛场，根据需要可安排2×8~2×24栏位，其特点是全开放，使牛能快速离开栏位，高效省时，缺点是占地面积较多。

（4）并列式挤乳台

并列式挤乳台操作距离短，挤乳员最安全，环境干净，但乳牛乳房的可视程度较差，根据需要安排1×4~2×24栏位，以满足大（2 000头）、中、小不同规模乳牛场的需要。并列式挤乳厅棚高一般不低于2.20m，坑道深度在1~1.24m（1.24m适于可调式地板）之间，宽2.60m。坑道长度与挤乳机栏位相适应（图10-1）。

图10-1　并联式挤奶机

2. 挤乳厅的附属设施

为了充分发挥挤乳厅的作用，应配备建设与之相适应的附属设施，如待挤区、机房、制冷贮乳间等。这些设施的自动化程度应与挤乳设备的自动化程度相适应，否则将影响设备潜力的发挥，造成浪费。

（1）待挤区　待挤区是将同一组挤乳的牛集中在一个区内等待挤乳，较为先进的待挤区内还应配置有自动将牛赶向挤乳台集中的装置。待挤区常设计为长方形，且宽度不大于挤乳厅，面积按1.6m^2/头设计。乳牛在待挤区停留的时间一般以不超过0.5h为宜。同时，应避免在挤乳厅入口处设置死角、门、隔墙、台阶、斜坡，以免造成牛只阻塞。待挤区的地面要易清洗、防滑、浅色、环境明亮、通风良好，且有3%~5%的坡度（由低到高至挤乳厅入口）。

（2）滞留栏　采用散栏式饲养时由于乳牛无栓系，如需进行修蹄、配种、治疗、剪毛等，均要将乳牛牵至固定架或处理间，但此时往往不太容易将牛只牵离牛群。所以，多在挤乳厅出口通往乳牛舍的走道旁设一滞留栏，其棚门由挤乳员控制。在挤乳过程中，如发现有需进行治疗或需进行配种的乳牛，则在挤完乳放乳牛离开挤乳台走进滞留栏时，将棚门开放，挡住返回牛舍的走道，将乳牛导入滞留栏。目前，最为先进的挤乳台配有牛只自动分隔门，由电脑控制，在乳牛离开挤乳台后，自动识别，及时将门转换，将乳牛导入滞留栏，进行配种、治疗等。

（3）附属用房　在挤乳台旁通常设有机房、制冷贮乳间、更衣室、化验室等。

（二）牛乳的冷贮设备

牛乳从乳牛乳房中挤出后，及时冷却是一个重要的环节。挤乳厅挤乳，每日运输1次，24h内生产10t及以下牛乳的牛群，可选择直冷式乳罐冷却牛乳并贮存；挤乳厅挤乳，每日运输1次，24h生产10t以上牛乳的牛群，可选择制冷机和保温乳罐，通过“水预冷－集乳罐－制冷机－保温乳罐贮存”的程序与设备更具经济性。牛乳自挤乳后2h内须降温至4℃以下且应避免冷热乳直接混合。

（三）乳牛个体识别技术装备

应用现代化个体识别技术装备实行可追溯生产技术管理与经济核算是乳牛养殖现代化与食品安全追踪系统的必备装备。随着信息技术的发展，乳牛的个体自动识别技术和产品相应成熟，以射频技术（RFID）为基础的电子标签对动物的跟踪能力大大提高。研究结果表明，这项技术适合各种场合的动物，无论是集中饲养的还是分散饲养的牛只。如德国WestFalia公司生产的项圈式和固定在牛腿上的电子标签和识别应答器以及丹麦SAC乳牛场设备制造公司生产的ID发情识别块、项圈等用于乳牛个体识别的产品（图10－2）。

图10－2　腿上佩戴自动记步器的奶牛

（四）全混合日粮（TMR）设备

TMR是乳牛生产中提高劳动生产率的一大进步，是大型、超大型乳牛场的必备装备。第3代立式带刀TMR设备是机械物理性能较为理想的一种，应优先选用。固定式TMR设备是现有众多微小型乳牛场可以选用的，全电动移动式TMR是节能减排和降低成本的期待。

（五）检测检疫设备

乳牛场应该配备牛乳卫生与理化指标检测设备、饲料分析设备和乳牛生化及免疫检测检疫设备。如抗生素检测设备、乳成分分析检测仪、比重计等。

（六）防暑降温设施

对于乳牛场的防暑降温应该选择“间歇喷雾，接力送风”设施；待挤区应配备喷洗与吹干设施，湿帘降温或热泵技术也可起到防暑降温的作用；运动场应设有间隔式遮阳网，避免阳光直射、大雨浇牛。也可选用水空调用于夏季供冷，冬季供暖。

三、牛场管理制度与记录

（一）饲养与繁殖技术

系谱记录规范，有统一编号。参加生产性能测定，有完整记录，进行牛群分群管理。有年度繁殖管理计划、技术指标、实施记录与技术统计以及育种系谱、繁殖记录。有完整的饲料原料采购计划和饲料供应计划，每阶段的日粮组成、配方及记录。有充足的饲料供应（种植），有各种常规性营养成分的检测记录。有根据不同生长阶段和泌乳阶段制定的科学合理的饲养规范和饲料加工工艺，并实施记录。有牛群变动、防检疫记录。

（二）疫病控制

有乳牛结核病、布氏杆菌病的检疫检测和无害化处理记录；有口蹄疫等免疫接种计划以及实施记录；有定期修蹄和肢蹄保健计划；有隔离措施和传染病控制措施；有预防、治疗乳牛常见疾病规程；有不同类别传染病发生时的应急预案，各级责任人职责明确；有3年以上的普通药和5年以上的处方药的完整使用记录，抗生素使用和停药期符合国家及相关部门的有关规定要求。

（三）挤乳管理

有挤乳卫生操作制度；挤乳人员工作服干净、合适，挤乳过程中挤乳人员手和胳膊要保持干净；挤乳厅干净整洁无积粪，无异味，挤乳区、贮乳室墙面与地面做防水防滑处理；完全使用机器挤乳，输乳管道化；挤乳前后两次药浴，一头牛用一块毛巾（或一张纸巾）擦干乳房与乳头；将前3把乳挤到特别容器中，观察牛乳的颜色和形状；将生产非正常生鲜乳（包括初乳、含抗生素乳及病牛所产乳等）的乳牛安排最后单独用小型的单台挤乳机进行挤乳，设单独储乳容器且应严禁此类乳牛进挤乳厅挤乳，防疾病交叉感染及传播。输乳管、计量罐、乳杯和其他管状物清洁并正常维护，有挤乳器内衬等橡胶件的更新记录，按检修规程检修挤乳机，有检修记录，贮乳罐保持经常性关闭。生鲜乳交接单、收购、销售、检测、留样、不合格乳处理记录等各项记录齐全。

（四）从业人员管理

从业人员有身体健康合格证，每年进行身体检查。从业人员参加技术培训，有相应记录。

四、乳牛养殖场环保建设

（一）粪污、尿污处理

乳牛场粪污尿污处理设施齐全，运转正常，达到相关排放标准。粪尿污水处理、病畜隔离区应有单独通道，便于病牛隔离、消毒和污物处理，还应有沉淀池、贮粪场、粪肥加工车间、污水处理设施等。粪污处理系统设计原则为减量化、资源化、无害化、雨污分流、粪水分离；采用舍内干清粪工艺、刮板清粪、水冲清粪、固液分离、沼气、粪肥加工车间、污水处理设施。粪污处理系统设计要规划好粪污的收集方式；要注意留出足够的粪污存放和处理的场所；乳牛场的排水系统应实行雨水和污水收集输送系统分离，在场区内外设置污水收集输送系统；粪便的贮存设施的位置必须远离各类功能地表水体（距离不得小于400m），并应设在养殖场生产及生活管理区的常年主导风向的下风向或侧风向处，与生产区保持300m以上的间距；贮存设施应采取有效的防渗处理工艺，防止粪便污染地下水，并且贮存设施应采取设置顶盖等防止降雨（水）进入的措施。

（二）病死牛按规定进行无害化处理

病死牛均采取深埋焚烧等方式进行无害化处理，有无害化处理记录照片或视频。

（三）乳牛养殖区的绿化

乳牛养殖区的绿化有利于改善空气质量，保持水土和遮荫；有利于降低风力，增加空气湿度；有利于增加飞禽与昆虫密度。湿热地域绿化要慎重，适度栽种飞禽与昆虫回避的乔木树种。裸土可种植多年生固氮类饲料作物。

（四）牛粪尿无害化处理

农牧结合是最终解决牛粪尿处理问题的成本最低、各种效益最优的模式，“种养结合”的养殖模式是目前发达国家的主要做法和经验，此养殖模式在保障乳牛养殖场优质粗饲料基本自给的同时，又可以做到粪污100%还田。因此，既可以降低养殖成本又可提高生鲜乳质量，还可减轻环境污染。然而，就我国目前的乳牛养殖模式而言，无论是大规模养殖场还是小规模农户都基本处于“种养分离”状态，尤其是在以“千头牧场、万头牧场”为主的规模化养殖模式下，乳牛养殖的高成本、高污染问题就不可避免。因此，推广实施“种养结合”的养殖模式应该成为我国乳牛养业的一项长期国策。种植青贮玉米、紫花苜蓿、鲁梅克斯、菊苣、苏丹草等也能让乳牛养殖企业最大程度的做到粪污还田，减少环境污染。同时，新扩建规模化牧场应做到与土地配套，尽量使用机械清粪或刮粪板清粪，采用固液分离的方式来生产沼气，沼液沼渣还田。我国应参照欧盟粪污还田的标准（每公顷土地容纳170Kg氮）来尽快制定我国乳牛养殖适宜的土地载畜量和粪污排放标准。

牛粪污的处理除采用牛粪污→沼气→农作物→饲料的利用方式外，还可采用直接堆肥；牛干粪经粉碎、搅拌、加生物菌发酵、烘干造粒后加工成便于运输与储藏的系列生物有机复合肥料；利用牛粪与小麦秸等混合制成基料发展林下或大棚食用菌栽培技术生产食用菌，也可用经过晾晒的新鲜牛粪来养殖蚯蚓，实现种植业与养殖业互相促进协调发展。蚯蚓可用于喂养畜禽，经提取可得到植物生长营养剂和生物制品。此外就是利用沼气发电，沼液还田增产，沼渣做乳牛卧床，既节能又环保。利用以上先进技术可减轻牛场粪污对环境的污染，减轻后期环境工程的治理投入，还可以改善土壤肥力，提高耕地质量（图10－3，图10－4）。

图 10－3　利用牛粪养蚯蚓

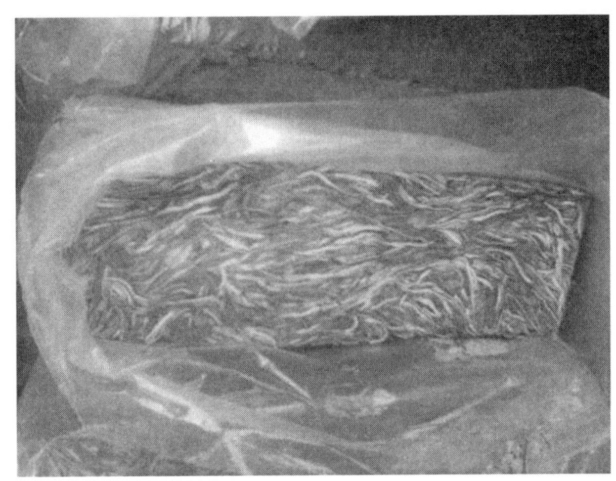

图 10－4　洗净后冷冻贮藏的蚯蚓

乳牛棚舍内牛粪尿的收集有人力、水力、内燃机力和电力等方式，牛粪尿的输送有人力、水力、内燃机力、电力等方式。电力因其动力源相对低廉及噪声低、环境污染少的优势而颇有前景。目前，牛粪尿结冰时只能使用内燃机力处理。

五、乳牛养殖场在生产水平及质量安全控制

1. 生产水平

低等水平的为泌乳牛年均单产大于 6 000kg，中等水平的为大于 7 000kg，高等的为大于 8 000kg。

2. 生鲜乳质量安全

乳蛋白率大于 3.05% 且乳脂率大于 3.4%，体细胞数小于 50 万/ml，菌落总数小于 20 万/ml。

第二节　乳牛场的软件建设

一、乳牛场的防疫管理

乳牛场的防疫管理应以《中华人民共和国动物防疫法》及地方实施细则为依据，尊重所属地管理，制定科学可行的、适合本企业的防疫与应急预案；落实人、财、物的储备，按国家防疫员要求实施全员培训与考核；制定常态防疫工作计划与监督制度，实行首长负责制与防疫员岗位值日责任制，明确与实施防疫工作奖惩制度，建立电子牛号及防疫日志的电脑管理制度；严格人、牛入场前与常态的隔离、检疫、免疫与消毒制度；拒绝“观光”项目，对于必须接待的人员，应事前获值日防疫员核准并登记在案，应认证其不罹患人牛共患病，入场前72h内无接触其他家畜史。入场时先洗手并穿着防护鞋、服，所经过道事后应作立体消毒。

二、大力推广良种性控冻精

一是大力推广国内、外良种性控冻精，加快扩大良种母牛群，加大低产乳牛的淘汰力度；二是良种性控冻精的生产与供应要列入种公牛站考评的重要项目；三是国家要加大性控冻精的鼓励力度，引进或自主研发更为先进的性控技术设备。

三、数字化、网络化、标准化、精细化管理

按照现代管理模式运行的乳牛场或养殖小区，不仅需要全盘考虑、统筹规划生产计划，而且需要通过监控计划的具体执行确保生产按预期的目标发展。为此，利用现代信息技术的手段选择和利用质量记录保持系统，适时记录以乳牛个体为基础的过程信息成为一个集约化、现代化乳牛场特别重要的日常性工作。传统的手工、非实时记录已经不适应现代化生产与管理的需要，取而代之以动态、在线、甚至远程信息采集与访问的综合信息技术平台的开发与应用。标准化是规模化乳牛场建设的基础，数字化能做到正确、及时地传递信息，是实现规模化养殖场的关键；软件是手段，网络是科学化管理规模化养殖场的平台，个性化“点菜”是规模化现代化乳牛场的主动参与、创新及总汇的方向。采用现代信息采集技术，以计算机单机或计算机网络系统为基础，将乳牛场各种个体参数、环境参数等饲养管理信息存入计算机数据库作为饲养管理的基础信息，再对这些基础信息数据的变化规律进行分析，可进行母牛发情监测、生产性能及生理健康状况检测，后裔谱系自动跟踪，并依据采集的乳牛个体信息，实施按乳牛个体制定日粮的饲养方案或补料计划，通过对乳牛实施精细饲养，可以最大限度地发挥个体乳牛的生产水平，包括泌乳水平和繁殖效率两个方面（图10－5）。

四、积极推广应用DHI技术

DHI是牧场管理的有效工具。一是通过个体性能指标、核心群建立（牧场增效牛群）指导选种选配；二是通过乳脂率、乳蛋白率、乳尿素，乳牛营养水平的测定改进饲料配方；三是依据性能优劣，群内级别，牛群淘汰的数据为整群提供依据；四是通过乳成分、

体细胞数等的变化提高牛乳质量；五是依据泌乳量和体细胞的变化、健康状况等资料为兽医提供参考；六是通过体细胞数、牛乳产量等制定计划和考评结果来考核员工工作业绩。

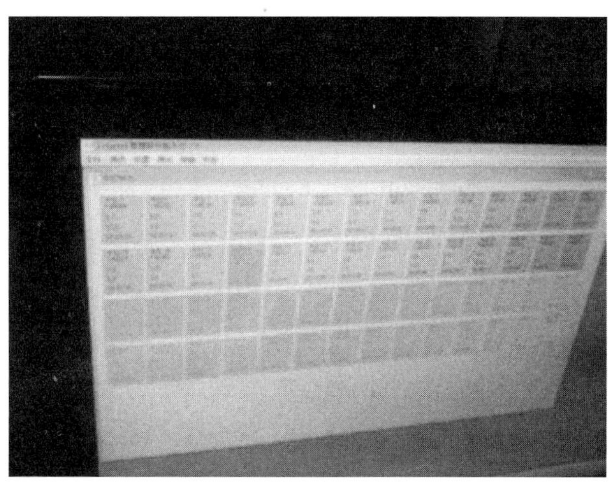

图 10－5　数字化管理系统

五、搞好卫生保健

一是牛舍要保持通风，清洁干燥，牛床铺垫柔软干草，有条件的可采用橡胶牛床。二是对牛群每年定期在春秋两季分别进行乳牛健康检查（重点检疫布鲁氏菌病、结核病）、对健康牛发给乳牛健康证，凭健康证销售生鲜乳。三是在春秋季节各进行一次全群修蹄；4% 的硫酸铜溶液浴蹄；并通过改善饲养管理、平衡日粮、提供卫生、干燥、无污染的环境以促进肢蹄正常发育。四是定期驱虫。乳牛驱虫投药时间在母牛分娩后 49h 以内，每头牛用噻苯咪唑 45g，经口直接投入，一次投完。五是定期消毒牛舍、运动场。

合理安排作息时间，各项工作日程必须在规定时间内完成。一是保证饮水，水质要有保障，水源无污染。二是要让乳牛每天适当运动，保证每天中午前后和夜间将牛撵到舍外，让其运动 1h 左右并呼吸新鲜空气。三是每天刷拭牛体 1～2 次，保持体表清洁。同时，每天保证日光浴（舍内安装日光灯）16h，促进血液循环。四是棚圈、舍内勤打扫，牛床保持清洁干燥，每天更换垫草。五是要经常观察乳牛的行为、食欲、反刍、休息等情况，发现问题及时解决。

六、加强乳牛场人才队伍的建设与培养

组建团结、活泼、积极向上、富有凝聚力、敢于担当、敢于负责、技术精湛的专业技术团队。技术人员队伍是乳牛场的中坚力量、宝贵财富、发展基石，是乳牛场向前发展的强大支撑和动力，因而提供良好的工资待遇、稳定的福利保障、和谐的人文环境、潜在的升职空间等是人力资源管理的基本要求。标准化、循环化、生态化、数字化、零污染养殖乳牛就必须以科学规范的乳牛饲养管理规程为指导，因而对技术人员的在岗在职的定期培训极为重要。有计划的采用“请进来、走出去”的方式加强技术学习，通过培训，让全体技术人员掌握最新的乳牛养殖理念和技术手段，提高技术员的整体业务技能，对照各种生产数据进行整理、分析与应用，以促进生产。同时积极引进各商业合作伙伴的强大技术资源为乳牛提供现场服务与培训，交流行业信息，提高乳牛场的整体盈利能力。

七、以生态立体养殖、资源化利用实现可持续发展

近些年，社会对于乳牛养殖提出了控制有机污染的诉求，也是乳牛养殖自身保证生产正常进行，保持良好生存环境，防蝇、防病和资源循环利用的现实需要。按每头乳牛日排粪 35kg 测算，2012 年全国有 1 494万头牛年排粪可达 4 967. 55万吨。为了治理环境污染，

实现资源综合利用和开发，可采用乳牛粪污处理模式：即采取以草养畜，以粪肥田，以农牧结合、草牧结合方式，对粪污进行多层次地资源化利用，实现“牛－沼－草”立体生态养殖模式。建成的粪污处理系统可将牛粪通过固液分离机进行固液分离，分离出的半干牛粪（含水量约75%）直接装车（袋）用于施肥、食用菌生产、焙烘制粒成烟叶、茶、果蔬的优质有机复合肥；分离液经三级厌氧发酵后产生沼气，一部分沼气进入锅炉燃烧，作为生产和生活使用热源；另一部分用于发电，配给精料加工车间；沼液经过调节、耗氧、沉淀后，回用冲洗牛舍和灌溉饲料基地（图10－6）。

图10－6　牛粪为基料种出的蘑菇和建设的蘑菇棚

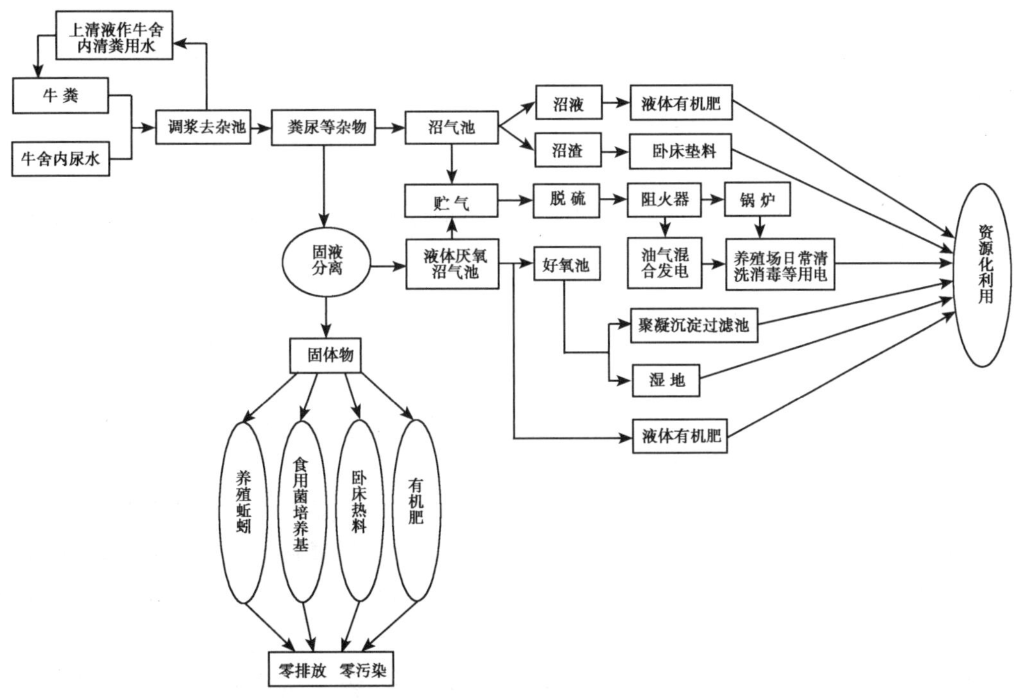

图10－7　资源有效利用示意图

第三节　规模乳牛场的生物安全与疫病防治

一、生物安全

生物安全是指为防止传染病、寄生虫或有害物在动物间进行传播而采取的安全预防措施。应做好以下几方面。

（一）保持封闭的牛群

自己繁育后备群，免疫注射该地区流行疾病的疫苗，购买来自安全地方的饲草料。

（二）购买熟悉、健康的乳牛

如有条件给新买乳牛进行地方性疾病疫苗的预防接种，只引进健康、年轻的乳牛。

（三）新购买的乳牛隔离45d

不让新购买的乳牛与其他乳牛亲密接触，不要共享饲料、饮水或牛床，给新买乳牛进行地方性疾病疫苗的预防接种，接触新引进的乳牛后清洗和消毒靴子、工作服。

（四）限制参观访问

不要让危险人群（来自疫区或接触过病牛）接触牛群，为所有访问者提供干净的靴子和工作服，参观牛场前要对车辆和设备进行打扫和消毒，参观前后必须充分清洗。

（五）生物安全

在牛场上要用干净、消毒的靴子和工作服；接触体液或粪便时要戴一次性消毒的套袖和手套；使用前和使用后要对所用仪器设备进行消毒；尽量使用一次性的器具。避免乳牛与野生动物、野鸟、飞虫接触。

（六）建立酮病监测和预测制度

乳牛妊娠7～8个月时，测定血糖检出血糖降低乳牛（早期亚临床酮病乳牛）、在乳牛酮病高发期（产后2～7周），每周用酮粉法检测尿液、牛乳中酮体，及时发现酮病乳牛并用丙二醇合剂进行治疗。

二、乳牛场卫生防疫制度

（一）环境卫生

①进出乳牛场的大门设车辆消毒池及喷雾消毒设施，主大门的侧门设行人消毒池、消毒室。消毒室中安装紫外线灯或蒸汽消毒设备，设洗手盆。

②常年保持牛舍及其周围环境的清洁卫生、整齐，创造园林式的生态环境。运动场无石头、硬块及积水，每天要清扫牛舍、牛圈、牛床、牛槽；粪便、污物应及时清除出场，进行堆积发酵处理。禁止在牛舍及其周围堆放垃圾和其他废弃物，病畜尸体及污水污物进行无害化处理，胎衣应深埋。

③夏季做好防暑降温及消灭蚊蝇工作，每周灭蚊蝇一次。冬季做好防寒保温工作，如架设防风墙，牛床与运动场内铺设褥草等。

④乳牛场应设专用病牛隔离舍和粪尿无害化处理场所，配套相应设施。如建设沼气池对粪便进行无害化处理，所产沼气可用于发电、燃气、暖气热源等，沼渣可直接用于农作物施肥或加工成有机肥，沼液可用于喷施或浇灌作物、花草等。

（二）消毒措施

1. 环境定期消毒

牛舍周围及运动场，每周用2%氢氧化钠或生石灰消毒一次；牛场周围、场内污水池、下水道等每月用漂白粉消毒一次。在大门口和牛舍入口设消毒池，使用2%氢氧化钠溶液消毒，原则上每天更换一次。

2. 人员消毒

在紧急防疫期间，禁止外来人员进入生产区参观，其他时间进入生产区时必须经过严格消毒，严格遵守牛场卫生防疫制度。饲养人员定期体检，患人畜共患病者不得进入生产区，及时在场外就医治疗。喷雾消毒和洗手应用0.2%～0.3%过氧乙酸药液或其他有效药液，每天更换一次。

3. 用具消毒

饲喂用具、料槽、饲料床等定期消毒，可用0.1%新洁尔灭或0.2%～0.5%过氧乙酸。日常用具，如兽医用具、助产用具、配种用具、挤乳设备和乳罐等，在使用前后均进行彻底清洗和消毒（图10－8）。

图10－8 超声波雾化消毒系统

4. 活体环境消毒

定期用0.1%新洁尔灭、0.3%过氧乙酸、0.1%次氯酸钠等进行活体牛环境消毒。消毒时避免消毒剂污染到牛乳。

5. 牛体消毒

在进行挤乳、助产、配种、注射及其他任何接触乳牛的操作前，先对相关部位进行消毒。

6. 生产区设施清洁与消毒

每年春秋两季，用0.1%～0.3%过氧乙酸或1.5%～2%烧碱对牛舍、牛圈进行一次全面大消毒，牛床和采食槽每月消毒1～2次。

7. 粪便处理

牛粪采取堆积发酵处理，堆积处每周用2%～4%烧碱消毒一次。

8. 定期清扫、洗刷和药物消毒存放饲料处

三、乳牛场生物安全的其他措施

（一）个体标识和档案

建立健全乳牛场养殖档案，实行动物免疫标识管理制度，凡按国家规定实行强制免疫的动物疫病，对免疫过的乳牛加挂免疫耳标，并建立免疫档案。乳牛场的防疫、检疫等档案记录要齐全，如乳牛来源、检疫情况、免疫接种情况、发病死亡情况及原因、无害化处理情况、实验室检查及其用药情况、免疫标识及保健卡发放情况等。

（二）疫病检疫和监测

1. 结核病检疫

对全群乳牛，每年春秋各进行一次结核病检疫，检疫采用结核菌素皮内变态试验。对于检出的阳性牛只疑似牛，进行抗 γ－干扰素 ELISA 试验，阳性牛一律实行扑杀。

2. 布鲁氏杆菌病检疫

每年应对乳牛进行两次布病检疫，方法如下：先用虎红平板凝集试验初筛，本试验阳性者进行试管凝集试验，试管凝集试验阳性者判为阳性，试管凝集试验出现可疑反应者，经 3 ~4 个月后复检，如仍为可疑反应者，应判为阳性。凡阳性反应牛只一律扑杀。

3. 其他监测

结合当地实际情况，制定其他疫病监测方案，对泌乳牛在干乳前 15d，进行隐性乳房炎监测，在干乳时用有效的抗菌制剂，如干乳康，及时进行防治。

（三）引进牛检疫

由国内异地引进乳牛，要按规定对结核病、布病、传染性鼻气管炎、白血病等进行检疫。从国外引进的乳牛除按进口检疫程序检疫外，应对白血病、传染性鼻气管炎、黏膜病、副结核病、蓝舌病等复查一次。引进牛到达调入地后，在当地动物卫生监督机构监督下，进行隔离观察饲养 45d，确定健康后方可混群饲养。

（四）疯牛病预防

禁止在乳牛饲料中添加和使用反刍动物源性肉骨粉、血粉等动物源性饲料。

四、乳牛场消毒的误区

（一）消毒前不做清洁

消毒前必须消除污物，否则，污物阻碍消毒剂与病原体接触，降低消毒效果；消毒剂与有机物尤其是与蛋白质可结合成为不溶性的化合物，阻碍消毒作用的发挥；消毒剂被大量的有机物消耗，降低了对病原微生物的作用浓度。

（二）带牛消毒的误区

带牛消毒不限于活体牛的体表，应包括整个牛体所在的空间环境；许多病原微生物是通过空气传播的，空气消毒主要控制此类疾病，可取得较好的消毒效果；带牛消毒将喷头高举空中，喷嘴向上喷出雾粒，雾粒可在空中悬浮一段时间后缓缓下降，除与病原体接触外，还可起到除尘、净化，除臭等作用，在夏季有降温作用。

（三）消毒流于形式

消毒要制定周密的计划，是饲养管理和疾病控制的重要环节；消毒对行政区和生产区可有不同的要求，对进入生产区的人员必须严格按程序和要求进行消毒，不论是行政领导、技术人员或饲养工人，都应执行；对外来人员要求严，对本场人员松的“外紧内松”、“偷工减料”现象最为普遍，一般不经任何消毒从饲料间、粪场等通道进入生产区的，基本都是本场人员。

(四) 过分依赖消毒的误区

消毒是构建有效生物安全的组成部分之一，但不是全部；生物安全中同等重要的还有许多环节，如病死畜禽的无害化处理，环境控制，污水粪便处理，消灭蚊蝇和老鼠；应树立兽医保健的新概念，它针对的是预防保健，不是治疗，面对的是群体，而不是个体。

第四节 乳牛安全生产管理系统和循环发展体系

一、乳牛安全生产管理系统

改革开放以来，我国乳业始终保持持续、快速增长。但非法使用违禁药物、滥用抗菌药和药物添加剂、不遵守休药期规定等现象依然存在，使得我国乳产品中的药物残留问题较为严重，直接威胁人们的身体健康。牛乳生产过程标准化程度较低以及牛乳食品安全问题对提高畜牧业效益、提高农牧民收入产生不利的影响。因此，建立乳牛安全生产信息化管理系统是乳牛养殖企业、政府监管部门、行业协会的实际经营的业务需求。遵循世界乳业发达国家的成功经验，利用现代化计算机技术、信息技术提高乳牛养殖业生产管理水平，并通过乳牛安全监控信息平台提升监管力度。此系统的建立对确保乳产品的安全，提高我国乳产品的质量和产量，促进我国乳业稳定、健康发展，保障我国人民的健康安全，保护生态环境，具有十分重要的战略意义和广阔的市场前景。

立足于现代化乳业的数字化管理，致力于提升乳牛饲养管理和生产水平，满足生产企业提高效益以及消费者对安全、优质牛乳的需求。可从牛只管理、乳牛繁殖、乳牛育种、生鲜乳管理、饲料管理、牛只防疫、疾病诊疗、兽药管理、系统管理等方面做好日常业务的规范执行和记录，且能够针对各种情况及时作出正确决策；通过为乳牛提供良好的饲养条件，使它们能够充分发挥其生产性能及潜能；通过对牧场内乳牛生产实现在线控制，杜绝食品安全隐患，保证生鲜乳的质量安全、优质。各牧场通过牧场安全生产管理系统指导、管理日常工作，并将关键业务及安全数据通过网络上传到上级集团公司及政府监管部门中心数据库。集团公司可通过统计预警模块进行牧场生产情况统计分析及各牧场间的横向数据分析。此外，通过系统内置的技术规范标准库实现对乳牛饲养过程的预警及纠偏。政府监管部门通过本系统实现对各个牧场的生鲜乳安全生产过程的全面分析和监控，杜绝乳牛饲养过程中存在的不安全隐患，并可分别面向公众和乳牛饲养企业发布相关公众信息和行业管理预警信息。

乳牛饲养常规业务流程，还包括饲料、兽药、环境卫生、疾病防治、挤乳及牛乳贮存等五个方面的卫生安全生产过程控制技术规范。通过建立乳牛牧场安全生产管理系统、集团公司总部的预警系统、行业协会和政府监管部门的安全监控及信息服务平台，配合数字化视频监控系统实现实时、在线监控；通过牛群、繁殖、产乳、兽医保健、营养配方、物资、DHI 分析、智能预警、决策支持等方面的数字化、精细化管理，实现智能化任务排程与导航、完整的动态牛只档案库和牛群结构分析，基于乳牛繁育周期规律和生产批次规则的批量业务流程自动控制与约束，产乳登记业务与产乳计划的完美结合—预测与反馈体系建立；通过建立乳牛谱系信息档案库、全程实时动态的牛群管理，实现育种管理科学化、繁殖过程管理智能化、产乳管理分析自动化、饲喂管理均衡精细化、疾病管理知识专业化、物资管理透明化、企业自动化设备信息大集成；使用电子耳标与手持智能终端可提供更为准确和方便的乳牛个体业务的管理与追踪。

二、循环发展体系

循环发展体系就是发展循环经济生态化乳牛养殖，就是按照循环经济生态化的发展思路，在乳牛养殖中积极推进粪、电、田、草、牛的循环利用，有效化解规模养殖过程中发展经济和生态保护之间的矛盾，极大地提高了乳牛养殖业经济效益。随着乳牛养殖也向集约化、规模化、专业化、标准化发展，产生的大量动物粪尿、污水，对周围的大气、水、土壤、生物等自然环境造成了一定污染，自然而然就产生了生态环境保护和发展经济间的矛盾，此矛盾近几年越发的突出。

针对乳牛养殖中产生的问题，应建设高标准、无公害、适度规模化的乳业养殖基地作为未来的发展目标。遵循循环经济生态化养殖的发展思路，以各乳牛养殖标准化示范场为平台，积极探索资源—产品—废物—再生资源的循环利用模式，致力于走循环经济生态化发展之路。并发挥经济杠杆的调节作用和产业政策的引导作用，使各乳牛养殖企业自觉引进全自动粪污处理系统，实施“沼粪能源环境工程”，对粪尿实施减量化、无害化、资源化、综合化处理，配套建设沼液综合利用设施，通过沼气发电这个最经济的处理方式实现再生能源的综合、循环利用。

实施沼粪能源环境工程可变废为宝，极大的提升了养殖企业的经济效益的同时，改善了厂区环境，降低了环境污染。牛粪发酵后产生的沼气用于生活用燃气或用于发电；牛粪发酵后产生的沼渣被用作铺垫牛的卧床，每月可极大地节约垫料成本；牛粪发酵后产生的沼液，因其本身就是氮、磷含量较高的农家肥料，适合农作物的生长，因此也成了与乳牛养殖企业有订单的饲草种植大户和周边农民的抢手货，而沼液的应用又减少了饲草（青贮玉米等）生长过程中化肥、农药的施用量，在提高饲草产量的同时使饲草品质得到极大提高。这样，不但解决了环境污染问题，同时培肥了地力，降低了乳牛养殖企业生产和饲草种植成本，促进了草业扩张，缓解了草畜矛盾，增强了乳牛养殖的发展后劲，进一步形成了粪便经发酵产生沼气、沼渣、沼液，沼气发电、沼渣铺床、沼液还田、肥田种草、种草供牛的生态型循环经济，延伸了乳牛养殖产业链。此外，还可发展林下牛粪养殖蚯蚓，蚯蚓用于制药或养甲鱼等；以牛粪作为基料与其他秸秆等混合可用于种殖蘑菇；与专用发酵菌混合可运用于生产有机肥。

主要参考文献

[1] 林范泽. 兽医全攻略牛病. 北京：中国农业出版社，2009

[2] 农业部市场与经济信息司组，编. 王俊东，刘岐，编著. 无公害奶牛安全生产手册. 北京：中国农业出版社，2008

[3] 郑继方，杨志强. 奶牛常见病综合防治技术. 北京：金盾出版社，2011

[4] 樊航奇，张学炜. 无公害奶牛标准化生产（第二版）. 北京：中国农业出版社，2014

[5] 徐世文，郭东华. 奶牛病防治技术. 北京：中国农业出版社，2012

[6] 蒋兆春，林继煌. 牛病鉴别诊断与防治. 北京：金盾出版社，2009

[7] 吕礼良，郎洪彦. 奶牛生产技术. 长春：吉林出版集团有限责任公司、吉林科学技术出版社，2010

[8] 王加启. 现代奶牛养殖科学. 北京：中国农业出版社，2006

[9] 李英. 奶牛场 DHI 测定与应用指导. 北京：金盾出版社，2013

[10] 王众，蒋新民. 奶牛瘤胃积食的不同治疗方法及效果. 中国牛业科学，2009，35（03）：82－84

[11] 张巧娥，杨库，孙西船，等. 奶牛瘤胃积食的诊断与治疗. 中国畜牧兽医，2005，32（12）：47－48

[12] 柒拾壹. 奶牛瘤胃积食的症状与防治. 畜牧与饲料科学，2012，33（04）：111－112

[13] 靳仓. 牛瘤胃积食的综合防治技术应用. 甘肃畜牧兽医，2014，44（08）：31－32

[14] 杨同义. 母牛妊娠毒血症的综合防治. 黑龙江动物繁殖，2011，19（06）：30－31

[15] 沈辰峰，陈世军，王杰，等. 奶牛妊娠毒血症的诊治. 动物科学，2014，22：262－264

[16] 吴增辉，史兴山，李秋红，等. 奶牛骨软症及其治疗. 黑龙江动物繁殖，2001，9（01）：34

[17] 王秀英，李晓辉，等. 奶牛骨软症的诊断要点与防治措施. 畜牧兽医科技信息，2008，6：59

[18] 鞠佳龙，张国庆，卜明明，等. 奶牛骨软症的鉴别诊断与药物治疗. 养殖技术顾问，2010，2：105

[19] 伊桑，苏培军，苏爱芝，等. 奶牛骨软病的发生于防治对策. 畜牧兽医科技信息，2011，4：46

［20］步帆，鑫，张斌，等．奶牛妊娠毒血症的诊断与治疗．黑龙江动物繁殖，2011，19（03）：25

［21］林昌明．母牛肥胖综合征的诊治．养殖技术顾问，2013，2：122

［22］蒋曙光，吴元昌，等．补阳还五汤加减治疗奶牛爬卧不起综合征效果探讨．中国奶牛，2013，7：42－44

［23］牛庆斐，唐新叶，张小飞，等．引起“奶牛卧倒不起综合征”的常见原因及其诊治．天津农学院学报，2004，11（02）：15－18